中国石化“十四五”重点图书出版规划项目

碳达峰碳中和系列丛书

炼化企业碳达峰碳中和路线图

凌逸群 主编 戴宝华 副主编

中国石化出版社

·北京·

内 容 提 要

我国炼化产业实现碳达峰碳中和面临艰巨挑战，亟须在不断实现技术创新的基础上，多措并举、分阶段持续推进产业调整和变革。本书在分析我国炼化产业发展现状，阐述炼化企业碳排放计算方法及典型案例，深入解读当前炼化产业碳排放状况及国家碳达峰碳中和相关政策以及总结国内外炼化企业低碳发展趋势和经验的基础上，对我国炼化产业的关键减碳技术和措施进行了系统梳理和归纳，并提出了我国炼化产业实现碳达峰碳中和的路线图建议。

本书结构严谨、内容翔实，可供炼化产业从事碳达峰碳中和战略规划、研究设计、技术咨询、运营管理等方面工作的人员参考。

图书在版编目（CIP）数据

炼化企业碳达峰碳中和路线图 / 凌逸群主编；戴宝华副主编 . -- 北京 ：中国石化出版社，2025. 7.
（碳达峰碳中和系列丛书）. -- ISBN 978-7-5114-7984-6

Ⅰ . F426.22

中国国家版本馆 CIP 数据核字第 20253SJ635 号

中国石化出版社出版发行

地址：北京市东城区安定门外大街58号
邮编：100011　电话：（010）57512500
发行部电话：（010）57512575
http：//www. sinopec-press. com
E-mail：press@ sinopec. com
北京科信印刷有限公司印刷
全国各地新华书店经销
*
710 毫米 ×1000 毫米　16 开本　21 印张　451 千字
2025 年 7 月第 1 版　2025 年 7 月第 1 次印刷
定价：118.00 元

《碳达峰碳中和系列丛书》
编委会

主　任： 凌逸群

委　员： 戴宝华　陈尧焕　蒋德军　蒋庆哲　王立东
陈广卫　赵晓敏　何祚云　达志坚　王国清
王北星　刘丰合　孙　浩　许楚荣　卫建军
汤志刚　陈　健　范　英　王斯民

《炼化企业碳达峰碳中和路线图》
编撰人员名单

主　编： 凌逸群

副主编： 戴宝华

主要撰写人员：

杨攀峰　孟宪玲　程一步　王北星　赵　祺
王德亮　赵　帅　黄　宁　刘　燕　张　静
乞孟迪　白凌云　李延军　吴　昊　于　博
陈　莹　王斯民　柏艺珊　刘文蛟　贾金坤
韩　琪　石彦秋　李杨楠　汤志刚　陈　健
费维扬

序

PREFACE

习近平主席在第七十五届联合国大会一般性辩论上提出，中国将提高国家自主贡献力度，采取更加有力的政策和措施，二氧化碳排放力争于2030年前达到峰值，努力争取2060年前实现碳中和。明确的碳达峰碳中和目标愿景，为我国经济社会全面发展绿色转型指明了方向，为全球应对气候变化共同行动贡献了中国力量。

实现碳达峰碳中和是一项战略性、全局性、系统性的工作，要求我国建立健全绿色低碳循环发展的经济体系，建立清洁、低碳、高效、安全的现代化能源生产和消费体系。炼化行业是关系国计民生的基础性、支柱性行业，产品种类多、经济总量大、产业链长。在碳达峰碳中和背景下，炼化行业既要担负起确保国家油气安全及合成材料稳定供应的责任，还要加快推进行业自身的绿色低碳发展。

中国石化将助力实现国家碳达峰碳中和目标作为政治责任，围绕碳达峰碳中和重大战略任务进行统筹谋划，与国内知名高校合作，组织团队围绕节能减碳开展了比较系统的研究。包括宏观层面的结构转型、减碳路径、减碳成本等全局性问题，也包括微观层面的节能减碳技术、能源结构与产业结构转型、碳足迹、绿色产品等行业性问题，同时还前瞻性地开展了碳交易、碳金融等新领域的研究，形成了一批有价值的研究成果。这套《碳达峰碳中和系列丛书》是这些优秀成果的汇编，对炼油石化行业推进节能减碳、实现碳达峰碳中和有重要指导意义。这套丛书具有以下鲜明的特点：

（1）炼化行业特色突出。这套丛书共有六个分册，每一册都和炼油石化行业的节能减排的实践活动密不可分。丛书内容重点反映的中国石化在节能减排实践活动中形成的成果，具有鲜明的行业特色。如丛书提出的对炼化行业碳足迹的评价方法、减碳成本核算方法等是采用规范的研究方法，根据炼化行业的特点，坚持问题导向进行实践指导分析研究得到的，在炼化行业是具有新颖性的研究成果。本书既可以为普通读者普及碳达峰碳中和的基础知识，又可以为炼化行业节能减碳提供专业性的参考。

（2）丛书分册之间有明确的逻辑关系。丛书六个分册中都有各自的重点内容，分册之间又上下衔接互相关联，使丛书具有系统性。第一分册《碳达峰碳中和——工业高质量发展之路》，就“双碳”目标引领下我国工业高质量发展所面临的机遇和挑战进行了系统阐述分析并提出了相关建议，是对整套丛书的宏观把控；第二分册、第三分册和第四分册分别从碳足迹评价、碳减排成本核算和碳资产管理角度，为企业“双碳”能力提升提供了方法论与实践的支撑；第五分册《炼化企业碳达峰碳中和路线图》按炼化产业发展现状研究、温室气体排放研究及关键减排技术与措施研究为脉络展开论述，最终形成我国炼化产业碳达峰碳中和路线图，是整个碳达峰碳中和路径的凝练和总成；第六分册《炼化行业节能与减碳实践》是整个系列丛书的实践单元，它汇聚了中国石化多年来节能减碳的优秀案例，与前五分册相辅相成，共同构成了完整的“双碳”工作体系。

（3）瞄准未来发展方向。面对碳达峰碳中和新目标新形势，炼化行业要主动拥抱能源革命和产业变革，加快新技术、新工艺、新设备、新材料研发和应用，坚定推进调整结构、转型升级，实现可持续发展。这些在丛书中得到了体现，可为炼化行业的绿色低碳发展路径提供有益的参考。

希望这套丛书能得到炼化行业广大读者的喜爱，并能借鉴书中提供的思路与方法开展节能减碳的实践。

前言

PREFACE

实现碳达峰碳中和，是以习近平同志为核心的党中央统筹国内国际两个大局作出的重大战略决策，是一场广泛而深刻的经济社会系统性变革，也是我国对国际社会作出的庄严承诺。炼化产业从事能源加工转换和石化产品生产，同时又是高耗能产业，既要实现自身的绿色发展，又承担着推动全社会低碳转型、保障国民需求和经济发展的重要责任。我国当前仍处于中高速发展阶段，对于石化产品的需求仍较大。在碳达峰碳中和目标下，如何实现炼化产业碳排放的有效控制，成为我国炼化产业发展面临的重要挑战。

本书系统性地探讨了炼化行业在“双碳”目标下的转型方向。全书通过“现状剖析—清单构建—趋势研判—技术解构—路径规划”的逻辑链条，构建起炼化产业低碳发展的完整知识体系。

作为国民经济的支柱性产业，炼化行业承担着多重战略使命。第一章主要介绍炼化产业的发展现状，包括其在国民经济中的重要地位、贡献以及面临的挑战。挑战方面一是结构性矛盾突出，基础化工品产能过剩与高端材料依赖进口并存；二是资源约束加剧，加工原油重质化趋势导致能耗攀升；三是环境容量逼近极限，现有装置单位能耗较国际先进水平高15%～20%，碳排放强度是欧美同行的1.3～1.5倍。这些矛盾倒逼产业必须通过技术创新实现发展范式变革。

科学量化碳排放是推动炼化行业低碳转型的基石，其核心在于构建精准可靠的碳排放清单体系。第二章主要介绍炼化企业碳排放清单，涉及概念、意义、编制步骤、核算方法以及实例分析。通过理论框架与实践案例的结合，为读者提供了可操作的量化工具。在概念层面，碳排放清单覆盖范围1（直接排放）、范围2（外购能源间接排放）。核算方法介绍了排放因子法、质量平衡法等，为行业精准减排提供了方法学依据。

全球视角下的行业减排对比揭示了行业减排差距，指出了减排方向。第三章分析了国内外炼化产业碳排放现状及趋势，包括全球、欧洲、美国和中国的情况，以及我国低碳发展的政策要求、国内外企业的行动方案等。由于各自的资源禀赋、产业结构和政策环境不同，美国、欧洲与中国炼化企业的碳减排措施在技术路线、政策驱动和市场机制等方面存在显著差异。欧洲通过立法驱动技术创新，如欧盟碳边境调节机制（CBAM）要求进口化工品按碳排放差额购买配额，促使企业主动减排。美国采用资源禀赋型降碳措施，利用乙烷裂解制乙烯和推行CCUS产业化等。我国炼化企业主要是政策引领型降碳，如能源消费、碳排放总量和强度双控等。案例显示工艺重构与能源替代是跨国巨头的共性选择。

行业减排呈现多技术路线组合格局。第四章讨论炼化产业重点碳减排技术和措施，比如产业结构调整、能源结构调整、节能与减排技术、碳捕集利用与封存（CCUS）、碳汇和碳市场。如产业结构深度调整通过“压旧育新”重构产业格局，能源结构清洁替代绿氢规模化应用取得突破，可再生能源实现深度耦合，节能技术迭代升级流程再造、余热利用、数字化赋能成效显著，CCUS产业化突破，碳市场机制完善等。炼化行业碳减排已形成“系统优化+技术创新+机制创新”的多维技术矩阵，不同技术路线的组合应用正在重塑产业生态。

我国炼化产业减碳需“分步走”。第五章是路线图部分，包括总体思路、目标、实施路径和技术支撑。2030年前碳达峰阶段，一是要控制新增炼油产能、原油加工量和成品油出口量；二是要淘汰落后产能；三是要加大节能改造力度；四是要提升电气化率。2060年前碳中和阶段，一是要加速削减原料碳排放，构建“电–氢–碳”协同体系，实现炼化过程零碳重构；二是要发挥CCUS的关键作用。

本书由凌逸群同志主编，参编人员主要由具有丰富实际工作经验，长期从事炼化行业政策研究、规划、咨询、评估、科研等工作的同志组成。第一章炼化产业发展现状由中国石化集团经济技术研究院有限公司赵帅、柏艺珊编写；第二章炼化企业碳排放清单由中国石化集团经济技术研究院有限公司黄宁、刘燕编写；第三章炼化产业碳排放现状及趋势分析由中石化石油化工科学研究院有限公司李延军、吴昊，中国石化集团经济技术研究院有限公司王德亮、刘文蛟、贾全坤、乞孟迪编写；第四章炼化产业重点碳减排技术和措施由中国石化集团经济技术研究院有限公司赵祺、乞孟迪、韩琪、石彦秋、程一步、李杨楠、刘燕、张静，中石化石油化工科学研究院有限公司于博、陈莹，西安交通大学三斯民，清华大学汤志刚、陈健、费维扬编写；第五章炼化产业碳达峰碳中和路线图由中国石化集团经济技术研究院有限公司程一步、乞孟迪编写。全书框架设计、大纲制定和编写由凌逸群，戴宝华（中国石化集团经济技术研究院有限公司），王北星、白凌云（中国石化节能技术服务有限公司）组织，由程一步统稿，杨攀峰、孟宪玲审核，凌逸群审订。

在本书编写出版过程中，得到了中国石油企业协会常务副会长蒋庆哲，中国石化股份有限公司炼油事业部曹东学、黄志壮，中国石化股份有限公司健康安全环保管理部孙志斌，中国石化集团经济技术研究院有限公司曹建军、柯晓明、刘剑平、张松等领导、专家和中国石化股份有限公司健康安全环保管理部、炼油事业部、化工事业部的指导帮助，以及中国石化出版社的大力支持，在此表示衷心感谢。

由于本书涉及领域较宽，加之编者水平有限，不妥及疏漏之处在所难免，恳请广大读者批评指正。

目录

CONTENTS

第一章

炼化产业发展现状

PART 1

第一节 炼化产业在国民经济中的地位和贡献

一、炼化产业对国民经济的支柱作用

炼化产业包括炼油产业和石油化工产业，其与石油石化产业、石油化工产业的概念多有交叉，有时不作细致区分。

石油石化产业是我国经济社会发展的战略性支柱产业，为构建现代化经济体系，提供清洁能源和现代化工材料，在中长期内具备不可替代性。炼化产业处于国民经济的中游，是石油化工产业链的主要组成部分，其主要以石油、天然气等为原料来生产多种大宗商品，不仅是主要交通能源的供应者，还是材料工业、农业、纺织工业、电子科技领域等的发展基础。石油化工产业的产品促进着诸多行业的有序发展，与国计民生息息相关，对于国民经济而言，可谓有着举足轻重的地位。

进入21世纪后，我国石油化学工业经济总量持续高速攀升，基础设施更趋完善，为国民经济的发展和综合国力的提升作出巨大贡献。在“十三五”期间，石油化工行业深化落实供给侧结构性改革，将落后产能淘汰与先进产能释放同步推进，产能保持稳步增长势头，加之下游市场需求明显改善，多数行业装置利用率显著提高，开工率和自给率均有不同幅度提升，行业运行质量和效益明显改善。国内石油化工行业“基地化、园区化、一体化”发展的理念已经成为共识，集聚发展的空间格局大框架基本形成，科技创新能力进一步增强，一批自主开发技术取得突破，国产化装备水平不断提升。

根据中国石油和化学工业联合会及国家统计局公布的相关数据，我国石油化工行业规模以上企业数量在2014—2021年整个工业行业占比均超过6%，平均数量为2.8万家，参见图1-1；在外贸方面，我国石油化工行业规模以上企业对外贸易情况如图1-2所示，行业进出口总额占全国进出口贸易总额的比例超过13%，在2021年达到了0.86万亿美元的新高；在主营业务收入方面，受新冠疫情影响，炼化行业的主营业务收入在2019—2020年显著下降，但在2021年迎来新的增长，约为13万亿元，约占全国规模工业营业收入的10%，参见图1-3；在利润方面，炼

化行业的利润总额和在全国规模工业利润总额中的占比在2017—2020年呈下降趋势，但最低占比仍超过5%，同样在2021年行业利润迎来新增长，实现利润总额0.98万亿元，约占全国规模工业利润总额的11%，参见图1–4。从上述经济统计数据中可以看出，炼化行业作为中国的基础性产业之一，对整个工业行业有着极大的经济贡献。中国作为世界上第二大工业国家，工业能力和潜力在世界范围内不容小觑，在工业综合实力逐步提升的过程中，石油化工行业也将通过基础产业整合优化、中下游产业高端化提升、新兴产业创新突破等方式扩展和延伸产业链，满足日益升级的消费需求，奠定由石化大国向石化强国迈进的重要基础，为国家工业的发展提供强大的支撑力。

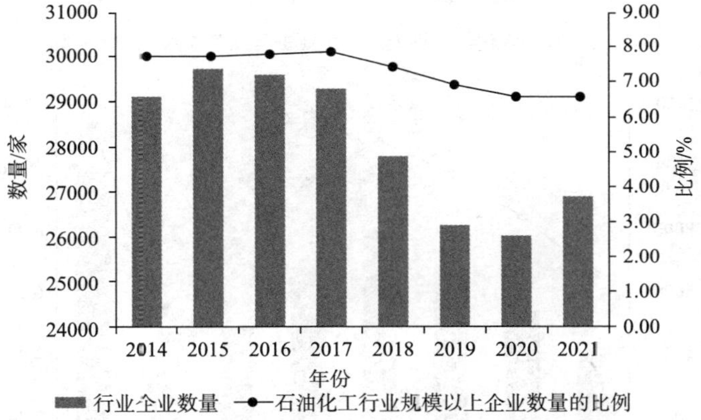

图 1–1　我国石油化工行业规模以上企业数量及占比情况

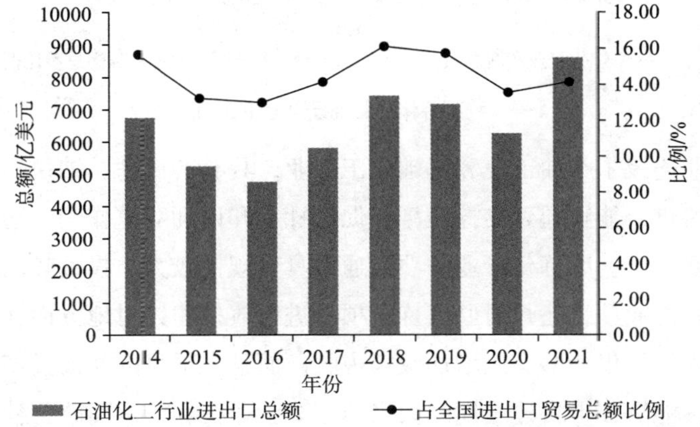

图 1–2　我国石油化工行业规模以上企业对外贸易情况

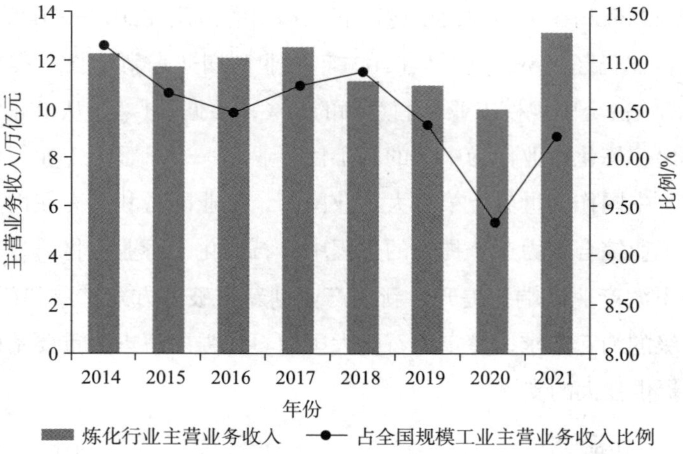

图 1-3　我国炼化行业规模以上企业主营业务收入及占比情况

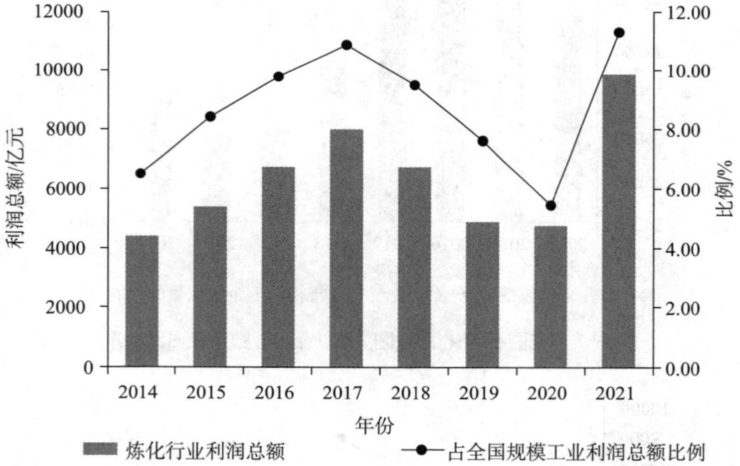

图 1-4　我国炼化行业规模以上企业利润情况

炼化产业连接了石油工业和基础化工工业，具有产值高、纳税额大、解决就业能力强的特点，能够起到支撑经济和促进社会和谐的双重作用，通常被视作当地发展的重要引擎。因炼化产业的项目通常具有规模较大、投资较高的特点，无论是新建炼化产业项目还是对原有炼化项目进行改扩建，对地方而言都是一笔可观的投资流入，不仅能够有效增加政府税收，而且在项目的建设投产过程中会需要大量人员，能够在项目建设期间为当地创造就业机会，进而改善社会民生。此外，还会产生带动效应。当炼化产业项目建成投产后，能够吸引产业链下游企业入驻或者降低现有产业园区内下游企业的生产、运营等成本，对于当地下游产业的整体发展大有裨益。由此可见，炼化产业对于地方经济的发展起到了显性带动、隐性促进的作用，有利于当地产业结构的优化调整和民生改善。

2021年10月21日，习近平总书记在视察胜利油田时作出重要指示，强调能源的饭碗必须端在自己手里。根据国家统计局和自然资源部的相关统计数据，从2012年至2021年，我国石油、天然气等能源的消费总量不断上升。我国石油能源生产、消费情况如图1–5所示，在石油能源上，年均消费量约5.88亿t，但石油生产量年均仅约2亿t，2021年的石油自给率约28%，当前石油对外依存度仍较高。

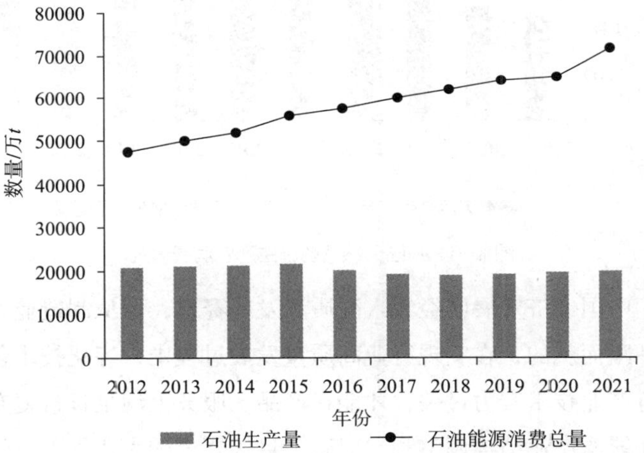

图 1–5　我国石油能源生产、消费情况

我国天然气能源生产、消费情况如图1–6所示，在天然气能源上，整体呈现出消费量不断上升、生产量缓慢上升的趋势，自供比例虽相较于石油能源而言普遍高约30%，但对外依存度也较高。同时国内油气资源储量呈减少趋势，现阶段要实现自我能源供应仍有一定困难。在保障能源安全方面，炼化产业是至关重要的参与方，炼化产业基于化石能源的加工利用，为能源安全筑牢屏障，在国家石油安全保障上是重要板块，同时在力争2030年实现碳达峰、2060年前实现碳中和的“双碳”目标下，炼化行业因高耗能、高排放的特点也是国家重点节能、减碳领域。从统计数据来看，2021年，中国碳排放总量超过119亿t，其中石化产业碳排放总量约为11亿t，约占总排放量的9%，可见在能源结构大调整、低碳减排的新发展背景下，炼化行业的转型升级关系着国家政策方针目标的总体实现，对履行国际承诺，实现绿色低碳高质量发展，保障能源安全，促进社会经济稳定发展有着重要作用。

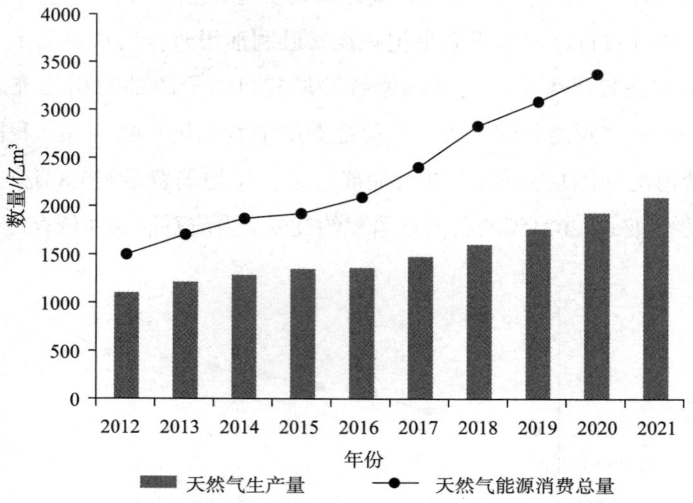

图 1-6　我国天然气能源生产、消费情况

现阶段，中国经济发展已经转入高质量发展赛道，但从制造业大国转向制造业强国不是一蹴而就的，在实现行业高质量发展过程中，炼化技术创新仍是第一驱动力，只有产业技术实力过关，才能在产品、服务上满足日益复杂、多元化的市场需求。在能源产业结构调整和“双碳”目标要求的大背景下，炼化行业作为技术密集型产业，将持续发挥保障能源供给、创造经济效益、促进能源低碳转型升级等作用，为社会经济的高质量发展保驾护航。

二、化工产品与社会生活

炼化产业是国民经济的基础性产业，保障着众多物质资源的供应，是各大工业领域的原材料来源，包含数以万计的产品种类，广泛应用于国民经济的各个领域，是人类社会生产和生活中极为重要的一部分，在现代化建设中发挥着不可或缺的作用。

炼油、乙烯、丙烯和芳烃等产业链作为现代炼化产业的重要链条，所生产的化工产品丰富多样（见图1-7～图1-10），与人民生活密切相关，涉及衣食住行各方面。

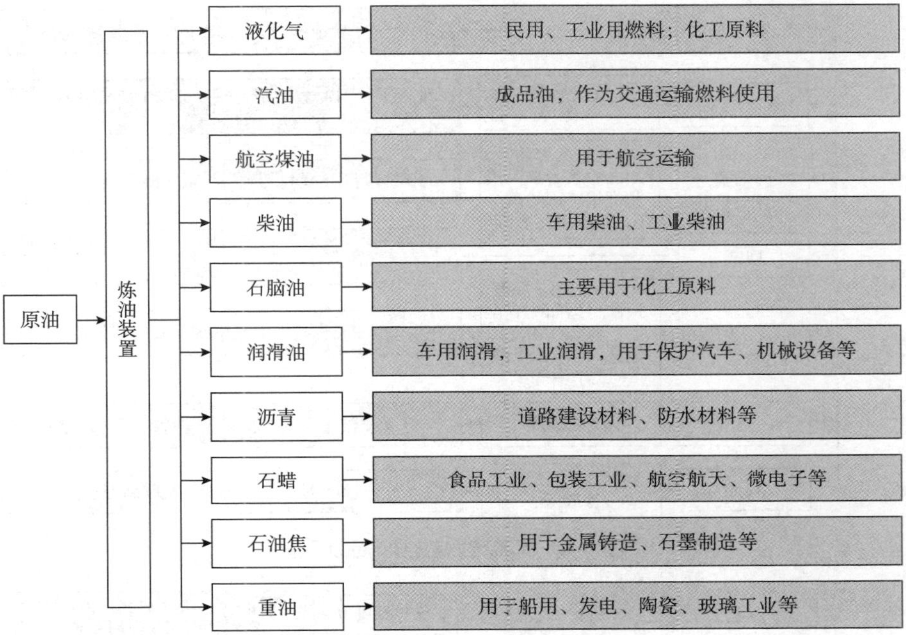

图 1-7　炼油产业链主要产品及用途

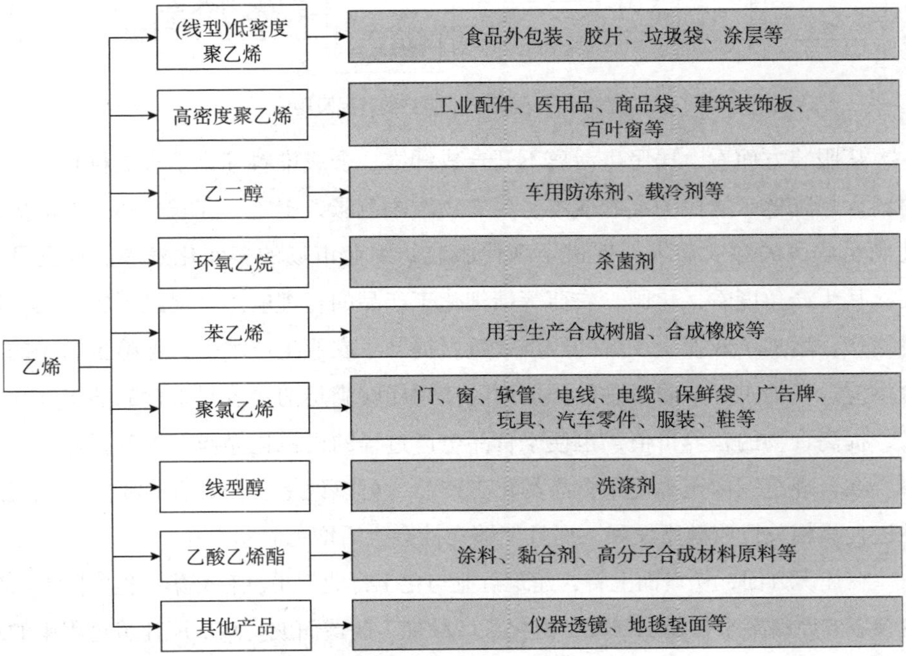

图 1-8　乙烯产业链主要产品及用途

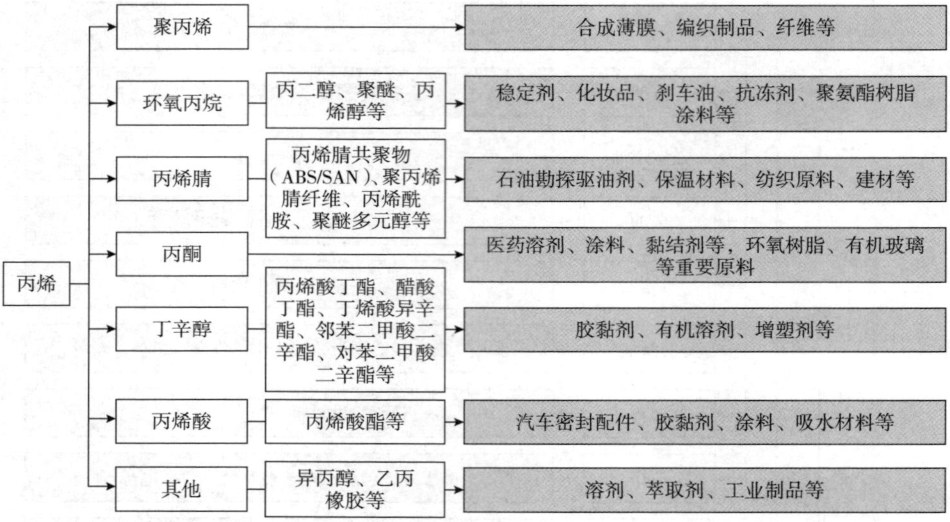

图 1-9　丙烯产业链主要产品及用途

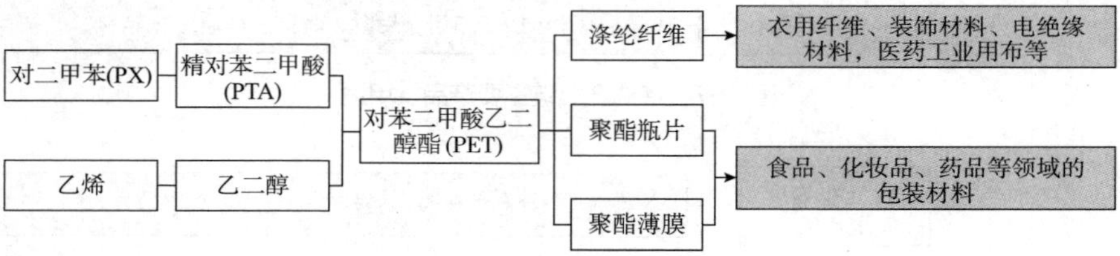

图 1-10　芳烃产业链主要产品及用途

从服装方面看，居民生活离不开合成纤维、合成染料等化学合成材料。合成材料大幅降低了居民的穿衣成本，为衣物增添色彩，丰富了穿衣选择，能够更好地满足居民的穿衣需求，促进了现代服装纺织业市场的多元化发展。在食品方面，从生产角度看，化肥、农药等精细化工产品的合理应用，促进了农作物的增量增产，增加了农业生产者的经济效益，提升了农业生产水平，保障了居民的粮食供应。从加工环节看，食品添加剂的使用能够满足消费者对于食品的多样化需求，提高食物的营养价值，也便于食品生产过程的机械化操作，提升行业生产效率。在合理范围内正确使用食品类化工产品，可以说是安全且有必要的，不仅能促进食品相关行业健康发展，而且能够为社会生活增色添彩。

在住房方面，从表面上看，建筑行业与化工行业似乎没有交集，但实际上，建筑领域的原料多来自化工领域，由化工产品加工制造而成。从房屋建造过程中的水泥、石灰、人造石材等到房屋装修过程中需要的涂料、玻璃、塑料、胶黏剂等均是化工产品。随着环保理念逐渐深入人心，绿色建筑成为我国建筑行业所倡导的发展方向，绿色建材被大力推广。环保塑料以其轻质、耐磨、低成本、低污染的特质广泛应用于现代建筑行业，为提高行业的节能环保水平发挥了重要作用。

在出行上，交通工具的生产制造需要化工产品作为原材料。近年来，“以塑代钢”成为汽车工业的一大发展趋势。汽车应用塑料材质能够有效减少车辆自身重量，降低燃油消耗量，满足汽车市场对于内外饰、结构件的多样化需求，更好地促进汽车工业的发展。在交通工具的日常运行中，汽油、柴油、航空煤油、天然气等石油化工产品为其提供动力来源，机油、防冻液等润滑油常用来帮助减少交通工具零部件的磨损，延长其机械寿命，一定程度上节约了社会资源。

除了上述领域，其他领域也不乏炼化行业产品的身影。在日用化学品领域，生活中常见的化妆品外包装，清洁产品、文具产品的外壳制造，手机、电脑等电子产品的零部件都有塑料的参与，生活中所用的树脂类绝缘材料也是同属于化工产品的范畴。在医疗领域，聚丙烯、聚乙烯、聚氨酯、聚醚醚酮、聚甲基丙烯酸甲酯等医用高分子材料多被用于制造人工器官和各种医用医疗用具，实现人体受损部位的修复，对提高医疗诊治水平、满足患者医疗需求、提升人类健康水平有重要意义。在军事国防领域，炼化行业能够为国防领域提供燃料、油料、化学试剂等一般化工产品，随着技术的不断突破，特种塑料、特种纤维、特种橡胶等特殊化工产品的出现满足了军工领域的高技术需求。这些化工产品是国防军事发展中的关键材料，为提升军事武器装备的性能、帮助现代化军队更好地适应现代化战争作出了重大贡献，奠定了军事工业高质量发展的坚实基础。

综上，社会生活中离不开炼化行业的产品。各式各样的化工产品广泛应用于纺织服装、农业、食品工业、建筑行业、交通运输业、国防军事等领域中，保障着现代社会的正常运行，是国民经济的重要组成部分。

第二节 炼化产业现状及面临挑战

一、炼化产业现状

1．炼化产能持续增长

1983年我国的炼油能力首次突破1亿t/a，2009年全国乙烯产能首次突破千万吨大关。截至2021年，全国炼油能力达9.1亿t/a，乙烯产能达4168万t/a。与此同时，PX对二甲苯产业依然处在高速发展期，截至2021年中国PX产能达2881.5万t/a，产量约为2215万t/a。

我国2011—2021年炼油能力、乙烯产能变化趋势见图1-11、图1-12。

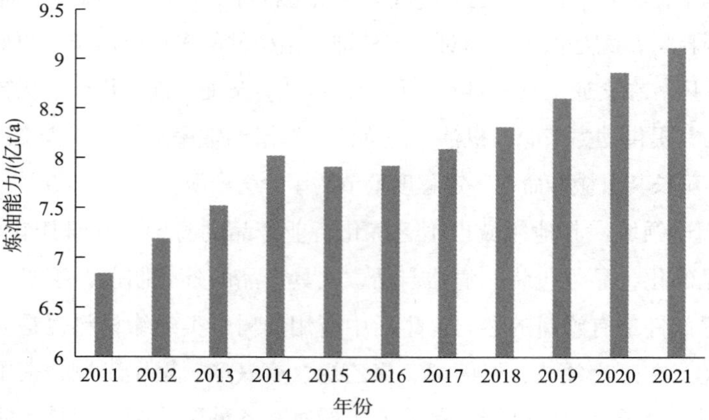

图 1-11　2011—2021 年我国炼油能力变化趋势图

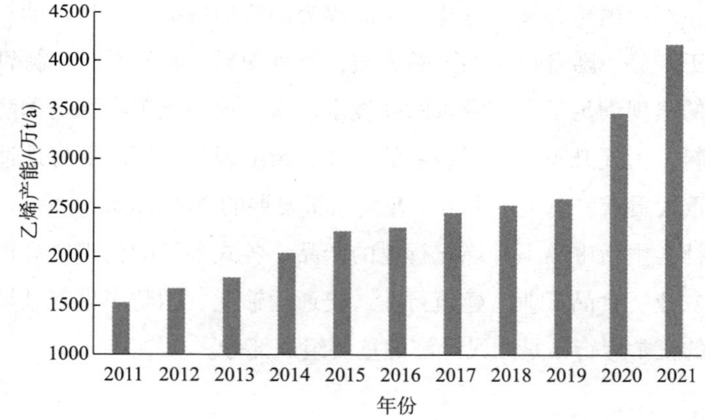

图 1-12　2011—2021 年我国乙烯产能变化趋势图

2．市场开放度显著提升，炼化行业多元化格局日益凸显

由于石油资源的战略价值，我国对于石油工业及石油制品一直存在市场管制。20世纪80年代，国家全力推进石油工业集中化，“三桶油”相继成立，形成了中国石油天然气集团有限公司、中国石油化工集团有限公司、中国海洋石油集

团有限公司（简称中国石油、中国石化、中国海油）“三足鼎立”格局。

“十三五”以来，为推动产业结构优化升级，国家积极鼓励民营和外资企业参与重组改造，新兴民营炼化企业开始登上历史舞台。以恒力石化炼化有限公司（简称恒力炼化）、浙江石油化工有限公司（简称浙江石化）、盛虹炼化有限公司（简称盛虹炼化）为代表的新兴民营炼化企业已成为影响行业的重要一极。装置规模方面，三家民营龙头企业的原油一次加工能力均跻身国内前十，乙烯、对二甲苯产能配套也领先同业。新兴民营炼化企业除了拥有接近技术上限的规模水平，还在装置工艺上具备明显的后发优势，在加工原料上以低价重质原油为主，成本优势十分显著。此外，埃克森美孚、巴斯夫、沙比克（SABIC）等国际巨头的独资或合资项目预计也将于“十四五”末期投产。而传统地方炼油厂存在布局散乱、单体规模较小、一体化程度偏低等问题，未来市场整体竞争力较弱。不同类型企业炼油能力份额占比变化情况见图1–13。

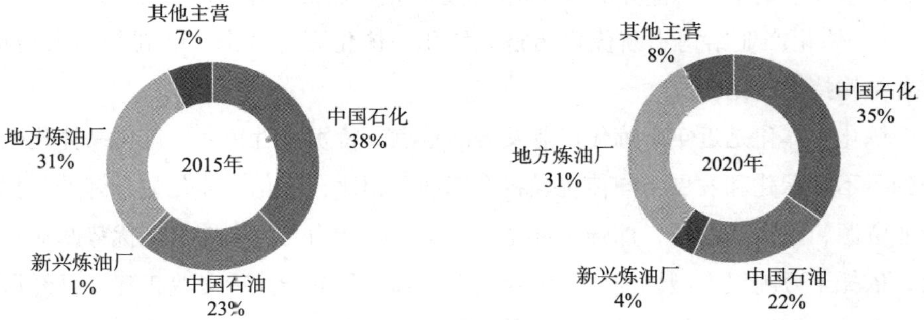

图 1–13　“十三五”期间不同类型企业炼油能力份额占比变化情况

国内石油炼化行业的竞争主体越发多元，国营炼油厂、新兴民营炼化企业、传统地方炼油厂、中外合资及外商独资企业共存的多元化市场竞争格局基本形成。

3．炼化产业布局不断完善：基地化、园区化趋势更加显著，沿海石化产业带已经形成

国内炼化行业“基地化、园区化、一体化”发展的理念已经成为共识，集聚发展的空间格局大框架基本形成。基础炼化产业以环渤海湾、长三角、珠三角和东北、西北、沿江为特征的“三圈三带”格局基本形成，并以龙头项目带动下游产业集聚发展，形成了一批具有世界级规模和影响力的大型石化基地和园区，如

大连长兴岛、河北曹妃甸、江苏连云港、浙江宁波、上海漕泾、广东惠州和福建漳州古雷七大世界级石化产业基地以及上海化学工业园区、惠州大亚湾石化工业区、宁波石化经济技术开发区、南京化学工业园区等若干石化产业园区。此外，中国石化的茂湛一体化基地、中国石油的揭阳大南海工业区、民企中的南山集团的裕龙岛石化基地等也在加速推进中。我国炼化产业布局基地化、园区化趋势更加显著。

“十三五”以来，立足沿海地区超大规模市场和完善的产业链配套优势，一批新建大型炼化项目和轻烃综合利用项目在物流条件优越的沿海、沿江港口加快布局，而沿海国家石化基地建设也正在稳步推进，新一轮石油化工产业投资重心再度往东部地区集中，我国七大世界级石化产业基地以及重点石化工业园区基本上都分布在东部。2021年，环渤海湾、长三角、珠三角三大炼化产业集群区合计炼油能力为6.59亿t/a，占全国炼油总能力的72.3%；合计乙烯生产能力为2705.5万t/a，占全国乙烯生产总能力的61.9%，沿海石化产业带已经形成。

4. 炼化产业结构不断优化调整：炼化一体化更为突出，装置趋向大型化，装置结构持续优化

炼化一体化是近年来炼化产业发展的重点，特别是近年来，炼化一体化模式得到了不断深化和发展，与传统燃料型炼油厂相比，炼化一体化整合炼油与化工行业资源，拓宽产业链，加强了炼化行业抗风险能力与盈利能力，优势凸显。目前，依托千万吨级大型炼油厂，结合大型乙烯工程的新建或者改扩建，已经形成了一大批大型炼化一体化项目，环渤海湾、长三角、珠三角已成为全国炼化一体化发展程度最高的炼化产业集群区。截至2020年底，我国已经建成32个千万吨级炼油基地，其中有22家已拥有乙烯及下游装置，7家未来已规划配套乙烯产能，未来炼化一体化趋势将更为突出。

近几年，随着炼化装置设计水平和装备制造水平的不断提升，相关装置更加趋于大型化，装置规模屡创新高。目前，我国常压蒸馏单套装置最大能力已达1600万t/a，催化裂化、加氢裂化、催化重整和延迟焦化等炼油深加工装置的单套规模分别达到420万t/a、400万t/a、380万t/a及420万t/a。单炉能力最大的乙烯裂解炉为30万t乙烯/a（乙烷），裂解LPG（液化石油气）和石脑油能力分别为25万t乙烯/a和20万t乙烯/a，国内单套乙烯装置最大规模已达150万t/a，未来中国海油惠州石化在建单套乙烯装置规模将达到160万t/a。国内还拥有全球规模最大的单系列

280万t/a对二甲苯装置。随着炼化企业基地化、园区化、一体化布局的不断完善，炼化装置大型化趋势也将愈加明显。

为适应原油品质劣质化、油品质量升级的要求，我国炼油装置结构调整步伐加快，深加工装置不断完善。2020年，中国深加工能力与一次加工能力之比达115.9%，较2015年提高25.2个百分点。其中，加氢装置作为油品质量升级和灵活调整产品结构的主要装置，占原油一次加工能力的比例已经达到61.9%，较2015年提高16个百分点。此外，国内成品油供应过剩已成为常态，压力不断加剧，“转型升级、降油增化”成为各大炼油厂关注的热点。主要表现在，传统炼油厂通过新建催化裂解装置及后续裂解汽油加氢、裂解芳烃抽提装置，扩建现有渣油加氢和加氢裂化装置等工艺技术，配套相应的芳烃联合以及乙烯裂解装置，发展油-烯-芳一体化，通过大规模的装置结构调整及优化，实现由“燃料型”炼油厂向“化工型”炼油厂转型升级。

5. 炼化技术取得长足进步

经过六十多年的发展，主要依靠独立自主、自力更生发展壮大，通过不断加大科技投入，积极组织技术攻关和开发，我国现代炼化产业已经拥有一批具有自主知识产权的核心技术和专有技术，部分技术出口国外，技术能力显著。

（1）拥有一批具有自主知识产权的炼化核心技术和专有技术

从炼油技术看，几乎所有催化剂和工艺技术实现了国产化，我国已拥有较高水平的渣油加氢、催化裂化、催化重整、加氢精制等系列炼油技术，形成了多产异构烷烃催化裂化（MIP）、重油催化裂解（DCC）、汽油吸附脱硫（S Zorb）等优势技术，石脑油超低压连续重整等具有竞争力的核心技术，柴油超深度加氢脱硫等特色技术，单系列千万吨级炼油成套工艺技术的突破推动我国炼油整体实力不断提高。

在化工领域，我国开发了具有自主知识产权的百万吨级乙烯成套技术，CBL北方炉裂解技术更是达到国际领先水平。中石化石油化工科学研究院有限公司（简称石科院）开发的催化热裂解制乙烯技术（CPP）和中石化洛阳工程有限公司（简称洛阳石化工程公司）开发的重油接触裂解技术（HCC）已实现工业化应用。原油直接蒸汽裂解制乙烯技术正在研发中。我国还掌握了成熟的百万吨级芳烃成套工艺技术——中国石化第三代芳烃技术。此外，我国在其他有机原料、合成树脂以及合成橡胶领域同样拥有了一批具有自主知识产权的生产核心技术和专有技术。

化工新产品开发也取得明显成效。“产学研用”联合攻关模式得到普遍采用，新产品新牌号开发成果显著。“十三五”期间，中国石油每年开发生产具有高效、高端、高附加值特性的“三高”化工新产品新牌号约80个，已经形成管材专用料TUB121N3000等长期生产的高效及重点产品牌号约42个，IBC桶专用料DMDB4506、ABS家电料0215H等拳头产品16个，医用聚丙烯专用料RP260等标杆产品7个。中国石化开发了高结晶聚丙烯、抗菌聚丙烯、聚合釜内直接生产汽车保险杠用聚丙烯、耐刮擦聚丙烯、汽车油箱用聚乙烯、双向拉伸聚乙烯（BOPE）、超高分子量聚乙烯锂电池膜等新产品。

（2）具备千万吨级炼油、百万吨级乙烯和芳烃自主设计、建设和运营能力

我国炼化产业已经掌握了大型化的现代炼化技术，在炼化一体化趋势的推动下，结合特种设备制造、控制系统、远程诊断、集成优化以及产品评价等技术，我国已经具备自主设计、建设和运营千万吨级炼油+百万吨级乙烯+百万吨级芳烃一体化项目的能力，目前正在建设的大型一体化项目均依靠自有技术建设。单系列装置生产能力有了显著提升，装置大型化的优势得到充分显示。

大型化、数字化及优化运行已成为中国炼化企业降本增效的关键技术之一。炼化企业大量采用智能化仪表设备，同时配置了先进的过程控制系统（PCS）、生产管理系统（MES）、企业资源规划（ERP）等，通过科学管理，模拟优化、远程诊断、计划调度优化等技术应用，为大型炼化企业“安稳长满优”运行提供了保障，实现了利润最大化。

炼化企业数字化发展不仅体现在生产运营方面，更体现在炼化业务能力提升和产品销售模式的创新方面。云计算、大数据、物联网、移动应用、社交媒体等信息技术不断与传统炼化业务模式相结合，推动着炼化企业的数字化转型。

（3）清洁化和智能化生产水平不断提升

中国炼化产业在废气、废水和废渣等方面应用了大量的环保技术，已实现炼化企业清洁化生产，如污水分质处理、石油炼化污水处理和深度处理成套技术、湿式催化氧化废水处理、臭氧氧化、烟气除尘脱硫脱硝、VOCs治理技术、石化污水处理场废气催化燃烧处理、污泥处理、炼化“三泥”热干化减量技术等。应用这些技术，炼化产业的清洁化生产水平有了显著提升。

建设智慧炼油厂是各炼化企业高质量发展和提高竞争力的必由之路。中国海油惠州石化有限公司（简称惠州石化）利用“双频5G+工业互联网”技术实现5G

防爆智能巡检机器人、5G作业AI监护仪表、数字化应用众创生态等智能炼厂项目建设，极大地提高了工作效率和决策准确性。中国石油辽阳石化公司正在分阶段完成5G网络全覆盖的建设任务，同时开展5G+工业互联网创新应用研究和“高危机泵无线监测”的技术攻关，助力企业向信息化、智能化发展。中国石油云南石化公司将IPC智能控制系统植入DCS控制系统，在常减压装置投料开工中，国内首创采用IPC全流程智能控制系统，大大提升了生产效率。中国石化天津石化公司充分利用新技术构建了智能制造平台，建成了企业云资源池和数据仓库，打造了“5G+北斗”智慧园区，推进智能仓储、无人机巡检等智能化场景落地应用，提升了生产经营管理智能化水平。近几年，我国炼化企业加强物联网、大数据、人工智能等新技术与生产经营的结合，加速新技术、新装备、新模式研发与推广应用，不断促进炼化企业的智能化生产水平提升。

6．“双碳”目标推动炼化行业绿色低碳发展

随着转型升级的深入和乙烯等产能规模不断扩大，在“双碳”目标下，炼化企业严控碳排放成为重要要求，低碳化发展趋势愈加明显。

炼化企业在发展规划中逐步淘汰工艺落后、能效低、排放高、效益差的产能，朝新材料、新能源、新业务等绿色低碳方向转型。在生产过程中，不断提高清洁能源自产自供能力，有效控制化石能源消耗，降低过程用能的碳排放，以低碳或者无碳燃料替代高碳燃料，逐步实现供热供能电气化。此外，炼化企业在降低能耗、减少排放、提高原油转化上深入研究，通过过程强化、工艺改进、技术组合、流程优化、分子管理等方式，保证能源和原料消耗最小化、装置运行效率和生产灵活性最大化，减少其他因素的限制，高效应对不断变化的发展环境。在管理过程中，炼化企业也在不断加快创建科学的排放强度对标指标体系和统计标准，规范固定资产投资项目碳减排评估制度和评估报告编制，完善二氧化碳统计核算方法，提升碳资产管理能力。在二氧化碳捕集和资源化利用方面，各炼化企业按照先中高浓度、后低浓度的顺序，阶梯式、递进式开展二氧化碳捕集。捕集的二氧化碳除了常用于油田驱油埋存，作为生产尿素、甲醇等产品的化工原料以及外售制作干冰等，相关研究院也正在加快开展二氧化碳生产聚碳酸酯多元醇、可降解塑料PPC、碳酸二甲酯等化工利用技术研发示范。

炼化企业将碳减排与转型升级和高质量发展紧密融合，从源头入手、从过程发力、强化末端治理，推动企业低碳化发展。

二、炼化产业面临的挑战

近年来，中国炼油化工行业在规模实力、结构调整、质量升级、体制改革等方面取得了长足的进步；但与高质量发展的要求相比，我国在实现“石化强国”的路上，炼化产业还存在着许多问题，例如产能过剩、原油对外依存度过高、高端产品自给率偏低以及安全环保的问题等，需要在发展过程中解决。

1．炼化产业“大而不强”，结构性短缺依然存在

我国石油化工大国地位已经确立，多数产品国内供应能力已能保障需求，成品油及部分有机原料在满足国内市场需求基础上出口量持续增长，但依旧存在“低端通用产品竞争激烈、高端专用料依赖进口”的问题，国内专用料产品无论在所占比例、产品多样性还是性能高端性和质量稳定性上与国外发达地区相比仍存在较大差距，导致高端产品自给率依然偏低。基础原料竞争力欠缺与高端产品供应不足的结构性矛盾将成为今后一个时期行业需要面对的主要问题。

2．成品油供应过剩常态化

国内成品油供应延续了供应过剩态势。一方面，随着中国经济进入“新常态”，以及新能源汽车、共享单车等新业态的影响，国内成品油消费增速出现小幅萎缩，其中汽油需求由高速增长转为中低速增长，柴油需求出现明显萎缩，仅煤油需求保持较快增长。另一方面，国内原油一次加工能力仍呈现增长态势，加之原油进口“双权”适度放开后地方炼油厂开工率明显提升，国内成品油产量呈现小幅增长趋势。预计2025年中国炼油能力将达9.8亿t/a，成为世界第一大炼油国。考虑需求以及出口空间后，2025年中国炼油能力至少过剩1.6亿t/a；再考虑“一带一路”沿线国家继续推进炼油项目以满足自身需求或加大成品油出口置换原油出口，中国炼油能力过剩问题将进一步加剧。

3．行业进入新的扩能高峰，全产业链过剩风险加剧

随着炼化产业基地化、园区化、一体化趋势显著，无论是民营企业、国营企业还是外资企业都在集中推进大型炼化一体化项目的建设，建设方案基本上以千万吨级炼油+百万吨级乙烯+百万吨级芳烃为基础，使得炼化行业进入新的扩能高峰。同时大型炼化一体化项目建设也带来了一些新的问题。炼油厂在“减油增化”的大方向下，转型路径基本相同，大部分为油–烯–芳一体化的技术路线，导致下游产品的差异性较小，大量类似产品将在未来几年投入市场，同质化竞争将

不断加剧。目前部分烯烃下游产品已经出现过剩趋势，PX产业链供需态势正在转变，随着未来大型一体化项目的不断投产，同质化竞争趋势将愈加明显，最终导致产能过剩的压力不断传导到下游产品上，引发全产业链过剩风险加剧。

4.“双碳”目标约束，环保压力增大，炼化产业面临新形势挑战

我国当前仍处于工业化发展阶段，一次能源消费仍处于上升趋势中，因而碳排放量仍处于增长阶段。与发达国家相比，我国为实现碳达峰到实现碳中和所预留的时间较短。目前，炼油化工企业碳管理刚刚起步，缺少实现“双碳”目标的实施方案和具体技术路线，相关碳管理规范标准尚不健全，需要做很多规范和标准工作。炼化产业未来节能减排难度加大，对技术创新提出了更高要求，技术创新驱动力需进一步增强。未来，绿色能源和高端化工将成为炼化行业的主要发展方向。

环保和安全标准的更加严格也是炼化产业将一直面临的问题，随着更严格的排水、大气、固废、生态环保条例的实施，所面临环保和安全标准方面的挑战也会加剧。

参考文献

[1] 费华伟，王婧，高振宇. 2021年中国炼油工业发展状况与近期展望[J]. 国际石油经济，2022，30（4）：48–54，62.

[2] 中国石化集团经济技术研究院有限公司. 2022中国能源化工产业发展报告[M]. 北京：中国石化出版社，2021.

[3] 赵文明，白雪松，龚华俊，等. 石油化工行业“十三五”回顾和“十四五”发展展望（一）[J]. 化学工业，2020，38（4）：9–14.

[4] 费华伟，高振宇. 中国炼油工业“十三五”回顾及“十四五”展望[J]. 国际石油经济，2021，29（5）：39–46.

[5] 刘晓宇，傅军，邹劲松，等. 未来中国炼油技术预见探究[J]. 当代石油石化，2021，29（10）：1–9.

第二章

炼化企业碳排放清单

PART 2

第一节 碳排放清单的概念、识别的意义和原则

一、碳排放清单的概念

碳排放清单是某个国家、地区或某个行业、企业在一定时间内的CO_2排放源和排放量。对于炼化企业来说，就是企业在原油加工、化工产品生产过程中涉及的所有CO_2排放源和排放量，既包括生产装置的直接排放，也包括由电力、热力消耗而导致的间接排放。编制炼化企业的碳排放清单要从企业的原料、产品、生产过程、电力、热力消耗等方面入手，研究、梳理该企业有哪些碳排放来源，并按照一定的方法核算每个排放源的碳排放量。

碳排放清单必须做到信息可靠、真实，并且能客观、公允地反映企业碳排放情况。

二、碳排放清单识别的意义

碳排放清单的识别是一项十分重要的工作，是碳减排工作中的关键环节之一，其意义主要体现在：

1．碳排放管理与减排的基础

随着全球对温室气体减排的重视程度日渐提高，很多企业越来越重视自身温室气体的管理和减排，碳排放清单可以全面、科学地展现企业的碳排放情况，从而让企业了解其自身排放状况以及潜在的、由温室气体排放而引起的风险。不仅如此，碳排放清单还可以帮助企业找到最有效的减排方式，从而提高原材料和能源利用的效率，并开发新产品和服务以降低客户或供货商受温室气体影响的程度，提高企业的竞争力。编制温室气体排放清单，也是设定内部或公开温室气体减排目标，以及此后进行监测与报告进展的前提。中国石化经济技术研究院通过对行业内86家企业构建碳排放清单，识别石化行业不同板块的碳排放特征，研究不同板块的减排路径，分析了各项降碳技术在其中的贡献。经分析，在油气开采板块，能源结构调整始终起到突出作用，而绿氢和碳捕集、利用与封存（CCUS）

随着技术不断成熟贡献也将越来越大；在炼油化工板块，节能和数字化、能源结构调整、绿氢技术和CCUS技术将在不同发展阶段贡献不同力量；在油品销售板块，能源结构调整、节能和数字化、甲烷回收及利用技术将共同为降低碳排放贡献力量。

2. 为参与碳排放交易市场提供支撑

碳排放清单可以支持企业参与碳排放交易计划，以及计算温室气体排放税。我国已建立了电力行业的全国碳交易市场，此外还在北京、上海、广州等地进行了地区碳交易试点。交易体系通过比较排放量与减排目标或限额，以确定交易量是否合规，排放交易会要求参与的企业为碳排放信息建立审计线索，这些工作都离不开碳排放清单的建立。

3. 为早期的“基准线保护”和/或碳信用行动提供信息

一份可信的排放清单有助于确保企业早期的自愿减排行动得到未来管制型计划的认可。例如，印度塔塔钢铁公司将通过提高能效减少温室气体排放，以让国际市场接受其产品。为实现这个目标，公司每年都上马多个提高能效的项目，引进较低温室气体强度的工艺。公司也积极参与温室气体交易市场，作为进一步压减名义温室气体排放的手段。为了使这些努力能成功，并符合参与新型交易体系的条件，印度塔塔钢铁公司必须编制一份准确的温室气体排放清单，包括所有工艺和活动，设定明确的基准线，监测改进情况等。

三、碳排放清单识别的原则

世界资源研究所（WRI）曾给出碳排放清单识别应遵循的五项原则，包括：

①相关性。确保温室气体排放清单恰当地反映企业的温室气体排放情况，服务于企业内部和外部用户的决策需要。

②完整性。核算和报告选定的排放清单边界内所有温室气体排放源和活动。披露任何没有计入的排放源及其活动，并说明理由。

③一致性。采用一致的方法学，以便对长期的排放情况进行有意义的比较。按时间顺序，清晰记录有关数据、排放清单边界、方法和其他相关因素的任何变化。

④透明性。披露任何有关的假定，并恰当指明所引用的核算与计算方法学，以及数据来源。

⑤准确性。应尽量保证在可知的范围内，计算出的温室气体排放量不会系统性地高于或低于实际排放量，尽可能在可行的范围内减少不确定性，达到足够的准确度，以增强用户在决策时对报告信息完整性的信心。

炼化企业在制定碳排放清单时，可以参照以上原则。

第二节 炼化企业碳排放清单识别与核算

一、编制步骤

编制炼化企业碳排放清单首先要确定企业统计边界，识别边界内的排放源，之后再对各排放源的碳排放量进行核算，并对统计、核算结果进行校验，最后形成碳排放清单。企业碳排放清单编制步骤参见图2–1。

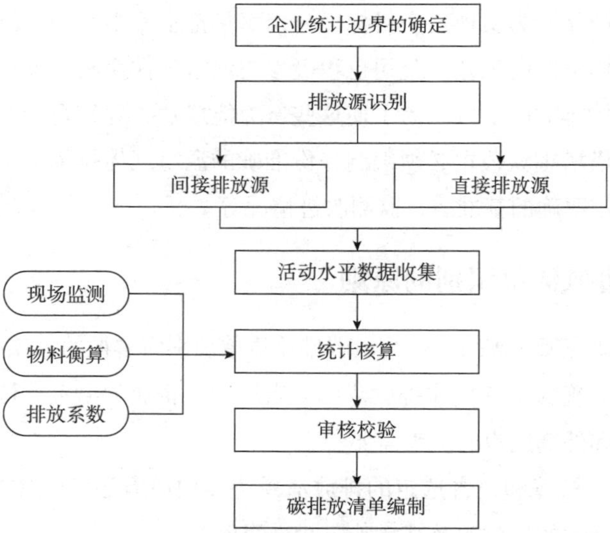

图 2–1　企业碳排放清单编制步骤

二、主要的碳排放清单编制体系标准

编制碳排放清单需要遵循一定的方法学，即碳排放清单编制标准。目前国际标准化组织（ISO）、世界资源研究所（WRI）、世界可持续发展工商理事会

（WBCSD）、政府间气候变化专门委员会（IPCC）等机构已形成了系统的温室气体核算标准，可用于组织、产品、服务等层面的温室气体核算。

IPCC、WRI和ISO建立的温室气体核算标准体系分别为：《2006年IPCC国家温室气体清单指南》《温室气体核算体系：企业核算与报告标准（修订版）》和ISO 14064，其中《2006年IPCC国家温室气体清单指南》适用于国家层面的温室气体清单编制，不适用于企业碳排放清单编制，温室气体核算方法包括实测法、质量衡算法、排放系数法。《温室气体核算体系：企业核算与报告标准（修订版）》适用于组织和项目清单编制，是世界上最早的企业清单编制标准，温室气体核算方法也包括实测法、质量衡算法、排放系数法。ISO 14064则是国际标准化组织在《温室气体核算体系：企业核算与报告标准（修订版）》基础上编制的温室气体清单编制方法学，适用于组织和项目层面，但对排放源规定、核算方法的确定等关键点方面只有原则性建议，不涉及生产过程和具体行业，其核算方法同样包括实测法、质量衡算法、排放系数法。从适用范围上看，《温室气体核算体系：企业核算与报告标准（修订版）》、ISO 14064的清单编制方法可作为企业温室气体排放清单的参考依据。

为了提高我国省级温室气体清单编制的科学性、规范性和可操作性，原国家发展改革委应对气候变化司于2011年发布了《省级温室气体清单编制指南（试行）》以指导省级温室气体清单的编制。我国还有一些地区出台了区域性核算方法，例如深圳市2018年发布实施的《组织的温室气体排放核查指南》，上海市发布的《上海市化工行业温室气体排放核算与报告方法（试行）》《上海市温室气体排放核算与报告指南（试行）》，北京市发布的《北京市重点碳排放单位二氧化碳核算和报告要求（2021版）》，广东省发布的《广东省市县（区）温室气体清单编制指南（试行）》，重庆市发布的《重庆市区县温室气体清单编制指南（试行）》等。

对于石油化工行业来说，国外主要有美国石油学会（API）发布的《石油和天然气行业温室气体排放纲要》，国内有《石油化工生产企业CO_2排放量计算方法》和《中国化工生产企业温室气体排放核算方法与报告指南（试行）》等标准。参见表2-1。

表 2-1　石油化工企业温室气体核算方法

核算方法	气体	核算对象	适用范围	发布时间	制定机构	方法名称
排放因子、质量平衡	CO_2、CH_4、N_2O、全氟碳化合物、氢氟碳化合物和六氟化硫	生产设施	石油石化	2009	美国石油协会	石油和天然气行业温室气体排放纲要
排放因子、质量平衡	CO_2	企业	炼油、石化	2011	国家工业和信息化部	石油化工生产企业CO_2排放量计算方法
排放因子、质量平衡	CO_2	企业	炼油、石化	2013	国家发展改革委	中国化工生产企业温室气体排放核算方法与报告指南（试行）
排放因子、质量平衡	CO_2、CH_4、N_2O	企业	石化化工	2014	中国石油化工集团	化工生产企业温室气体排放量计算方法

三、碳排放清单识别

进行碳排放清单识别之前，首先需要了解在什么范围内识别，也就是要确定边界。通常应以独立法人企业或视同法人的独立单位为企业边界，从生产原料进厂到最终产品出厂，识别所有生产系统、辅助生产系统、直接为生产服务的附属生产系统。辅助生产系统包括厂区内的动力、供电、供水、采暖、制冷、机修、化验、仪表、仓库（原料场）、运输等。附属生产系统包括生产指挥管理系统（厂部）和厂内为生产服务的部门、单位，例如职工食堂、车间浴室等，一般不包括油品输送与销售系统的碳排放。

根据炼油与石油化工企业生产特点，碳排放源可以分为两大类，即直接排放和间接排放，其中直接排放主要有以下几种来源：

1．燃料燃烧CO_2排放

炼油与石油化工生产中化石燃料用于动力或热力供应的燃烧过程产生的CO_2排放。这里强调的是燃料用作能源供应，而燃料非能源利用产生的碳排放则应纳入工业生产过程或其他排放范畴。

2．火炬燃烧CO_2排放

火炬是石化企业不可缺少的安全设施，在开停车或事故时通常将可燃气体集中到火炬系统燃烧后排放，因此在进行碳排放源识别时需要考虑火炬燃烧这个源项。

3．工业生产过程CO_2排放

在石油炼制和石油化工生产过程中，涉及CO_2排放的装置主要有：催化裂化装置、催化重整装置、其他生产装置催化剂烧焦再生、制氢装置、焦化装置、石油焦煅烧装置、氧化沥青装置、乙烯裂解装置、乙二醇/环氧乙烷生产装置等。

如果企业除石化产品之外还有其他产品生产活动，并且涉及CO_2排放，则这部分碳排放也需要识别出来。

企业间接碳排放为净购入电力和热力隐含的CO_2排放。虽然这部分碳排放实际发生在电力或热力生产企业，但是由于这些碳排放是使用电、热的企业消费而引起的，因此也作为一个源项纳入碳排放清单中。

碳排放清单除需要识别CO_2排放的源项外，还需要识别出CO_2回收利用的情况，在后续碳排放量计算中扣除企业将CO_2作为原料自用或外供给其他单位的部分。

四、碳排放清单核算

仅识别出企业的碳排放源项并不能构成完整的碳排放清单，还需要根据一定的方法学对各个源项的碳排放量进行核算，才能说明一个企业的碳排放具体情况。具体核算方法和相关因子取值等可参照国家、地区或行业的温室气体核算规范。

1．直接CO_2排放量计算方法

（1）固定和移动燃烧CO_2排放量计算

对于营运边界内的加热炉、锅炉等固定或移动燃烧设施所产生CO_2的核算，其根本原理是基于物料平衡，首先计算出各燃料中的含碳量，进而核算CO_2排放量。各个燃烧设施燃烧产生的CO_2排放量计算公式如下：

$$E_{CO_2燃烧}=\sum_j\sum_i(AD_{i,j}\times CC_{i,j}\times OF_{i,j}\times\frac{44}{12})$$

式中　$E_{CO_2燃烧}$——企业化石燃料燃烧CO_2排放量，tCO_2；

$AD_{i,j}$——燃烧设施j内燃烧的化石燃料i消费量，固体或液体燃料以及炼油厂干气以t为单位，其他气体燃料以气体燃料标准状况下体积万Nm^3为单位，非标准状况下的体积需转换成标准状况下体积；

$CC_{i,j}$——设施j内燃烧的化石燃料i的含碳量，固体、液体燃料、炼油厂干气以tC/t燃料为单位，其他气体燃料以tC/万Nm^3为单位；

$OF_{i,j}$——燃烧的化石燃料i的碳氧化率，取值范围为0～1。

化石燃料燃烧量应根据企业能源消费原始记录或统计台账确定，包括企业自产和回收的燃料，但不包括作为原料或生产材料使用的消费量。

化石燃料含碳量可以由企业自行或委托有资质的机构按照GB/T 476《煤中碳和氢的测定方法》、SH/T 0656《石油产品及润滑剂中碳、氢、氮的测定　元素分析仪法》、GB/T 13610《天然气的组成分析　气相色谱法》、GB/T 8984《气体中一氧化碳、二氧化碳和碳氢化合物的测定　气相色谱法》等相关标准进行燃料含碳量测定。煤炭应在每批次燃料入厂时或每月至少进行一次检测，根据燃料入厂量或月消费量加权平均作为该煤种的含碳量。液体燃料可在每批次燃料入厂时或每季度进行一次检测，取算术平均值作为该燃料的含碳量。气体燃料可在每批次燃料入厂时或每半年至少检测一次气体组分，然后根据每种气体组分的体积浓度及该组分化学分子式中碳原子的数目计算含碳量。

气体燃料含碳量计算公式：

$$CC_g=\sum_n\left(\frac{12\times CN_n\times V_n}{22.4}\times 10\right)$$

式中　CC_g——待测气体g的含碳量，tC/万Nm^3；

n——待测气体的各种组分；

V_n——待测气体中气体组分n的体积浓度，取值范围0～1；

CN_n——气体组分n化学分子式中碳原子的数目；

12——碳的摩尔质量，kg/kmol；

22.4——标准状况下理想气体摩尔体积，Nm^3/kmol。

含碳量也可以通过燃料的低位发热量计算得出，公式如下：

$$CC_i=NCV_i\times EF_i$$

式中　CC_i——化石燃料品种i的含碳量，固体和液体燃料以tC/t燃料为单位，气体燃料以tC/万Nm^3为单位；

NCV_i——化石燃料品种i的低位发热量，固体和液体燃料以GJ/t为单位，气体燃料以GJ/万Nm^3为单位；

EF_i——化石燃料品种i的单位热值含碳量，tC/GJ。

燃料低位发热量的测定应按照GB/T 213《煤的发热量测定方法》、GB/T 384《石油产品热值测定法》、GB/T 22723《天然气 能量的测定》等相关标准，其中对煤炭应在每批次燃料入厂时或每月至少进行一次检测，以燃料入厂量或月消费量加权平均作为该燃料品种的低位发热量。对油品可在每批次燃料入厂时或每季度进行一次检测，取算术平均值作为该油品的低位发热量。对于天然气等气体燃料可在每批次燃料入厂时或每半年进行一次检测，取算术平均值作为低位发热量。企业若没有检测条件也可以参考《中国能源统计年鉴2012》《2005年中国温室气体清单研究》中的低位发热量，《2006年IPCC国家温室气体清单指南》《省级温室气体清单编制指南（试行）》中单位热值含碳量以及《省级温室气体清单编制指南（试行）》中的碳氧化率。

（2）火炬燃烧CO_2排放量计算

炼化企业火炬燃烧有两种情况：一种是正常工况下长明灯及火炬气的燃烧，另一种是事故状态下火炬气的燃烧，两种情况下数据基础不同，因此CO_2需要分开核算。

$$E_{CO_2-火炬}=E_{CO_2-正常火炬}+E_{CO_2-事故火炬}$$

式中 $E_{CO_2-火炬}$——火炬燃烧产生的CO_2排放量，t；

$E_{CO_2-正常火炬}$——正常工况下火炬气燃烧产生的CO_2排放量，t；

$E_{CO_2-事故火炬}$——事故导致的火炬气燃烧产生的CO_2排放量，t。

其中正常工况下火炬燃烧CO_2排放量计算公式：

$$E_{CO_2-正常火炬}=\sum_i Q_{正常火炬}\times(CC_{非CO_2}\times OF\times\frac{44}{12}+V_{CO_2}\times 19.7)$$

式中 i——火炬序号；

$Q_{正常火炬}$——正常工况下第i号火炬的火炬气流量，万Nm^3；

$CC_{非CO_2}$——火炬气中除CO_2外其他含碳化合物的总含碳量，tC/万Nm^3；

OF——第i号火炬的碳氧化率，如无实测数据可取缺省值0.98；

V_{CO_2}——火炬气中CO_2的体积浓度，%；

19.7——CO_2气体在标准状况下的密度，tCO_2/万Nm^3。

正常工况下火炬气流量，可以根据流量监测系统、工程计算或类似估算方法获得。

火炬气中CO_2体积浓度应根据气体组分分析仪或火炬气来源获取。

火炬气中除CO_2外其他含碳化合物的含碳量$CC_{非CO_2}$应采用每组气体组分的体积浓度及该组分化学分子式中碳原子的数目计算。

$$CC_{非CO_2}=\sum_n\left(\frac{12\times V_n\times CN_n\times 10}{22.4}\right)$$

式中　$CC_{非CO_2}$——火炬气中除CO_2外的其他含碳化合物的含碳量，tC/万Nm^3；

n——火炬气中除CO_2以外的各种组分；

V_n——火炬气中除CO_2外的第n种含碳化合物（包括一氧化碳）的体积浓度，%；

CN_n——火炬气中第n种含碳化合物（包括一氧化碳）化学分子式中的碳原子数目。

事故状态下，由于炼化企业一般未对火炬气燃烧进行监测，通过监测获取火炬气流量数据比较困难，因此可以事故设施通往火炬的平均气体流量及事故持续时间为基础估算事故火炬燃烧量，进而估算燃烧产生的CO_2排放量。

$$E_{CO_2-事故火炬}=\sum_j GF_{事故j}\times T_{事故j}\times CN_{n,j}\times\frac{44}{22.4}\times 10$$

式中　j——事故次数；

$GF_{事故j}$——报告期内第j次事故状态时的平均火炬气流速度，万Nm^3/h；

$T_{事故j}$——报告期内第j次事故的持续时间，h；

$CN_{n,j}$——第j次事故火炬气气体摩尔组分的平均碳原子数目；

44——CO_2的摩尔质量，g/mol。

事故火炬的持续燃烧时间及平均气体流量应参考事故调查报告取值。石油炼制系统的事故火炬气体组分按C_5考虑，即$CN_{n,j}$=5；石油化工系统事故火炬气体组分按C_3考虑，即$CN_{n,j}$=3。

（3）工艺过程CO_2排放量计算

炼化企业生产运营边界内，部分生产装置会直接产生CO_2，也叫制程碳排放，这些装置主要包括催化裂化装置、制氢装置、乙烯裂解装置等。本小节将介绍炼化企业几种主要装置碳排放计算方法。

1）催化裂化装置

催化裂化技术是重油轻质化和改质的重要手段，已成为当今石油炼制的核心工艺之一。催化裂化装置在热和催化剂作用下使重质油发生裂化反应，转变为裂化气、汽油和柴油等，在反应过程中生成的焦炭会沉积在催化剂表面容易导致催化剂失去活性，通常采用连续烧焦的方式清除催化剂表面的结焦，使催化剂再生。连续烧焦产生的尾气可能经脱硫脱硝后直接排放，也可能通过CO锅炉完全燃烧后再排放。当烧焦尾气送锅炉燃烧时，可将其看作燃料，采用燃料燃烧公式计算CO_2排放量即可。连续烧焦尾气不经锅炉燃烧直接排放时的计算公式如下：

$$E_{CO_2-烧焦}=\sum_{j=1}^{N}(MC_j \times CF_j \times OF \times \frac{44}{12})$$

式中　$E_{CO_2-烧焦}$——催化裂化装置烧焦在核算时段内产生的CO_2的排放量，t；

j——催化裂化装置序号；

MC_j——第j套催化裂化装置烧焦量，t；

CF_j——第j套催化裂化装置催化剂结焦的平均含碳量（质量分数），tC/t焦；

OF——烧焦过程碳氧化率。

公式中烧焦量MC_j可根据企业生产记录或统计台账获取；焦层的平均含碳量CF_j可优先推荐采用企业实测数据，如果没有实测数据可默认为焦炭含量为100%，烧焦设备的碳氧化率可取缺省值0.98。

除上述计算方法之外，还可以以鼓风机实际风量和废气浓度为基础进行计算，计算公式如下：

$$\sum PE_i=\sum[(AR_i+SOR_i)\times(F_{CO_2}+F_{CO})_i \times \frac{44}{22.4}/1000]$$

式中　PE_i——统计期内第i套催化裂化装置烧焦所产生的CO_2排放量，t；

AR_i——统计期内第i套催化裂化装置的空气流量，Nm^3；

SOR_i——统计期内第i套催化裂化装置的补氧流量，Nm^3；

F_{CO_2}和F_{CO}——统计期内第i套催化裂化装置再生器出口废气中的CO_2和CO浓度，%（体）；

22.4——从摩尔体积转换为质量的系数，Nm^3/kmol。

对于催化裂化装置CO_2排放量的两种计算方法，推荐使用第一种。

2）制氢装置

炼化企业以天然气、炼厂干气、轻质油、重质油、重油或煤为原料生产氢气时所排放的CO_2可采用碳质量平衡法核算，公式如下：

$$E_{CO_2-制氢}=\sum_{j=1}^{N}[AD_r\times CC_r-(Q_{sg}\times CC_{sg}+Q_w\times CC_w)]\times\frac{44}{12}$$

式中 $E_{CO_2-制氢}$——制氢装置CO_2排放量，t；

j——制氢装置序号；

AD_r——第j个制氢装置原料投入量，t；

CC_r——第j个制氢装置原料的平均含碳量，tC/t原料；

Q_{sg}——第j个制氢装置产生的合成气的量，万Nm^3；

CC_{sg}——第j个制氢装置产生的合成气的含碳量，tC/万Nm^3合成气；

Q_w——第j个制氢装置产生的残渣量，t；

CC_w——第j个制氢装置产生的残渣的含碳量，tC/t残渣。

公式中制氢装置的原料投入量AD_r、合成气产生量Q_{sg}、残渣产生量Q_w根据企业原始生产记录获取，原料含碳量CC_r、合成气含碳量CC_{sg}及残渣含碳量CC_w采用企业实测数据。

3）乙烯裂解装置

乙烯裂解装置的碳排放主要来自裂解炉燃料燃烧和烧焦过程排放的CO_2。裂解炉燃料燃烧碳排放量采用本节前边提到的燃烧设施CO_2计算公式核算，烧焦过程碳排放量可根据炉管排气口的气体流量及其中的CO_2及CO浓度确定，公式如下：

$$E_{CO_2-裂解}=\sum_{j=1}^{N}[Q_{wg,j}\times T_j(Con_{CO_2 j}+Con_{COj})\times19.7\times10^{-4}]$$

式中 $E_{CO_2-裂解}$——乙烯裂解装置炉管烧焦产生的CO_2排放量，t；

j——乙烯裂解装置序号；

$Q_{wg,j}$——第j套乙烯裂解装置的炉管烧焦尾气平均流量（需折算成标准状况下气体体积），Nm^3/h；

T_j——第j套乙烯裂解装置的年累计烧焦时间，h；

$Con_{CO_2 j}$——第j套乙烯裂解装置炉管烧焦尾气中CO_2的体积浓度，%；

Con_{COj}——第j套乙烯裂解装置炉管烧焦尾气中CO的体积浓度，%。

公式中烧焦尾气的平均流量根据气体流量计获得，尾气中CO、CO_2浓度根据尾气监测系统气体成分分析仪获取，裂解装置的年累计烧焦时间根据生产原始记录获取。

如果乙烯裂解反应尾气作为燃料气被回收利用，那么燃烧产生的CO_2应计入燃烧装置的碳排放量。

4）其他生产装置

炼化企业除前述的碳排放来源和核算方法外，还有催化重整装置、焦化装置、石油焦煅烧装置、氧化沥青装置、乙二醇/环氧乙烷装置及甲醇、二氯乙烷、乙酸乙烯、丙烯醇、丙烯腈、炭黑等装置生产过程排放CO_2，其碳排放量可以根据原料–产品流程采用碳质量平衡法进行计算，公式如下：

$$E_{CO_2-其他}=\left\{\sum_r (AD_r\times CC_r)-\left[\sum_p (Y_p\times CC_p)+\sum_w (Q_w\times CC_w)\right]\right\}\times\frac{44}{12}$$

式中 $E_{CO_2-其他}$——某个其他产品生产装置CO_2排放量，t；

AD_r——该装置生产原料r的投入量，固体和液体原料以t为单位，气体以万Nm^3为单位；

CC_r——原料r的含碳量，固体和液体原料以tC /t原料为单位，气体以tC /万Nm^3为单位；

Y_p——该装置产出的产品p的产量，固体和液体产品以t为单位，气体产品以万Nm^3为单位；

CC_p——产品p的含碳量，固体和液体产品以tC /t产品为单位，气体产品以tC /10^4Nm^3为单位；

Q_w——该装置产出的各种含碳废弃物的量，t；

CC_w——含碳废弃物w的含碳量，tC /t废弃物。

公式中原料投入量、产品产出量、废弃物产出量均根据企业台账记录获得。对原料、产品和废弃物的含碳量应自行监测或委托有资质的机构定期检测，固体、液体，可每周取样一次，当原料发生变化时应当及时取样，将所有样品测定后，以每个样品所代表的活动水平数为权重进行加权平均；气体原料、产品或废弃物可以定期检测气体组分，然后根据每种气体组分的体积浓度和分子式中碳原子的数目进行计算。如果企业没有实测条件，那么纯物质可基于化学分子式及碳原子的数目、分子量计算含碳量，其他物质则可以参考行业标准或相关文献取值。

2. 间接CO_2排放量计算方法

炼化企业除了燃烧器和设备直接排放CO_2，还需要外购大量电力、蒸汽和热，而生产这部分电力、蒸汽、热所导致的碳排放虽然没有发生在炼化企业，但是炼化企业的相关生产活动引起，也应作为间接排放量纳入炼化企业的碳排放计算当中，这样才能全面反映该企业CO_2的排放情况。

炼化企业净购入电力、热力所对应的CO_2排放，可以根据实际消耗量和相应的排放因子进行计算。对应的公式分别为：

$$E_{CO_2\text{-净电}}=AD_{\text{电力}}\times EF_{\text{电力}}$$

式中　$E_{CO_2\text{-净电}}$——企业净购入电力隐含的CO_2排放量，t；

$AD_{\text{电力}}$——企业净购入的电力消费量，MW·h；

$EF_{\text{电力}}$——电力供应的CO_2排放因子，tCO_2/（MW·h）。

炼化企业净购入的电力消费量以企业和电网公司结算的电表读数、企业能源消费台账或统计报表为依据，电力净消费量为购入电量与外供电量的差值。电力供应的CO_2排放因子根据主管部门的最新发布数据取值。

$$E_{CO_2\text{-净热}}=AD_{\text{热力}}\times EF_{\text{热力}}$$

式中　$E_{CO_2\text{-净热}}$——企业净购入热力隐含的CO_2排放量，t；

$AD_{\text{热力}}$——企业净购入的热力消费量，GJ；

$EF_{\text{热力}}$——热力供应的CO_2排放因子，tCO_2/GJ。

净购入的热力消费量应以热力购买/销售结算凭证或企业能源消费台账、统计报表为依据，净购入的蒸汽、热水的总热量为购入与外供蒸汽、热水的总热量之差。热力供应的CO_2排放因子应优先采用供热单位提供的CO_2排放因子，不能提供的可取0.11tCO_2/GJ。常见燃料的CO_2排放因子缺省值参见表2–2。

表 2–2　常见燃料的 CO_2 排放因子缺省值

名称	排放因子
无烟煤/（tCO_2/t）	2.522
烟煤/（tCO_2/t）	1.742
褐煤/（tCO_2/t）	1.173
洗精煤/（tCO_2/t）	2.282
其他洗煤/（tCO_2/t）	1.052
型煤/（tCO_2/t）	1.936
焦炭/（tCO_2/t）	2.860

续表

名称	排放因子
原油/（tCO_2/t）	3.020
燃料油/（tCO_2/t）	3.170
汽油/（tCO_2/t）	2.925
柴油/（tCO_2/t）	3.096
煤油/（tCO_2/t）	3.033
石油焦/（tCO_2/t）	3.212
其他石油制品/（tCO_2/t）	2.889
焦油/（tCO_2/t）	2.645
粗苯/（tCO_2/t）	3.411
炼厂干气/（tCO_2/t）	3.039
液化石油气/（tCO_2/t）	3.101
液化天然气/（tCO_2/t）	2.732
天然气/（tCO_2/万Nm^3）	21.622
焦炉煤气/（tCO_2/万Nm^3）	8.864
高炉煤气/（tCO_2/万Nm^3）	8.481
转炉煤气/（tCO_2/万Nm^3）	15.124
密闭电石炉气/（tCO_2/万Nm^3）	15.947
其他煤气/（tCO_2/万Nm^3）	2.315
热力/（tCO_2/GJ）	0.11
电力/[tCO_2/（万kW·h）]	5.703

五、炼化企业碳排放清单实例

某炼化一体化企业改扩建过程需要进行碳排放清单初步核算，从而了解改扩建部分碳排放构成，并为下一步节能降碳提供参考。改扩建部分的碳排放清单具体编写过程如下。

1．核算范围的确定

本次碳排放清单编制范围即为改扩建工程建设范围，包括1000万t/a炼油装置、150万t/a芳烃联合装置（含吸附分离、歧化、异构化、苯/甲苯分离、二甲苯分馏）、100万t/a乙烯及下游配套化工装置、煤制气装置；配套的公用工程系统包括空分空压、动力站及水处理站、供电系统、消防系统等；配套设施包括中心控制室、综合办公楼、污水处理场、火炬系统、包装厂房及仓库等；厂区外配套系统包括码头、油品罐区、管廊等工程。企业碳排放核算边界如图2-2所示。

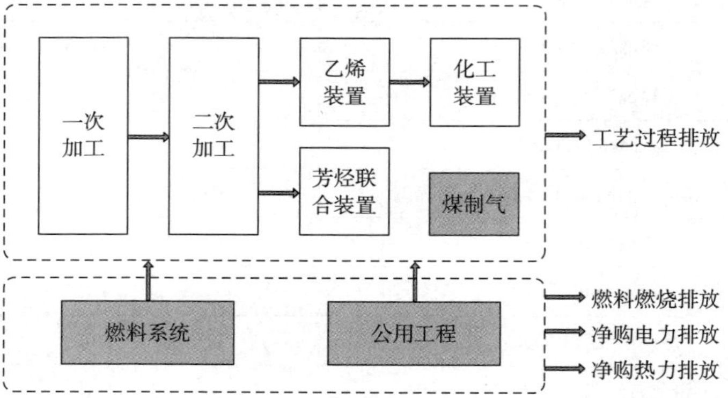

图 2-2　企业碳排放核算边界

2. 排放源识别及各环节碳排放量计算

（1）固定和移动燃烧CO_2排放

本项目所用燃料包括天然气、燃料气、煤等含碳燃料；在项目界区内，燃料燃烧源包括乙烯裂解炉甲烷氢燃烧排放、燃料气燃烧排放、动力锅炉燃料煤的燃烧排放等。该项目设计炼油部分消耗燃料气为97万t/a，化工部分消耗炼油厂燃料气、燃料油分别为40万t/a和6万t/a。由于缺乏实测量，各化石燃料特性参数按表2-2提供的缺省值计算。计算后可得本项目每年燃烧碳排放为435万tCO_2。

本项目将建设火炬，正常工况下，火炬长明灯消耗燃料并产生CO_2，作为一个排放源，其CO_2排放量已计入燃料燃烧CO_2排放项，不再单独计算。非正常工况，放火炬过程中物料燃烧排放CO_2，因无法提前估计，未考虑。

（2）工艺过程CO_2排放

本项目工艺过程中的CO_2主要来自煤制氢装置和乙烯裂解装置产生的CO_2。

煤制氢装置消耗原料煤210万t/a，合成气全部通过水煤气变换生产氢气，该项目设计的原料煤干基含碳量为70%，根据碳守恒，年排放539.0万tCO_2。

乙烯裂解装置的过程排放主要为烧焦排放，由于项目尚未实施，无法确定CO_2和CO排放实际数值，根据模拟测算，估算这一过程排放为0.4万tCO_2/a。

本项目还设有动力锅炉，配石灰石作为脱硫剂。石灰石主要成分为$CaCO_3$，用量3.2万t/a，按100%转换考虑，有效含碳量为12%，则每年碳排放量为1.4万tCO_2。

（3）外购电力、热力对应的间接CO_2排放量

该项目在扣除自发电后需外购电力440MW。电力供应的排放因子取2022年度全国电网平均排放因子0.5703tCO_2/（MW·h）。因此本项目全年外购电力对应的碳排放量为200.7万tCO_2。

本项目化工部分热力外送周边社区，外送的间接排放作为抵扣项计入本项目统计范畴，抵扣后，还需外购超高压蒸汽150万t/a。外购超高压蒸汽的压力为11.5MPa，温度为520℃。采用线性内插法计算该温度下过热蒸汽的热焓值，为3413.25kJ/kg。本项目热力供应的排放因子暂按缺省值0.11tCO_2/GJ计算。经计算，热力对应的碳排放量为54.9万tCO_2/a。

3．结果汇总及分析

（1）项目CO_2排放总量计算

将上述各项CO_2排放量子项相加，结果见表2–3。

表 2–3　碳排放计算汇总　万tCO_2/a

序号	碳排放源	碳排放量
1	化石燃料燃烧排放	435
2	工艺过程排放	540.8
2.1	煤制氢	539.0
2.2	乙烯裂解	0.4
2.3	脱硫装置	1.4
3	外购电力和热力CO_2排放	255.6
3.1	净购入电力CO_2排放	200.7
3.2	净购入热力CO_2排放	54.9
4	回收CO_2	0
合计		1231.4

该项目的CO_2排放总量为1231.4万tCO_2/a，其中直接排放975.8万tCO_2/a、间接排放255.6万tCO_2/a。

（2）项目碳排放水平分析

从以上碳排放清单可以看出，该项目CO_2排放的主要来源是燃料燃烧、煤制氢和外购电力，需要在下一步工作中优化总流程、提高装置和设备节能水平、增加清洁能源的使用。

六、炼化企业典型装置碳排放分析

炼化行业是复杂的流程工业，炼油厂涉及装置类型达60余种，系统研究炼油装置的碳排放特征如排放类型、排放量、排放强度等，通过对各装置的碳排放分析可以发现企业碳排放的制约环节，从而可以有的放矢地制定减排方案和路线。炼油企业主要装置包括常减压蒸馏、连续重整、加氢裂化、催化裂化、延迟焦化、加氢精制等。目前，由于能源结构以化石燃料为主，因此炼油装置碳排放与装置能耗之间有很大的相关性。根据原GB/T 30251《炼油单位产品能源消耗限额》主要装置的能耗定额（见表2-4）可知，不同装置能耗差别较大，其中能耗最高的装置为制氢装置，达到1100kgEO/t，其他较高能耗的装置主要有烷基化、MTBE、连续重整、催化裂解，其能耗限额分别为105kgEO/t、95kgEO/t、90kgEO/t、80kgEO/t，其次为催化裂化装置，为55kgEO/t。

表 2-4　主要炼油装置能耗限额

kgEO/t

装置名称	能耗定额	装置名称	能耗定额
常减压蒸馏	10	制氢	1100
催化裂化	55	溶剂脱沥青	26
催化裂解	80	烷基化	105
延迟焦化	25	石脑油异构化	50
连续重整	90	减黏裂化	9
芳烃抽提	40	MTBE	95
蜡油加氢	16	S Zorb	8.5
渣油加氢	20	硫黄回收	10

注：除制氢以产氢量为基准，其余均以处理量为基准。

1．一般炼油装置碳排放

曲宏亮对脱碳型炼油厂炼油装置碳排放进行了分析，发现炼油厂炼油装置的碳排放因子与各装置综合能耗的分布基本相同。最高的为天然气制氢装置，其碳排放因子为9.243 tCO_2/t，两套催化裂化、烷基化、连续重整、气体分馏、干气提纯提浓等装置碳排放系数较高，分别为0.209tCO_2/t、0.229tCO_2/t、0.324tCO_2/t、0.226tCO_2/t、0.233tCO_2/t、0.117t/tCO_2/t；其次为中压与高压加氢裂化装置、延迟焦化等装置，分别为0.095tCO_2/t、0.061tCO_2/t、0.055tCO_2/t；常减压、蜡油加氢、加氢精制等装置最低，为0.006 ~ 0.036tCO_2/t；Claus反应产生的大量热量被以蒸汽的形式回收，因而两套硫黄装置的碳排放因子为负值，分别为–0.226tCO_2/t和–0.332tCO_2/t。通过分析发现，对于该炼油厂催化裂化和制氢装置是最大的碳排放源，两种类型装置中工艺排放为主要排放，催化裂化装置和制氢装置造成的工艺排放占全炼油厂CO_2排放总量的58.9%。不同装置碳排放量及排放因子参见图2–3。

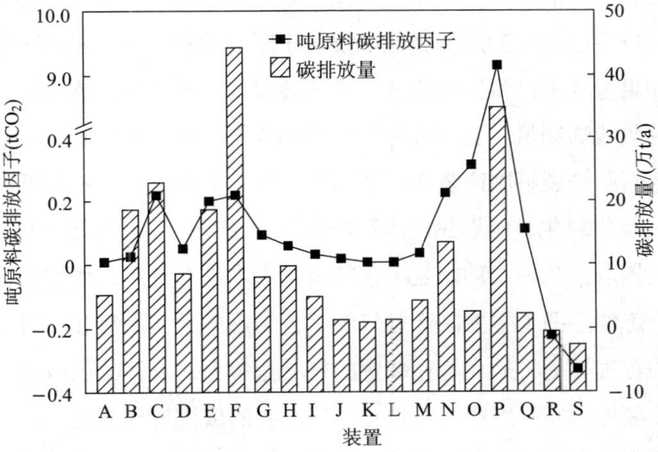

图 2–3　不同装置碳排放量及排放因子

A—1#常减压装置；B—2#常减压装置；C—连续重整装置；D—延迟焦化装置；E—1#催化裂化装置；F—2#催化裂化装置；G—中压加氢裂化装置；H—高压加氢裂化装置；I—蜡油加氢装置；J—1#S Zorb装置；K—2# S Zorb装置；L—航煤加氢装置；M—柴油加氢装置；N—气体分馏装置；O—烷基化装置；P—天然气制氢装置；Q—干气提纯提浓装置；R—1#硫黄回收装置；S—2#硫黄回收装置

催化裂化、制氢装置是传统燃料型炼油厂最主要的碳排放环节。催化裂化中催化剂表面极易结焦，需要对催化剂进行连续烧焦再生，因此其通常为炼油厂中碳排放量最大的装置，炼油厂也通过回收能量生产蒸汽以减少碳排放压力。碳排放强度紧随其后的为连续重整、常减压、高压加氢裂化、气体分馏及柴油加氢装置。电力、热力的消耗也会导致碳排放，其中重整装置碳排放主要来自芳烃联合部分的加热炉烟气。偏重质的原料也会因为反应结焦率或氢气需求量提升而提高碳排放强度，如相近规模的润滑油型炼油厂碳排放强度较燃油型炼油厂高出30%以上。煤或石油焦制氢及乙烯裂解装置的碳排放量均较高。由于民营大型炼化企业相较于传统炼油企业氢气需求量大幅提升，因此均选择性放大了连续重整&芳烃联合装置，以副产廉价氢气。在增加副产氢的同时，仍需要额外配套制氢装置以满足增长的氢气需求。同时由于乙烯裂解装置发生的反应为强吸热反应，需要消耗大量能源，碳排放强度较高。根据炼化装置耗能、碳排放系数计算，在大型炼化企业中连续重整、芳烃联合、煤（石油焦）制氢及乙烯裂解四者的碳排放占比达到60%。其中除煤（石油焦）制氢外，三者碳排放主要来自电力、热力的间接消耗，而煤（石油焦）制氢碳排放主要来自CO变换制氢的过程。

炼化一体化工厂需要大量的氢气，同时炼化一体化工厂在生产环节也会副产氢气，目前氢气成本已经成为炼油企业中仅次于原油成本的第二成本要素，而且氢气存储困难，如果氢气不足将影响炼油厂整体装置的正常运行。炼油厂主要的氢气来源有：①石油焦或煤制氢，美国炼油厂多外购来自天然气SMR制氢的氢气；②催化重整氢气；③石脑油裂解副产氢气；④丙烷、异丁烷脱氢副产；⑤低浓度氢气的回收，如加氢、催化裂化、延迟焦化副产的氢气，多采用变压吸附（PSA）、膜分离、深冷三种工艺提取。几种主动制氢工艺的氢气成本都非常高，而且碳排放量大，目前炼化一体化炼油厂两个主要副产氢气的工艺为炼厂干气制氢和重整。因此，今后炼化一体化的氢气平衡将是大炼化装置的核心竞争力，氢气的供应将直接影响整体装置的运行，额外制氢已经成为石化企业最主要的碳排放环节之一。可采用最大化重整装置的能力来实现最大限度提升副产氢比重，一般情况下重整副产氢气为进料的3.0%～6.0%，对于加氢炼油流程，氢气用量一般占原油加工量的0.8%～3.5%。以浙江石化为例，其800万t/a连续重整装置副产氢气约30万t/a，供应炼油厂近70%的氢气需求，大幅度降低了对化石能源制氢的依赖。

2. 催化裂化装置碳排放

催化裂化装置是炼化企业装置碳排放大户，将整个催化裂化装置作为研究对象，催化裂化装置碳排放类型包括装置运行烧焦产生的工艺碳排放（原料油生产产品过程中发生），是该系统的直接碳排放；装置运行需要消耗电能、循环水和新鲜水，这部分二次能源会向系统带入间接碳排放；装置产生蒸汽供系统外装置利用，相当于减少本系统碳排放。催化裂化装置碳排放的系统边界如图2-4所示。

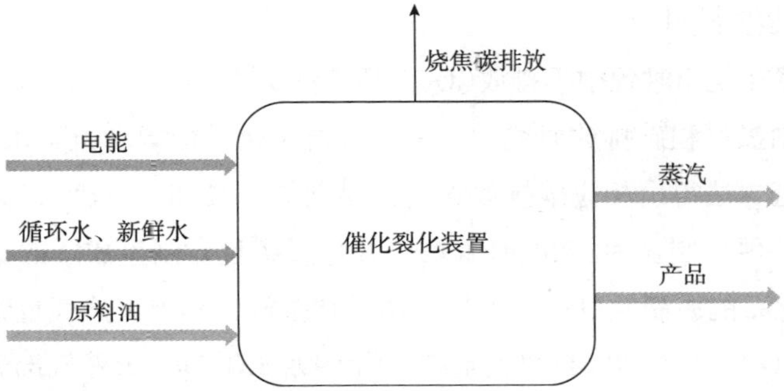

图 2-4　催化裂化装置碳排放系统边界

催化裂化是在热和催化剂的作用下使重质油发生裂化反应，转变为裂化气、汽油和柴油等的过程。在催化裂化工艺中，反应的副产物焦炭沉积在催化剂表面，容易使催化剂失去活性，炼油厂一般采用连续烧焦的方式来清除催化剂表面的结焦。

对连续烧焦而言，烧焦产生的尾气有可能直接排放，也有可能通过CO锅炉完全燃烧后再排放。后一种情况应把烧焦尾气视为一种燃料按照燃料燃烧排放核算方法进行计算并计入燃料燃烧排放。

某企业催化裂化装置加工规模为100万t/a。碳排放数据如表2-5所示，燃料燃烧直接碳排放总量为0.4万t，催化裂化装置主要碳排放来源为工艺排放，即催化烧焦碳排放量为14.1万t，占总排放的81.50%。以催化裂化装置核算边界，外用蒸汽、电力、水等碳排放为间接排放，共计2.8万t。该催化裂化装置的年碳排放总量为17.3万t，碳排放系数为0.173tCO_2/t原料。

表 2-5　某企业催化裂化装置碳排放明细表

排放源	碳排放量/万t	占比/%
燃料燃烧排放	0.4	2.31
水	0.8	4.63
电力	1.8	10.40
蒸汽	0.2	1.16
工艺排放	14.1	81.50
总排放	17.3	100

3．制氢装置碳排放

氢能虽然在使用过程中不排放CO_2，但其制取过程会产生CO_2排放，目前许多学者开展了制氢过程碳排放研究。沈威等分析了化石能源和电解水制氢的成本，根据不同制氢方法得出相应碳排放强度：煤制氢为22.0kgCO_2/kg，天然气制氢为4.8kgCO_2/kg，甲醇制氢为8.25kgCO_2/kg，对比了碳税对制氢成本的影响。张斌等研究了几种化石能源制氢过程的能量利用及碳排放，其中天然气重整制氢碳排放量为10.06kgCO_2/kg，天然气自热重整制氢为9.99kgCO_2/kg，天然气部分氧化制氢为10.72kgCO_2/kg，煤气化制氢为20.03kgCO_2/kg。崔翔宇等研究了美国石油学会关于炼化制氢装置的工艺CO_2排放因子，并认为修正为5.004tCO_2/万m^3较为准确。

炼化企业通常以天然气、炼厂干气、轻质油、重油或煤为原料通过烃类蒸汽转化法、部分氧化法或变压吸附法制取氢气。制氢装置的碳排放主要包括燃烧碳排放、工艺碳排放以及电力、热力、水等的间接碳排放。不同制氢工艺碳排放系数参见表2–6。

表 2–6　不同制氢工艺碳排放系数

tCO_2/t

制氢工艺	碳排放系数	制氢工艺	碳排放系数
天然气制氢	10.063	乙烯副产氢	0.674
煤制氢	24.328	苯乙烯副产氢	1.634
氯碱副产氢	1.775	丙烷脱氢	1.253
重整副产氢	0.230		

由表2–6可以看出，化石能源制氢总体比工业过程副产氢的碳足迹高，其中煤制氢碳足迹最高为24.328tCO_2/t，重整副产氢碳足迹最低，为0.230tCO_2/t，天然气制氢仅次于煤制氢，其碳足迹为10.063tCO_2/t。苯乙烯副产氢和氯碱副产氢碳足迹相近，分别为1.634tCO_2/t和1.775tCO_2/t。制氢过程碳足迹与制氢原料种类、制氢方式和制氢技术路线有着密切关系，在以煤为原料制氢的过程中，煤中的氢含量较低，因此需要通过煤炭输入能量，将水中氢分解出来，因此其碳排放量较大；天然气制氢则可以自身含有的氢元素产生氢气；对重整副产氢而言，由于氢气在重整产物中的占比较小，因此分配的碳排放量较低。在选择制氢路径时，需综合考虑不同制氢路线的碳排放强度。

第三节 碳评价在炼化企业发展中的作用及实践

一、碳评价概念

碳评价也叫碳排放评价、碳排放影响评价、碳排放评估等，是指对组织、项目、过程或产品在给定周期和范围内碳排放总量的计算与评估活动。碳评价既包括由第二方或第三方进行的审查和认证活动，也包括由第一方进行的自我评估和声明活动，通常需要依据碳排放管理法规、标准和行业政策，计算固定资产投资项目的碳排放量，分析评价碳排放强度水平及碳排放造成的经济影响，提出碳减排对策和措施，为项目决策提供科学依据。

众所周知，气候变化已成为人类迫切需要解决的全球性问题，在国内外受到越来越多的关注。许多国家都采取了不同的措施以期控制和减少碳排放量，例如两种被广泛应用的做法就是碳税和碳交易，我国也在2013年开始建立碳市场交易试点，并且在2017年正式启动了全国碳市场。无论是征收碳税还是通过建立碳市场进行碳交易都会对排放温室气体企业的经营、效益产生一定影响。在这种背景下，地区发展战略制定、企业重大投资决策都需要在前期对其碳排放情况进行系统的评估评价，将碳排放问题引起对当地减排目标、经济方面等的影响作为决策的重要依据。

二、国内外碳评价开展情况

1. 国外碳评价开展情况

国外一些企业十分关注碳排放对项目投资的影响，并且已经在项目前期开展碳评价，并将结果作为项目投资决策的依据。例如壳牌、道达尔、BP等公司都在投资前对拟新上项目进行碳排放量计算，估算碳排放费用，并将碳评价结果作为决策的参考依据。下面以壳牌公司为例，介绍其碳评价开展情况。

2010年开始壳牌公司就在天然气开采、液化天然气生产及运销、渗水油气开采、重质油开采及炼油化工等行业的新建项目节能评估中增加了碳评价工作。其主要内容包括识别温室气体排放源、计算温室气体排放量、预测由于温室气体排放所产生的费用、制定切实可行的降碳措施、制定温室气体排放管理措施。壳牌公司碳排放量计算主要使用美国石油学会发布的《石油和天然气行业温室气体排放纲要》以及美国环境保护署（EPA）发布的AP-42《大气排放因子的编制》、欧洲环境署发布的《大气污染物排放清单指南2016》。碳排放经济性评价所采用的碳价格分为两种情况：一种是在实行碳税、碳交易的国家或区域建设项目时，采用该国家或地区发布的碳价格；另一种是在未实行碳税或碳交易的国家和地区，由壳牌公司统一碳价格，用于碳排放费用的计算。碳评价的作用一方面体现在估算碳排放费用并评估其在经济方面的影响；另一方面是减排技术措施和管理措施的分析和计划，以及对未来实行碳交易的可行性分析。

2. 国内碳评价开展情况

（1）政府部门要求开展的碳评价

2018年国家机构改革之后，应对气候变化的职能由国家发展改革委调整到国家生态环境部。在国家发展改革委管理时期，国内有5个省市作为开展碳评价工作的试点，有的是和节能评价相结合，有的是和碳交易配额挂钩，各个试点开展碳评价工作的形式和内容不尽相同。应对气候变化的职能调整到生态环境部后，对于开展新建项目碳评价的思路则是依托目前已经比较成熟的环境影响评价体系，将碳评价作为一个篇章纳入环境影响评价中。

广东省是2010年7月被国家发展改革委确定为全国首批低碳试点的省份，北京市、镇江市、武汉市和晋城市是2012年11月被列为全国第二批低碳试点的城市。这5个省市均作为试点开展了碳评价工作的探索，例如，结合自身特点，为了从源头减碳，积极探索建立新建项目碳排放评价制度，相继研究并出台了相关办法、方案、指南等用以指导开展碳评价。

广东省的做法是将碳评价与碳排放交易的配额挂钩，2014年8月《广东省碳排放配额分配实施方案》规定电力、钢铁、石化和水泥四类行业企业，每年预计排放2万tCO_2（或年综合能源消费量1万tEC）及以上的新建、改建、扩建项目企业实施碳评价工作并根据评价结果购买有偿配额。企业向地市级发展改革委提交项目碳评价基础材料，地市级发展改革委经初审后上报广东省发展改革委，省发展改革委审核后回复企业需要购买的配额量。配额以竞价形式发放，新建项目企业须在竣工验收前购买有偿配额。

北京市和武汉市将新建项目碳评价纳入项目节能评价中，分别在2013年12月和2014年12月出台了《北京市固定资产投资项目节能评估和审查工作指南》及

《武汉市固定资产投资项目碳排放指标评估指南》，要求在节能评估文件编制和评审时，增加碳排放测算、评价、控制措施等内容并确定项目碳排放水平。

2014年2月，江苏省镇江市政府发布了《镇江市固定资产投资项目碳排放影响评估暂行办法》，对于年二氧化碳排放量大于1万t（含）的新（改/扩）建固定资产投资项目进行综合评价，要求新建项目测算项目碳排放总量、碳排放强度以及降碳量等指标，并对单位能源碳排放量、单位税收碳排放量、单位产值碳排放量、单位碳排放就业人口等8个指标进行评估，从低碳发展的角度综合评价项目的合理性和先进性，提出优化建议及措施。此外，该暂行办法要求对于碳排放量不足1万t的项目进行碳排放量核算。

各地碳评价工作进展概况参见表2–7。

表 2–7　各地碳评价工作进展概况

地区	开始时间	工作依据	实施方法
北京	2013年12月	《北京市固定资产投资项目节能评估和审查工作指南》	编制节能评估文件，确定项目碳排放水平，提供优化方案建议
镇江	2014年2月	《镇江市固定资产投资项目碳排放影响评估暂行办法》	通过隶属度模型综合评价项目生态指标，提出准入修改方案
广东	2014年8月	《广东省碳排放配额分配实施方案》	评估二氧化碳排放量作为配额购买标准
武汉	2014年12月	《武汉市固定资产投资项目碳排放指标评估指南》	编制节能评估文件，确定项目碳排放水平，提供优化方案建议

随着我国“双碳”目标的提出，2021年国家层面提出了关于碳评价的要求。1月，国家生态环境部发布了《关于统筹和加强应对气候变化与生态环境保护相关工作的指导意见》（以下简称《指导意见》），要求“将应对气候变化要求纳入‘三线一单’（生态保护红线、环境质量底线、资源利用上线和生态环境准入清单）生态环境分区管控体系，通过规划环评、项目环评推动区域、行业和企业落实煤炭消费削减替代、温室气体排放控制等政策要求，推动将气候变化影响纳入环境影响评价”。《指导意见》首先明确了碳排放影响评价的载体是现行的环境影响评价体系，通过环评落实降碳相关政策，不需要增加新的行政审批事项。其次明确了规划和建设项目两大类环境影响评价中都要考虑将碳排放环境影响评价

纳入其中。5月，生态环境部发布了《关于加强高耗能、高排放建设项目生态环境源头防控的指导意见》，提出“将碳排放影响评价纳入环境影响评价体系”“在环评工作中，统筹开展污染物和碳排放的源项识别、源强核算、减污降碳措施可行性论证及方案比选，提出协同控制最优方案。鼓励有条件的地区、企业探索实施减污降碳协同治理和碳捕集、封存、综合利用工程试点、示范”。该文件再次要求将碳排放影响评价纳入环境影响评价体系，并提出了“两高”项目碳排放环境影响评价试点要求及评价工作的主要内容，碳排放环境影响评价形式及内容进一步明晰。7月，生态环境部发布《关于开展重点行业建设项目碳排放环境影响评价试点的通知》，要求在河北、吉林、浙江、山东、广东、重庆、陕西等地开展电力、钢铁、建材、有色、石化和化工等重点行业建设项目环境影响报告书中增加碳排放环境影响评价的试点工作。同时还印发了《重点行业建设项目碳排放环境影响评价试点技术指南（试行）》以指导碳排放环境影响评价。碳排放环境影响评价的主要内容包括分析建设项目碳排放是否满足相关政策要求，明确建设项目二氧化碳产生节点，开展碳减排及二氧化碳与污染物协同控制措施可行性论证，核算二氧化碳产生和排放量，分析建设项目二氧化碳排放水平，提出建设项目碳排放环境影响评价结论。从中可以看出，生态环境部要求开展的碳排放环境影响评价侧重点在于项目碳排放对气候的影响，并不十分关注由碳排放费用导致的经济方面的影响。

（2）企业开展的碳评价

不少企业也主动开展碳评价工作，并制定碳评价相关的管理办法。中国海油2017年8月发出通知，要求对超过一定排放量的固定资产投资建设项目实行碳排放影响评估和审查制度，将其纳入投资决策中，并于2018年5月发布《固定资产投资项目碳排放影响评估和审查管理制度》，用于指导碳评估工作的开展。中国石化集团公司2021年5月实施了《中国石化固定资产投资项目碳排放评价管理办法》，要求在编制项目可行性研究报告时同步编写碳排放评价内容，并作为投资决策的依据。随后在2021年8月下发了《中国石化固定资产投资项目可行性研究报告碳排放评价专篇编制模板》，进一步规范了碳评价专篇的内容和方法等。此外，中国中煤能源集团有限公司（简称中煤集团）、山西潞安矿业（集团）有限责任公司（简称山西潞安）、中国华能集团有限公司（简称中国华能）等公司也已试行单独开展碳评估的实践。与国家碳排放环境影响评价不同的是企业的碳排放评价侧重点在于更关注项目碳排放所导致的费用增加和降碳措施的经济性、合理性，从而为项目决策提供参考。

可见，由政府主导的碳排放评价关注点更侧重于对社会的影响，比如是否能满足当地降碳指标等，企业主导的碳评价除了关注社会影响，更加关心项目的碳排放及降碳措施等对效益方面的影响，以判断项目的投资可行性。

三、碳评价的范围

碳评价的空间范围应包括项目的主体工程、辅助生产设施、厂外工程等项目全部内容，时间范围应包括从建设施工到报废、拆除的全生命周期，即从“摇篮”到“坟墓”；但是实际工作中由于炼化企业建设和拆除阶段的碳排放量占整个生命周期碳排放量的比例较小，常常只计算和评价生产运营阶段的碳排放情况。

四、碳评价的主要内容

碳排放评价一般应包括碳排放源识别与碳排放监测、项目碳排放量计算、碳排放水平分析、项目碳排放费用测算、碳排放影响评价、项目碳减排措施建议及效果分析、项目碳排放评价结论等。

1．碳排放源识别与碳排放监测

碳排放源识别与碳排放监测是碳评价的重要基础性工作。对于碳排放源，需要分析说明项目核算边界内相关生产设施和场所等投入运行导致产生的碳排放源，全面分析建设项目二氧化碳产排节点，包括化石燃料消耗、火炬燃烧、原材料使用、工业废水处理等，并列明建设项目化石燃料燃烧源中的燃料种类、消費量、含碳量、低位发热量和燃烧效率等，涉及碳排放的工业生产环节原料、辅料及其他物料种类、使用量和含碳量，烧焦过程中的烧焦量、烧焦效率、残渣量及烧焦时间等，火炬燃烧环节火炬气流量、组成及碳氧化率等参数，以及净购入电力和热力量等数据。说明项目生产运营阶段碳排放类型及排放温室气体种类。如果是改建、扩建项目，还需对项目原碳排放源情况进行说明，并分析变化情况。碳排放源识别可参考本书碳排放清单相关内容。

碳排放监测则要说明项目碳排放源活动数据获取及排放因子取值等碳排放监测情况，说明碳排放量计算所取参数的合理性，为后续碳排放量计算打好基础。其包括但不限于碳排放源的活动数据获取要求、碳排放因子的获取要求、既有监测条件评估、需要新增配置的计量器具、分析仪器、记录频次等要求。

2. 项目碳排放计算

项目碳排放计算包括碳排放量的计算和碳排放强度的计算。

（1）碳排放量计算

进行碳排放量计算时，首先要确定计算范围。对于新建项目而言，应以项目边界作为碳排放量核算的边界，即项目的主体生产系统、辅助生产系统（厂区内的动力、供电、供水、采暖、制冷、机修、化验、仪表、成品仓库、原料堆场、运输等）、附属生产系统［生产指挥管理系统（厂部）以及厂区内为生产服务的部门和单位］都应纳入计算范围，核算其直接和间接碳排放量。对包括化石燃料燃烧排放、火炬燃烧排放、工业生产过程排放、工业废水厌氧处理排放、净外购电力排放、净外购热力排放等在内的各类碳排放源排放量、项目整体碳排放量进行计算，并对工况条件、参数选取情况进行说明。改建、扩建项目，还需对项目原碳排放量进行计算，并分析变化情况。

虽然目前国家或行业层面未出台专门适用于新建项目碳排放计算的指南性文件或标准，但国家发展改革委从2013年起在美国、欧盟、联合国政府间气候变化专门委员会等发布的核算方法基础上，参考国内《2005中国温室气体清单研究》《中国能源统计年鉴2012》《省级温室气体清单编制指南（试行）》等，组织编制并相继发布了24个行业企业温室气体排放核算方法与报告指南，其中发电、电网、民航、钢铁、化工、陶瓷等10个指南2015年上升为国家标准。这些标准虽然主要是针对已建项目碳排放量的计算而制定的，但新建项目碳排放量计算的方法和公式与已建项目类似，因此在进行新建项目碳排放量计算时可以参考已颁布的24个行业温室气体排放核算方法与报告指南或标准。目前国内已开展碳评价的地区或企业在碳排放量核算中基本上都参照上述各个行业指南或标准中推荐的方法。石化企业可能涉及的指南包括《中国石油和天然气生产企业温室气体排放核算方法与报告指南（试行）》《中国石油化工企业温室气体排放核算方法与报告指南（试行）》《中国化工生产企业温室气体排放核算方法与报告指南（试行）》《企业温室气体排放核算方法与报告指南　发电设施》《中国水泥生产企业温室气体排放核算方法与报告指南（试行）》《中国煤炭生产企业温室气体排放核算方法与报告指南（试行）》《工业其他行业企业温室气体排放核算方法与报告指南（试行）》。

关于碳排放量的核算方法方面，国际、国内虽然有不小的差异，但其核算原理、原则基本相同，核心方法也基本一致。这些标准均考虑核算的相关性、完整性、一致性、准确性、透明性，均以监测和计算为基础的排放因子法、质量平衡法等为主。

（2）碳排放强度计算

常见的碳排放强度有以单位产品或加工量来表示的碳排放量，也有以单位工业产值或增加值（可比价、现价）来表示的，对于企业来说单位产值碳排放量较为常用。

改建、扩建项目还需对项目原碳排放强度进行计算，并分析变化情况。

3．碳排放水平分析

碳排放水平就是对拟新建的项目碳排放量、碳排放强度进行横向、纵向的比较，以让人明白其排放水平。可与国际先进水平、国内先进水平、地区先进水平、行业内同类装置（设施）先进水平、项目实施前水平进行对标分析，评价项目碳排放先进性。

4．项目碳排放费用测算

碳评价的一个十分重要的内容就是对碳排放费用的测算，这将影响项目的经济性，进而影响投资决策。

碳排放费用的计算公式如下：

$$C_{碳排放}=Q_{配额盈亏}\times P$$

式中　$C_{碳排放}$——项目碳排放费用，元；

$Q_{配额盈亏}$——项目碳排放配额盈亏量，tCO_2e；

P——碳排放权交易价格，元/tCO_2e。

可见，要计算碳排放费用一要确定项目碳排放配额盈亏量，二要掌握碳排放权交易价格。

项目碳排放配额盈亏量是项目碳排放量与其获得的碳配额的差值，碳排放量的计算方法在前边章节已经介绍过，碳配额测算则需要根据国家、地方发布的最新碳配额分配方法，估算项目碳排放配额。碳配额分配方法分为基准法、历史强度法和历史总量法。

在实际工作中，推荐优先使用基准法，确实无法获得行业基准线时可采用历史强度法和历史总量法。

除碳配额盈亏量之外，碳配额价格是计算碳排放费用的另一项重要参数。对于碳市场覆盖的地区，碳配额价格也可以采用企业所在履约碳市场上年度均价。未纳入碳交易市场企业项目效益测算，则需要根据企业内部的碳定价机制研究建立价格体系，然后再按相关要求对项目碳收益进行测算，纳入项目总体经济性分析评价。

5．碳排放影响评价

碳排放的影响评价大致可以分为两类。一类是在经济方面在碳市场体系由碳排放费用引起的对项目效益的影响，在项目整体的经济性评价中考虑这部分费用，如果项目计算期内净现值或财务内部收益率能够满足投资要求，则说明项目碳排放对项目整体经济性基本没有影响，反之，如果碳排放费用导致项目财务指标明显低于预期，则说明项目的碳排放影响重大。另一类是从社会层面上看，新建项目在运营中所产生的二氧化碳对碳排放总量控制目标、削减目标的影响。可以采用项目碳排放量占项目所在地年度排放总量的比例和项目单位产值或增加值排放强度两个技术指标，来评价项目的碳排放对项目所在地排放总量、碳排放强度的贡献率；也可以根据企业自身的管理要求，与同类企业的碳排放量、排放强度对比，或者对比项目建设前后企业碳排放量、碳排放强度的增减情况。

6．项目碳减排措施建议及效果分析

针对项目涉及的化石燃料燃烧排放、火炬燃烧排放、工业生产过程排放、工业废水厌氧处理排放、净外购电力排放、净外购热力排放和二氧化碳、甲烷等温室气体回收利用等环节，提出减少碳排放的措施建议，注重低碳新工艺、新技术、新产品的应用，并对减碳效果和效益进行分析。

7．项目碳排放评价结论

对项目的碳排放情况进行整体综合评价，并提出实施建议。

五、碳评价的作用

1．碳评价有助于将“双碳”宏观目标分解到微观层面

从国家和地区的层面来说，宏观的降碳目标需要有能够落地的抓手。固定资产投资项目在我国建设和经济发展中有着重要的地位，相应能量消耗和碳排放量都比较大。碳评价是以项目为单位开展的，能够将宏观目标分解到一个个具体项目，从而形成由下而上控制碳排放的路径。碳评价可以将国家、地方关于碳排放总量的控制指标层层分解，落实到具体的项目上，从而倒逼企业采取措施落实有

关碳排放控制法规、标准，推动项目从设计、施工、运营全过程采用先进标准、高效设备、合理技术，控制新增项目不合理的能耗及碳排放，促进节能低碳新技术新产品的推广应用，提高低碳发展水平，促进低碳项目的实施，形成从宏观分解到微观的碳排放控制通道，助力实现“双碳”目标。

2. 有助于从源头进行碳排放约束

目前多数碳评价是在新建项目可行性研究阶段开展的，环评中开展的碳评价试点也要求在项目开工前完成，碳评价的前置能够在项目建设之前根据各地、各企业的碳减排目标通过节能、工艺改进、温室气体回收利用等措施从源头上控制碳排放，避免出现碳排放量的无序增长，减轻后期减排的压力。

例如某企业拟新建乙烯及下游装置，经碳评价后发现碳排放增量和碳排放强度都明显高于同类装置，碳排放费用非常高。因此在项目可研阶段优化设计降低能耗，积极通过落实绿电指标等途径降低碳排放量，不仅满足了地方和企业的碳排放控制要求，也节约了一定的碳排放成本。

3. 辅助企业进行合理的投资决策

我国已经启动了电力行业的全国碳市场，以及试点地区的碳市场交易，根据目前的趋势判断未来碳交易的范围会进一步扩大，在碳市场交易的背景下，企业投资和运营必须考虑碳排放费用带来的成本增加问题。过量、无序的碳排放将导致企业成本费用的增加，因此在建设项目投资决策过程中，科学的碳评价可以让投资决策者了解项目碳排放费用及需要为碳减排支付的费用和得到的收益，为投资决策提供非常重要的参考依据。

参考文献

[1] 谢娜，李英芹，张芳，等. 石油石化企业温室气体清单编制简析[J]. 油气田环境保护，2010，20（4）：1–4.

[2] 徐文佳，李兴春，徐双庆，等. 石油石化行业温室气体清单编制研究进展[J]. 油气田环境保护，2014，24（5）：1–3，82.

[3] 徐丽笑. 城市碳排放核算研究进展[J]. 经济统计学，2018（2）：16–31.

[4] 世界可持续发展工商理事会，世界资源研究所. 温室气体核算体系：企业核算与报告标

准（修订版）[M]. 许明珠，宋然平，译. 北京：经济科学出版社，2012.

[5] 国家发展改革委. 中国石油化工企业温室气体排放核算方法与报告指南（试行）（发改办气候〔2014〕2920号）[EB/OL].（2014-12-03）. https：//www.ndrc.gov.cn/xxgk/zcfb/tz/201502/t20150209_963759.html.

[6] 中国石油化工集团公司. 化工生产企业温室气体排放量计算方法：Q/SH 0610—2014[S]. 北京：中国石化出版社，2015.

第三章

炼化产业碳排放现状及趋势分析

PART 3

第一节　炼化产业碳排放现状

截至2020年，全球已有54个国家的碳排放实现达峰，占全球碳排放总量的40%。根据英国能源与气候智库统计，截至2021年12月，全球已有136个国家和地区承诺碳中和。从二氧化碳排放量来看，中国在2004年左右超过了美国成为世界最大的二氧化碳排放国，在2014年左右超过欧盟成为全球第一大二氧化碳排放经济体。能源活动是全球温室气体的主要排放源。根据国际能源署（IEA）统计，全球能源燃烧和工业过程产生的CO_2排放量在2021年出现强劲反弹，同比增长6%达到363亿t，为有史以来年度最高水平。排名前10的国家依次为中国、美国、印度、俄罗斯、日本、德国、韩国、伊朗、加拿大、印度尼西亚，其中前三个国家中、美、印的排放量占据了世界能源相关碳排放的50%。根据世界资源研究所数据，2017年全球约73%的碳排放源于能源领域。我国碳排放最高的行业依次为电力能源行业、工业、交通运输业、建筑业，据中国碳核算数据库（CEADs）数据统计，电力能源行业2017年占总排放量的46.6%、工业占27.9%、交通运输业占9.7%、建筑业占5%。其中工业领域排放量较多的行业为建材、钢铁、有色、石化、化工等领域。

IEA数据显示，2015—2019年全球原油加工能力和原油加工总量呈上升趋势。受全球新冠疫情影响，2020年全球原油加工量78.90百万桶/d，同比下降8.36%。2021年全球炼油厂都在增加原油加工量，以适应亚洲、欧洲和美国的同步增长需求。全年炼油厂原油加工量达到38.67亿t，比上年增长4.8%。世界炼油格局已呈现亚太、北美和欧洲三足鼎立之势，亚太地区石油炼制能力超过欧美发达地区。全球炼化行业的地域格局正在悄然生变，国际石油巨头纷纷从炼化领域转移阵地，而中国企业却在持续加码，炼油行业保持着强盛的发展势头。中国成品油需求还存在上升空间，其中化工品需求是石油需求的主要增量来源。中国石化经济技术研究院在2020年12月预测，中国石油需求最早达峰时间将由2027年提前至2025年。在产品结构上，减少成品油产出比例、增加化工品的产出比例，即“减油增化”成为当前应对“双碳”目标的行业共识。

一、世界炼化产业碳排放现状

炼油和化工行业是能耗和碳排放大户。据统计，全球化学品和石化行业温室气体排放量占总排放量的5.8%，其中3.6%来自能源使用、2.2%来自工业过程。IEA建立了世界主要国家的二氧化碳排放源数据库，包括火力发电、炼油、天然气加工、合成氨、钢铁制造、乙烯、环氧乙烷、制氢、水泥9个行业共14641个企业。对排放数据进行分析统计，结果表明二氧化碳的排放大户是火力发电行业和水泥行业。炼化行业所占的比例也较高，其中炼油占5%、合成氨占3%、乙烯占2%、制氢占2%、环氧乙烷占1%。

雷天扬等研究开发了一个工厂级、特定技术和时间序列的全球炼油厂CO_2排放清单，通过分析全球1000多个重点炼油厂的工艺配置、产量产能、年龄结构等尺度数据，编制了2000—2018年全球炼油厂二氧化碳排放清单。根据全球范围内已知的现有和拟建的炼油厂，在炼油厂级层面确定了炼油行业承诺的二氧化碳排放基线。2018年全球炼油行业CO_2的排放量约为13亿t，占总量的4%。

2000—2018年炼油行业二氧化碳排放情况见图3-1。总体而言，2000年以来，由于炼油产能利用率的波动，全球炼油工业发展出现了两个转折点。第一个是2003年前后，随着全球炼油工业产能利用率的增长，直接导致其CO_2排放量急剧

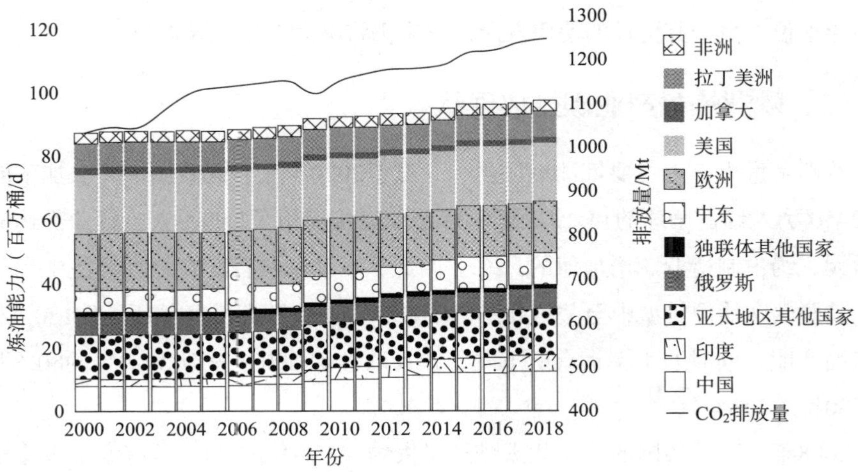

图 3-1　2000—2018 年炼油行业二氧化碳排放趋势

上升，这主要是中国和印度炼油工业产能利用率的增长推动的。以中国为例，在2002年以来石油需求激增的推动下，2003年中国炼油加工量增长11%，2004年增长12%，炼油产能利用率显著提高。中国炼油厂排放的CO_2从2002年的2760万t增长到2004年的4530万t。第二个转折点是在2008年前后，由于国际金融危机的爆发和全球石油产品需求的下降，全球炼油产能利用率大幅下降，2008—2009年各区域炼油能力、CO_2排放量和经营炼油厂数量减少。

研究发现，2000—2018年，全球炼油业二氧化碳排放空间分布模式显著变化，排放热点逐渐从欧美向亚洲转移，这种趋势在2009年后更为显著。值得关注的是，2009年也是炼油厂二氧化碳贡献者年龄结构的关键转折点。2009年之前，二氧化碳排放主要来自运营50年左右的中年炼油厂，而2009年以后，大量新建炼油厂涌现，运营时间小于19年的炼油厂逐渐成为二氧化碳的主要贡献者。

2018年全球炼油业以两类炼油厂为主：一类是中国、印度和中东的运营小于等于40年的年轻炼油厂，另一类是欧洲、美国和日本的运营40年以上的老炼油厂。这两类炼油厂的炼油能力分别占当年总炼油能力的22%和35%。2000—2018年，全球炼油厂平均产量逐渐增加。从年龄结构来看，主要分布在亚太和中东地区0～19年的年轻炼油厂，平均产能大幅增加，而其他炼油厂的平均产能变化不大。

在全球范围内，与浅加工炼油厂相比，深加工炼油厂通常具有更大的炼油能力、更高的二氧化碳排放量、更长的使用寿命，不仅在目前的二氧化碳排放中占据主导地位，由于其更长的使用寿命，未来仍将继续保持主导地位。

二、欧洲炼化产业碳排放现状

欧洲是世界三大主要炼油地区之一，截至2020年底，西欧原油一次加工能力为62450万t，约占全球的14.4%，同时炼油业直接雇用了11.9万人，营业额达6000亿欧元，约占制造业总增加值的1.2%。因此，石油炼制行业在欧洲经济中十分重要，其脱碳在能源转型中至关重要。自2012年以来，欧洲已经关闭了约180万桶/d的炼油产能，同时开工率也有所下降，预计欧洲炼油开工率从2020年的80%下降至2030年的70%。

2008年，欧盟各国的二氧化碳排放量大约为37.8亿t（约占所有温室气体排放的75%），其中炼油厂的二氧化碳排放量约占8%，由于对交通燃料（如柴油）的需求越来越大，欧盟炼油厂的碳排放量比1990年上涨了17%。2007—2021年欧盟炼油厂碳排放情况见图3-2，从图中可以看出从2007—2021年，欧盟炼油厂碳排放整体处于降低趋势，碳排放量从1.416亿t降到1.037亿t，约降低了27%。随着"Fit for 55"一揽子气候计划（以1990年为基准，到2030年将欧盟温室气体排放量减少55%）的实施，欧洲石油需求会进一步下滑。2022年6月29日欧盟27国环境部长在比利时首都布鲁塞尔表决通过决议，支持欧洲议会的决定，在2035年欧盟全境内停止燃油新车销售，以实现2050年欧洲碳中和的目标。更严格的气候目标将使该行业免费分配的排放配额急剧下降和成本上涨。到2030年，对炼油厂的双重打击可能导致每桶2.05欧元的碳成本。炼油厂需要对降碳采取更积极的方法，更多地投资于脱碳项目，以应对碳价格波动。

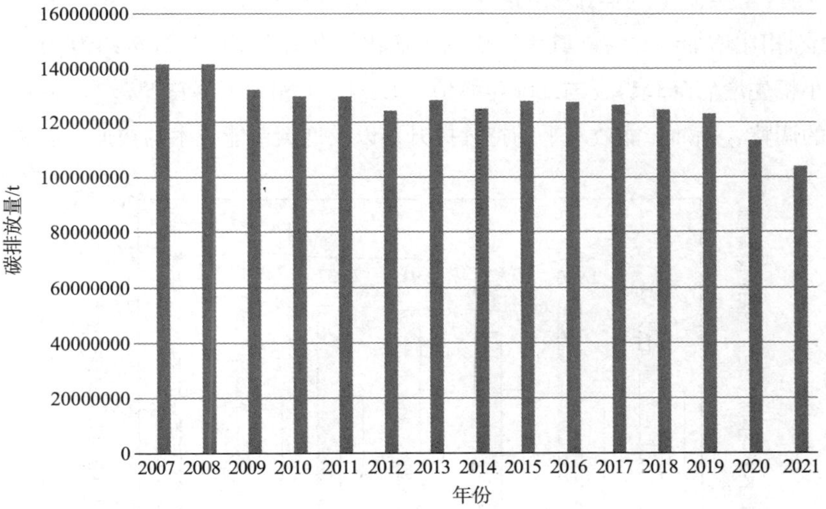

图 3-2 2007—2021 年欧盟炼油厂二氧化碳排放情况

三、美国炼化产业碳排放现状

根据美国环境保护署的报道，美国2020年温室气体排放总量为59.81亿t。2021年，石油消费量约占美国能源消耗的36%，但石油相关的碳排放量占美国每年与能源相关的CO_2排放总量的46%。天然气提供了大约32%的美国能源，占每年与能源相关的CO_2总排放量的34%。煤炭占美国能源使用量的12%，煤炭引起的碳排放约是每年与能源相关的CO_2总排放量的21%。

石油加工过程和系统逃逸物占石油总逃逸物（包括泄漏、通风口和燃烧）CH_4排放量的2%。这种低份额是因为原油中大部分CH_4在原油交付炼油厂之前被脱除或逸出，所以炼油产品中CH_4的含量微不足道。

炼化行业的碳排放趋势与美国温室气体排放变化趋势不同，并未在2007年实现行业内的碳达峰，而是在1990—2019年持续低速增长。图3-3为1990—2019年部分年份美国炼化行业碳排放情况[炼油/化学工业的直接排放=燃料燃烧排放+工艺过程排放（其中燃料燃烧排放是炼油工业的主要碳排放源）]，因缺少炼油工业的工艺过程排放数据，故本书仅以炼油工业的燃料燃烧排放+化学工业的直接排放数据估算出炼化行业的总排放量。从图3-3中可见，作为工业过程主要的碳排放源，2019年美国炼化行业源于炼油工业燃料燃烧和化学工业的直接碳排放总量为2.961亿t，约占全美温室气体排放的4.5%、占工业领域碳排放的35.3%，与1990年的2.842亿t相比增加约4.2%。其中，炼油工业化石燃料燃烧碳排放量约为1.15亿t，整体呈小幅先增后降趋势，与2006年峰值（1.33亿t）相比下降13.5%，主要由于能源结构的调整、炼油厂能效水平的持续提升，以及低碳节能技术的快速发展。

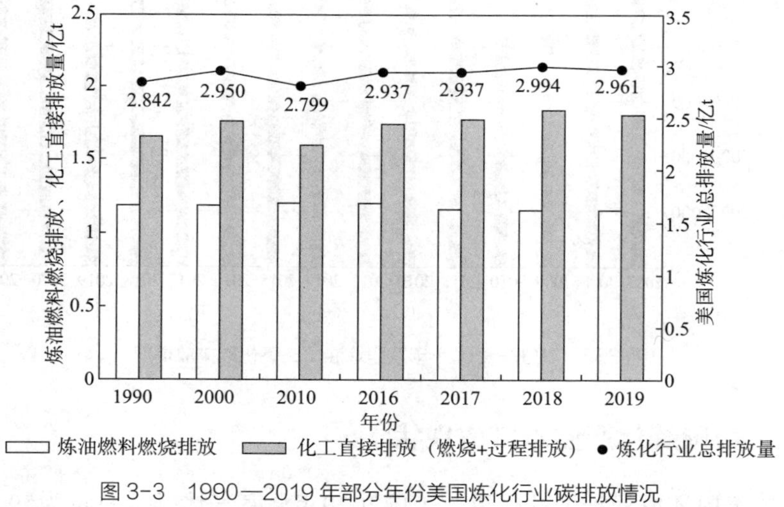

图 3-3　1990—2019 年部分年份美国炼化行业碳排放情况

2019年化学工业碳排放量总计约1.81亿t，与2010年最低点（1.60亿t）相比增长约13.1%，源于化石燃料燃烧和工艺过程的碳排放量分别为1.12亿t和0.69亿t。前者燃料燃烧的碳排放量与化工用能变化趋势相一致，均呈先增后降再增的态势。美国化学工业总能耗和总碳排放量（燃烧排放）参见图3-4。表3-1为美国化学工业的工艺过程排放量。从表3-1中可以看出，工艺过程的碳排放总量1990年和2019年相比基本维持不变，主要原因在于工艺技术的进步，以及产业结构的调整等。其中，CO_2排放主要来自乙烯和合成氨产业，特别是乙烯产业随着产能的持续扩张引起工艺过程排放的持续增加，2019年二者的碳排放量总计为3300万t，占化学工业工艺过程CO_2排放总量的63%，同比增长4.4%。

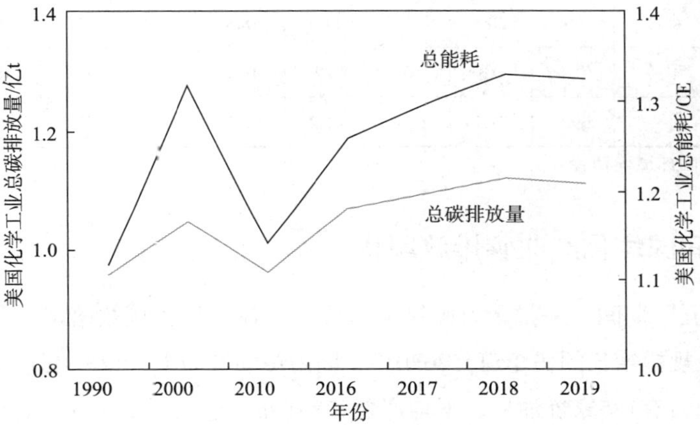

图 3-4　美国化学工业总能耗和总碳排放量（燃烧排放）

表 3-1　美国化学工业的工艺过程排放量　　Mt

温室气体排放类型	产品种类	1990年	2000年	2010年	2015年	2016年	2017年	2018年	2019年	2020年
CO_2	乙烯	13.1	19.9	20.5	20.1	19.8	20	19.4	20.7	20.7
	合成氨	13	12.2	9.2	10.6	10.2	11.1	12.2	12.3	
	炭黑	3.4	4.6	3.3	3.3	3.2	3.3	3.4	3.3	2.6
	甲醇	2.5	3.3	0.5	2.1	2.8	2.9	3.5	3.8	3.6
	CO_2利用	1.5	1.5	4.4	4.9	4.6	4.6	4.1	4.9	
	磷酸	1.5	1.4	1.1	1	1	1	0.9	0.9	
	纯碱	1.4	1.5	1.5	1.7	1.7	1.8	1.7	1.8	
	二氧化钛	1.2	1.8	1.8	1.6	1.7	1.7	1.5	1.5	
	丙烯腈	1.2	1.6	1.2	1.1	1	1	1.3	1.1	
	环氧乙烷	1.1	1.8	1.4	1.2	1.1	1.3	1.3	1.4	
	碳化硅	0.4	0.2	0.2	0.2	0.2	0.2	0.2	0.2	
	二氯乙烷	0.3	0.4	0.4	0.4	0.4	0.4	0.4	0.5	
	小计	40.6	50.2	45.5	48.2	47.7	49.3	49.9	52.4	

续表

温室气体排放类型	产品种类	1990年	2000年	2010年	2015年	2016年	2017年	2018年	2019年	2020年
N_2O	己二酸	15.2	5.3	4.2	4.3	7	7.4	10.3	5.3	
	硝酸	12.1	13.3	11.5	11.6	10.1	93	9.6	10	
	己内酰胺	1.7	2	2.2	1.9	1.7	1.5	1.4	1.4	
	小计	29	20.6	17.9	17.8	18.8	18.2	21.3	16.7	
CH_4	甲醇	0.2	0.3	0	0.2	0.2	0.2	0.3	0.3	
总计		69.8	71.1	63.4	66.2	66.7	67.7	71.5	69.4	

数据来源：美国环境保护署。

四、我国炼化产业碳排放现状

“十三五”期间，一批千万吨级大型炼化一体化项目接续落地，我国石油炼化行业进入规模增长的快车道。2020年，国内炼油能力上升至8.9亿t/a。截至2020年底，全国共有185家炼油厂，平均产能478万t/a。进入“十四五”时期，中国炼油能力依然保持增长趋势，2021年中国炼油能力达到了9.1亿t/a。随着国内炼油能力不断增长，中国原油加工量呈稳定上升趋势，2021年中国原油加工量为7.0355亿t/a，同比增长4.3%。

2025年后，随着江苏盛虹石化公司、中国石油广东石化公司、山东裕龙岛石化公司、河北唐山旭阳公司以及华锦阿美公司炼化一体化项目等众多新产能落地，中国炼油总产能将提高至10亿t/a。2021年国内相继投产的炼油厂包括炼油能力1000万t/a的中科炼化公司、2000万t/a的浙江石化公司二期、1600万t /a的盛虹石化公司等多个千万吨级炼油厂均为炼化一体化项目，说明炼化一体化因其实现了炼化与石化行业资源的深度整合，产品结构丰富，拓宽了炼油和化工行业产业链，加强了炼化行业抗风险能力与盈利能力，将引领当今炼化产业的发展。

不同学者及研究机构对我国炼化产业碳排放统计存在较大差别。贾曌统计了2019年我国40家典型炼油企业、炼化一体化企业炼油板块装置的自用燃料气、燃料油、石油焦、煤炭的消耗数据。通过研究和计算得到我国炼油行业的整体碳排放情况，2019年我国炼油行业的总二氧化碳排放量为1.644亿t。2019年我国原油加工量约为6.5亿t，折算出单位碳排放量（单位原油加工量排放的二氧化碳量）

约为0.25 tCO_2 /t原油。某典型流程的炼化企业原油加工能力为1000万t/a，该厂二氧化碳排放量约为250万t/a，相当于每加工1t原油排放0.25 tCO_2。刘初春等据此估算，2019年中国炼油行业因原油加工而排放的二氧化碳约为1.7亿t，约占总排放量的1.65%。

胡永乐等采用部门排放因子平均值法计算了CO_2排放量较高的八大行业，包括热电厂（装机容量较大的企业）、水泥、钢铁、煤化工、合成氨、炼化、聚乙烯、电石等，八大行业的碳排放量约占总排放量的92%。八大行业中，热电厂碳排放量最大，占比为32%，煤化工占比为17%，炼化占比为2%，聚乙烯占比为2%。八大行业碳排放占比参见图3-5。

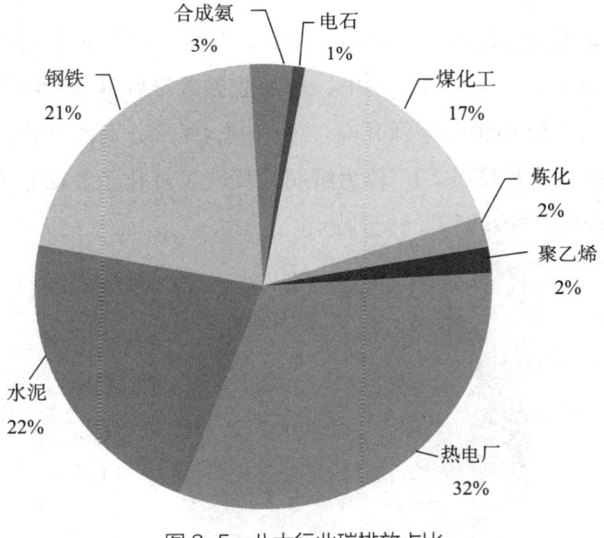

图 3-5　八大行业碳排放占比

戴宝华根据有关炼化产业能源消耗统计数据测算我国炼化产业碳排放，2019年我国炼化产业（原油加工及石油制品制造、有机化学原料制造）综合能源消费量约为2.93亿tEC（1kgEC＝2.93MJ），约占全国能源消费总量的6%。初步测算我国炼化产业CO_2排放总量约为4.7亿t，约占全国总排放量的5%。根据石科院与德勤中国发布的《迈向2060碳中和，石化行业低碳发展白皮书》，石化行业2020年的碳排放总量为5.22亿tCO_2。石化行业碳排放总量及预测参见图3-6。

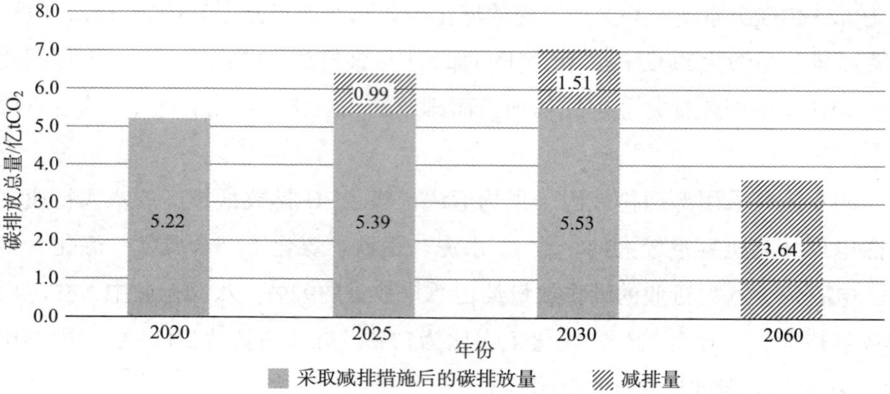

图 3-6　石化行业碳排放总量及预测

中国石化集团经济技术研究院初步测算，2021年我国炼化行业碳排放总量约为5.26亿t，较2020年升高6.7%。其中，炼油业务碳排放量为2.53亿t，化工业务碳排放量为2.73亿t，较2020年分别升高1.6%和11.4%，分别占炼化行业碳排放总量的48.0%和52.0%（参见图3–7），较为鲜明地反映了炼化企业面临成品油即将达峰而采取的“油转化”“油转特”转型特点。

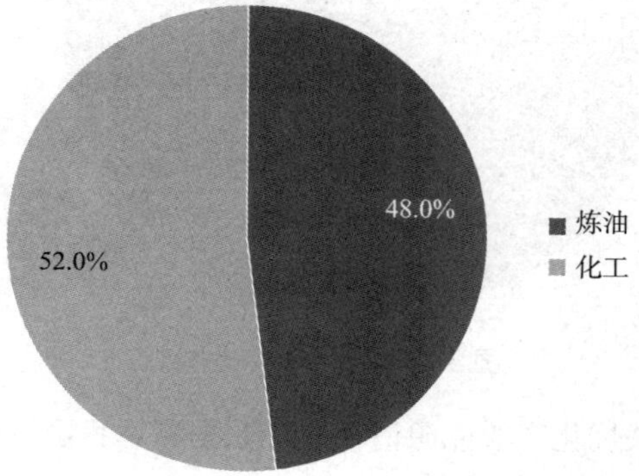

图 3-7　2021 年我国炼化产业二氧化碳分业务排放结构

从排放来源看，炼化行业2021年碳排放主要源于燃料燃烧排放和过程排放等直接碳排放，参见图3–8。其中，燃料燃烧排放2.40亿t，占行业碳排放总量的45.6%，来源主要包括炼厂干气、煤炭、石油焦、天然气等燃烧供能。过程排放共计1.68亿t，包括催化烧焦排放0.46亿t和以煤为主要原料的制氢排放1.22亿t，分别占行业碳排放总量的8.7%和23.2%。此外，还有间接排放1.18亿t，占行业碳排放总量的22.4%，来源主要是外购蒸汽和外购电力。

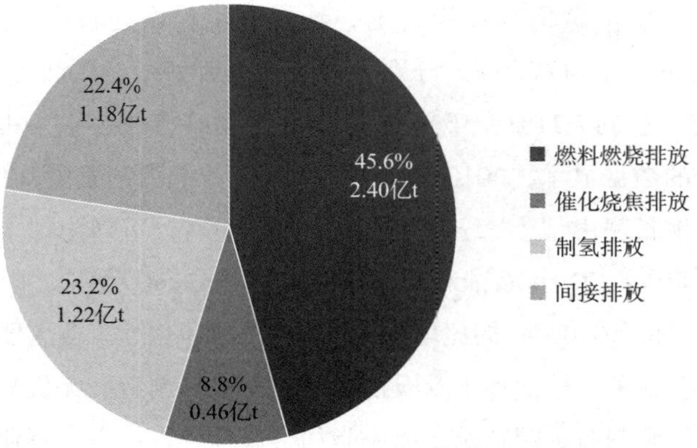

图 3-8　2021 年我国炼化产业二氧化碳排放来源构成

根据《国民经济行业分类》（GB/T 4754—2017）石油和化工行业分为五大类子行业，分别是石油和天然气开采业，石油、煤炭及其他燃料加工业，化学原料和化学制品制造业，化学纤维制造业，橡胶和塑料制品制造业。其中，前3个子行业是石油和化工行业能源消费的主体，2020年其能源消费量之和占全行业能源消费总量的95.3%，后2个子行业占比仅为4.7%。参见图3-9。

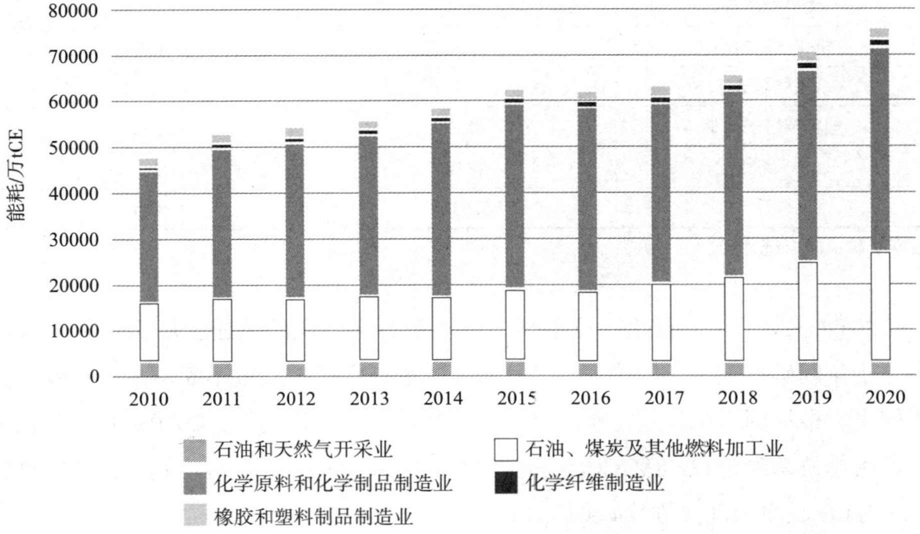

图 3-9　石油和化工能源消费

石化行业能源消费仍以煤炭为主，碳排放年均增速较高。2020年石化行业化石能源消费占比为77.7%，分别为煤炭（57.19%）、原油（1.55%）、焦炭（1.25%）、天然气（17.71%），碳排放以能源活动碳排放为主，占比达78%。来自国家统计局的数据显示，2010—2020年，全行业能源消费量均保持上升趋势，年均能源消费增长率由“十二五”期间的6.73%左右，下降为“十三五”期间的4.22%左右。其中，2019年石油和化学工业能耗为63060万tEC，同比增长9.68%；2020年又增长至6.85亿tEC，同比增长8.56%。石油和化学工业主要的耗能子行业为石油和天然气开采、原油加工及石油制品、无机碱制造、无机盐制造、有机化学原料制造、氮肥制造、塑料及合成树脂和合成纤维，约占全行业能源消耗总量的83.52%。参见表3–2。

表 3–2　2019 年石油和化学工业主要耗能子行业的能源消费

子行业名称	2019年/万tEC	占全行业能源消耗比例/%
石油和天然气开采	3606.5	5.72
原油加工及石油制品	16875.2	26.76
无机碱制造	1914.4	3.04
无机盐制造	2594.9	4.11
有机化学原料制造	12428.7	19.71
氮肥制造	7142.1	11.32
塑料及合成树脂	6259.2	9.92
合成纤维	1854.1	2.94
合计	52675.1	83.52

数据来源：国家统计局。

2010—2020年，石化行业碳排放量随着石化行业的快速发展而保持上升趋势，十年间碳排放量年均增速均达到10%。重点产品排放量不断攀高，排放量占比较大。根据国家统计局能源统计数据和环境统计数据测算，2020年石油和化工行业碳排放总量为13.78亿tCO_2，占全国碳排放总量的12%左右。其中，直接排放9.18亿tCO_2，电力间接排放4.60亿tCO_2。

全行业碳排放的重点产品为石油和天然气开采中的油气开采、原油加工及石油制品中的原油加工，无机碱制造中的烧碱和纯碱，无机盐制造、有机化学原料制造中的煤制烯烃、烯烃（石油基）和对二甲苯，氮肥制造中的合成氨、磷酸一铵、磷酸二铵以及电石行业中的电石。这些产品2020年的碳排放量约为9.42亿tCO_2，占全行业碳排放总量的68.36%。参见表3-3。

表 3-3 2020 年石油和化学工业主要碳排放产品表

万 tCO_2

序号	重点产品	碳排放量
1	油气开采	6414
2	原油加工	20338
3	煤制烯烃	10838
4	烯烃（石油基）、对二甲苯	14318
5	合成氨	18563
6	磷酸一铵、磷酸二铵	3660
7	烧碱、纯碱	10481
8	电石	9594
合计		94206

2020年化工行业能源消费中，电力能耗占化工能耗总量的50.99%，除电力外化工行业的能源消费结构为煤炭（78.37%）、原油（0.31%）、焦炭（5.0%）和天然气（16.32%）。2020年化工行业碳排放总量为4.94亿t，其中电力排放2.09亿t，占化工行业碳排放总量的4.23%。“十三五”期间以上产品产能已经过剩，化工行业碳排放已于2015年出现局部峰值，之后行业进入平台期，整体趋于平缓。从重点产品碳排放情况来看，合成氨、电石、烧碱、磷酸一铵和磷酸二铵等重点产品产能扩张期出现在2015年以前，之后随着供给侧结构性改革、落后产能的加速淘汰，以及供大于求的不平衡情况，在2015年之后产能下降或者增速放缓，CO_2排放趋缓。

根据2017年的数据，从碳排放的能源结构和下游消费来看，化工在煤炭的下游消费的碳排放量中仅占8%；而化工在原油和天然气下游消费结构中的占比分别是49%和10%。从全国维度的排放占比看，我国“富煤少油缺气”的资源现状以及煤炭的高单位排放量，导致了化工行业的排放贡献非常有限。

按照碳排放重点企业的最低线2.6万t统计，2020年石油和化工行业约有2300家企业进入统计范围，其碳排放量之和为8.96亿tCO_2，占全行业二氧化碳排放总量的65%。不同子行业企业数量参见图3-10。

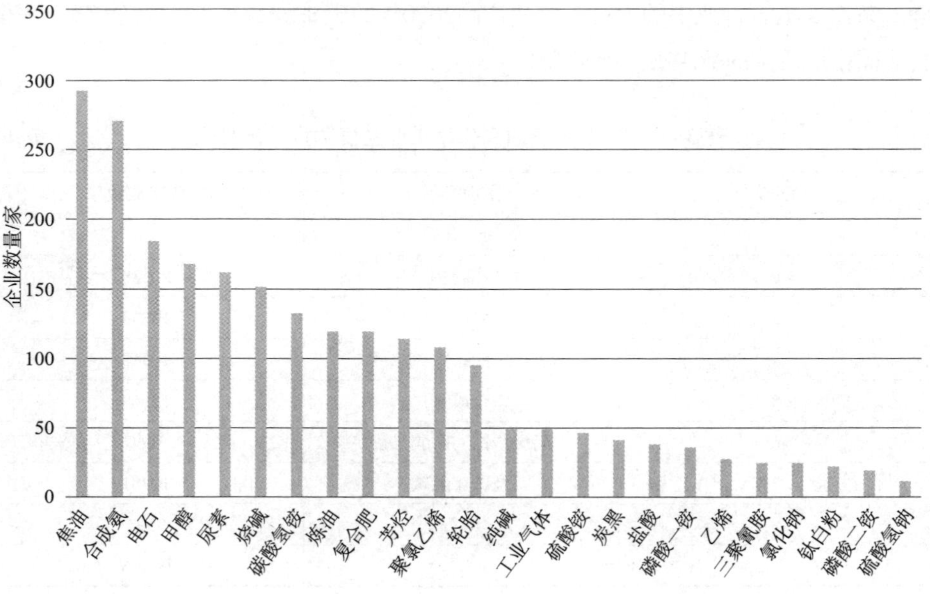

图 3-10　不同子行业企业数量

以上学者和机构对石化行业碳排放统计预测差别较大的原因主要分为两个方面：一是行业边界的模糊，没有清晰界定行业的范围；二是所采用的数据及核算方法存在差别。

我国石化行业在“十三五”期间开启了以规模化和炼化一体化为主要方向的产业升级，但炼油规模扩大和乙烯产能增长等因素导致石化行业能源消费总量呈现上升态势。《“十四五”工业绿色发展规划》提出，到2025年，乙烯等重点产品单位能耗需达到世界先进水平，石化行业资源利用水平明显提高，助力推进完善绿色制造体系。

五、炼化企业二氧化碳排放因素

炼化企业排放的温室气体为CO_2、CH_4和N_2O。其中主要为CO_2排放，CH_4和N_2O的排放总量不到典型炼油厂的1%（以二氧化碳当量计），因此，目前炼化企业温室气体排放主要按二氧化碳排放统计。

炼化企业的碳排放可分为直接排放和间接排放，其中石化企业的碳排放中直接排放主要是指化石燃料直接燃烧排放、生产过程中的工艺排放以及各种设备部件泄漏导致的逸散排放；间接排放主要是指外购的化石能源转换的电、蒸汽等能源所产生的排放。而燃料燃烧排放主要来自工艺装置、公用工程设施和火炬等；工艺排放则主要来自催化剂烧焦和制氢装置等。炼化企业碳排放类型参见图3-11。对于燃料型、炼化一体化及润滑油型三种典型炼油厂，直接碳排放量占比均在60%以上，是炼油厂主要的碳排放来源。据中国石油和化学工业联合会统计，石化行业碳排放的85%左右是能源活动造成的，另有约15%是工艺过程产生的。其中炼化企业的直接CO_2排放主要有：

①石油化工生产过程中要使用各种各样的催化剂，某些工艺生产过程的催化剂会出现结焦，需要对催化剂连续烧焦以保持催化剂活性和工艺运转。典型的工艺包括催化裂化、催化重整、各类加氢工艺等。其中催化裂化工艺需要对催化剂进行连续再生，CO_2排放相对较多。

②石油炼制过程中的氢气消耗量较大，制氢工艺CO_2排放量显著，产出的CO_2纯度很高。制氢装置CO_2排放量取决于制氢原料中的碳氢比例以及制氢工艺，大多数情况下，装置采用蒸汽转化工艺需要以天然气、炼厂干气为原料；有的企业制氢装置以煤（焦）气化工艺制氢。

③在以乙烯为原料氧化生产乙二醇工艺过程中，乙烯氧化生产环氧乙烷单元会产生CO_2排放。

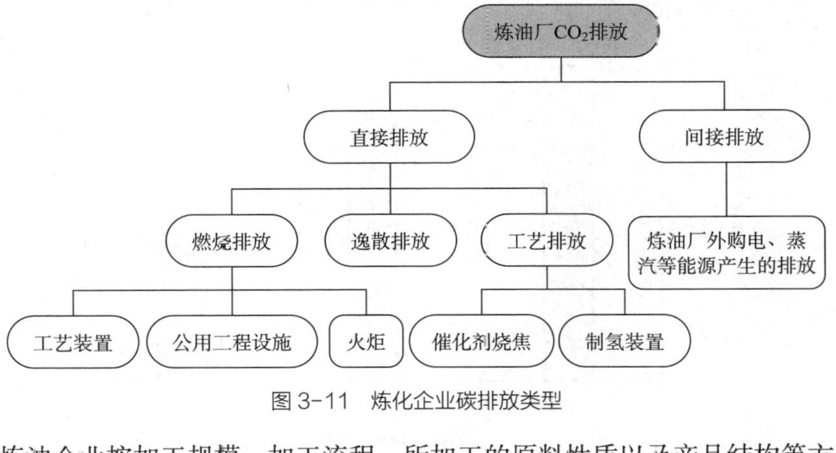

图3-11　炼化企业碳排放类型

炼油企业按加工规模、加工流程、所加工的原料性质以及产品结构等方面的不同可分为不同的类型，不同类型炼油厂的CO_2排放情况也有较大差别。炼油厂规模、炼油厂类型、炼油厂复杂程度、原油硫含量和°API、能耗水平等因素，对不同炼油厂的CO_2排放情况的影响大多是交织在一起的相互影响。

根据国际能源署2005年开展的欧洲炼油厂的二氧化碳排放和减排研究，炼油厂构型不同相应的炼油企业的碳排放系数也不同，表3-4为欧洲不同类型炼油厂对应的碳排放情况，从表中可以看出，不同类型的炼油厂差别非常大，其中浅度加氢+减黏裂化+催化裂化+加氢裂化类型的炼油厂碳排放系数是单纯浅度加氢的1.77倍。

表 3-4　欧洲不同类型炼油厂碳排放系数　　tCO_2/ t原油

炼油厂构型	全厂排放
HSK	0.205
HSK+VB + FCC	0.337
HSK+VB + HCU	0.325
HSK+DC + HCU	0.329
HSK+VB+FCC+HCU	0.362

注：HSK—浅度加氢，VB—减黏裂化，FCC—催化裂化，DC—延迟焦化，HCU —加氢　裂化。

孟宪玲等对比发现，随着炼油厂规模的扩大，CO_2排放系数呈现递减趋势，主要原因是炼油厂规模越大，相对的能源综合利用水平越高，节能与CO_2减排效果越好。不同规模炼油厂CO_2排放系数比较参见图3-12。

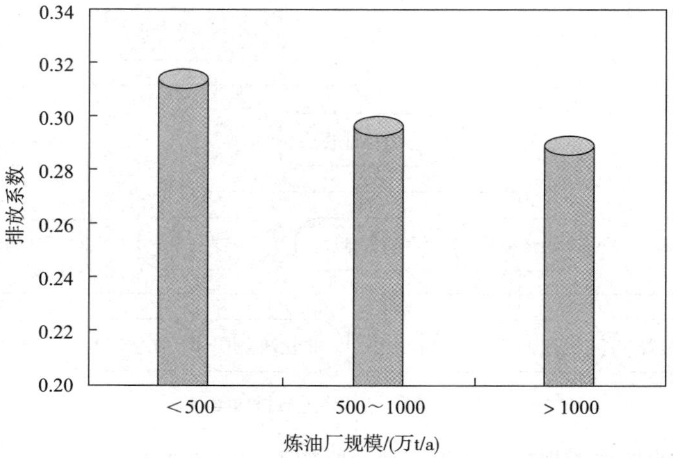

图 3-12　不同规模炼油厂 CO_2 排放系数比较

大型炼化一体化企业碳排放强度相对较低，一方面，因其在建设炼油厂时同步配备下游化工品装置，在原料互供方面存在一定优势，一般而言碳排放强度略低。另一方面，炼油厂规模增加明显使碳排放强度减弱，即炼油厂规模提升使能源综合利用水平提升，节能与碳减排效果显著。例如，大型炼化一体化企业可以利用催化裂化、裂解乙烯装置余热副产炼油厂蒸汽，降低炼油厂整体的能耗；也可以根据加氢装置对氢气纯度要求不同和管网流程设置，梯级利用氢气资源，减少废氢排放实现物尽其用的同时，降低生产成本。

大型炼化一体化企业碳排放集中于生产加工环节，传统型炼油厂更多体现在消费端。根据炼化装置碳排放系数计算，大型炼化一体化企业吨原油加工能力对应CO_2排放量接近0.7，炼油厂碳排放强度较传统炼油厂有所提升。若按炼油与化工区碳排放量比重为2.5：1计算，仅炼油区CO_2排放系数即接近0.5。这是由于现代炼油厂在“分子炼油”理念的贯彻下，大幅增加重油的处理能力，表现为炼油厂能耗增长、加氢炼化能力提升，以此来大幅压减成品油收率。加氢能力提升带来氢气需求增长，相对传统炼油厂需要配置更大规模的重整装置以及煤（焦）制氢项目，但是从原油对应终端使用的碳排放角度来看，2020年国内传统型炼油厂成品油收率约为67.2%，而大型炼化一体化企业的成品油收率不到40%。以吨汽、柴、煤油终端燃烧排放3 tCO_2计算成品油碳排放后，如同等级别2000万t的炼油厂，传统型炼油厂的CO_2排放量将比大型炼化一体化企业增加700万t以上，因此实际上传统型炼油厂的碳排放量更大。

根据IEA研究，成品油质量要求不同，炼油厂碳排放也会有较大差别，以成品油硫含量的变化对炼油厂二氧化碳排放量的影响为例，二氧化碳排放与汽油、柴油硫含量之间的关系见图3-13。从图中可以看出，汽油和柴油中硫含量与增加的二氧化碳排放量呈非线性关系，硫含量越低生产该产品的二氧化碳排放量增加

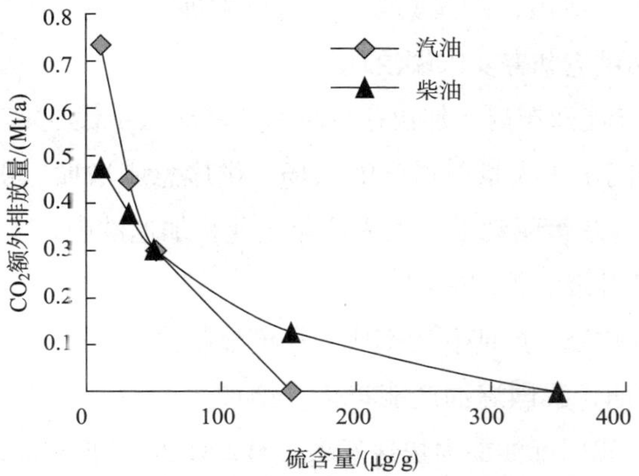

图 3-13　CO_2 排放量与汽、柴油硫含量之间的关系

得越多。尤其是汽油生产，随着硫含量要求的降低，二氧化碳排放量快速增加。产品规格质量的提高要求增加其加工深度，炼油厂中采用加氢工艺控制产品中硫含量，制氢过程产生大量二氧化碳，同时加氢工艺本身也产生二氧化碳，这直接导致二氧化碳排放量的增加。这也说明随着成品油标准的提高，会增加炼油行业的温室气体减排压力。

沈浩对2004—2009年中国石化24家炼油企业的万元产值CO_2排放进行分析发现，炼油规模会对炼油企业万元产值CO_2排放有影响，其中规模越大的炼油企业万元产值CO_2排放越小，小型规模（<400万t）、中等规模（400万～800万t）、大型规模（>800万t）的平均万元产值CO_2排放分别为0.657tCO_2、0.564tCO_2、0.491tCO_2。一般而言，加工规模大的炼油企业拥有多种深度加工手段，原油资源利用比较充分，石油资源转化率高、产品附加值高，产出的增长速度高于排放量增速，从而有利于降低万元产值CO_2排放。

第二节 炼化产业面临的低碳发展要求

一、“双碳”相关政策下炼化产业低碳发展方向

我国“碳达峰碳中和”政策陆续出台，为我国加强生态环境保护、打好污染防治攻坚战、建设美丽中国指明了前进方向，对我国炼化产业低碳发展提出了更高要求，炼化行业发展方向及目标进一步明确。综合分析现已出台的炼化行业相关“碳达峰碳中和”政策，我国炼化行业低碳发展方向主要为持续优化产能及布局、保障石化产品供应和夯实末端治理。

1. 持续优化产能及布局，加快存量落后产能淘汰步伐

“十四五”期间由于大量新增产能入场，供应急剧增加，供需矛盾加大，在“碳达峰碳中和”等政策驱动下，国内炼化企业将加速洗牌，未来5～10年将成为存量炼化企业调整升级的关键时期。

（1）炼油规模控制、产能利用率成为规模限制的强约束

“十四五”时期，我国炼油产能将持续增加，产能过剩压力进一步增大。自2000年到2022年，我国炼油能力快速发展，从2.8亿t/a增长到了9.37亿t/a，年均增

长率达到10.6%。2022年，我国炼油产能利用率为76.7%。在产能利用率偏低情况下，“十四五”期间炼化行业产能投资建设热情不减。“十四五”期间我国炼油项目投产计划见表3–5。“十三五”以来，国内大型炼化项目，如大连恒力石化公司、浙江石化公司、中科炼化公司、中化泉州石化公司、中国海油惠州石化公司等大型炼化一体化项目陆续规划、投资、投建、投产。另外，炼化一体化项目投资额高，是各省市年度重点项目。2019年公布的炼化一体化项目中，中化泉州石化公司二期、古雷石化公司、盛虹石化公司、中委广东石化公司、中科炼化公司、巴斯夫公司、埃克森美孚惠州公司、惠州中国海油/壳牌公司、钦州桐昆公司、中国石油广西石化公司、裕龙岛炼化公司一体化项目总投资分别约为325亿元、278.8亿元、776.49亿元、654.3亿元、367.67亿元、100亿美元、100亿美元、460亿元、630亿元、200亿元和超1000亿元，投资额合计超过6090亿元。随着新规划项目的进一步投建，预计到2025年我国炼油能力将达到9.9亿t/a。届时，国内成品油消费量约为3.8亿t，产能利用率将进一步走低，产能过剩形势将进一步加剧。

表 3–5　“十四五”期间我国炼油项目投产计划　　万t/a

项目或地区	地点	炼油项目投产计划				
		2021年	2022年	2023年	2024年	2025年
镇海炼化扩建一期	浙江		400			
镇海炼化扩建二期	浙江					1100
广东石化	广东		2000			
中国海油大榭扩建	浙江		600			
盛虹石化	江苏		1600			
兵器华锦	辽宁			1500		
曹妃甸项目	河北					1500
裕龙岛炼化	山东				2000	
浙江石化（二期）	浙江	2000				
其他地区		400			400	
合计		2400	4600	1500	2400	2600

注：炼油能力指一次加工能力，仅列出400万t/a规模以上炼油项目。

炼油规模控制、产能利用率将成为炼化规模限制的强约束。按照国务院发布的《2030年前碳达峰行动方案》（国发〔2021〕23号）的要求，到2025年，国内原油一次加工能力控制在10亿t以内，主要产品产能利用率提升至80%以上。在目前在建及规划的炼化一体化项目正常投产前提下，中国的原油一次加工能力将会接近12亿t/a，超过限定规模2亿t。另外，按炼油产能投建计划，并保证80%的开工负荷，2025年成品油出口量需扩大至约7000万t，远高于2022年出口水平（3450万t），与逐年下调出口配额的政策相悖。

大宗化学品也将面临结构性过剩的矛盾。从化工产品市场平衡来看，2022年，主要产品平均产能基本满足需求，各品种情况不同，有的紧缺，有的过剩，过剩品种数量占比达60%；2025年，产能过剩的品种数量占比将达到75%。以对二甲苯产品为例，“十三五”期间消费对外依存度在60%以上，“十四五”期间将逐步变成过剩。苯乙烯前几年的需求增量比较平稳，产能建设非常少，近几年产能建设规模是前10～15年产能建设之和，产能过剩压力很大，苯乙烯市场竞争日趋激烈。

叠加行业能效升级要求，存量落后产能淘汰步伐将加快。2021年10月，国家发展改革委联合工业和信息化部、生态环境部、国家市场监督管理总局、国家能源局发布《关于严格能效约束推动重点领域节能降碳的若干意见》（发改产业〔2021〕1464号），明确到2025年，通过实施节能降碳行动，炼油、乙烯等重点行业和数据中心达到标杆水平的产能比例超过30%，行业整体能效水平明显提升，碳排放强度明显下降，绿色低碳发展能力显著增强。该意见明确，对于拟建、在建项目要对照能效水平建设实施，推动能效水平应提尽提，力争全面达到标杆水平；对于存量项目，能效低于基准水平的，合理设置政策实施过渡期，有序开展节能降碳技术改造，提高生产运行能效；对于落后项目，坚决依法依规淘汰落后产能、落后工艺、落后产品。《关于严格能效约束推动重点领域节能降碳的若干意见》配套文件国家发展改革委等部门《关于发展工业重点领域能效标杆水平和基准水平（2023年版）》的通知，2023年炼油企业单位能耗基准水平为8.5kgEO/t，标杆能耗水平为7.5kgEO/t；乙烯单位产品能耗基准水平为640kgEO/t，标杆能耗水平为590kgEO/t。对于存量产能3年内无法达到能耗基准水平的进行淘汰。按照相关政策文件目标要求以及产能规模、开工率要求，预计炼化产业落后产能将会集中被淘汰或整合。

具体来看，装置规模竞争水平将成为炼化企业主体生存的关键影响因素。从炼化行业发展来讲，能耗高、产品相对单一的传统燃料型炼油厂将面临前所未有的生存压力。以山东地方炼油厂为例，2018年山东省政府发布《关于加快七大高耗能行业高质量发展的实施方案》（鲁政字〔2018〕248号），部署炼化产能整合方案，随后相关企业按照“优化重组、减量整合、上大压小、炼化一体”的原则进行产能压减整合，2020年5月参与烟台裕龙岛炼化一体化项目产能置换的首家地炼企业山东金石沥青股份有限公司炼化装置拆除工作正式启动。预计未来相关传统燃料型炼油厂在国家“碳达峰碳中和”政策约束下整合步伐将进一步加快。同时，装置规模效益不足的小型化工产能也将面临淘汰风险。这些小型化工产能包括与地方炼油厂产能整合关停相关的氯醇法环氧丙烷等装置，规模效益能力较差的小型PX（对二甲苯）、PTA（精对苯二甲酸）产能以及外购甲醇不具备原料优势的MTO（甲醇制烯烃）和MTP（甲醇制丙烯）装置。

（2）新能源汽车渗透率稳步提高，交通用油受挤压，但新材料成长空间进一步打开

新能源汽车快速发展将降低石油需求。按照《新能源汽车产业发展规划（2021—2035年）》（国办发〔2020〕39号）的规划目标，到2025年，我国新能源汽车市场竞争力明显增强，动力电池、驱动电机、车用操作系统等关键技术取得重大突破，新能源汽车新车销售量达到汽车新车销售总量的20%左右。可以预见，随着新能源汽车渗透率的不断提高，汽柴油替代规模将不断扩大，据估计，受新能源汽车挤压，“十四五”期间公路用油年均增速仅2.6%，成品油需求将陆续达峰，这将进一步拉低炼化行业产能规模增长预期。

此外，新能源汽车也给炼化行业带来转型机遇。随着新能源汽车的发展，炼化企业可以转型介入新能源汽车产业链，特别是在汽车能源补给、汽车轻量化、电池隔膜新材料等方面将有巨大发展空间。《新能源汽车产业发展规划（2021—2035年）》明确提出要深化“三纵三横”研发布局，实施新能源汽车核心技术攻关工程。其中提及要开展实施电池技术突破行动，重点开展正负极材料、电解液、隔膜、膜电极等关键核心技术研究，加强高强度、轻量化、高安全、低成本、长寿命的动力电池和燃料电池系统短板技术攻关，加快固态动力电池技术研发及产业化。另外，纤维增强复合材料、低成本稀土永磁材料、储氢材料等关键材料产业化应用推广将为炼化行业提供发展空间和转型机遇。

（3）“两高”项目环评审批趋严，碳评价成为重点地区炼化产业投资的前置条件

“十四五”时期，重点地区重点行业的大型炼化项目，碳排放评价与节能评

价一样将成为项目上马前置条件。“双碳”目标下，生态环境部组织落实遏制“两高”项目盲目发展工作，出台《关于加强高耗能、高排放建设项目生态环境源头防控的指导意见》（环环评〔2021〕45号）、《关于开展重点行业建设项目碳排放环境影响评价试点的通知》（环办环评函〔2021〕346号）等指导性文件，将碳排放评价纳入环境影响评价体系，并发布碳评价试点地区和试点行业名单。其中，试点地区包括河北、吉林、浙江、山东、广东、重庆、陕西等传统炼化重点地区，试点行业为电力、钢铁、建材、有色、石化和化工等重点行业。随着碳排放评价工作的试点及推广，预计碳排放评价与节能评价一样将成为项目上马前置条件。

“碳达峰碳中和”政策约束下“十四五”期间各地或将面对更为严格的能耗及环保监管指标。“碳达峰碳中和”目标明确后各地炼化典型项目审批情况见表3-6。从典型项目情况看，我国炼化行业项目将按照《2030年前碳达峰行动方案》以及《关于开展重点行业建设项目碳排放环境影响评价试点的通知》等指导性文件的要求，开展相关项目的综合评估，并就项目能耗、碳排放等指标进行监管核验，以规范行业产能发展、优化产能布局。

表 3-6　“碳达峰碳中和”目标明确后各地炼化典型项目审批情况汇总

项目名称	项目审批情况
陕煤集团榆林化学180万t/a乙二醇项目	陕西省发展改革委通报存在“节能审查未批先建”问题；按照能耗等量减量置换要求，修订完善节能审查报告，按程序逐一开展节能审查
陕煤榆神1500万t/a煤炭分质清洁高效转化示范项目（120万t/a热解项目）	
兖州煤业榆林能化50万t/a聚甲氧基二甲醚项目	
神木龙华煤炭分质高效利用项目	
巴斯夫（广东）一体化项目一期工程	省级碳排放环境影响评价试点项目
山东东岳化工有限公司9万t/a含氟材料产业链配套项目	山东省化工行业试点项目首个碳排放专篇纳入环评报告并获得审批通过的项目
石化、化工、煤化工、焦化等8个行业的项目纳入“两高”项目管理台账	《广东省坚决遏制“两高”项目盲目发展的实施方案》

资料来源：陕西省发展改革委、山东省发展改革委、广东省发展改革委。

（4）炼化产业布局将持续调整优化，产业集中度将进一步提升

“碳达峰碳中和”政策将引导我国炼化产业科学布局和安全环保集约发展，产业集中度将进一步提升。“十三五”期间我国制定了《石化产业规划布局方案》，该方案提出重点建设大连长兴岛、河北曹妃甸、江苏连云港、上海漕泾、

浙江宁波、福建古雷、广州惠州七大炼化产业基地，推进炼油和化工一体化、芳烃项目，这在较大程度上对新上项目的规模化、基地化、绿色化等提出了更高要求。主营单位则谋篇布局，有序推进炼化产业布局，中科炼化公司、中委广东炼化公司、中化泉州炼化公司（二期）等多个炼化一体化项目的建设有序推进。另外，国务院办公厅印发的《关于推进城镇人口密集区危险化学品生产企业搬迁改造的指导意见》、国家发展改革委印发的《高耗能行业重点领域节能降碳改造升级实施指南（2022年版）》等文件，明确了我国炼化及相关危险化学品生产企业退城进园、搬迁入园或关闭退出、产能上优汰劣、产能置换的政策措施，这为行业产能平均规模提升、产业集中度提高提供了充分条件。可以预见，我国炼化产业布局将持续调整优化，产业集中度将进一步提升。

2. 筑牢保障人民对美好生活需要的行业底线

炼化行业是国民经济的重要支撑，成品油、乙烯、对二甲苯等产品与人民生活密切相关。“碳达峰碳中和”目标下，保持炼化行业平稳有序，保障人民对美好生活需要是行业发展的底线。

（1）顶层设计为炼化项目投资发展预留空间

立足基本国情，保障国家能源安全、可靠稳定的新能源消纳水平是炼化行业推进实现“双碳”的两大前提。2021年9月和11月，习近平总书记考察陕西榆林煤化工、山东胜利油田强调煤炭消费要立足国情、兜住底线，有序减量替代；煤化工产业潜力巨大、大有前途，要提高煤炭作为化工原料的综合利用效能，促进煤化工产业高端化、多元化、低碳化发展；“能源的饭碗必须端在自己手里”，要集中资源攻克关键核心技术，加快清洁高效开发利用，提升能源供给质量、利用效率和减碳水平。从习近平总书记重要讲话精神可以明确，炼化行业作为关乎民生发展的重要行业，应当在“碳达峰碳中和”目标下走出符合中国国情、能源禀赋特点的道路。

另外，主要化工原料“三烯三苯”（乙烯、丙烯、丁二烯，苯、甲苯、二甲苯）等是房地产、汽车、家电、纺织等行业的重要原材料，预计“十四五”期间，需求年均增长6%左右，增速显著高于成品油（增速约为2%）。“十四五”期间，随着人们生活水平的提高，对房地产、汽车、家电、纺织等行业的需求进一步提升，化工轻油消费量将进一步增加，化工轻油在石油消费中的比例将稳步增加。化工产品消费达峰迟于成品油。今后，炼化行业将持续进行产品结构调整，以适应市场需求变化。原油的原料属性价值将逐步凸显。

原料用能不纳入能源消费总量控制，为炼化项目投资发展预留了充足空间。2021年12月，中央经济工作会议明确表示新增可再生能源和原料用能不纳入能源消费总量控制，创造条件尽早实现能耗“双控”向碳排放总量和强度“双控”转变。总体而言，对于炼化行业，这将进一步推进能效领先的炼化一体化项目、“减油增化”项目。近几年，炼化行业新旧产能置换推动炼化一体化产能建设、“减油增化”成为行业转型发展的重要方向，原料用能不纳入能源消费总量控制，将为炼化行业中能效领先的一体化项目以及原料占比较高的“减油增化”项目预留重要的发展空间。未来，随着炼化行业一体化项目的推进及行业转型升级的需求，炼化行业一体化项目占比将逐步提升至合理区间。

（2）保障战略性新兴产业发展的化工新材料的投资逐步加大

新兴产业催生高端材料消费，满足战略性新兴产业发展的化工新材料需求，炼化行业责无旁贷。新兴产业、新基建将会催生中国高端化工新材料产品消费，但部分高端材料自给率仍不高。未来，我国企业可以从市场需求较大、对外依存度较高的汽车、电子化学品、建筑材料等领域所需材料着手，例如聚烯烃弹性体（POE）、高强碳纤维、液晶聚合物（LCP）等，加大开发力度，逐步满足新兴产业发展需求。

同时，“双碳”目标提出后，国家修订了《西部地区鼓励类产业目录》《鼓励外商投资产业目录》，化工产业新增目录重点关注可保障战略性新兴产业发展的化工新材料。表3-7汇总了《西部地区鼓励类产业目录》《鼓励外商投资产业目录》与炼化产业相关内容的新增或修改情况。从调整情况来看，新能源电池材料、氢能燃料电池材料、高性能纤维等成为多个省份炼化行业重点发展的方向。

表 3-7　“双碳”目标提出后炼化相关产业目录调整情况

文件名称	地区或类别	鼓励类产业（新增或修改）
西部地区鼓励类产业目录（2025年本）	四川、广西、甘肃	石墨烯等新型碳材料的开发及生产
	贵州、青海、西藏	绿氢制造，氢能装备制造，输氢管道和加氢站运营
	陕西、新疆	大型炼油、乙烯、芳烃生产装置生产的有机化工原料就地深加工

续表

文件名称	地区或类别	鼓励类产业（新增或修改）
鼓励外商投资产业目录（2022年版）	新材料	聚苯硫醚、聚醚醚酮、聚酰亚胺、聚砜、聚醚砜、聚芳酯（PAR）、聚苯醚、特种聚酰胺（PA）及其改性材料等
	内蒙古、黑龙江、河南、湖北、重庆、四川	石墨烯、碳纤维等碳系材料的研发生产等

资料来源：国家发展改革委。

3．末端治理项目成长空间进一步打开

“双碳”目标明确后，国家发展改革委等多部门发布了《关于“十四五”大宗固体废弃物综合利用的指导意见》（发改环资〔2021〕381号）、《“十四五”循环经济发展规划》（发改环资〔2021〕969号）、《“十四五”塑料污染治理的行动方案》（发改环资〔2021〕1298号）等文件，推进废弃物末端治理。塑料治理项目、退役光伏组件风电机组叶片等新兴产业固废综合利用等项目空间被进一步打开。

（1）废弃材料治理将成为行业可持续发展的重要支撑

当今全球掀起限塑风潮，塑料循环经济将成为炼化产业绿色发展的重要方向之一。中国作为世界塑料生产和消费第一大国，自“双碳”目标提出以来，政府出台多项“限塑”政策，中国可回收及可降解塑料领域随之开展行动，从生产企业到终端消费者，在塑料减重减薄、材料单一化、提高回用料比例、可再生材料研发等方面不断加大投入。

目前，对于炼化行业而言，政策刚性限制压缩产品需求，传统塑料及上游产业链价值面临缩水，并且在塑料回收体系不完善、利用标准尚不明确的情况下，绿色塑料产品尚无法满足市场需求。未来，炼化行业将在提高一次性塑料机械回收和单体回收的比例方面具有较大增长空间，例如通过热解技术增加回用料塑料，减少原生料的消耗，即可减少化工原料需求，从而降低碳排放。“十四五”期间，炼化行业将引领绿色塑料产品研发、标准制定、应用拓展、回收体系建设，将“绿色化”不断融入行业发展。

（2）CCUS研发与应用逐步成为行业碳减排的重要措施

《中华人民共和国国民经济和社会发展第十四个五年规划和2035年远景目标纲要》明确将CCUS技术作为重大示范项目进行引导支持，未来CCUS技术将在我国实现碳中和目标、保障国家能源安全、促进经济社会发展全面绿色转型、推进生态文明建设的过程中发挥更为重要的作用。近年来，我国二氧化碳化工利用技术取得了较大进展，整体处于中试阶段，部分技术完成了示范，如重整制备合成气技术、合成可降解聚合物技术、合成有机碳酸酯技术等；部分技术完成了中试，如合成甲醇技术、合成聚合物多元醇技术、矿物利用技术等；大批新技术涌现，如二氧化碳电催化还原合成化学品、基于二氧化碳光催化转化的“人工光合作用”等完成了实验验证。后续炼化行业将持续开展二氧化碳化工利用研究，持续推动CO_2化工利用技术的工业示范、商业应用以及工艺过程的优化提升，助力CCUS研发与应用逐步成为行业碳减排的重要措施。

二、相关政策

随着温室气体排放指标进入硬约束时代，炼化企业严控碳排放成为重要要求，中国已明确提出，推动石化等工业2030年前碳达峰。在“双碳”目标下，2030年以前，我国石化工业CO_2排放总量年均增幅要控制在4%左右，才能基本满足国家碳达峰碳中和的节奏和步伐。

据统计，2020年世界CO_2排放总量约为323亿t，中国CO_2排放总量为99亿t；从能源消费结构来看，2020年中国一次能源消费总量达到49.8亿tEC，其中煤炭、石油、天然气等化石能源的消费量占能源消费总量的84.1%。化石能源是工业、建筑、交通等行业的主要消费原料，其中工业领域能耗最高，钢铁、建材、石化、化工、有色、电力等六大初级产品产业消耗最大、排放最多。炼化行业作为石油、煤炭等化石能源的直接加工处理行业，是我国节能减排、实现碳中和的重点领域之一。

1.“双碳”目标对炼化行业的政策要求

2021年10月24日，中共中央、国务院发布《关于完整准确全面贯彻新发展理念做好碳达峰碳中和工作的意见》（以下简称《意见》），明确提出了到2025年、2030年、2060年三大阶段目标。参见表3–8。

表 3–8　2025—2060 年三大阶段“双碳”目标

时间	总体目标
到2025年	绿色低碳循环发展的经济体系初步形成，重点行业能源利用效率大幅提升。 • 单位国内生产总值能耗比2020年下降13.5% • 单位国内生产总值CO_2排放比2020年下降18% • 非化石能源消费比重达到20%左右 • 森林覆盖率达到24.1%，森林蓄积量达到180亿m^3

续表

时间	总体目标
到2030年	经济社会发展全面绿色转型取得显著成效，重点耗能行业能源利用效率达到国际先进水平。 • 单位国内生产总值CO_2排放比2005年下降65%以上 • 非化石能源消费比重达到25%左右，风电、太阳能发电总装机容量达到12亿kW以上 • 森林覆盖率达到25%左右，森林蓄积量达到190亿m^3 • CO_2排放量达到峰值并实现稳中有降
到2060年	绿色低碳循环发展的经济体系和清洁低碳安全高效的能源体系全面建立，能源利用效率达到国际先进水平。 • 非化石能源消费比重达到80%以上 • 碳中和目标顺利实现

《意见》提出了10个方面的要求和措施，包括：推进经济社会发展全面绿色转型、深度调整产业结构、加快构建清洁低碳安全高效能源体系、加快推进低碳交通运输体系建设、提升城乡建设绿色低碳发展质量、加强绿色低碳重大科技攻关和推广应用、持续巩固提升碳汇能力、提高对外开放绿色低碳发展水平、健全法律法规标准和统计监测体系以及完善政策机制等。

《意见》表示，石油消费"十五五"时期进入峰值平台期，与此同时将积极发展非化石能源，实施可再生能源替代行动，不断提高非化石能源消费比重。以上措施对炼化行业提出了新的要求，一方面继续淘汰落后产能、推进产能整合；另一方面通过核心技术创新来推动清洁生产实现产业价值链提升。

2．重点行业降碳政策

（1）《关于严格能效约束推动重点领域节能降碳的若干意见》

2021年10月21日，国家发展改革委等五部门联合印发《关于严格能效约束推动重点领域节能降碳的若干意见》，对钢铁、电解铝、水泥、平板玻璃等重点行业和数据中心节能降碳及绿色低碳转型提出明确目标任务。

该意见明确指出，到2025年，上述重点行业及数据中心达到标杆水平的产能比例超过30%，行业整体能效水平明显提升，碳排放强度明显下降，绿色低碳发展能力显著增强。到2030年，重点行业能效基准水平和标杆水平进一步提高，达到标杆水平企业比例大幅提升，行业整体能效水平和碳排放强度达到国际先进水平。

该意见列明的七大重点任务：

一是突出抓好重点行业。分步实施、有序推进重点行业节能降碳工作，首批聚焦能源消耗占比较高、改造条件相对成熟、示范带动作用明显的钢铁、电解铝、水泥、平板玻璃、炼油、乙烯、合成氨、电石等重点行业和数据中心组织实施。分行业研究制定具体行动方案，明确节能降碳主要目标和重点任务。待上述行业取得阶段性突破、相关机制运行成熟后，再视情况研究选取下一批主攻行业，稳扎稳打，压茬推进。

二是科学确定能效水平。本着“就高不就低”的原则，对标国内外生产企业先进能效水平，确定各行业能效标杆水平，以此作为企业技术改造的目标方向。在此基础上，参考国家现行节能标准确定的准入值和限定值，根据行业实际情况、发展预期、生产装置整体能效水平等，统筹考虑如期实现碳达峰目标、保持生产供给平稳、便于企业操作实施等因素，科学划定各行业能效基准水平。

三是严格实施分类管理。各地认真排查在建项目，对能效水平低于本行业能耗限额准入值的，按照有关规定停工整改，推动提升能效水平，力争达到标杆水平。科学评估拟建项目，对产能已经饱和的行业按照“减量置换”原则压减产能，对产能尚未饱和的行业，要对标国际先进水平提高准入门槛，对能耗较大的新兴产业要支持引导企业应用绿色技术、提高能效水平。加快改造升级存量项目，坚决淘汰落后产能、落后工艺、落后产品。

四是稳妥推进改造升级。推动重点行业存量项目开展节能降碳技术改造，合理设置政策实施过渡期，按照“整体推进、一企一策”的要求，各地分别制定省级节能降碳技术改造总体实施方案和企业具体工作方案，明确推进步骤、改造期限、技术路线、工作节点、预期目标等，确保政策稳妥有序实施。鼓励国有企业、骨干企业发挥引领作用，开展节能降碳示范性改造。改造过程中，在落实产能置换等要求前提下，鼓励企业实施兼并重组。

五是加强技术攻关应用。系统梳理重点行业改造提升的技术难点和装备短板，充分利用科研院所、行业协会和骨干企业的创新资源，推动绿色低碳共性关键技术、前沿引领技术、颠覆性技术和相关设施装备攻关。借助重点行业节能降碳技术改造有利时机，加快先进成熟绿色低碳技术装备推广应用，提高重点行业技术装备绿色化、智能化水平，促进形成强大国内市场。

六是强化支撑体系建设。做好产业布局、结构调整、“三线一单”生态环境分区管控、环境准入、节能审查与能耗双控政策的衔接，推动产业集中集约集聚发展，鼓励不同行业和产业链上下游融合发展。组织开展企业技术改造阶段性评估，对照重点行业能效标杆和基准水平，开展相关领域标准的制修订、宣贯和推广应用工作。顺应行业技术装备发展趋势，研究建立动态提高能效标杆水平和基准水平机制。建立健全重点行业能效和碳排放监测与评价体系，健全完善企业能效和碳排放核算、计量、报告、核查和评价机制。

七是加强数据中心绿色高质量发展。鼓励重点行业利用绿色数据中心等新型基础设施实现节能降耗。新建大型、超大型数据中心电能利用效率不超过1.3。到2025年，数据中心电能利用效率普遍不超过1.5。加快优化数据中心建设布局，新建大型、超大型数据中心原则上布局在国家枢纽节点数据中心集群范围内。各地要统筹好在建和拟建数据中心项目，设置合理过渡期，确保平稳有序发展。对于在国家枢纽节点之外新建的数据中心，地方政府不得给予土地、财税等方面的优惠政策。

该意见制定的四大保障措施：

一是完善技改支持政策。落实节能专用装备、技术改造、资源综合利用等方面税收优惠政策。积极发展绿色金融，设立碳减排支持工具，支持金融机构在风险可控、商业可持续的前提下，向碳减排效应显著的重点项目提供高质量的金融服务。拓展绿色债券市场的深度和广度，支持符合条件的节能低碳发展企业上市融资和再融资。落实首台（套）重大技术装备示范应用鼓励政策。

二是加大监督管理力度。加强对重点行业能效水平执行情况的日常监测和现场检查，发挥各地工业和信息化主管部门作用，加大国家工业专项节能监察工作力度，统筹推进重点行业节能监察，确保相关政策标准落实落地。压实属地监管责任，严格工作问责追究，建立健全通报批评、用能预警、约谈问责、整改督办等工作机制，完善重点行业节能降碳监管体系。发挥信用信息共享平台作用，加强对违规企业的失信联合惩戒。

三是更好发挥政策合力。严格节能降碳相关政策执行，通过绿色电价、节能监察、环保监督执法等手段加大市场调节、督促落实力度。根据实际需要，扩大绿色电价覆盖行业范围，加快相关行业改造升级步伐，提升行业能效水平。严格落实有关产能置换政策，加大闲置产能、僵尸产能处置力度，加速淘汰落后产能。

四是加强政策宣传解读。充分利用政府部门、行业协会、新闻媒体等渠道，加强政策解读和舆论引导，积极回应社会关切和热点问题，传递以能效水平引领重点领域节能降碳的坚定决心。遴选重点行业能效水平突出企业，发布能效“领跑者”名单，形成一批可借鉴、可复制、可推广的经验，及时进行宣传推介。传播普及绿色生产、低碳环保理念，营造全社会共同推动重点行业节能降碳的良好氛围。

（2）《高耗能行业重点领域能效标杆水平和基准水平（2021年版）》

2023年6月6日，国家发展改革委等五部委联合印发《高耗能行业重点领域能效标杆水平和基准水平（2023年版）》，对石油、煤炭及其他燃料加工业等五大类高耗能行业相关重点领域，分别列明能效标杆水平和基准水平。

该文件通过能效对标促进企业节能降碳，有利于进一步推动各地方完善新建项目审批和建设，引导存量项目采用先进技术工艺提高能效水平，推进重点耗能行业整体能效水平不断提升。参见表3-9。

（3）《“十四五”现代能源体系规划》

2022年1月29日，国家发展改革委、国家能源局联合印发《“十四五”现代能源体系规划》（以下简称《规划》），提出“十四五”时期现代能源体系建设的主要目标是能源保障更加安全有力、能源低碳转型成效显著、能源系统效率大幅提高、创新发展能力显著增强、普遍服务水平持续提升。

《规划》明确非化石能源消费比重到2025年提高到20%左右，到2035年进一步大幅提高等发展目标，从加快推动能源绿色低碳转型、优化能源发展布局等九个方面提出大力发展非化石能源、减少能源产业碳足迹等22项任务。

《规划》提出，完善能耗“双控”与碳排放控制制度，能耗强度目标在“十四五”规划期内统筹考核，并留有适当弹性，新增可再生能源和原料用能不纳入能源消费总量控制。加强产业布局和能耗“双控”政策衔接，推动地方落实用能预算管理制度，严格实施节能评估和审查制度，坚决遏制高耗能高排放低水平项目盲目发展，优先保障居民生活、现代服务业、高技术产业和先进制造业等用能需求。加快全国碳排放权交易市场建设，推动能耗“双控”向碳排放总量和强度“双控”转变。

（4）《关于完善能源绿色低碳转型体制机制和政策措施的意见》

2022年1月30日，国家发展改革委、国家能源局印发《关于完善能源绿色低碳转型体制机制和政策措施的意见》，是能源领域落实我国碳达峰碳中和“1+*N*”政策体系的具体措施方案。目标是在“十四五”时期，基本建立推进能源绿色低

表 3-9 高耗能行业重点领域能效标杆水平和基准水平（2023 年版）部分内容

重点领域		指标名称	指标单位	标杆水平	基准水平
炼油		单位能量因数综合能耗	kgEO/t · 能量因数	7.5	8.5
煤制甲醇	褐煤	单位产品综合能耗	kgEC/t	1550	2000
	烟煤			1400	1800
	无烟煤			1250	1500
煤制烯烃（乙烯和丙烯）		单位产品能耗	kgEC/t	2800	3300
煤制乙二醇（合成气法）		单位产品综合能耗	kgEC/t	1000	1300
烧碱	离子膜法液碱≥30%	单位产品综合能耗	kgEC/t	315	350
	离子膜法液碱≥45%			420	470
	离子膜法固碱≥98%			620	685
纯碱	氨碱法（轻质）	单位产品能耗	kgEC/t	320	370
	联碱法（轻质）			160	200
	天然碱法-碳化法（轻质）			410	440
	天然碱法-蒸发法（轻质）			360	390
	氨碱法（重质）			365	420
	联碱法（重质）			205	250
	天然碱法-碳化法（重质）			455	490
	天然碱法-蒸发法（重质）			405	440
电石		单位产品综合能耗	kgEC/t	805	940

续表

重点领域		指标名称	指标单位	标杆水平	基准水平
乙烯（石脑油烃类）		单位产品能耗	kgEO/t	590	640
对二甲苯		单位产品能耗	kgEO/t	380	550
乙二醇		单位产品能耗	kgEC/t	375	470
合成氨	优质无烟块煤	单位产品综合能耗	kgEC/t	1100	1350
	非优质无烟块煤、型煤			1200	1520
	粉煤（包括无烟粉煤、烟煤）			1350	1550
	天然气			1000	1200
尿素	汽轮机驱动	单位产品能耗	kgEC/t	150	170
	电机驱动			138	165
钛白粉	硫酸法金红石型	单位产品能耗	kgEC/t	1000	1300
	硫酸法锐钛型			800	1000
	氯化法			900	950
聚氯乙烯	电石法（通用型）	单位产品能耗	kgEC/t	193	270
	电石法（糊用型）			450	480
	乙烯法（通用型）			620	635
	乙烯法（糊用型）			950	1100
精对苯二甲酸		单位产品能耗	kgEC/t	80	180
粘胶短纤维		单位产品综合能耗	kgEC/t	800	950

碳发展的制度框架，形成比较完善的政策、标准、市场和监管体系，构建以能耗“双控”和非化石能源目标制度为引领的能源绿色低碳转型推进机制。到2030年，基本建立完整的能源绿色低碳发展基本制度和政策体系，形成非化石能源既基本满足能源需求增量又规模化替代化石能源存量、能源安全保障能力得到全面增强的能源生产消费格局。

该意见从完善国家能源战略和规划实施的协同推进机制、完善引导绿色能源消费的制度和政策体系、建立绿色低碳为导向的能源开发利用新机制等方面提出了多项举措深入推动能源消费革命、供给革命、技术革命、体制革命，全方位加强国际合作，从国情实际出发，统筹发展与安全、稳增长和调结构，深化能源领域体制机制改革创新，加快构建清洁低碳、安全高效的能源体系，促进能源高质量发展和经济社会发展全面绿色转型，为科学有序推动如期实现碳达峰碳中和目标和建设现代化经济体系提供保障。

3．炼化行业降碳政策

（1）《石化化工重点行业严格能效约束推动节能降碳行动方案（2021—2025年）》

2021年11月，国家发展改革委、生态环境部等5部门联合发文指出，为贯彻落实党中央、国务院碳达峰碳中和相关工作部署，坚决遏制“两高”项目盲目发展，推动炼油、乙烯等重点行业绿色低碳转型，确保如期实现碳达峰目标，特制定《石化化工重点行业严格能效约束推动节能降碳行动方案（2021—2025年）》（以下简称《行动方案》）。

《行动方案》提出，到2025年，通过实施节能降碳行动，炼油、乙烯等行业达到标杆水平的产能比例超过30%，行业整体能效水平明显提升，碳排放强度明显下降，绿色低碳发展能力显著增强，并具体制定了十大重点任务。

一是建立技术改造企业清单。各地组织开展炼油、乙烯、合成氨、电石企业现有项目能效情况调查，认真排查在建项目，科学评估拟建项目，按照有关法律法规和标准规范，逐一登记造册，经企业申辩和专家评审，建立企业装置能效清单目录，能效达到标杆水平和低于基准水平的企业装置，分别列入能效先进和落后装置清单，并向社会公开，接受监督。有关部门组织申报、评选全国节能降碳或改造提升效果明显的企业，发布行业能效“领跑者”名单，形成一批可借鉴、可复制、可推广的节能典型案例。

二是制定技术改造实施方案。各地在确保经济平稳运行、社会民生稳定的基础上，制定石化重点行业企业技术改造总体实施方案，选取炼油、乙烯、合成氨、电石行业节能先进适用技术，引导能效落后企业装置实施技术改造，科学合理制定不同企业节能改造时间表，明确推进步骤、改造期限、技术路线、工作节点、预期目标等。实施方案需科学周密论证，广泛征求意见，特别是要征求相关企业及其所在地方政府意见，并在实施前向社会公示。各技术改造企业据此制定周密细致的具体工作方案，明确落实措施。

三是稳妥组织企业实施改造。各地根据实施方案，指导企业落实好装置改造所需资金，制定技术改造措施，加快技术改造进程，积极协助企业解决改造过程中存在的问题。对于能效介于标杆水平和基准水平之间的企业装置，鼓励结合检修等时机参照标杆水平要求实施改造升级。改造过程中，在落实产能置换等要求前提下，鼓励企业开展兼并重组。对于违规上马、未批先建项目，依法依规严肃查处相关责任人员、单位和企业。

四是引导低效产能有序退出。严格执行《产业结构调整指导目录》等规定，推动200万t/a及以下炼油装置、天然气常压间歇转化工艺制合成氨、单台炉容量小于12500kV·A的电石炉及开放式电石炉淘汰退出。严禁新建1000万t/a以下常减压、150万t/a以下催化裂化、100万t/a以下连续重整（含芳烃抽提）、150万t/a以下加氢裂化、80万t/a以下石脑油裂解制乙烯、固定层间歇气化技术制合成氨等装置。新建炼油项目实施产能减量置换，新建电石、尿素（合成氨下游产业链之一）项目实施产能等量或减量置换，推动30万t/a及以下乙烯、10万t/a及以下电石装置加快退出，加大闲置产能、僵尸产能处置力度。

五是推广节能低碳技术装备。开展精馏系统能效提升等绿色低碳技术装备攻关，加强成果转化应用。推广重劣质渣油低碳深加工、合成气一步法制烯烃、原油直接裂解制乙烯等技术，大型加氢裂化反应器、气化炉、乙烯裂解炉、压缩机、高效换热器等设计制造技术，特殊催化剂、助剂制备技术，自主化智能控制系统。鼓励采用热泵、热夹点、热联合等技术，加强工艺余热、余压回收，实现能量梯级利用。探索推动蒸汽驱动向电力驱动转变，开展企业供电系统适应性改造。鼓励石化基地或大型园区开展核电供热、供电示范应用。

六是推动产业协同集聚发展。坚持炼化一体化、煤化电热一体化和多联产发展方向，构建企业首尾相连、互为供需和生产装置互联互通的产业链，提高资源综合利用水平，减少物流运输能源消耗。推进开展化工园区认定，引导石化化工生产企业向化工园区转移，提高产业集中集聚集约发展水平，形成规模效应，突出能源环境等基础设施共建共享，降低单位产品能耗和碳排放。鼓励不同行业融合发展，提高资源转化效率，实现协同节能降碳。

七是修订完善产业政策标准。对照行业能效基准水平和标杆水平，适时修订《炼油单位产品能源消耗限额》《乙烯装置单位产品能源消耗限额》《合成氨单位产品能源消耗限额》《电石单位产品能源消耗限额》。结合炼油、乙烯、合成氨、电石行业节能降碳行动以及修订的国家能耗限额标准、污染物排放水平，修订《产业结构调整指导目录》《绿色技术推广目录》。

八是强化产业政策标准协同。研究完善炼油、乙烯、合成氨、电石行业绿色电价政策，有效强化电价信号引导作用。按照加强高耗能项目源头防控的政策要求，通过环保核查、节能监察等手段，加大管控查处力度。加强炼油等行业项目准入条件与能效基准水平、标杆水平衔接和匹配。

九是加大财政金融支持力度。落实节能专用装备、技术改造、资源综合利用等方面税收优惠政策。积极发展绿色金融，设立碳减排支持工具，支持金融机构在风险可控、商业可持续的前提下，向碳减排效应显著的重点项目提供高质量的金融服务。拓展绿色债券市场的深度和广度，支持符合条件的节能低碳发展企业上市融资和再融资。落实首台（套）重大技术装备示范应用鼓励政策。

十是加大配套监督管理力度。加强源头把控，建立炼油、乙烯、合成氨、电石等行业企业能耗和碳排放监测与评价体系，稳步推进企业能耗和碳排放核算、报告、核查和评价工作。强化日常监管，组织实施国家工业专项节能监察，加强对企业能效水平执行情况的监督检查，确保相关政策要求执行到位。压实属地监管责任，建立健全通报批评、用能预警、约谈问责等工作机制，完善重点行业节能降碳监管体系。发挥信用信息共享平台作用，加强对违规企业的失信联合惩戒。

（2）《关于“十四五”推动石化化工行业高质量发展的指导意见》

2022年4月7日，工信部、国家发展改革委等六部委联合印发《关于“十四五”推动石化化工行业高质量发展的指导意见》，提出到2025年，石化化工行业基本形成自主创新能力强、结构布局合理、绿色安全低碳的高质量发展格局，高端产品保障能力大幅提高，核心竞争能力明显增强，高水平自立自强迈出坚实步伐。

该意见围绕主要目标，聚焦创新发展、产业结构、产业布局、数字化转型、绿色低碳、安全发展等6个重点难点，凝练出6大重点任务：

提升创新发展水平。一是完善创新机制，强化企业创新主体地位，构建重点实验室、重点领域创新中心、共性技术研发机构"三位一体"的创新体系。二是攻克核心技术，加快重要装备及零部件制造技术攻关，开发推广先进感知技术以及过程控制软件、全流程智能控制系统、故障诊断与预测性维护等控制技术，增强创新发展动力。三是实施"三品"行动，增加材料品种规格，加快发展高端化工新材料产品，积极布局前沿化工新材料，提高绿色化工产品占比，鼓励企业培育创建品牌。

推动产业结构调整。一是强化分类施策，科学调控石油化工、煤化工等传统化工行业产业规模，有序推进炼化项目"降油增化"，促进煤化工产业高端化、多元化、低碳化发展。二是动态更新石化化工行业鼓励推广应用的技术和产品目录，加快先进适用技术改造提升，优化烯烃、芳烃原料结构，加快煤制化学品、煤制油气向高附加值产品延伸，提高技术水平和竞争力。

优化调整产业布局。一是统筹项目布局，推进新建石化化工项目向资源环境优势基地集中，推动现代煤化工产业示范区转型升级。持续推进城镇人口密集区危险化学品生产企业搬迁改造。二是引导化工项目进区入园，推动化工园区规范发展。新建危险化学品生产项目必须进入一般或较低安全风险的化工园区（与其他行业生产装置配套建设的项目除外），引导其他石化化工项目在化工园区发展。

推进产业数字化转型。一是加快新技术、新模式与石化化工行业融合，不断增强化工过程数据获取能力，强化全过程一体化管控，推进数字孪生创新应用，打造3～5家面向行业的特色专业型工业互联网平台及化肥、轮胎等基于工业互联网的产业链监测系统。二是发布石化化工行业智能制造标准体系建设指南，推进数字化车间、智能工厂、智慧园区等示范标杆引领，强化工业互联网赋能。

加快绿色低碳发展。一是发挥碳固定碳消纳优势，有序推动石化化工行业重点领域节能降碳，推进炼化、煤化工与"绿电""绿氢"等产业耦合以及二氧化碳规模化捕集、封存、驱油和制化学品等示范。二是发展清洁生产，构建全生命周期绿色制造体系。积极发展生物化工，基于非粮生物质制造大宗化学品，强化生物基大宗化学品与现有化工产业链衔接，实现对传统化石基产品的部分替代。

三是促进行业间耦合发展，提高资源循环利用效率。有序发展和科学推广生物可降解塑料，推动废塑料、废弃橡胶等废旧化工材料循环利用。

夯实安全发展基础。一是提升技术和管理水平，压实安全生产主体责任，推进实施责任关怀。鼓励企业采用先进适用技术改造提升，推进高危工艺安全化改造和替代，提升本质安全水平。二是加强炼化行业轻质低碳原料、化肥行业磷钾矿产资源保障，稳妥推进磷化工“以渣定产”，确保化肥稳定供应，保护性开采萤石资源，鼓励开发利用伴生氟资源，维护产业链供应链安全稳定。

（3）《高耗能行业重点领域节能降碳改造升级实施指南（2022年版）》

2022年2月3日，国家发展改革委等四部门联合印发《高耗能行业重点领域节能降碳改造升级实施指南（2022年版）》，在引导改造升级、加强技术攻关、促进聚集发展、加快淘汰落后等四方面提出具体要求，特别对炼油、乙烯、对二甲苯、现代煤化工、合成氨等17个行业编制节能降碳改造升级实施指南。高耗能行业重点领域节能降碳改造升级实施指南（2022年版）相关内容见表3-10。

表 3-10　高耗能行业重点领域节能降碳改造升级实施指南（2022 年版）相关内容

炼油行业节能降碳改造升级实施指南	
基本情况	炼油能耗主要由燃料气消耗、催化焦化、蒸汽消耗和电力消耗组成。行业规模化水平差异较大，先进产能与落后产能并存。用能主要存在中小装置规模占比较大、加热炉热效率偏低、能量系统优化不足、耗电设备能耗偏大等问题，节能降碳改造升级潜力较大。 炼油能效标杆水平为7.5 kgEO/（t·能量因数）、基准水平为8.5 kgEO/（t·能量因数）。截至2020年底，我国炼油行业能效优于标杆水平的产能约占总产能的25%，能效低于基准水平的产能约占20%。
工作方向	（一）加强前沿技术开发应用，培育标杆示范企业 推动渣油浆态床加氢等劣质重油原料加工、先进分离、组分炼油及分子炼油、低成本增产烯烃和芳烃、原油直接裂解等深度炼化技术开发应用。 （二）加快成熟工艺普及推广，有序推动改造升级 1.绿色工艺技术。采用智能优化技术，实现能效优化；采用先进控制技术，实现卡边控制。采用CO燃烧控制技术提高加热炉热效率，合理采用变频调速、液力耦合调速、永磁调速等机泵调速技术提高系统效率，采用冷再生剂循环催化裂化技术提高催化裂化反应选择性，降低能耗、催化剂消耗，采用压缩机控制优化与调节技术降低不必要压缩功消耗和不必要停车，采用保温强化节能技术降低散热损失。 2.重大节能装备。加快节能设备推广应用。采用高效空气预热器，回收烟气余热，降低排烟温度，提高加热炉热效率。开展高效换热器推广应用，通过对不同类型换热器的节能降碳效果及经济效益的分析诊断，合理评估换热设备的替代/应用效果及必要性，针对实际生产需求，合理选型高效换热器，加大沸腾传热，提高传热效率。开展高效换热器推广应用，加大沸腾传热。推动采用高效烟机，高效回收催化裂化装置再生烟气的热能和压力能等。推广加氢装置原料泵液力透平应用，回收介质压力能。

续表

炼油行业节能降碳改造升级实施指南	
工作方向	3.能量系统优化。采用装置能量综合优化和热集成方式，减少低温热产生。推动低温热综合利用技术应用，采用低温热制冷、低温热发电和热泵技术实现升级利用。推进蒸汽动力系统诊断与优化，开展考虑炼油厂实际情况的蒸汽平衡配置优化，推动蒸汽动力系统、换热网络、低温热利用协同优化，减少减温减压，降低输送损耗。推进精馏系统优化及改造，采用智能优化控制系统、先进隔板精馏塔、热泵精馏、自回热精馏等技术，优化塔进料温度、塔间热集成等，提高精馏系统能源利用效率。优化循环水系统流程，采取管道泵等方式降低循环水系统压力。新建炼油厂应采用最新节能技术、工艺和装备，确保热集成、换热网络和换热效率最优。 4.氢气系统优化。加强装置间物料直供。推进炼油厂氢气网络系统集成优化。采用氢夹点分析技术和数学规划法对炼油厂氢气网络系统进行严格模拟、诊断与优化，推进氢气网络与用氢装置协同优化，耦合供氢单元优化、加氢装置用氢管理和氢气轻烃综合回收技术，开展氢气资源的精细管理与综合利用，提高氢气利用效率，降低氢耗、系统能耗和二氧化碳排放。 （三）严格政策约束，淘汰落后低效产能 严格执行节能、环保、质量、安全技术等相关法律法规和《产业结构调整指导目录》等政策，依法依规淘汰200万t/a及以下常减压装置、采用明火高温加热方式生产油品的釜式蒸馏装置等。对能效水平在基准值以下，且无法通过改造升级达到基准值以上的炼油产能，按照等量或减量置换的要求，通过上优汰劣、上大压小等方式加快退出。
目标	到2025年，炼油领域能效标杆水平以上产能比例达到30%，能效基准水平以下产能加快退出，行业节能降碳效果显著，绿色低碳发展能力大幅提高。

乙烯行业节能降碳改造升级实施指南	
基本情况	乙烯生产工艺路线主要包括蒸汽裂解、煤/甲醇制烯烃、催化裂解等，本实施指南所指乙烯行业主要为采用蒸汽裂解工艺生产乙烯的相关装置。蒸汽裂解制乙烯主要包括裂解、急冷、压缩、分离等工序，能耗主要由燃料气消耗、蒸汽消耗和电力消耗组成。用能主要存在装置规模化水平差距较大、能效水平参差不齐、原料结构有待优化等问题，节能降碳改造升级潜力较大。 乙烯能效标杆水平为590kgEO/t、基准水平为640kgEO/t。截至2020年底，我国蒸汽裂解制乙烯能效优于标杆水平的产能约占总产能的20%，能效低于基准水平的产能约占30%。
工作方向	（一）加强前沿技术开发应用，培育标杆示范企业 推动原油直接裂解技术、电裂解炉技术开发应用。加强装备电气化与绿色能源耦合利用技术应用。 （二）加快成熟工艺普及推广，有序推动改造升级 1.绿色工艺技术。采用热泵流程，将烯烃精馏塔和制冷压缩相结合，提高精馏过程热效率。采用裂解炉在线烧焦技术，推广先进减黏塔减黏技术，提高超高压蒸汽产量，减少汽提蒸汽用量。 2.重大节能装备。采用分凝分馏塔，增加气液分离效率。采用扭曲片管等裂解炉管和新型强制通风型烧嘴，降低过剩空气率，提高裂解炉热效率。采用可塑性耐火材料衬里、陶瓷纤维衬里、高温隔热漆等优质保温材料，降低热损失。采用高效吹灰器，清除对流段炉管积灰。采用裂解气压缩机段间低压力降水冷器，降低裂解气压缩机段间冷却压力降，减少压缩机功耗。选用高效转子、冷箱、换热器。推广余热利用热泵集成技术。裂解炉实施节能改造提高热效率，加强应用绿电的裂解炉装备及配套技术开发应用。 3.能量系统优化。采用先进优化控制技术，推进优化装置换热网络，提高装置整体换热效率。采用急冷油塔中间回流技术，回收急冷油塔的中间热量。采用炉管强化传热技术，提高热效率。增设空气预热器，利用乙烯等装置余热预热助燃空气，减少燃料消耗，合理回收烟道气、急冷水、蒸汽凝液等热源热量。采用低温乙烷、丙烷、液化天然气（LNG）冷能利用技术，降低装置能耗。

乙烯行业节能降碳改造升级实施指南	
工作方向	4.公辅设施改造。通过对蒸汽动力锅炉、汽轮机和空压机、鼓风机等蒸汽动力系统，以及循环水泵扬程、凝结水回收系统进行优化改造，对氢气压缩机等动设备进行运行优化，解决低压蒸汽过剩排空、电力消耗大等问题。回收利用蒸汽凝液，集成利用低温热，采取新型材料改进保温、保冷效果。 5.原料优化调整。采用低碳、轻质、优质裂解原料，提高乙烯产品收率，降低能耗和碳排放强度。推动区域优质裂解原料资源集约集聚和优化利用，提高资源利用效率。 （三）严格政策约束，淘汰落后低效产能 严格执行节能、环保、质量、安全技术等相关法律法规和《产业结构调整指导目录》等政策，加快30万t/a以下乙烯装置淘汰退出。对能效水平在基准值以下，且无法通过节能改造达到基准值以上的乙烯装置，加快淘汰退出。
目标	到2025年，乙烯行业规模化水平大幅提升，原料结构轻质化、低碳化、优质化趋势更加明显，乙烯行业标杆产能比例达到30%以上，能效基准水平以下产能有序开展改造提升，行业节能降碳效果显著，绿色低碳发展能力大幅提高。
对二甲苯行业节能降碳改造升级实施指南	
基本情况	对二甲苯生产装置包括预加氢、催化重整、芳烃抽提、歧化及烷基转移、二甲苯异构化、二甲苯分馏、芳烃提纯等工艺过程，能耗主要由燃料气消耗、蒸汽消耗和电力消耗组成。用能主要存在加热炉热效率低、余热利用不足、分馏塔分离效率偏低、塔顶低温热利用率低、耗电设备能效偏低等问题，节能降碳改造升级潜力较大。 对二甲苯能效标杆水平为380 kgEO/t、基准水平为550 kgEO/t。截至2020年底，我国对二甲苯能效优于标杆水平的产能约占总产能的23%，能效低于基准水平的产能约占18%。
工作方向	（一）加强前沿技术开发应用，培育标杆示范企业 加强国产模拟移动床吸附分离成套（SorPX）技术，以及吸附塔格栅、模拟移动床控制系统、大型化二甲苯塔及二甲苯重沸炉等技术装置的开发应用，提高运行效率，降低装置能耗和排放。 （二）加快成熟工艺普及推广，有序推动改造升级 1.绿色技术工艺。加强重整、歧化、异构化、对二甲苯分离等先进工艺技术的开发应用，优化提升吸附分离工艺并加强新型高效吸附剂研发，加快二甲苯液相异构化技术开发应用。加大两段重浆化结晶工艺技术和络合结晶分离技术研发应用。 2.重大节能装备。推动重整“四合一”、二甲苯再沸等加热炉及歧化、异构化反应炉优化改造，降低烟气和炉表温度。重整、歧化、异构化进出料换热器采用缠绕管换热器，重沸器和蒸汽发生器采用高通量管换热管等。采用新型高效塔板提高精馏塔分离效率，加大分（间）壁塔技术推广应用，合理选用高效空冷设备。 3.能量系统优化。优化分馏及精馏工艺参数，开展工艺物流热联合，合理设置精馏塔塔顶蒸汽发生器，塔顶物流用于加热塔底重沸器。利用夹点技术优化装置换热流程，提高能量利用率。 4.公辅设施改造。采用高效机泵，合理配置变频电机及功率。用蒸汽发生器代替空冷器，发生蒸汽供汽轮机或加热设备使用。用热媒水换热器代替空冷器，将热量供给加热设备使用或作为采暖热源。 （三）严格政策约束，淘汰落后低效产能 严格执行节能、环保、质量、安全技术等相关法律法规和《产业结构调整指导目录》等政策，加快推动单系列60万t/a以下规模对二甲苯装置淘汰退出。对能效水平在基准值以下，且无法通过节能改造达到基准值以上的对二甲苯装置，加快淘汰退出。
目标	到2025年，对二甲苯行业装置规模化水平明显提升，能效标杆水平以上产能比例达到50%，能效基准水平以下产能基本清零，行业节能降碳效果显著，绿色低碳发展能力大幅提高。

续表

现代煤化工行业节能降碳改造升级实施指南	
基本情况	现代煤化工行业先进与落后产能并存，企业能效差异显著。用能主要存在余热利用不足、过程热集成水平偏低、耗汽／耗电设备能效偏低等问题，节能降碳改造升级潜力较大。 以褐煤为原料的煤制甲醇能效标杆水平为1550kgEC/t，基准水平为2000kgEC/t；以烟煤为原料的煤制甲醇能效标杆水平为1400kgEC/t，基准水平为1800kgEC/t；以无烟煤为原料的煤制甲醇能效标杆水平为1250kgEC/t，基准水平为1600kgEC/t。煤制烯烃（MTO路线）能效标杆水平为2800kgEC/t，基准水平为3300kgEC/t。煤制乙二醇能效标杆水平为1000kgEC/t，基准水平为1350kgEC/t。截至2020年底，我国煤制甲醇行业能效优于标杆水平的产能约占15%，能效低于基准水平的产能约占25%。煤制烯烃行业能效优于标杆水平的产能约占48%，且全部产能高于基准水平。煤制乙二醇行业能效优于标杆水平的产能约占20%，能效低于基准水平的产能约占40%。
工作方向	（一）加强前沿技术开发应用，培育标杆示范企业 加快研发高性能复合新型催化剂。推动自主化成套大型空分、大型空压增压机、大型煤气化炉示范应用。推动合成气一步法制烯烃、绿氢与煤化工项目耦合等前沿技术开发应用。 （二）加快成熟工艺普及推广，有序推动改造升级 1.绿色技术工艺。加快大型先进煤气化、半/全废热锅炉流程气化、合成气联产联供、高效合成气净化、高效甲醇合成、节能型甲醇精馏、新一代甲醇制烯烃、高效草酸酯合成及乙二醇加氢等技术开发应用。推动一氧化碳等温变换技术应用。 2.重大节能装备。加快高效煤气化炉、合成反应器、高效精馏系统、智能控制系统、高效降膜蒸发技术等装备研发应用。采用高效压缩机、变压器等高效节能设备进行设备更新改造。 3.能量系统优化。采用热泵、热夹点、热联合等技术，优化全厂热能供需匹配，实现能量梯级利用。 4.余热余压利用。根据工艺余热品位的不同，在满足工艺装置要求的前提下，分别用于副产蒸汽、加热锅炉给水或预热脱盐水和补充水、有机朗肯循环发电，使能量供需和品位相匹配。 5.公辅设施改造。根据适用场合选用各种新型、高效、低压降换热器，提高换热效率。选用高效机泵和高效节能电机，提高设备效率。 6.废物综合利用。依托项目周边二氧化碳利用和封存条件，因地制宜开展变换等重点工艺环节高浓度二氧化碳捕集、利用及封存试点。推动二氧化碳生产甲醇、可降解塑料、碳酸二甲酯等产品。加强灰、渣资源化综合利用。 7.全过程精细化管控。强化现有工艺和设备运行维护，加强煤化工企业全过程精细化管控，减少非计划启停车，确保连续稳定高效运行。 （三）严格政策约束，淘汰落后低效产能 严格执行节能、环保、质量、安全技术等相关法律法规和《产业结构调整指导目录》等政策，对能效水平在基准值以下，且无法通过节能改造达到基准值以上的煤化工产能，加快淘汰退出。
目标	到2025年，煤制甲醇、煤制烯烃、煤制乙二醇行业达到能效标杆水平以上产能比例分别达到30%、50%、30%，基准水平以下产能基本清零，行业节能降碳效果显著，绿色低碳发展能力大幅提高。

合成氨行业节能降碳改造升级实施指南	
基本情况	不同原料的合成氨工艺路线有差异，主要包括原料气制备、原料气净化、CO变换、氨合成、尾气回收等工序。能耗主要由原料气消耗、燃料气消耗、煤炭消耗、蒸汽消耗和电力消耗组成。合成氨行业规模化水平差异较大，不同企业能效差异显著。用能主要存在能量转换效率偏低、余热利用不足等问题，节能降碳改造升级潜力较大。 以优质无烟块煤为原料的合成氨能效标杆水平为1100kgEC/t，基准水平为1350kgEC/t；以非优质无烟块煤、型煤为原料的合成氨能效标杆水平为1200kgEC/t，基准水平为1520kgEC/t；以粉煤为原料的合成氨能效标杆水平为1350kgEC/t，基准水平为1550kgEC/t；以天然气为原料的合成氨能效标杆水平为1000kgEC/t，基准水平为1200kgEC/t。截至2020年底，我国合成氨行业能效优于标杆水平的产能约占7%，能效低于基准水平的产能约占19%。

续表

合成氨行业节能降碳改造升级实施指南	
工作方向	（一）加强前沿引领技术开发应用，培育标杆示范企业 开展绿色低碳能源制合成氨技术研究和示范。示范6.5Mpa及以上的干煤粉气化技术，提高装置气化效率；示范、优化并适时推广废热锅炉或半废热锅炉流程回收高温煤气余热副产蒸汽，替代全激冷流程煤气降温技术，提升煤气化装置热效率。 （二）加快成熟工艺装备普及推广，有序推动改造升级 1.绿色技术工艺。优化合成氨原料结构，增加绿氢原料比例。选择大型化空分技术和先进流程，配套先进控制系统，降低动力能耗。加大可再生能源生产氨技术研究，降低合成氨生产过程碳排放。 2.重大节能装备。提高传质传热和能量转换效率，提高一氧化碳变换，用等温变换炉取代绝热变换炉。涂刷反辐射和吸热涂料，提高一段炉的热利用率。采用大型高效压缩机，如空分空压机及增压机、合成气压缩机等，采用蒸汽透平直接驱动，推广采用电驱动，提高压缩效率，避免能量转换损失。 3.能量系统优化。优化气化炉设计，增设高温煤气废热锅炉副产蒸汽系统。优化二氧化碳气提尿素工艺设计，增设中压系统。 4.余热余压利用。在满足工艺装置要求的前提下，根据工艺余热品位不同，分别用于副产蒸汽、加热锅炉给水或预热脱盐水和补充水、有机朗肯循环发电，实现能量供需和品位相匹配。 5.公辅设施改造。根据适用场合选用各种新型、高效、低压降换热器，提高换热效率。选用高效机泵和高效节能电机，提高设备效率。采用性能好的隔热、保冷材料加强设备和管道保温。 （三）严格政策约束，淘汰落后低效产能 严格执行节能、环保、质量、安全技术等相关法律法规和《产业结构调整指导目录》等政策，加快淘汰高温煤气洗涤水在开式冷却塔中与空气直接接触冷却工艺技术，大幅减少含酚氰氨大气污染物排放。
目标	到2025年，合成氨行业能效标杆水平以上产能比例达到15%，能效基准水平以下产能基本清零，行业节能降碳效果显著，绿色低碳发展能力大幅增强。

4．相关产业降碳政策

（1）《关于开展气候投融资试点工作的通知》

2021年12月21日，生态环境部等九部门印发《关于开展气候投融资试点工作的通知》，明确了气候投融资的定义、支持范围、试点工作目标、重点任务以及试点申报要求，重点包括：一是支持范围包括减缓气候变化和适应气候变化两个方面；二是推动气候投融资工具创新，鼓励符合条件的试点地方气候友好型企业通过资本市场进行融资和再融资；三是支持国际金融组织和跨国公司在试点地方开展气候投融资业务，积极引进境外资金；四是强化碳核算与信息披露，探索开展企业碳会计制度，定期开展企业碳审计，严防企业碳数据造假。

（2）《加快推动工业资源综合利用实施方案的通知》

2022年1月27日，工信部等八部委联合印发《加快推动工业资源综合利用实施方案的通知》，指出大力推动重点行业工业固废源头减量和规模化高效综合利用，加快推进再生资源高值化循环利用，促进工业资源协同利用，着力提升工业资源利用效率。明确到2025年，钢铁、有色、化工等重点行业工业固废产生强度下降，大宗工业固废的综合利用水平显著提升至57%，主要再生资源品种利用量超过4.8亿t。

（3）《“十四五”新型储能发展实施方案》

2022年1月29日，国家发展改革委、国家能源局印发《“十四五”新型储能发展实施方案》，明确到2025年新型储能由商业化初期步入规模化发展阶段，其中，电化学储能技术性能进一步提升，系统成本降低30%以上；火电与核电机组抽汽蓄能等依托常规电源的新型储能技术、百兆瓦级压缩空气储能技术实现工程化应用；兆瓦级飞轮储能等机械储能技术逐步成熟；氢储能、热（冷）储能等长时间尺度储能技术取得突破。到2030年，新型储能全面市场化发展，并从构建新型储能创新体系、稳妥推进新型储能产业化进程等6方面提出16项措施，包括推动系统友好型新能源电站建设、加大“新能源+储能”支持力度等内容。

（4）《氢能产业发展中长期规划（2021—2035年）》

2022年3月23日，国家发展改革委、国家能源局联合印发《氢能产业发展中长期规划（2021—2035年）》（以下简称《规划》），指出氢能的战略定位是未来国家能源体系的重要组成部分，是用能终端实现绿色低碳转型的重要载体、战略性新兴产业和未来产业重点发展方向。明确到2025年，基本掌握核心技术和制造工艺，燃料电池车辆保有量约5万辆，部署建设一批加氢站，可再生能源制氢量达到10万～20万t/a，实现二氧化碳减排100万～200万t/a；到2030年，形成较为完备的氢能产业技术创新体系、清洁能源制氢及供应体系，有力支撑碳达峰目标实现；到2035年，形成氢能多元应用生态，可再生能源制氢在终端能源消费中的比例明显提升。《规划》从系统构建支撑氢能产业高质量发展创新体系等4方面提出推进交通领域示范应用、逐步探索工业领域替代应用等14项任务，包括促进高耗能、高排放行业绿色低碳发展等。

（5）《关于加快推进废旧纺织品循环利用的实施意见》

2022年4月11日，国家发展改革委、商务部和工信部联合印发《关于加快推进废旧纺织品循环利用的实施意见》（以下简称《意见》），提出到2025年，废旧纺织品循环利用体系初步建立，循环利用能力大幅提升，废旧纺织品循环利用率达到25%，废旧纺织品再生纤维产量达到200万t/a；到2030年，建成较为完善的废旧纺织品循环利用体系，生产者和消费者循环利用意识明显提高，高值化利用途径不断扩展，产业发展水平显著提升，废旧纺织品循环利用率达到30%，废旧纺织品再生纤维产量达到300万t/a。我国是全球第一纺织大国，纺织纤维加工总量占全球的50%以上。随着人均纤维消费量不断增加，我国每年产生大量废旧纺织品。废旧纺织品循环利用对节约资源、减污降碳具有重要意义。《意见》从生产、回收、综合利用3个方面明确了推行纺织品绿色设计、鼓励使用绿色纤维、强化纺织品生产者社会责任、完善回收网络、拓宽回收渠道、强化回收管理、规范开展再利用、促进再生利用产业发展、实施制式服装重点突破等9条具体措施，着力打通回收、交易流通、精细分拣、综合利用等关键环节堵点、痛点。

（6）《关于化纤工业高质量发展的指导意见》和《关于产业用纺织品行业高质量发展的指导意见》

2022年4月12日，工信部、国家发展改革委联合印发《关于化纤工业高质量发展的指导意见》和《关于产业用纺织品行业高质量发展的指导意见》。要求化纤工业：到2025年，规模以上化纤企业工业增加值年均增长5%，化纤产量在全球占比基本稳定。创新能力不断增强，行业研发经费投入强度达到2%，高性能纤维研发制造能力满足国家战略需求。绿色制造体系不断完善，绿色纤维占比提高到25%以上，生物基化学纤维和可降解纤维材料产量年均增长20%以上，废旧资源综合利用水平和规模进一步提高，行业碳排放强度明显降低。形成一批具备较强竞争力的龙头企业，构建高端化、智能化、绿色化现代产业体系，全面建设化纤强国。要求：提高碳纤维、芳纶、超高分子量聚乙烯纤维、聚酰亚胺纤维、聚苯硫醚纤维、聚四氟乙烯纤维、连续玄武岩纤维的生产与应用水平，提升高性能纤维质量一致性和批次稳定性。进一步扩大高性能纤维在航空航天、风力和光伏发电、海洋工程、环境保护、安全防护、土工建筑、交通运输等领域的应用。要求产业用纺织品行业：到2025年，规模以上企业工业增加值年均增长6%左右，3～5家企业进入全球产业用纺织品第一梯队。科技创新能力明显提升，行业骨干企业研发经费占主营业务收入比重达到3%，循环再利用纤维及生物质纤维应用占比达到15%，非织造布企业关键工序数控化率达到70%，智能制造和绿色制造对行业提质增效作用明显，行业综合竞争力进一步提升。

第三节 炼化产业低碳发展趋势分析

一、国外炼化企业的低碳发展趋势与路径分析

当今世界正处于百年未有之大变局，全球呈现多极化趋势，大国博弈加剧，国际政治经济形势复杂严峻，全球经济增速趋缓，2020年能源化工行业受“黑天鹅”事件冲击进入严冬期，2022年又在俄乌冲突影响下再次达到油气价格高峰，波动较为强烈。与此同时，随着气候变化问题深度政治化，气候全球治理越发严苛，再叠加替代能源经济竞争性日益增强，潜在的投资者和利益相关者越来越关注气候变化可能给他们带来的重大风险，部分投资者已逐步放弃化石能源业务，而转向低碳未来。因此，炼化公司“转型”已成为当前人们关注的热点。

除气候相关立法与诉讼迅速增多外，各国金融监管机构和投资者对企业气候风险、碳排放和低碳具体策略方面相关信息要求的透明度也在不断加强和细化。各石油公司在债市步履维艰，三大信用评级机构穆迪、标准普尔、惠誉相应下调多数国际石油公司信用评级。继2020年上半年，标准普尔和穆迪将埃克森美孚发行人信用评级分别调降至“AA”和“Aa1”后，2021年2月，两家评级机构又再次下调其评级至“AA-”和“Aa2”。降级理由是能源转型、价格波动和盈利能力降低带来的风险增加，且因其维持股息政策将导致债务削减减缓。这是埃克森美孚自2016年失去标准普尔“AAA”评级后的接连两次下调。其他国际石油公司的债务评级更低，多数国际石油公司信用评级展望均为负面，多家独立石油公司的债务评级甚至下调为垃圾级，其未来的融资将更加困难。仅2020年，北美地区独立石油公司和油服公司分别有46家和61家宣布破产。而且已有多家主权财富基金、银行和保险公司、全球资产管理公司等，正在脱离煤炭、石油和天然气资产投资，除以往的环保组织外，目前由投资者组建的气候非政府组织影响力稳步提升，如“气候行动100+”现已成为气候变化领域最具影响力、最重要的投资者倡议组织之一，超过500家投资者，管理着47万亿美金的资产。该组织希望已加盟的投资者可以通过多种方法，如在股东大会发表声明、投票罢免未能承担气候变化风险责任的董事、举行会议或论坛等形式促进目标公司来应对气候变化。埃克森美孚的第二大股东黑岩集团就在该倡议组织中。另外，摩根大通集团计划到2030年将其油气投资降低15%，且为气候行动和可持续发展投入2.5万亿美元；花

旗银行也宣布到2030年将投入1万亿美元“资助和促进广泛的气候解决方案”。

这都得益于政府在为实现“温控目标”采取立法、诉讼等措施外，更推动投资者有所作为。目前，全球已有130个国家和地区提出了“零碳”和“碳中和”的气候目标。其中，大部分计划在2050年实现，如欧盟、英国、加拿大、日本等。时任美国总统拜登2021年已明确表示，将承诺在2050年实现碳中和。

欧洲对于碳中和的规划领先，顶层设计完善，有较为完整的双线监管框架，2023年初通过的“碳边境调节机制”也将严格监督欧盟内部企业和进口产品的碳排放问题；而美国节能减排理念先进，但先前特朗普政府的政治体系制约相关理念落实。拜登上任后2021年签署《应对国内外气候危机》的行政命令，其中提出“2050碳中和”和“2035电力行业全面脱碳”两点核心要求。这也是美国首次以法律或行政文件的形式明确碳中和目标。

欧洲和美国企业在早期形成了相对鲜明应对气候变化的原则与宣传策略，但都在着力塑造低碳形象以适应公众与机构投资者的价值诉求，近年来欧美差距也逐渐缩小。BP、壳牌、道达尔、挪威石油、埃尼和雷普索尔等欧洲公司于2020上半年率先提出了到2050年实现“净零碳排放”的目标，这些企业将“净零”排放作为其主要的低碳标签。欧洲石油公司已经形成了较为系统清晰的宣传策略，从碳排放范围出发，通过发布净零路线图、能源转型报告并重新平衡其投资组合、加大可再生能源业务资产等方式，向公众阐述各自的雄心。相比较而言，美国石油公司和其他国家石油公司在2020年底才陆续发布可持续报告，且其中大部分国家的碳减排目标等与欧洲石油公司差距明显，多以投入“负”碳技术、剥离“高碳排放”资产为主，即聚焦于碳捕获和储存（CCS）及生物燃料，在可再生能源等领域投入相对较弱。

（一）典型公司低碳路径

1. 埃克森美孚公司

该公司于2021年初提升了减排目标，表示到2025年前上游排放强度下降15%～20%，并承诺甲烷排放强度下降程度提升至40%～50%，石油开采伴生的天然气燃烧（燃除）强度下降幅度提升至35%～45%，且到2030年消除常规燃除。并于2021年初首次披露了客户使用燃料和其他产品的碳排放数据（即范围3碳排放，指包含原材料采购、生产加工、物流运输、销售使用及废弃物处理全链条的间接排放），相当于7.3亿t二氧化碳，几乎接近加拿大整个国家的碳排放量。

该公司以加大力度投入碳捕集、利用和封存（CCUS）等“负”碳技术研发为主，同时还推进生物燃料、氢能以及节能工艺技术等领域的突破性研发。埃克森美孚在CCUS技术方面拥有30多年的经验，是第一家捕集1.2亿t以上二氧化碳的公司。自2000年起已在CCUS技术投入超百亿美元，拥有行业领先水平，是其选择的实现碳减排的主要路径。该公司拥有全球约1/5的二氧化碳捕集能力，并捕集了全球约40%的人为二氧化碳捕集量。

“负”碳技术方面，2021年初该公司宣布专门成立了碳捕集技术部门，主攻CCUS技术市场化，结合其成熟的二氧化碳气驱提采技术，与主营业务形成了良好的协同效应。公司承诺将在2025年前为其“低碳解决方案”这一新业务投资30亿美元，投资金额占总支出的3%~4%。埃克森美孚现阶段正在评估CCUS新项目和伙伴关系，这些合作项目将补充其在美国、澳大利亚和卡塔尔等地的碳捕集能力，预计从660万t/a提升至900万t/a。该公司预计到2030年CCUS技术成本较目前下降超过30%。

氢能技术方面，埃克森美孚认为氢能可以挽救难以脱碳的行业。公司预测，自2020年起，全球氢能市场规模每年扩大约30%，到2040年可达到1万亿美元。该公司氢气产能已达到130万t/a，目前正在推进鹿特丹氢能项目以实现利用CCUS技术大量生产低碳氢气。

生物燃料方面，埃克森美孚早在2009年就投资6亿美元，研发藻类生物燃料，并于2019年，分别携手印度技术研究院（IIT–M）和瑞士克莱恩公司等继续推进生物燃料研究；2020年9月成功完成了首次船用生物燃料油海试，与常规船用燃料油相比，这种船用生物燃料油可提供高达40%的二氧化碳减排效率。

埃克森美孚2021年底发布2050“净零排放目标”（范围为1+2）。同时，埃克森美孚表示其低碳业务投资额度也从早先2021—2025年的30亿美元提升到了2022—2027年的150亿美元，投资占比从3.6%提升至13.3%左右，与欧洲石油公司的差距明显缩小。但埃克森美孚在转型策略上的选择不同于其他石油巨头，重点仍集中在负碳技术、生物燃料、氢气和塑料回收等业务上，依旧未对可再生能源涉足，这些业务重点在于推进油气主业的脱碳计划。目前，埃克森美孚正在积极推进全球20多个CCUS项目计划，涉及美国、荷兰、法国、新加坡、印尼、马来西亚、澳大利亚等多个国家业务。其中，引人瞩目的是其提出的一项高达1000亿美元的墨西哥湾水下碳储存项目，预计2030年可储存5000万t的二氧化碳，2040年储存能力更是计划翻一番。除此之外，埃克森美孚也在积极推进塑料回收技术的研发，并加速相关设施的布局，公司计划到2026年实现全球50万t塑料的先进的回收能力，现阶段已在美国得克萨斯州及法国推进回收工厂的建设工作，并正在评估荷兰、美国墨西哥湾、加拿大和新加坡的项目。在低碳业务规模扩张的同时，公司也在不断调整组织机构。于2022年1月底表示，公司正在通过合并下游和化工业务，集中技术和工程以及其他支持服务，进一步精简业务结构，以期降低运营成本的同时，更好地支持客户、增加价值。届时，公司将按照上游、产品解决方案和低碳解决方案三条业务线进行运行，可见低碳业务地位明显提升。

2. 雪佛龙公司

该公司也于2021年初公布发展计划，其将在2025年前保持油气产量的持续增长，但资本支出不变，维持在140亿～160亿美元范围内；碳排放方面，该公司表示将在2028年前上游单位油气产量的碳排放强度降低35%，且2030年前消除燃除排放。雪佛龙减排目标相对于同行竞争对手较为温和，气候战略主要从低碳排强度生产运营、增加可再生能源布局和投资低碳技术（如制氢和CCUS技术）三方面着手。雪佛龙预计在未来几年内将投资超过30亿美元，推进其能源转型战略。

雪佛龙将原先截至2023年的上游生产碳排放目标延伸至2028年，减排强度目标有所提升，将石油和天然气碳排放强度降至24kgCO_2e/boe，相比2016年（基年）分别下降40%和26%；将燃除碳强度降至3kgCO_2e/boe，相比基年下降66%；将甲烷碳强度降至2kgCO_2e/boe，相比基年下降53%。雪佛龙在2028年前计划支出超过20亿美元，用于实现该减排目标。

雪佛龙目前正在投资可再生燃料和可再生能源发电等项目，以降低其业务碳强度，重点在于太阳能、风能和储能方面，在2028年前计划投资金额累计达到7.5亿美元。例如，该公司正在与Algonquln电力和公用事业公司合作，共同开发可再生能源项目，该项目为期四年，预计将供应500MW电力，到2025年项目投资约2.5亿美元。而且雪佛龙和合作伙伴SunPower在2020年已完成一个太阳能项目的建设，预计在20年协议期限内，该项目将提供超过1.4TW·h的太阳能电力。近期，雪佛龙还宣布将开始投资地热开发公司，主要是与传统主业形成协同效应，加速在自身业务中寻找商业地热和热能机会；并且，同期宣布与斯伦贝谢和微软在美国加州建立具有碳捕获与封存项目的生物能源工厂，该工厂建成后，预计每年可清除约30万tCO_2。

雪佛龙第三个低碳战略重点是低碳技术和商业解决方案的综合方法。这包括支持创新和风险资本投资，部署可能成为低碳未来重点的部分技术，以及开发新的商业机会。雪佛龙承诺向未来能源基金Ⅰ继续注资1亿美元，投资3亿美元给未来能源基金Ⅱ、1亿美元给OGCI气候投资基金，从而使该公司承诺的低碳资金总额达到5亿美元。这些都是通过其旗下的雪佛龙科技投资公司（CTV）来完成的，其主要风投目标聚焦于CCUS、氢能、数字化、储能和新兴电力等领域的技术。如2021年初，雪佛龙投资了生产碳酸盐聚合物及研发碳捕获技术的初创公司，该初创公司（蓝色星球）开发的技术可有效降低碳捕获过程中的成本和单位能耗。

2021年下半年，雪佛龙也宣布了2050年实现净零排放（范围为1+2）承诺，2021—2028年将向低碳业务投资100亿美元，比原计划30亿美元的投资高出2倍多，低碳业务投资已从2021年上半年的2%提升到了7%左右。不同于埃克森美孚，雪佛龙低碳业务投资中不仅聚焦于CCUS负碳项目、生物燃料等，也在逐步进入可再生能源项目，开始多领域布局低碳业务。2021年，该公司除投资致力于碳捕获技术研发的初创企业、合作开发生物质发电厂等外，还与丰田成立合资企业共同开发氢能技术，更是正式进入海上风电市场，与挪威Moreld Ocean Wind公司计划共同投资海上风电技术，这是雪佛龙推进长期转型战略的第一步。

3. 壳牌公司

壳牌于2021年2月再次发布了为实现净零排放而制定的全新业务战略——“赋能进步”，包含了一系列远大而可行的目标。目标之一是到2050年，与社会同步，转型成为净零排放的企业。其新的降低净碳强度的目标：到2023年减少6%~8%，到2030年降低20%，到2035年降低45%，到2050年降低100%（使用2016年基准）。同时，将目标与超过16500名员工的薪酬挂钩，并继续制定短期目标，以减少碳排放。到2035年，公司将争取每年新增2500万t的碳捕获和储存能力，目前壳牌参与了三个关键CCUS项目，即加拿大的Quest（正在运营）、挪威的北极光（已批准）和荷兰的Porthos（计划），总产能约为450万t。从2021年开始，公司将向股东提交能源过渡计划进行咨询投票，每三年更新一次计划，这是行业首例。

壳牌的另一目标是到2030年初，建成规模相当大的材料型低碳企业。为实现目标，壳牌对其资产组合进行重组，重构增长、转型和上游三大业务支柱，但是并未再调整组织架构。短期内，每年在其增长支柱上投资50亿~60亿美元（投资营销约30亿美元，可再生能源和能源解决方案20亿～30亿美元），过渡支柱投资80亿～100亿美元（投资天然气一体化40亿～50亿美元，化工产品和其他产品投资40亿～50亿美元），上游投资约80亿美元。

①增长支柱：营销业务方面，全球电动汽车（EV）网络从现在的6万多个充电点增加到2025年左右的50万个；同时，扩展领先的生物燃料生产和分销业务，2019年这一业务售出已超过100亿L生物燃料。在巴西生产甘蔗低碳燃料的合资公司Raízen宣布收购Biosev，将会使Raízen的生物乙醇产能提高50%，达到每年37.5亿L，约占全球产量的3%。

可再生能源和能源解决方案方面，综合电力目标是成为“清洁电力新服务”（clean Power-as-a-Service）的领先供应商，到2030年年销售约560TW·h的电力（目前电力销量的两倍），预计为全球超过1500万零售和商业客户提供服务；碳汇方面（NBS）预计每年将投资约1亿美元，到2030年每年抵消约1.2亿t的碳排放量；通过开发一体化的氢气枢纽为工业和重型运输服务，巩固壳牌在氢气领域的领先地位，目标是在全球清洁氢气销售中占据两位数的市场份额。壳牌继续在欧洲境内推进低碳和可再生能源业务布局，又陆续进军印度、卡塔尔、澳大利亚、美国以及北极地区。壳牌与Eneco合作赢得荷兰海上风电场投标；且宣布收购澳大利亚环境服务公司Select Carbon；与BP、挪威国油、道达尔和英国国家电网公司等联合成立了North Endurance合资公司，旨在开发英国北海的海上二氧化碳运输和储存基础设施。

②过渡支柱：天然气一体化方面，扩大液化天然气（LNG）产量和市场的领导地位，有选择地投资具有竞争力的LNG资产，到2030年前每年可新增超过700万t的LNG产能。在土耳其、德国开设新的LNG加气站，到2022年底将其在德国的LNG加气站网点增加到40个；计划在德国Rhineland炼油厂新建LNG工厂。

化工产品和其他产品方面，将炼油厂规模从现在的13个改造为6个高价值化工产品和能源园区，到2030年将传统燃料的产量减少55%。与中期相比，壳牌计划到2030年前逐步增加化工产品组合门类，达到每年增加10亿～20亿美元的现金盈利贡献。同时，将利用回收废物（循环化工）生产化工产品，到2025年前目标为每年处理100万t塑料废物。

③上游业务：预计原油产量每年将逐步减少1%～2%，包括资产剥离和自然下降。

4．BP公司

该公司最新的战略转型目标是从一家专注于生产资源的国际石油公司（IOC）转变为一家专注于为客户提供解决方案的综合性能源公司（IEC）。其为最早提出“净零”目标的国际石油公司之一。2020年2月，BP发布公司远景，致力于到2050年或之前成为一家“净零”公司，更将助力全球向零排放的目标迈进。

BP实现零排放的目标相当于每年减少4.15亿tCO_2e的排放，包括全球运营业务产生的温室气体排放每年约5500万tCO_2e，以及油气生产中碳排放每年约3.6亿tCO_2e。

公司的“净零”计划中五大目标为：①到2050年或之前集团运营的所有业务以绝对减排为基础实现“净零”排放；②到2050年或之前石油和天然气生产项目以绝对减排为基础实现“净零”排放；③到2050年或之前所有销售产品的碳强度减少50%；④2023年所有重大石油与天然气作业地点安装甲烷检测系统，并将甲烷逸散强度降低50%；⑤增加对非石油与天然气项目的投资比例。

2020年8月，BP在其十年战略规划中设定了未来十年的碳减排目标：①到2030年，BP运营所产生的碳排放减少30%～35%；②到2030年，上游油气生产过程中产生的碳排放减少35%～40%；③到2030年，BP所售产品的碳强度降低15%以上。

在低碳电力和能源方面，BP将在可再生能源和生物能源领域扩大规模，在氢能及CCUS领域寻求早期市场地位，同时为客户提供天然气产品组合，以作为低碳能源的补充方式。为此，BP计划，未来十年内每年在低碳领域投资约50亿美元，这是目前年度低碳投资数额的10倍。预计2030年，BP将开发约50GW的可再生能源发电装机容量，比2019年增加20倍；生物能源日产量从2019年的2.3万桶增加到至少10万桶；氢能业务在核心市场的份额增长到10%。

传统业务方面，未来BP将专注于具有韧性的价值投资。2020年6月29日，BP宣布以50亿美元价格出售其全球化工业务给英力士集团（INEOS）。同时，计划到2030年石油和天然气日产量将至少减少100万桶油当量，相当于在2019年的水平上减少40%。BP还宣布不计划在新的国家进行勘探。

2020年初，BP公司宣布组织重构方案，变革传统业务划分模式，优化组织架构。变革后的组织架构中重新设立了全新四大业务板块、三大集成部门和四大职能部门。四大业务板块包括生产与运营、客户与产品、天然气与低碳能源、创新与工程，将新能源提升为与油气生产运营并重的独立板块。而三大集成部门包括战略与可持续发展、地区事务与城市低碳、贸易与航运，主要目标是发现新机遇并将其价值最大化。从更加敏捷和高效支持业务运营出发，设立了财务、法务、人才与文化和企业传播与政府事务等四大职能部门。

目前，BP已完成组织架构的改革，从2021年起公开报告便已显示新业务板块的发展战略与业务绩效了。该公司表示，截至2021年底，纳入开发计划的可再生能源项目发电装机容量达到24.5GW，增长高达4倍；正在打造氢能枢纽网络，已在欧洲与中东地区推进了11个氢能项目。而充电桩安装数量较2019年底增长近一倍，数量超过1.3万座，全球便利零售店数量也达到2150个，计划到2030年建成3500家，充电桩更是要增加到10万座。到2025年，BP计划将转型业务投资额度增加到资本支出的40%以上，2030年则增加到50%以上；届时，通过生物质能、便利零售、电动汽车充电业务、可再生能源和氢能的推动，预计将创造90亿～100亿美元的收益。

5．道达尔公司

道达尔认为不断增长的能源需求和实现“净零”排放是未来全球能源发展的两大趋势。因此，公司将两者相结合，在增加能源供应的同时，减少碳排放，致力于将公司定位为一家广义上的“大能源”公司，逐步打造集石油与天然气、低碳电力、碳中和解决方案业务于一体的大型能源公司。

道达尔表示为2050年或之前实现“净零”排放目标，他们设定了三方面的具体目标：2050年或更早，道达尔全球业务“净零”排放，涉及范围1+2；2050年或更早，集团在欧洲范围内所有生产业务及客户所使用的所有能源产品实现“净零”排放，涉及范围1+2+3；2050年或更早，道达尔全球客户所使用能源产品的平均碳排放强度降低60%，即降至低于27.5gCO_2/MJ，其中过渡阶段可分为：到2030年降低15%，2040年降低35%，涉及范围1+2+3。

其中，2030年前公司将其欧洲客户的绝对排放量减少30%，将其全球客户的绝对排放量降至2015年水平。围绕此项承诺，道达尔计划未来十年，公司的石油产品销售额将减少近30%，而道达尔的销售组合将变成30%的石油产品、5%的生物燃料、50%的天然气和15%的电力业务。同时，公司认为在油气项目的投资选择上，必须与减排路径相一致；而发展天然气一体化业务可助力公司实现“净零”目标。

预计在未来十年，道达尔的能源产量将增长1/3，从约300万桶/d增长至400万桶/d，增量部分一半来自LNG，一半来自以可再生能源发电为主的电力。与之相对应的，公司计划逐步扩大对可再生能源和电力领域的投资，2020年道达尔在低碳发电方面的资本支出占比超过10%，是领先石油巨头中占比最高的，未来十年内将增至30亿美元/年，随着公司未来进一步增加资本支出，在2030年或更早之前将其比例提高到20%以上。

2020年，道达尔持续在陆上/海上风能、太阳能、电池/储电、电力交通、CCUS等多个领域开展合作，全速发力布局可再生能源，发展低碳业务。该公司计划2025年将总发电产能提升至35GW，届时可再生能源发电业务有望为公司带来每年超过15亿美元的现金流；计划2030年可再生能源总发电能力达到100GW。其中，可再生能源方面的投资项目大部分集中于欧洲，但在印度、韩国、卡塔尔等亚洲中东国家也有部分合作。最大的可再生能源项目在西班牙，道达尔通过和多家公司合作的多个项目，将在西班牙的光伏发电总能力提升至超过5GW，待投产后可实现覆盖公司在欧洲所有的工业基地用电。

道达尔对CCUS技术也非常重视，每年都会将10%的研发经费投入其中，金额高达6000万欧元。2020年3月，道达尔与壳牌、Equinor已决定投资6.8亿美元进行“北极光”CCS项目。该项目系欧洲首个商业规模的碳捕获与储存项目，将分两个阶段开发：第一阶段每年将捕获和储存多达150万t的二氧化碳，第二阶段产能将提高到500万t/a。同年4月，道达尔与剑桥量子计算公司达成了一项多年期合作，开发用于先进的CCUS技术的量子算法和量子计算解决方案。

道达尔在2021年5月更名为“道达尔能源”，全力推进新能源发电全产业链的系统发展，同时持续推进生物燃料的研发利用以及炼化厂的“灰氢转绿氢”计划。2021年，道达尔在可再生能源和电力业务上的投资占比高达25%，全球范围内继续推进太阳能、风能的合作建设，移动出行方面则重点布局欧洲和中国地区。截至2021年底，道达尔能源可再生能源总装机量超过10GW，电力客户超过600万。可再生能源和电力业务调整后税息折旧及摊销前利润为14亿美元，高于8亿美元的目标。目前，道达尔设定了在2025年达到35GW、2030年达到100GW可再生能源发电装机量的投资目标。该公司坚持打造多元化能源结构，全方位、大力度、多手段地推进各项新业务的发展，计划到2030年销售组合中天然气提升到50%、电力业务占15%、生物燃料占5%，石油产品下降至30%；2050年，电力业务计划提升至40%，石油产品下降至20%。

（二）国外企业的低碳发展趋势

通过以上对国外石油石化企业低碳转型发展的归纳与分析，发现转型动力多由以内部驱动为主转变为以外部推动为主，国家政策是当前推动石油公司能源转型的首要因素。早在21世纪初，多家欧洲石油公司出于树立良好形象、实现可持续发展等考虑，率先投资风电、太阳能、生物燃料等可再生能源业务，例如BP提出"超越石油"的理念，在该领域总计投资近70亿美元。在运营了10年后，这些公司认为可再生能源业务盈利性差、发展前景黯淡，选择陆续退出。《巴黎协定》签署后，全球低碳环保意识大幅提升，越来越多的国家提出碳中和目标，密集出台严苛的环保标准及限制化石能源发展的政策，同时，出台促进可再生能源发展的优惠政策和投资计划，引导企业和社会资本进入，这成为推动石油公司转型发展最主要的因素。

石油公司的能源转型是一个漫长的渐进过程，不可能一蹴而就，总体看目前仍处于转型的起步阶段。虽然国际大石油公司在大力宣传能源转型的愿景与目标，但在未来较长时期内仍难以改变以油气为主的业务结构。即使是转型最积极的5家欧洲石油公司，油气业务仍是公司的主营业务和收入的主要来源，现阶段国际大石油公司90%以上的收入、90%以上的利润、90%以上的能源产品均来自油气业务，投资的80%也用于油气业务。不过，国外石油石化企业对于低碳业务的投资均有明显增加，但占比仍然较低，见图3-14。石油公司低碳战略并无固定模式，都是结合公司特点选择合适的方式。

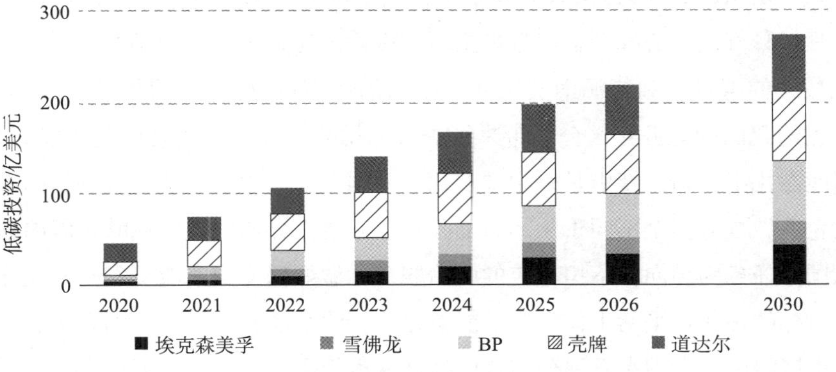

图 3-14　国际炼化公司低碳业务投资情况

结合国外石油石化企业的发展趋势，低碳转型要走融合发展之路，既要持续做强油气业务，也要积极布局新能源业务。在具体转型意愿和路径的选择上，欧美国际石油公司的差异反映了其受所在国或地区政策与区域市场特征的影响，这意味着转型发展道路不是单一的，而是要符合本国或本地区发展特征的。对于我国而言，短期内我国对油气的依赖不会减少，为了保障我国能源安全、突破上游发展瓶颈、提升资产创效能力，我国石油公司仍需积极发展多元化途径解决上述问题。同时，我国石油石化企业可借鉴国际石油公司低碳战略发展路径，做好保障国家能源安全和“双碳”目标的优化与平衡工作，构建能源化工产业发展新格局。建议我国能源化工企业构建“大油气+新能源”发展模式，走有中国特色的低碳发展道路。前期可通过将天然气和生物质能源作为低碳转型的桥梁进行过渡，并且加速工业数字化转型。虽然数字化技术无法直接减少温室气体排放，但有助于提升能源效率，充分利用碳预算，在不增加碳排放的前提下实现更高回报。数字技术是我国能源化工公司现阶段甚至中长期促进低碳发展的重要手段。与此同时，我国能源化工公司要积极推进新能源业务与核心业务的协同发展，如通过多元化能源终端、碳交易抵消、CCUS技术、氢能研发利用等方式，并逐步借助兼并收购或资产投资方式提前布局可再生能源技术与产业，加速提升新能源的使用效率和替代能力，为能源转型提供战略储备，进一步增强我国能源供给的韧性，端好能源的饭碗，走好绿色发展之路。

二、国内炼化企业的低碳发展趋势与路径分析

无论是从2020年9月22日联合国大会上中国的3060“双碳”目标宣言到2020年12月12日气候雄心峰会上习近平主席的讲话，还是中国2035年远景目标，作为全球最大的碳排放和能源消费主体，中国的承诺将对全球能源经济带来深远影响，也给我国的能源化工公司带来了更大的挑战，提出了更高质量发展的要求。我国能源化工公司，特别是以中国石化、中国石油、中国海油为代表的国有石油石化企业，具有完全不同于国际石油公司以利益为导向的发展战略，国内油企更需以国家任务为导向，承担相应的政治职责，做好保障国家能源安全和碳达峰碳中和目标的优化与平衡工作，构建能源化工产业发展新格局。中国石化、中国石油、中国海油三大国有石油公司皆已推动绿色低碳发展，重塑能源体系，迈上高质量发展的台阶，与此同时，部分大型民营炼化企业也在逐步进行低碳发展。

1．中国石化集团公司

中国石化深入贯彻“四个革命、一个合作”国家能源安全新战略，主动顺应能源转型变革趋势，着力构建以能源资源为基础，以洁净油品、现代化工为两翼，以新能源、新材料、新经济为重要增长极的“一基两翼三新”产业格局。中国石化主动拥抱绿色变革，以碳的“净零”排放为终极目标，加速打造低碳竞争力。深入实施可持续发展战略，坚持“绿水青山就是金山银山”理念，坚持尊重自然、顺应自然、保护自然，坚持节约优先、保护优先、自然恢复为主，守住自然生态安全边界。

为科学地规划温室气体减排进程，公司在2018年绿色企业行动计划中设定了2018—2023年温室气体减排目标。以2018年为基准年，到2023年减排1260万tCO_2，捕集50万t/aCO_2，封存30万t/aCO_2，回收利用甲烷2亿m^3/a。同时，中国石化也规划了“双碳”行动路线图。参见图3-15。

加快构建清洁低碳能源供给体系	引领行业绿色低碳循环发展	推动绿色低碳技术实现重大突破	积极参与全球应对气候变化行动
• 发展以氢能为核心的新能源业务，围绕氢能产业链加快打造中国第一大氢能公司。 • 大力发展天然气等低碳能源，提高天然气在公司能源生产中的占比。 • 拓展充换电站、加氢站等新型基础设施和服务，助力绿色交通、氢能交通发展。 • 推进生物柴油、生物航煤规模化，大力发展光伏、风电产业，推进风光“绿电”与传统业务深度融合，提高“绿电”应用比例。 • 到2025年，新能源供给能力力争达到千万吨标准。	• 加快产业结构调整，淘汰高耗低效产能，推进产业提质升级。 • 发展分子炼油、绿色炼化等技术，提高原料低碳化比例。 • 扩大天然气、电力的替代范围，持续减少煤炭使用，推进能源结构低碳化。 • 加大废弃油脂、废塑料、废橡胶产品回收，促进资源循环利用。 • 坚持节约优先方针，持续实施“能效提升”计划，全面开展能效“领跑者”活动，主要产品能效达到国际领先水平。	• 加大资金投入力度，研发成套低碳工艺技术，推进石化行业绿色低碳转型。 • 推进二氧化碳为原料生产甲醇、锂电池电解液、可降解塑料等化工产品和高端材料的技术研发及工业应用。 • 持续开展CCUS技术研发与推广应用，发挥一体化优势，打造百万吨级CCUS全产业链示范工程。	• 开展甲烷减排行动，持续推进甲烷泄漏检测和修复，加大放空气回收利用和密闭流程改造，到2025年，甲烷排放强度降低50%。 • 建立内部碳价机制，把绿色洁净战略融入公司发展、经营全过程，降低产品全生命周期碳足迹。 • 与国际同业开展绿色低碳技术、标准、服务的交流合作，为全球气候治理提供中国企业智慧。

图3-15　中国石化“双碳”行动路线图

（1）践行绿色生产

中国石化持续推进“绿色企业行动计划”，实施全过程清洁管理，开展减排降污工程，大力发展循环经济，着力打造绿色竞争新优势。绿色企业行动计划包括绿色发展、绿色能源、绿色生产、绿色文化、绿色科技和绿色服务六大部分。因此，中国石化从原料、生产、清洁产品到消费实现全过程清洁管理，如尽可能采用无毒无害可再生原料、减少污染物和温室气体排放；采用绿色技术环保工艺，不产生或少产生污染物，提高能效和资源利用率，减少温室气体排放；在消费环节将大幅减少汽车等的SO_2、NO_x、烃类、颗粒物等污染物排放。

中国石化加快构建清洁低碳能源供给体系。一方面，积极发展页岩气、煤层气、地热、氢能、光伏、风电等清洁能源，公司将发展以氢能为核心的新能源业务，围绕氢能产业链加快打造中国第一大氢能公司，氢能产量超350万t/a，约占全国氢气产量的14%，同时，大力发展天然气等低碳能源，提高天然气在公司能源生产中的占比。另一方面，推广使用生物航煤、生物柴油等生物质能源，中国石化镇海炼化10万t/a产能生物航煤装置建成中交，上海石油B5生物柴油供应网点数量达242座，公司注重创新研发和升级洁净油品，拓展充换电站、加氢站等新型基础设施和服务，助力绿色交通、氢能交通发展。公司不断构建清洁低碳、安全高效的现代能源体系和产供储销体系，预计到2025年新能源供给能力达到千万吨标煤，实现能源的洁净多元、安全供给，服务经济社会发展需要，满足人民美好生活需求。

（2）应对气候变化

中国石化将应对气候变化融入公司发展规划，不断完善能源管理，做好温室气体减排工作，树立"洁净低碳、行业领先"新形象。中国石化加强国际交流与合作，加入联合国全球契约组织、世界可持续发展工商理事会（WBCSD）、终止塑料废弃物联盟（AEPW），致力于共同应对气候变化、帮助消除环境中的塑料废物。

中国石化高度重视温室气体排放管理，着力构建科学的碳资产管理体系，先后制定了《中国石化碳排放管理办法》《中国石化碳排放交易管理办法》《中国石化固定资产投资项目碳排放评价管理办法》等管理制度，在全面盘查评估自身碳排放水平的基础上，科学统筹节能降碳、甲烷控排、CCUS、碳交易等工作，努力降低温室气体排放。

公司深耕CCUS领域，围绕CCUS关键技术攻关和产业化规模化应用，加大科技研发投入，实施开展重点项目，着力打造CCUS全产业链示范工程。公司CCUS技术研发和工程实践起步较早，部分捕集技术国内领先、世界先进，积累了较为丰富的工程应用经验。2021年7月，中国石化启动我国首个百万吨级CCUS项目"齐鲁石化-胜利油田百万吨级CCUS项目"，该项目由齐鲁石化CO_2捕集、胜利油田CO_2驱油与封存两部分组成。齐鲁石化捕集的CO_2采用绿色运输方式，送至胜利油田进行驱油封存，实现了二氧化碳捕集、驱油与封存一体化运用，为推进CCUS规模化发展提供应用示范案例。

公司持续开展碳盘查核查工作，加强温室气体减排考核，研究建立产品碳足迹核算评价方法，助推完善中国石化产品碳标签体系管理。在26家碳交易试点企业制订了合理的履约方案和交易计划，积极利用中国核证自愿减排量（CCER）抵扣配额政策，降低履约成本，按时完成年度碳配额履约工作。系统分析现有碳排放管理信息系统存在的问题及国家碳市场业务需求，积极推进碳排放信息系统全面升级完善，做好全国碳市场应对及公司实现碳达峰碳中和目标任务支撑。

（3）强化环境管理

中国石化一直坚持生态环境保护优先的理念，不断加强环境管理，完善组织与制度体系建设，强化环境风险防范，做实项目环境影响评价，切实提升企业治理水平。

中国石化严格落实环境保护相关的法律法规，强化环境政策和管理体系建设，将环境管理融入日常运营的各个方面。2021年，公司深度融合《环境管理体系要求及使用指南》和绿色洁净战略，修订发布《HSE管理体系手册》，进一步强调了公司在环境保护工作中必须遵循各项准则。同时，制定了《中国石化2021—2023年环保提升方案》，着力深化环境绩效评估体系建设，加大对下属企业管理监督力度，推进环保工作持续高水平开展，保障公司与自然环境和谐共生。2021年，公司环保支出达110亿元。加强识别、分析环境敏感区和环境风险，在作业时尽量避开生态环境脆弱和生态涵养区。科学推进油气田废弃矿井周围、油气输送管线沿线生态环境修复和复垦复耕，全力保护区域生态环境。采取多种措施保护生物多样性，实现项目开发与生态环境和谐统一。

（4）碳达峰行动方案

2023年4月，中国石化在第四届中国石油石化企业节能低碳技术交流大会介绍了《中国石化2030年前碳达峰行动方案》有关内容。

1）总体要求

积极践行中国石化集团公司绿色洁净发展战略，加快构建“一基两翼三新”产业格局，坚持系统观念，统筹碳达峰碳中和，大力优化产业、能源结构，深入开展节能减污降碳和资源循环利用，持续推进化石能源洁净化、洁净能源规模化、生产过程低碳化、能源产品绿色化，提高绿色低碳竞争力，助力国家如期实现碳达峰目标。碳达峰工作原则是系统谋划，分类施策；节约优先，示范引领；创新驱动，科技支撑；立足实际，稳妥有序。

2）碳达峰八大行动

《中国石化2030年前碳达峰行动方案》八大行动如下：

①清洁低碳能源供给能力提升行动；

②炼化产业结构转型升级行动；

③能源结构优化调整行动；

④节能降碳减污行动；

⑤资源循环高效利用行动；

⑥绿色低碳科技创新支撑行动；

⑦绿色低碳保障能力提升行动；

⑧绿色低碳全员行动。

2. 中国石油集团公司

2021年，中国石油将“绿色低碳”纳入公司五大发展战略之一，积极致力于从油气供应商向综合能源服务商转型，按照“清洁替代、战略接替、绿色转型”三步走的总体部署，全力推动公司实现三大转变：一是油气业务实现稳油增气与新能源融合发展；二是炼化业务实现转型升级与新材料协同发展；三是绿色低碳产业成为公司高质量发展新动能，力争2025年左右实现“碳达峰”，2035年外供绿色零碳能源超过自身消耗的化石能源，2050年左右实现“近零”排放，为中国“碳达峰碳中和”及全球应对气候变化作出积极贡献。

具体来看，中国石油的行动目标：2021—2025年公司以“清洁替代”为主题，以生产用能清洁替代为抓手快速起步，产业化发展地热和清洁电力业务，加强氢能全产业链、CCS/CCUS等战略布局，预计2025年新能源产能比重达到7%。2026—2035年，公司以“战略接替”为主题，扩大地热、清洁电力，产业化发展氢能、CCS/CCUS业务，大幅提高清洁能源生产供应能力和碳减排能力，预计2035年实现新能源新业务与油气业务三分天下，基本实现热电氢对油气业务的战略接替。2036—2050年公司以“绿色转型”为主题，瞄定碳中和目标，继续规模化发展地热、清洁电力、氢能、CCS/CCUS等新能源新业务，助力社会碳中和，预计2050年热电氢能源占比50%左右，实现绿色低碳转型发展。

2022年6月5日中国石油公布的《绿色低碳发展行动计划3.0》中，提出碳循环经济理念，进一步明确了转型路线图和工程部署，计划实施“三大行动”和“十大工程”。其中，“绿色企业建设引领者行动”将实施节能降碳工程、甲烷减排工程、生态建设工程和绿色文化工程；“清洁低碳能源贡献者行动”将实施“天然气+”清洁能源发展工程、“氢能+”零碳燃料升级工程和综合能源供给体系重构工程；“碳循环经济先行者行动”将实施深度电气化改造工程、CCUS产业链建设工程和零碳生产运营再造工程。

（1）绿色企业建设引领者行动

按照“合规发展、减污降碳、清洁替代”的原则，秉承节能为第一能源理念，构建多元化清洁能源替代体系，深入打好污染防治攻坚战，加强生态环境保护，致力于成为绿色企业创建引领者。

计划2025年，节能降碳工程中节能量约300万tEC，清洁替代自用量300万tEC；甲烷减排量约14.29万tCO_2e；建成林地30万亩。2035年，节能降碳工程中节能量约700万tEC，清洁替代自用量780万tEC；甲烷减排量约21.43万tCO_2e；建成林地150万～200万亩。2050年，节能降碳工程中节能量约1150万tEC，清洁替代自用量980万tEC；甲烷减排量约24.76万tCO_2e；规模化发展碳汇林，形成碳汇500万t。同时，推进绿色文化工程，深化污染防治共建，提高ESG（环境、社会和治理）绩效，开展优秀企业公民建设行动。

（2）清洁低碳能源贡献者行动

按照“融合发展、优化布局、战略接替”的原则，坚持将天然气业务作为绿色发展的战略方向，实施地热、生物质能和风光发电工程，打造氢能产业链，进一步推动炼化转型低碳发展，致力于成为清洁低碳能源贡献者。

计划2025年，国内天然气总产量占油气总产量的54%，热光风氢等零碳能源达到3%；2035年，国内天然气总产量占油气总产量的59%，热光风氢等零碳能源达到25%；2050年，国内天然气总产量占油气总产量的67%，热光风氢等零碳能源达到37%。大力发展氢能产业链，产业布局氨、生物燃料、合成燃料等零碳燃料，规模化发展新材料业务，重构综合能源供给体系。

（3）碳循环经济先行者行动

按照“循环发展、零碳升级、绿色转型”的原则，推进零碳生产体系重构，实施生态设计优化和数字化赋能，持续推进电气化深度改造，布局CCS/CCUS战略接替产业，致力于成为碳循环经济先行者。

公司将深度推进电气化改造、CCUS产业链建设和零碳生产运营再造。计划2025年，油气勘探开发业务电气化率15%，炼油与化工业务电气化率15%；形成CCS/CCUS 570万t/a规模。计划2035年，油气勘探开发业务电气化率30%，炼油与化工业务电气化率25%；形成CCS/CCUS 12500万t/a规模（其中内部2500万t/a规模）。计划2050年，油气勘探开发业务电气化率50%，炼油与化工业务电气化率50%；形成引领CCS/CCUS产业发展的能力（其中内部埋存能力达到10000万t/a规模）。

3．中国海油集团公司

中国海油集团公司深入贯彻习近平生态文明思想，贯彻落实党中央、国务院碳达峰碳中和重大战略部署，进一步推进公司绿色低碳发展战略实施，制定实施企业碳达峰碳中和行动方案，全面加速绿色能源转型，优化调整产业结构和能源结构，积极推进能效提升，持续强化科技支撑，企业绿色发展水平明显提升，助力我国“双碳”目标的实现。

中国海油对企业碳达峰碳中和工作进行统筹谋划，首先是强化组织领导，2021年1月该集团正式成立由董事长、总经理双挂帅的“碳达峰碳中和”工作领导小组，指导公司推动落实“碳达峰碳中和”行动，完善顶层设计。其次是成立支撑机构，如该集团成立新能源部，统筹管理零碳负碳产业发展和绿电交易，设立新能源分公司，负责零碳负碳能源项目的具体开发与实施；同时，在中国海油能源经济研究院成立碳中和研究所，为碳中和政策、行业和管理研究提供智力支持；在研究总院成立新能源研究院，负责零碳负碳技术研发。

集团公司成立了“碳达峰碳中和”行动方案编制工作专班，构建了“1+*M*+*N*”研究模式，从实际出发，于2022年6月29日，制定印发了《中国海油“碳达峰、碳中和”行动方案》，明确时间表、路线图、施工图。中国海油集团总体思路和目标是全面建成世界一流清洁低碳综合能源产品和服务供应商，成为国内油气增储上产的主力军、新能源产业发展的生力军以及探索碳利用与封存产业化发展的先行军。该集团提出清洁替代、低碳跨越、绿色发展“三步走”策略，推进六大行动23项重点工程，分别是稳油增气保障、能效综合提升、能源清洁替代、产业转型升级、绿色发展跨越、科技创新引领，以此积极稳妥推进企业“双碳”工作，计划2028年实现碳达峰、2050年实现碳中和。

第一步为清洁替代阶段（2021—2030年），主要是碳排放达峰、碳强度下降，产业结构调整取得重大进展，掌握负碳技术并具备产业化发展的条件。

第二步为低碳跨越阶段（2031—2040年），主要是油气产业实现转型、新能源快速发展，碳排放总量有序下降，负碳技术实现商业化应用。

第三步为绿色发展阶段（2041—2050年），主要是推进碳排放总量持续下降并实现净零排放，基本构建多元化低碳能源供给体系、智慧高效能源服务体系以及规模化发展的碳封存和碳循环利用体系。

（1）稳油增气保障行动

中国海油坚定不移推动增储上产攻坚工程，不断扩大油气产量规模，增加国内天然气供应，实现油气储量和产量“双增长”，该行动中包含保障国家油气安全、加快国内天然气产业发展两项重点工程。中国海油计划2025年该公司国内油气产量中天然气产量占比达到33%，不断完善基础设施布局，增加LNG引进量，同时加快天然气储备能力建设，提高国内天然气保供能力，做强LNG贸易体系，增强LNG获取能力，持续开拓天然气市场，扩大国内天然气消费。目前，该集团公司成功探获垦利10–2等4个大中型油气田，2021年新增石油探明地质储量超3亿t，新增天然气探明地质储量超1320亿m^3。18个重点产能建设项目如期建成，其中我国自主勘探开发、设计建造安装的“深海一号”超深水大气田的投产，标志着我国海洋油气开发实现了向1500m超深水进军的历史性跨越，每年将为粤港琼等地区稳定供气30亿m^3，助力南海万亿立方米“大气区”建设。

（2）能效综合提升行动

该行动主要是加强能源综合利用，持续推进节能减排，预计2025年能效综合提升行动实现210万t碳减排量，2030年实现249万t碳减排量，包括加强能源综合利用、推进生产过程节能增效、加强火炬气回收利用、优化改造生产工艺流程、加强数字化智能化建设等五项重点工程。2021年实施节能降碳项目105个，通过采取强化能源综合利用、加强伴生气资源回收利用、优化生产工艺流程、推进生产过程节能增效、提高能源管理数字化智能化水平等措施，累计节能27.4万tEC，相当于减少二氧化碳排放约88万t。积极推进甲烷回收利用，2021年实施火炬气回收重点项目7个，回收油田放空气1.2亿m^3。

（3）能源清洁替代行动

中国海油积极调整燃料和能源结构，减少高碳能源使用，围绕重点区域和关联产业，探索发展多能互补供能模式，构建多元化智慧型能源供给体系。该集团2025年通过该行动计划实现562万t的碳减排量，2030年则计划实现1960万t的碳减排量。该行动主要包括大规模推广岸电入海、调整燃料和能源结构、实施低碳原料替代和促进清洁电力和热力替代等四项重点工程。2021年，该集团成功投产国内首个海上油田群岸电应用项目秦皇岛–曹妃甸油田群岸电示范项目，项目全部投用后每年可减少原油消耗17.5万m^3、天然气消耗23.8亿m^3，节能99.5万tEC，相当于减少二氧化碳排放约175万t。2021年购入绿电1.86亿kW·h，积极推进油气开发和炼化产业全产业链绿电替代。大规模推广岸电入海，在渤海区域引入岸电，有序有效替代海上平台原油、天然气发电。科学统筹海上油气开发和新能源业务发展，围绕京津冀、粤港澳、长三角等区域重大战略，探索发展海上油田绿电供应、孤岛供电、海水淡化等关联产业，打造多种能源或资源集成的海上“能源岛”，实现海洋能源互联互通。深入推进动力系统LNG替代，在专业服务船舶及远洋运输船舶中推广LNG燃料替代燃料油和柴油，在陆上重卡/槽车运输过程中以LNG替代柴油。

（4）产业转型升级行动

该行动将促使中国海油逐步退出高碳业务，提高低碳产品比例，通过多措并举重点优化石油炼制和天然气利用等中下游产业转型，推动绿色能源服务产业升级发展。该行动包括推动炼油化工产业链升级、调整化肥化工产品结构、发展综合能源技术服务、发展碳中和技术和产业以及建设零碳产业示范等五项重点工程。该公司延伸发展炼油和天然气化工产业链，大力实施炼化企业产品结构改造升级项目。研究布局原油直接制低碳烯烃产业化发展，推动天然气化工由甲醇、合成氨和尿素等大宗化学品向功能新材料和复合功能肥料等高价值产业链延伸。适时退出小型炼化和落后化工等高耗能、高排放、低水平业务，优化现有炼化企业生产工艺。发展综合能源技术服务，打造海上油气勘探开发和海上资源开发一体化专业服务链，提升绿色油气田开发、海上风电等新型产业发展的综合服务能力，持续做大节能环保产业。

（5）绿色发展跨越行动

开展绿色发展跨越行动，主要是加速发展以风电和光伏为重点的新能源业务，打造企业能源供应体系新增长点，包括加快发展海上风电产业、择优推进陆上风光产业、探索和培育氢能产业以及探索发展多能互补、综合能源供应业务等四项重点工程。加快浅海风电发展，推进深远海风电产业化进程，努力成为海上风电产业排头兵，该集团打造了首个海上风电项目全容量并网发电项目，江苏竹根沙项目年上网电量约8.6亿kW·h，可节约标准煤27.9万t、减少碳排放57.1万t。择优发展陆上集中式光伏风电产业，因地制宜集约化发展分布式光伏。依托已有项目和设施，探索和培育氢能产业。集中力量攻关深远海浮式风电技术，推进深远海风电产业化进程，从而探索发展多能互补功能模式。

（6）科技创新引领行动

该行动旨在加强油气技术攻关，发展零碳负碳技术，包括进一步加强油气产业链重大技术攻关、大力发展碳减排碳中和技术和加强新能源领域关键核心技术研发推广应用等三项重点工程。油气产业链重大技术涉及油气勘探开发、海上和深水油气工程领域，并且将巩固LNG产业链技术优势，加强数字化、智能化技术开发与应用。零碳负碳技术主要是CCUS、海洋碳汇、海上地热、天然气水合物等技术。目前，该公司开展了CCUS重大科技专项研究工作，进行海上CCUS上下游一体化全链条技术研究和工程示范。并且开展二氧化碳固化及置换开发天然气水合物技术研究，探索发展微型生物增汇、渔业碳汇以及矿化固化等新型增汇技术。其中，海上CCUS研究和项目示范，在恩平15-1油田群启动我国首个海上二氧化碳封存示范工程，拟将油田开发伴生的二氧化碳捕集处理再封存到800m深的咸水层中，实现海上油田绿色低碳开发，加快海上新能源发展步伐。

4. 万华化学公司

碳达峰碳中和目标是国家重大战略决策。万华化学作为少有积极响应“双碳”战略部署的民营企业，站在绿色低碳新时代的最前沿，加快推进产业绿色化发展，逐步实现原料清洁化、多元化、低碳化，完善清洁生产绿色制造体系。2021年，公司组建碳排放管理团队，全方位开展节能低碳工作，通过优化能源结构、节能降耗、加强碳足迹和水足迹管理，促进节能减排，提高能源和资源利用效率，实现人类与环境的和谐发展。

公司在节能降碳方面，加大清洁能源的投资和应用，布局光伏、风电等新能源项目，优化生产用能结构；开展装置能量集成，深度挖掘节能潜力，通过透平抽凝比调节、反应余热利用、蒸汽透平改电等手段，降低园区蒸汽耗量。公司正在实施综合智慧能源项目，通过联合开发创新性的耦合多种节能技术，把生产装置中各种废热进行回收再利用，打造化工行业节能减排示范项目。

为助力企业园区减碳，打造“零碳”工业园，万华化学通过废热循环利用、氯化氢循环利用等多项减碳技术挖掘节能潜力，实施节能技术改造，不断提高能源利用效率，为行业、社会打造减碳标杆。2017—2021年，万华化学节能降耗项目共节约能源消耗25.4万tEC，减少二氧化碳排放66万t。其中，2021年共征集节能降耗项目277项，节能量达11万tEC，减少二氧化碳排放近30万t。

万华化学与河海新能源公司共建的综合智慧能源项目，通过多种创新技术的耦合，将万华化学烟台工业园的生产废热进行回收再利用，为园区生产供应高品位热能，同时为烟台市区的冬季采暖提供清洁热源。通过采用该技术，万华化学烟台工业园每年可节约煤炭约260万t，减少二氧化碳排放453万t，节约用水2000万m^3以上，并保障烟台市1.1亿m^2城市供暖，实现了化工装置节能技术与民用低品位热能技术的完美结合。

万华公司与华能集团合资成立华能（莱州）新能源科技有限公司，共同建设山东省烟台莱州市93MW分散式风电项目，年上网电量2亿kW·h，年减排二氧化碳超过20万t；在烟台海阳规划装机容量600MW的渔光互补型光伏电站项目，年上网电量7亿kW·h，年减排二氧化碳超过70万t；在烟台招远建设140MW农光互补型光伏电站项目，年发电量1.7亿kW·h，年减排二氧化碳17万t；与中国核工业集团合作，在烟台海阳规划建设高温气冷堆和华龙一号，布局清洁能源，年发电量可达660亿kW·h，年减排二氧化碳超过390万t。

此外，2021年万华化学还通过市场化交易方式，购买绿色电力7.16亿kW·h，占公司全年总用电量的13%，超额完成山东省12.5%的非水可再生能源消纳指标。在二氧化碳和资源循环利用方面，开发二氧化碳减排和利用技术、聚氨酯泡沫及塑料回收循环利用技术等可持续发展技术；开展甲烷二氧化碳重整制合成气和二氧化碳制甲醇研究，未来通过合成气生产新技术的应用降低园区的碳排放量；采用回转窑综合处理固废技术，以园区各类工业固废为原料生产商品级水泥，实现废物的价值利用。在关注自身减排的同时，万华化学积极推动供应链碳减排，减少产品碳足迹。2021年，万华化学全面开启碳排放管理工作，更新发布《万华化学碳排放管理程序》和《万华化学碳排放计算指南》，探索制定“双碳”路径规划。

5. 恒力集团公司

恒力集团坚持“绿色恒力、生态恒力、和谐恒力”发展理念，提高资源利用率，探索绿色发展模式，建设资源节约型、环境友好型企业，走出了一条良性循环发展之路。近些年，恒力集团在环境保护方面工作成果显著，取得了明显的经济效益与社会效益，获得国家首批“资源节约型、环境友好型”试点企业、“中国化纤行业环境友好企业”“全国低碳经济示范单位”等多项荣誉称号。

“十四五”期间，恒力集团围绕“双碳”目标，探索产业发展新模式，加速布局新材料、新能源领域，持续攻关关键核心技术，将绿色发展、循环发展和低碳发展覆盖全产业链条，打造“零排放”的新时代企业。

资源绿色化：自碳达峰碳中和目标提出以来，恒力集团将屋顶光伏发电项目作为推动能源绿色低碳转型的重要举措，不断增加清洁能源投入，加快光伏并网，维护能源安全。作为恒力集团屋顶光伏发电的试点企业，恒科新材料公司早在2015年就开始研究推进光伏发电项目。目前，恒科新材料四期光伏项目全部投运，投运总装机容量约60MW，远景规划装机容量达100MW，已成为江苏省最大的企业分布式光伏发电项目。其中，第四期光伏项目每年可节电超过3200万kW·h，节约标准煤12848t，减少二氧化碳排放量32023.64t。

材料环保化：早在国家限塑政策酝酿之初，恒力集团便积极进行生物可降解塑料的技术研发和业务布局，通过不断创新发展，公司在该领域已经完成技术和产品积累。PBS（聚丁二酸丁二醇酯）及PBAT（聚丁二酸-己二酸丁二酯）是目前世界公认的综合性能最好的全生物可降解材料，也是生物可降解塑料用途最广泛的品种，在自然覆土环境中通过微生物的作用，能够被降解成二氧化碳和水等含氧化合物，是一种环境友好型聚酯材料，广泛应用于食品包装、餐饮用具、医疗、农用薄膜、注塑、发泡材料等领域。恒力集团签约落地的可降解塑料项目总产能达93.3万t，其中年产3.3万tPBAT项目已投产，45万tPBAT项目正在建设中。

生产低碳化：恒力炼化项目年加工原油2000万t，生产各环节耗水量巨大。考虑到虽然海水冷却需要使用成本较高的钛金属材料，大型海水淡化装置还增加了投入，但通过海水淡化和中水回用，不仅不消耗淡水，还生产淡水，有利于企业绿色健康发展。因此企业一方面使用海水冷却取代需要淡水的传统工业凉水塔，另一方面将原来化工装置运行时需要冷却的低温废热作为热源用于海水淡化，项目每年节约淡水超过5000万t，而且还额外增产淡水1600万t，用于生产生活。项目节能、节水效益显著。

参考文献

[1] 国务院办公厅. 国务院关于印发2030年前碳达峰行动方案的通知[EB/OL]. http：//www.gov.cn/zhengce/content/2021-10/26/content_5644984.htm.

[2] 国家发展改革委. 关于严格能效约束 推动重点领域节能降碳的若干意见[EB/OL]. https：//www.ndrc.gov.cn/xwdt/ztzl/dsxs/zcwj2/202201/t20220112_1311854.html?code=&state=123.

[3] 国务院办公厅. 关于印发新能源汽车产业发展规划（2021—2035年）的通知[EB/OL]. http：//www.gov.cn/zhengce/content/2020-11/02/content_5556716.htm?trs=1.

[4] 生态环境部. 关于加强高耗能、高排放建设项目生态环境源头防控的指导意见[EB/OL]. http：//www.gov.cn/zhengce/zhengceku/2021-06/01/content_5614531.htm.

[5] 生态环境部. 关于开展重点行业建设项目碳排放环境影响评价试点的通知[EB/OL]. https：//www.mee.gov.cn/xxgk2018/xxgk/xxgk06/202107/t20210727_851553.html.

[6] 中华人民共和国国家发展和改革委员会. 关于发布《高耗能行业重点领域节能降碳改造升级实施指南（2022年版）》的通知[EB/OL]. https：//www.ndrc.gov.cn/xwdt/ztzl/ghnhyjnjdgzsj/zcwj/202202/t20220217_1315689.html?code=&state=123.

[7] 张福琴，边思颖. 双碳双控，炼化双升[J]. 中国石油石化，2022（2）：42-43.

[8] 傅向升. 石化“双碳”的解题思路[J]. 中国石油石化，2021（12）：30-31.

[9] 乞孟迪，柯晓明，程一步，等. 中国石油峰值与石化行业低碳转型发展[J]. 石油石化绿色低碳，2021，6（5）：1-6，43.

[10] 柯晓明，乞孟迪.“十四五”炼化行业碳减排路径[J]. 中国石油石化，2021（13）：34-35.

[11] 柯晓明，乞孟迪，吕晓东，等.“双碳”目标下中国炼化行业“十四五”发展新特点分析与展望[J]. 国际石油经济，2021，29（5）：33-38.

[12] 张硕，乞孟迪，吕晓东，等.“碳中和”愿景下炼油化工行业发展趋势展望[J]. 油气与新能源，2021，33（2）：18-22.

[13] 乞孟迪，柯晓明，张硕，等. 格局重构、转型发展中的中国炼油[J]. 当代石油石化，2020，28（3）：14-22，38.

[14] 鲜楠莹，李雪静. 世界炼油行业将加快复苏与转型[J]. 中国石化，2022（2）：4.

[15] 刘朝全，姜学峰. 2018年国内外油气行业发展报告[M].北京：石油工业出版社，2019.

[16] Hannah Ritchie. Sector by sector：where do global greenhouse gas emissions come from?［EB/OL］. https: //ourworldindata.org/ghg-emissions-by-sector.

[17] Lei T, Guan D , Shan Y, et al. Adaptive CO_2 emissions mitigation strategies of global oil

refineries in all age groups[J]. One Earth，2021，4（8）：1114–1126.
[18] 张学青. 2020年世界主要国家和地区原油加工能力统计[J]. 国际石油经济，2021，29（5）：104–105.
[19] 慕彦君，宋倩倩，王红秋，等. 美国炼化行业低碳发展策略与启示[J]. 化工进展，2022，41（6）：2797–2805.
[20] 贾璺. 中国炼油行业碳排放量及碳减排曲线研究[J]. 石油炼制与化工，2022，53（5）：109–114.
[21] 刘初春，杨维军，孙琦. 中国炼油行业碳减排路径思考[J]. 国际石油经济，2021，29（8）：8–13.
[22] 胡永乐，郝明强.CCUS产业发展特点及成本界限研究[J].油气藏评价与开发，2020，10（3）：15–22，2.
[23] 戴宝华."双碳"目标约束下炼化产业转型发展思考[J]. 石油炼制与化工，2021，52（10）：25–30
[24] 庞凌云，翁慧，常靖，等. 中国石化化工行业二氧化碳排放达峰路径研究[J]. 环境科学研究，2022，35（2）：356–367.
[25] 孟宪玲. 炼厂二氧化碳排放估算与分析[J]. 当代石油石化，2010，18（2）：13–16，49.
[26] 沈浩. 我国石化炼油企业能源效率研究[D]. 长沙：中南大学，2013.
[27] 曲宏亮. 脱碳型炼油厂全流程碳排放分析及减排策略[J]. 当代石油石化，2022，30（5）：26–32.
[28] 周泽宇，杨秀. 低碳试点开展碳排放评价工作的探讨[J]. 中国经贸导刊，2017（5）：42–46.
[29] 田晓飞. 国外碳排放评价制度介绍及启示[J]. 认证技术，2010（4）：31–33.
[30] 倪珊. 建设项目碳排放评价技术方法及案例研究[J]. 现代盐化工，2021，48（6）：95–96.
[31] 杨轶婷，徐鹤，张毅. 将气候变化纳入我国环境影响评价体系的思考[J]. 环境保护，2021，49（12）：12–16.
[32] 陈颖，王亚男，张战胜. 通过环评制度创新应对气候变化的对策建议[J]. 环境与可持续发展，2016，41（2）：17–20.
[33] 姜琴琴. 气候变化背景下的中国环境影响评价制度发展研究[D]. 上海：上海交通大学，2010.
[34] 田丰，王文琪，包存宽. 以降碳为目标的逆向战略环境评价：理念与模式[J]. 环境保护，2021，49（12）：22–27.

第四章

炼化产业重点碳减排技术和措施

PART 4

炼化产业碳排放有其显著特点：一是行业的主要原料均为石油、天然气、煤炭等含碳化石能源；二是行业成品油过剩，乙烯等石化产品产能不足，“减油增化”导致碳排放增加；三是作为国民经济的支柱产业，为保障国家油气战略安全，其担负着产业链、供应链上下游企业的承上启下的重任；四是行业是典型的连续性很强的流程制造业，过程接触的物料都有易燃易爆的特性，生产过程、原料及产品的储存、运输、使用过程存在巨大的安全环境风险。风险一旦失控，会发生火灾、爆炸事故，往往造成重大人身伤亡和财产损失。炼化行业生产的特殊性要求动力系统连续、稳定、可靠，而目前碳排放量大的化石能源是较好选择。

第一节 产业结构调整

进入后疫情时代，全球产业链、供应链、价值链正在经历新一轮变革调整和深度重构，炼化产业面对“双碳”目标的机遇和挑战，需要积极推动产业结构调整，主动向绿色低碳方向发展。

炼化产业结构调整方向包括：产能布局低碳化，包括控制产能总量、加快淘汰落后产能、提高产业集中度、发挥头部产能优势等；产品结构低碳化，包括油品清洁化、化工品高端化精细化、推动“减油增化”等；原料结构低碳化，包括保障原油资源安全稳定、推动乙烯原料轻质化多元化、发展生物燃料和生物质化学品、加大废旧塑料回收利用等。

炼化产业的特点决定了其实现碳达峰碳中和存在特殊困境。一是行业的主要原料石油、天然气、煤炭等均为化石能源，是碳载体；二是行业面临成品油过剩、石化产品产能不足的局面，“减油增化”是产业结构调整的重点方向，而这势必会增加能耗，从而带来更多的碳排放；三是产业链、供应链安全与碳减排对煤化工的定位出现“错位”，为了减少原油对外依赖程度，需要适度发展煤化工以保障油气战略安全，但这将大大增加碳减排压力；四是碳达峰与碳中和不同阶段的碳内涵导致石化化工行业二氧化碳“增加少下降多”，在碳达峰阶段仅统计二氧化碳的排放量，而在碳中和阶段，要考虑其他温室气体如N_2O、氟氯烃的影响等。

一、产能布局低碳化

（一）控制产能总量，加快淘汰落后产能

炼油能力红线已划定，炼化产业发展边界明确。《国务院关于印发2030年前碳达峰行动方案的通知》（国发〔2021〕23号）中提出：到2025年，国内原油一次加工能力控制在10亿t以内，主要产品产能利用率提升至80%以上。截至2022年底，我国原油一次加工能力约为9.2亿t/a，产能利用率为73%；乙烯能力约为4683万t/a，产能利用率约为84%；PX能力为3689万t/a，产能利用率约为69%。据相关统计，2022年底至2025年，我国将有14套炼油装置相继投产，其中2000万t/a及以上装置4套、1000万t/a及以上装置10套，原油一次加工能力新增规模超过2亿t。若上述项目全部正常投产，2025年我国原油一次加工能力将会接近12亿t/a，亟须通过产业政策、产业规划，对产业布局进行调整和控制，严控新增产能、优化存量产能。2025年炼油产能不超过10亿t是硬指标，而已获批的炼化一体化项目取消或缩减规模的可能性不大，淘汰整合小规模落后产能将成为我国炼油产能达标的主要方式，预计至2025年还需淘汰落后产能约2.0亿t。

小规模产能淘汰加速，山东地区首当其冲。《石化化工重点行业严格能效约束推动节能降碳行动方案（2021—2025年）》中也明确提出：推动200万t/a及以下炼油装置淘汰退出、30万t/a及以下乙烯装置加快退出。截至2019年底，我国不足200万t/a规模的炼油厂约67家，总产能约4375万t/a，平均规模97万t/a，平均开工率低于60%；原油一次加工能力介于200万～500万t/a的装置数量为48套，总产能规模在2.0亿t左右，其中相当多的小炼油厂技术装备落后，亟需加速淘汰。

按照装置分布来看，山东是小规模产能聚集最多的地区。截至2020年底，山东原油一次加工能力超过2.4亿t，其中500万t以下炼油厂约有40家，产能合计8375万t/a，面对小规模产能整合淘汰加速态势，山东地区地炼企业将首当其冲。预计“十四五”末山东地炼总产能将压减到9000万t/a左右。

淘汰落后产能也是实现节能降碳目标的重要路径。《工业重点领域能效标杆水平和基准水平（2023年版）》中规定的炼油单位能量因数综合能耗基准水平为

8.5kgEO/（t· 能量因数）；乙烯单位产品能耗基准水平为640kgEO/t；对二甲苯产品能耗基准水平为550kgEO/t。《关于严格能效约束推动重点领域节能降碳的若干意见》要求，到2025年炼油、乙烯等重点行业达到标杆水平的产能比例需超过30%。对标标杆水平，目前我国炼化产业能耗指标仍较落后。根据中国石化经济技术研究院有限公司的研究，我国炼油20%以上产能未达基准水平，乙烯、PX有20%～30%产能未达基准水平。规模小、能耗高是落后产能的突出特点，淘汰高能耗落后产能有利于全面提高炼化产业能效水平。

（二）提高产业集中度，加强资源利用

我国炼化产业坚持以内涵发展为主，形成了规模化、集约化、基地化的产业布局，企业规模不断扩大，千万吨级炼油项目和百万吨级乙烯项目持续涌现，产业集中度不断提升。截至2022年底，我国千万吨级炼油厂约35家，炼油厂平均规模约为469万t/a；百万吨级乙烯企业约17家，装置平均规模约70万t/a。我国已建成6个2000万t级炼油基地及7个百万吨级乙烯基地，形成了18家大型炼化一体化企业。企业不断向优势地区聚集，形成了以国内原油资源为中心的东北和西北地区炼化产业基地，以进口原油为主、紧贴市场中心的环渤海湾、长三角、珠三角沿海石化产业集群，以沿江原油管线输送资源的沿江石化产业带，以及煤炭资源丰富的西北地区为中心的现代煤化工产业基地，有力地促进了我国炼化产业低碳化发展。

炼化产业大型化、一体化、集约化发展有力推动了全行业节能降耗。相关研究表明，炼化一体化企业与同等规模的炼油企业相比能耗低约15%。此外，装置大型化也是降低碳排放的重要手段，装置规模越大，裂解分离、传质传热等过程的效率越高，排放强度越低。相关测算表明，百万吨级以上的大型裂解装置吨烯烃排放强度约为30万吨级小裂解装置的2/3。

但需要看到，我国炼化产业仍存在平均产能规模较低、部分地区产能布局过于分散的问题，产业集中度仍有提升空间。截至2022年底，我国炼油厂平均规模469万t/a与世界炼油厂平均规模679万t/a仍存在较大差距；24家石油基乙烯生产企业分散于19个省市，平均规模70万t/a，低于110万t/a的世界先进水平（沙特阿拉伯国家乙烯平均规模）。

我国炼化产业未来仍需坚持内涵发展为主的布局优化，努力实现炼油、乙烯、芳烃等产业链一体化、基地化、集群化、园区化发展，建成一批具有国际竞争力的产业集群，实现能源资源的综合优化利用。

（三）发展先进产能，提升存量产能

“双碳”目标下，供给侧结构性改革不断深化，国内炼化产业新增产能审批将更加严格，行业准入门槛进一步提高，头部产能稀缺性凸显。此外，随着石化行业纳入碳市场，现有产能在分配碳排放配额时将享有豁免权和优先权，高效低耗优质存量产能将进入强者更强的阶段。

未来要进一步发展先进产能，改造提升存量产能，增强石化产业整体竞争力。对于拥有先进技术的集团企业，可通过淘汰落后产能等措施获取产能指标，依托存量产能新建炼化一体化项目，进一步发挥规模效益、扩大产能优势。对于不属于头部的存量产能，需综合区位、市场、现有装置配套等条件，合理确定技术改造方案，采用先进工艺和新一代信息技术改造提升现有生产装置，降低碳排放和能源消耗，使其努力跻身先进产能领域。

炼化产业落实产能整合要求、积极推动落后产能淘汰退出。持续提高炼油、乙烯、对二甲苯装置平均规模，提升炼化一体化水平和布局集中度，打造集规模优势、技术优势、管理优势、市场优势、一体化优势于一体的核心竞争力。预计到2025年，炼油厂单厂平均规模超800万t/a，境内乙烯单厂平均规模超100万t/a；预计到2030年，千万吨以上炼油厂产能占比达到82%，炼化一体化炼油厂产能占比达到78%。

二、产品结构低碳化

（一）成品油需求进入下降通道，未来向清洁高效转变

成品油产能过剩。在“双碳”目标下，受新能源汽车发展和生物乙醇、LNG、煤制油等替代燃料以及内燃机油耗下降等多重因素影响，成品油需求增速趋缓。据中国石化经济技术研究院有限公司预测，成品油预计于“十四五”末期达到3.98亿t峰值。汽油需求在“十四五”末期达峰，预计2025年达到1.72亿t饱和值，2030年降至1.28亿t左右，之后将会以较快速度下降，2050年降至0.13亿t。受环境保护、工业企业产能等因素的影响，柴油需求已在“十三五”初期达到饱和，未来会加速下降。2015—2019年柴油消费年均下降2.8%，预计2025年、2030年和2050年柴油需求分别为1.76亿t、1.45亿t和0.33亿t。航煤消费具备较大增长潜力，但受新冠疫情影响，预计“十四五”阶段航煤需求增速将放缓至5%～6%，2025

年航煤消费量约为5000万t。根据目前的产能建设及炼油厂结构调整规划，预计2025年国内成品油产量将达到4.0亿t，产能过剩加剧。我国成品油需求预测参见图4-1。

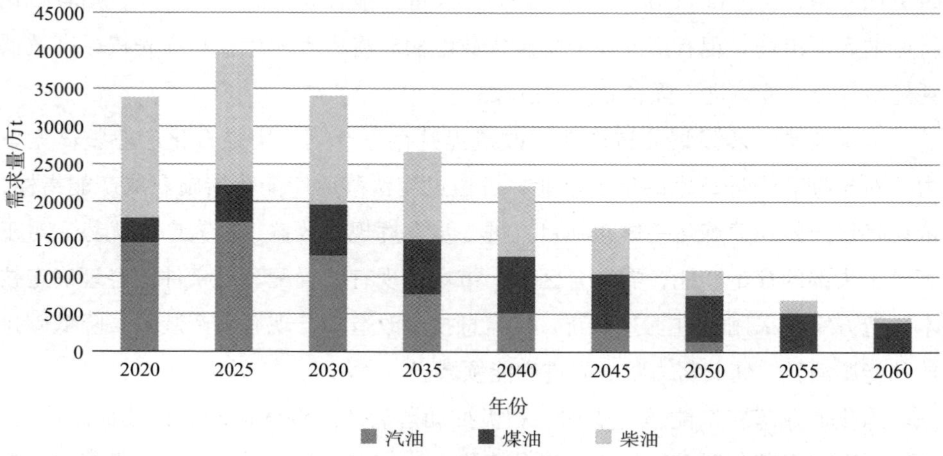

图 4-1　我国成品油需求预测

成品油市场面临流向重构压力。“十四五”期间产能扩张潮下，浙江、河北成品油将由供应不足转为资源过剩，辽宁、广东等地区资源过剩量将大幅增加。国内成品油资源区域溢出效应加剧，东部地区成品油向中西部调运规模增加，沿海具备国际贸易条件的炼油企业进一步扩大资源海外消纳渠道，2025年成品油出口规模预计将达到7000万t。

成品油出口量逐年下降。随着近年来我国炼油产能不断扩大，国内成品油市场供需矛盾突出，增加出口成为缓解成品油资源过剩的手段之一。但大量进口原油又大量出口成品油这种两头在外的模式既不利于企业高质量可持续发展，更不利于国内绿色低碳转型以及“双碳”目标的实现。

受出口配额收紧、供应量减少等影响，自2020年起我国成品油出口量连续三年下降。2022年出口量为3453万t，大幅下滑14.4%。分品种看，2022年汽油累计出口量1265.3万t，同比下降13.1%；煤油累计出口量1094.2万t，同比增加27.6%；柴油累计出口量1093.5万t，同比下降36.4%。成品油销售对内面临流向重构压力、对外面对出口配额紧缩压力，双重压力驱动炼化产业通过优化产业布局、调整生产结构等手段提升市场匹配度，更加高效低耗地满足成品油生产和供应。

成品油品质要求不断提高。随着国内环保要求日益严格以及供给侧结构性改革不断深化，炼化产品质量持续升级将是大势所趋。中国自2000年推行无铅汽油以来，炼油行业通过不断提升汽、柴油质量标准持续快速升级产品质量，降低污染物含量，目前国内执行的国ⅥA标准已经达到世界领先水平。预计未来汽油质量标准对芳烃含量、馏程等指标的要求将进一步严格。如北京市第六阶段车用汽油标准（简称京ⅥB），与京ⅥA汽油标准相比，芳烃含量由≤35%调整为≤32%，馏程90%蒸发温度由≤190℃调整为≤175℃。柴油的质量升级将面临进一步降低多环芳烃含量的压力。远期来看，车用燃料品质要求除要支持内燃机废气近零排放外，还要支持更高能效。航空煤油排放于大气层之外，国家尚未对煤油硫含量明确限制，但高密度航空煤油航程增益大、热安定性好，或是未来重点研发方向之一。

（二）化工品需求增速放缓，化工新材料将成为新的驱动

化工品消费仍处于增长期，但增速放缓。预计“十四五”期间，国内乙烯、丙烯需求将保持6.6%和5.8%的年化增速，传统聚烯烃材料增速约为5%。乙烯、丙烯、对二甲苯和合成树脂的国内产量距离2040—2045年的峰值水平有60%～130%的巨大增长空间。传统化工产品中多数产品增速放缓，其中化肥需求稳中有降，农药用于农业领域的需求量下降、工业领域略有增长，其他产品仍保持一定的增长，但增速明显放缓。

结构性过剩矛盾突出。虽然化工品消费量仍处于增长期，但低端产品过剩、高端产品短缺的结构性矛盾是化工行业最突出的全局性矛盾。产业结构层次低下，产品结构雷同，资源矛盾制约突出，已经成为全行业高质量发展的根本性制约。

随着传统大宗石化产品需求增速放缓、供应急剧增加，预计到2025年，国内大宗石化产品将面临70%过剩，综合自给率将突破116%。其中，C_2产业链面临隐性过剩压力，国内资源和进口低成本产品竞争加剧；C_3产业链供需基本平衡；C_4产业链自给率均达120%，部分产品如丁二烯、PTA（精对苯二甲酸）等过剩压力较大；芳烃产业链过剩压力激增；PX自给率将达130%。

外部资源加剧行业竞争。基础石化产品产能向北美、中东等资源地转移趋势越发明显。北美借助廉价乙烷原料优势，近年来大力发展乙烷裂解配套下游聚烯烃项目并大量出口产品，预计到2025年聚烯烃出口量将增加至1300万t/a；中东地

区也在加速产能扩张步伐，未来十年沙特将扩大石化企业产能30%左右，给国内产业带来严峻挑战。

未来着重补好"化工新材料"和"专用化学品"两块短板。"十四五"阶段，随着我国向高收入国家迈进，新基建、新技术将给化工产业带来新发展机遇，化工新材料和专用化学品产业将成为行业快速发展和向高端转型的主要驱动力，预计"十四五"期间化工新材料产品需求增长率约为6% ~8%。

应重点关注自给率低、市场需求增速较高的高端化工材料，主要包括高碳α-烯烃共聚乙烯、茂金属聚丙烯、高洁净聚丙烯、超高压电线电缆料、高熔体强度聚丙烯、医用抗菌聚丙烯等高端聚烯烃；高吸水树脂、聚乳酸、聚丁二酸丁二醇酯（PBS）、聚丁二酸-己二酸丁二酯（PBSA）、聚对苯二甲酸-己二酸丁二酯（PBAT）等特种树脂及可降解材料；高性能合成橡胶；碳纤维、对位芳纶等高性能纤维；特种尼龙、液晶高分子聚合物、聚芳醚酮、聚苯砜等特种工程塑料；聚四氟乙烯、聚偏氟乙丙烯等氟材料；反渗透膜、光学膜、特种功能膜、全氟离子交换膜、高通量纳滤膜、锂电池用隔膜等高性能膜材料；燃气高端管材、共聚多峰聚乙烯管材、聚1-丁烯管材等高端建筑材料。

应重点发展国内市场长期供给不足甚至严重依赖进口的特种化学品，主要包括功能材料、医用化工材料、高端电子化学品、专用催化剂以及特种助剂（添加剂）等。电子化学品又是特种化学品中需要优先突破的方向，如电子封装材料、化学机械研磨（CMP）材料、光刻胶、湿电子化学品等。其中，光刻胶是芯片生产的重要原材料，贸易摩擦、出口管制等态势下应尽快实现自主。

（三）石油需求即将达峰，炼油厂面临产品转型的紧迫形势

国内发展高端石化产品和化工新材料的投资热情高涨拉动化工原料需求加速增长。根据中国石化经济技术研究院有限公司研究，预计"十四五"期间，国内乙烯和PX产能增量分别为3357万t/a和1922万t/a，带动化工轻油需求增长至1.65亿t，实现年均增长10%左右。在我国人均汽车保有量仍处在上升期、电动汽车替代整体比例仍较低、化工轻油需求持续增长的情况下，国内石油需求将保持稳步上升，预计在2025—2030年间达到8.1亿~8.2亿t的峰值，随后进入下降通道。

在成品油需求即将达峰、化工品需求仍有较大增长空间等市场变化趋势下，传统燃料型炼油厂必须向化工型深度转型，最大限度地实现上下游协同发展。随着能源转型及产品下游市场升级提档，炼油特色产品迎来需求增长新机遇，炼油

厂应积极探寻差异化、特色化发展之路，降低生产成本，增产高附加值产品，全面提升竞争力。“油转化”“油转特”“油产化”是炼化产业顺应供给侧结构性改革、实现高质量发展的重要路径。

推进“油转化”进程。“油转化”主要指通过各种手段压减成品油，转产石脑油、尾油等化工原料，从而实现炼油结构调整。

近期中东地区和亚洲新建炼油厂大多遵循“减油增化”的原则，炼化一体配置生产路线，燃料产量可低至30%。国内新型炼化一体化项目通过优化炼油工艺技术最大化生产化工原料，如恒力石化和浙江石化的成品油收率分别在40%和30%以下，而新规划的裕龙岛炼化项目更是只有12%。

相比之下，存量产能的成品油收率远高于新建产能，如中国石油和中国石化平均成品油收率分别为66%和57%，但存量炼油厂通过持续投资调整产品结构，“减油增化”同样取得一定效果。2021年中国汽柴煤油收率下降2.7个百分点至59.3%，化工轻油收率提高3个百分点至17%。未来，存量产能还将通过加氢裂化等手段进一步增产化工原料，提高“油转化”水平。

加大“油转特”力度。“油转特”是指专业化延伸和提升产品生产路线，增产高档润滑油、高端碳材料、高端沥青等特种炼油产品。

市场驱动下，润滑油产品加快迈向高端化、特色化。国内润滑油消费量近年来呈波动增长，目前车用与工业用润滑油供需基本处于平衡状态。通用型润滑油趋于同质化，同档级品牌间的界限趋于模糊，价格竞争较为激烈。由于汽车保有量的快速增长，车用润滑油需求大幅提升，质量向高端化转变，工业润滑油消费总量和质量基本稳定，产品精细化程度越来越高。目前国内润滑油品牌在科研方面已有多项技术达到了世界领先，正在逐渐取代国外润滑油品牌在国内长期垄断的高端市场。随着环保法规、节能减排以及发动机技术的进步，我国对于高档基础油的需求量将不断增加，但目前仍大量依赖进口，未来还需在高端产品开发、环保节能产品开发等方面持续发力。

高端碳材料等产品成为新的增长极。石墨烯、碳纤维、石墨炔以及针状焦等碳材料由于其独特的性能受到广泛关注，尤其是随着电炉钢和新能源汽车产业的蓬勃发展，高品质针状焦的需求呈现爆发性增长。针状焦可以作为超高功率石墨电极的生产原料应用于电弧炉炼钢，随着电弧炉炼钢的发展，预计2025年石墨电极需求将增至130万t，对原料针状焦的需求为45万t左右。针状焦的另一重要应用领域是作为人造石墨负极材料的原料应用于新能源汽车用动力电池。未来随着电动汽车渗透率的提高，动力电池需求将拉动针状焦需求增长，预计2025年我国负极材料总产量将达到170万t，其对针状焦需求量超80万t。国内针状焦生产技术已实现大规模工业化应用，然而优质油系针状焦生产企业较少，高端产品仍大多依赖国外进口。未来应加大优质产品的开发和高端市场的开拓，推动国产针状焦产品实现进口替代。

低硫船燃产能快速释放，未来应重点提高生产经济性。国际海事组织（IMO）限硫令和出口退税政策为低硫重质船燃带来了巨大商机，同时，生产低硫船燃有利于炼化产业利用和消化富余产能，缓解炼油产能过剩、降低汽柴油需求达峰的影响。对于炼化企业，生产船燃有利于提高原油加工量、摊薄加工成本，有利于降低成品油产率、消耗催柴和油浆等低价值产品。市场端和生产端两方面的利好共同推动了国内发展低硫船燃产能，随着国内产能的稳步释放，2021年我国低硫船燃自给率突破65%，保税船供油量增长了22.5%，保持了高速发展态势。随着资源优势的增强，中国低硫燃料油的市场占有率仍有望进一步提升，但产品盈利能力值得关注。未来船用燃料油硫含量等指标要求可能进一步严格，如何低成本、可持续地生产将是行业必须面对的问题。

虽然目前我国沥青行业产能过剩，沥青行业已进入微利时代，行业的平均装置利用率不到70%，但部分高端沥青产品仍依赖进口。未来应加大力度开发防水沥青、环保沥青等特种沥青产品，同时大力推广国产品牌、获得市场认可。

“油产化”开始发力。“油产化”主要指通过应用原油蒸汽裂解、催化裂解等新技术，将原油直接转化为“三烯”“三苯”等基础化工原料。“油产化”技术能够大大缩短工艺流程，有利于降低能耗、提高能源利用效率，在实现“减油增化”的同时还降低了加工过程碳排放，目前的代表技术主要有原油蒸汽裂解和原油催化裂解两类。

埃克森美孚公司首创了原油直接制化学品技术，并在新加坡裕廊岛建设了100万t/a原油直接蒸汽裂解装置，该装置已运转5年，化学品产率为50%～70%，埃克森美孚公司计划采用该技术在中国惠州建设120万t/a大型原油直接裂解制乙烯装置。国内技术研发毫不逊色，中国石化已在天津成功实现原油蒸汽裂解技术的工业化应用，化学品收率近50%，其中乙烯、丙烯、轻芳烃和氢气等高价值产品近40%，整体技术达国际先进水平，经济价值巨大。值得注意的是，该路线对原油的品质有一定要求，如埃克森美孚采用的原油°API近43，原料选择受到限制。石科院研发的原油催化裂解技术，不经过传统炼油的常减压蒸馏等过程，直接将原油转化为轻质烯烃和芳烃。工业试验表明，该技术低碳烯烃和轻芳烃总产率可达50%。上述两种技术结合，有望把原油生产的化学品总量提高到70%以上，将成为未来“减油增化”经济可行的技术路线。

随着成品油需求达峰、化工品需求持续增长，炼化企业在市场导向下必将经历向化工产品生产深度转型的产品结构调整过程。从全生命周期的角度，“减油增化”是碳排放减少的过程，但生产化工原料或化工品的能耗普遍高于生产成品油，炼化行业产品结构调整将导致生产端碳排放大幅增加。要实现减碳与发展协同互促、转型升级，必然需要政策、技术、管理、资金、市场各方面共同努力，其中低碳技术开发创新将成为关键驱动力。

综上，成品油消费将在“十四五”末期达峰，石油需求预计2025—2030年间达峰，峰值约为8.1亿～8.2亿t，随着市场需求变化，石化企业将通过增上结构调整项目和应用新型技术加快调整产品结构。当前预测情景下，炼化产业2030年成品油收率预计降至40%～50%，化工原料收率预计增至20%～25%；2060年成品油收率预计降至20%以下，化工原料收率预计增至50%以上。

三、原料结构低碳化

（一）降低原油对外依存度，推动原油资源轻质化

我国原油资源对外依存度较高。近年来，随着炼油能力的不断扩大以及储备基地建设的加快，我国原油进口量快速增长，能源资源短缺压力日益增大，原油对外依存度不断攀升。近十年中国原油进口平均增长率约为9%。2022年原油进口量约为5.08亿t，虽同比下降0.9%，但对外依存度仍高达71.2%，如此之高的对外依存度值得引起重视。据相关预测，到21世纪中期化石能源仍然有相当数量的存在，在我国能源消费结构实现根本转变之前，近期直到2030年原油对外依存度仍有可能缓慢增加。我国原油进口量和对外依存度变化参见图4–2。

国内加工结构和世界原油资源变化趋势存在差异。基于对未来可采原油资源趋于重劣质化的判断，我国加工进口原油的沿海炼油厂普遍按照加工重劣质高含硫原油配置流程，以焦化、渣油加氢等重油加工路线为主，沿海规模炼油厂所加工原油的°API均值约为30，新建炼油厂甚至更低。至2019年末，沿海炼油厂渣油

加氢装置产能超过0.55亿t/a，焦化装置产能约0.8亿t/a，折合加工进口重劣质原油的能力为4亿～5亿t/a。

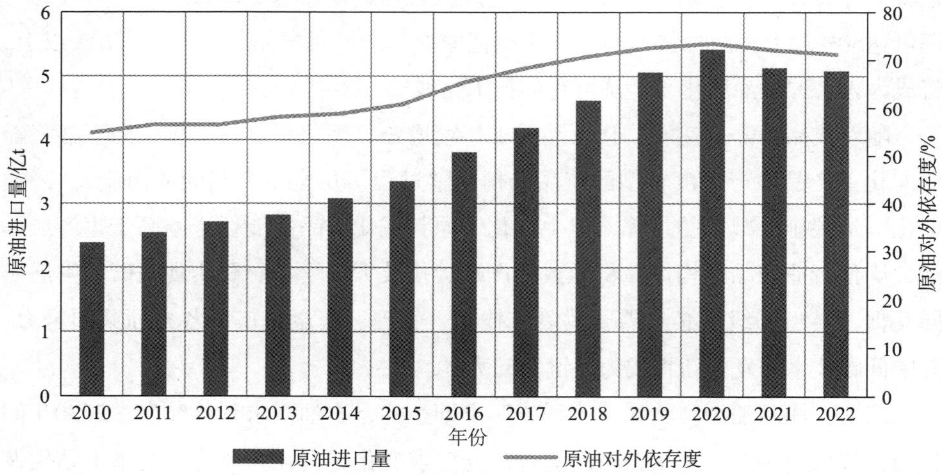

图 4-2　我国原油进口量和对外依存度变化

在资源供给端，全球原油变化趋势并未如预期，反而趋于轻质化，全球原油平均°API在过去十年由33缓慢上升至35，硫含量也呈下降趋势。中国沿海加工进口原油的炼油厂所进口的原油°API远低于世界原油平均值，未来随着全球石油需求增长放缓，轻质资源供需压力缓解，可适度考虑进口原油资源的轻质化。

我国较高的重劣质原油加工能力拉高了重质原油需求，使轻重质原油价差缩小，炼油厂加工劣质原油的经济性不如预期。此外，加工重劣质原油的能耗和碳排放均较轻质原油更高，产生的低价值副产品及污染物更多，会带来更高的加工成本和更大的环保压力。

考虑我国长期原油资源供应来源和品质，未来沿海规划新建产能时应适当控制沿海炼油厂加工高硫、重质原油的装置能力，结合供应资源的品质变化适度配置低硫、轻中质原油加工能力。炼油厂采购原油时，应结合原油市场和油品需求趋势，根据装置结构特点优化原油品种，以效益最大化为目标，不一味追求低原油°API，使装置发挥最佳操作效率、原油资源发挥最优效益。

（二）推动烯烃原料多元化、轻质化

我国乙烯原料结构与全球有较大差异。近年来，随着美国页岩气革命的推进，全球低碳烯烃生产原料中轻烃比例不断增加。2000—2021年全球乙烯原料结构中，轻烃占比从38.0%上升至53.8%。石脑油作为原料制乙烯收率仅为30% ~35%，该工艺制乙烯产量占比逐年下降，从2000年的55.3%降至2021年的38%。预计到2035年，全球乙烯原料结构中石脑油的比例将降至更低，乙烯原料进一步呈现出多元化趋势。

我国乙烯原料过去偏重，但近年来也表现出轻质化趋势。以石脑油为原料的乙烯产量从2010年的85%下降至2021年的73%，煤/甲醇制烯烃占比则由2010年的2%提高至2021年的21%，而轻烃占比从2010年的13%提高至2021年的15%。自2010年以来，我国以石脑油为原料的乙烯产量比重下降，轻烃原料（乙烷/丙烷/丁烷）占比从2010年的5.4%增至2021年的10%，预计到2035年，轻烃原料的比例将进一步提高至18.3%。

煤基乙烯路线未来发展或将受限。我国乙烯原料结构变化中，以煤基路线替代更为显著。产生大量碳排放是煤基乙烯路线的显著特点，煤制烯烃（MTO）碳排放强度约为石脑油基路线的10倍。结合我国资源禀赋，煤制烯烃路线在能源安全方面具有优势，但其碳排放较高，未来发展可能受限。

我国乙烯原料结构中，虽然轻烃占比近年来略有提高，但和全球平均水平相比仍有较大差距。放眼未来，乙烯原料的多元化和轻质化将是必然趋势，“双碳”背景下化石能源消费受限，我国日益增长的乙烯需求不能再简单通过炼油产能扩张来满足，多元化地发展轻烃、天然气、煤、生物质等原料或成解题思路。

优化蒸汽裂解原料，增强轻烃利用。国内乙烯主要通过蒸汽裂解路线生产，以炼油二次加工产品为主要原料。2021年国内蒸汽裂解原料结构为：轻柴油6.3%、石脑油54.4%、拔余油1.5%、加氢尾油16.1%、轻烃及其他21.7%。我国蒸汽裂解原料形成了石脑油为主，柴油、尾油等轻烃和重质组分比例相当的结构，随着炼油产能不断向化工转型，重质原料比例可能继续增加。

原料结构对蒸汽裂解装置竞争力和碳排放有较大影响。以液化气、乙烷、丙丁烷等轻烃作为原料，能够显著提高乙烯收率、降低单位产品碳排放。相关测算表明，百万吨级石脑油蒸汽裂解装置采用轻烃为原料的单位碳排放比采用石脑油为原料的单位碳排放低20%以上，原料轻质化的减排效果显著。对于存量蒸汽裂解产能，未来应加强利用炼油厂副产轻烃资源，结合市场动态优化液体原料比例、补充优质轻烃资源，积极推动蒸汽裂解原料向轻质化方向发展，助力装置能耗和碳排放双降。

新建轻烃裂解产能，推动烯烃原料轻质化。利用轻烃作为低碳烯烃的生产原料，可以缩短工艺生产流程、降低碳排放。乙烷裂解制乙烯工艺的乙烯收率可提高至70%，和传统石油基制乙烯路线相比，其能耗下降约1/3，投资和成本也大大降低，具有很大的发展潜力。近年，国内炼化企业配套进口乙烷资源建设了兰州石化长庆乙烷制乙烯项目和塔里木乙烷制乙烯项目，在轻烃裂解制乙烯方面做出了积极探索。

传统蒸汽裂解路线丙烯为副产品，无法满足国内日益增长的丙烯需求，而丙烷脱氢（PDH）路线主要生产丙烯，其投资门槛低、建设周期短、生产成本低，近年在国内得到了快速发展。截至2021年，中国已建成投运PDH装置18套，合计产能为820万t/a。丙烷脱氢单位碳排放约为石脑油蒸汽裂解的1.2～1.4倍，但其副产氢气为蓝氢，若结合炼化一体化企业主流程生产将产生极大的减排收益，结合资源分布特点，在沿海大型炼化一体化企业布局PDH项目有利于推动企业低碳转型发展。目前，中国石化镇海炼化二期扩建项目已配套60万t/aPDH项目，成为首家上马PDH项目的国有炼油厂，为其他具备一体化优化条件的大型炼油厂提供了转型方向。

未来应结合全球资源供应变化趋势，统筹优化优质石脑油资源、乙丙烷等轻烃资源进口数量，依托进口资源在沿海地区积极布局轻烃裂解、丙烷脱氢等低碳资源利用项目，推动烯烃原料向轻质化、多元化方向发展。

（三）推动天然气替代煤炭

天然气作为燃料的单位热值碳排放仅为煤炭的58.6%，具有低碳高效的属性，在未来较长时间内将作为过渡能源迎来快速发展。众多机构预测，到2040年，油气在全球能源结构中仍占50%以上，而天然气有望超过煤炭成为全球第二大能源。近年来，我国天然气消费快速增长，在一次能源消费结构中的占比从2010年的4%上升到2021年的8%左右，预计2030年将增至15%。虽然化石能源的地位不断下降，但能源结构转换不可能一蹴而就，未来应积极推动天然气替代燃料煤，实现能效的提升和碳排放的下降。

天然气作为原料，也具有低碳属性。以天然气为原料制合成氨和甲醇的碳排放强度比以煤为原料降低50%以上。2020年底全球天然气制甲醇占甲醇总产量的60%以上，预计到2035年全球天然气制甲醇在甲醇总产量中占比将接近70%。

目前，我国的天然气大部分用于民用供暖。天然气热利用效率仅为

30%～40%。如果用电来替代，热利用率可达90%左右。随着电力的绿色低碳发展，若电力供热能够大规模推广，天然气则可更多地应用于化工产品生产。据相关研究，煤基路线甲醇碳排放量为天然气路线甲醇的6倍，按照2020年产量测算，我国煤制甲醇产能若有一半被天然气制甲醇替代，年减排二氧化碳可达7500万t；合成氨生产原料中若有一半被天然气替代，年减排二氧化碳可达5000万t。在资源可获得的前提下，未来应积极发展天然气化工，适度推动天然气替代原料煤，实现源头减排。

（四）积极探索二氧化碳资源化利用

因大部分化学品中含碳元素，二氧化碳转化为化学品实现资源化利用，是末端降低碳排放的重要手段。目前已实现二氧化碳较大规模化学利用的传统化工产品主要有甲醇和尿素。吨尿素消耗0.75t二氧化碳，吨甲醇约有1.375t二氧化耗计入产品消耗，每年尿素和甲醇生产分别消耗二氧化碳超过4200万t和9900万t。但应注意到，尿素终端消费仍将产生二氧化碳排入环境，且其加工工程能耗较高，故尿素是否计入减排产品尚未达成共识。

随着氢能的规模化发展，二氧化碳未来可与氢气结合，生产合成气和甲醇等基本化学原料。二氧化碳加氢合成甲醇技术取得实质性进展。目前全球比较成熟的工业化二氧化碳加氢制甲醇项目是，冰岛碳循环利用公司开发的ETL技术在冰岛建立的商业化示范项目，该装置甲醇产能4000t/a，主要掺入汽油生产生物燃料制品。中国科学院大连化学物理研究所开发的二氧化碳加氢合成甲醇技术采用自主开发的高选择性合成甲醇催化剂，已建成千吨级示范装置。采用该技术的10万t/a示范装置已投产，预计可消纳二氧化碳约11.4万t/a。采用天然气干重整技术可以将甲烷与二氧化碳有效转化为合成气，并进一步转化生产甲醇，也是实现二氧化碳高效化学转化的重要路径。中国科学院上海高等研究院成功开发了二氧化碳和甲烷干重整生产一氧化碳的技术，并完成了万吨级装置的工业试验。

近几年，二氧化碳和甲醇直接合成碳酸二甲酯技术成为合成领域研究的重点。碳酸二甲酯是一种重要的中间合成体，可通过羰基化、甲基化、甲酯化及酯交换等反应生产多种化工产品，同时还广泛用于溶剂、汽油添加剂、表面活性剂和抗氧化剂等产品。该技术不仅能有效减少碳排放，也可有效利用下游产能过剩的甲醇产品。

由二氧化碳和环氧丙烷合成的聚碳酸亚丙酯作为一种新型的热塑性聚合物，具有生物相容性好、阻隔性高、抗冲击韧性好和无毒性等一系列优良特点，并且其合成过程直接消耗二氧化碳，可以实现完全生物降解，因此其广泛使用对于环保和新资源的开发具有实际意义。

（五）加大废旧塑料回收利用

炼化产业生产的高分子材料被废弃后给生态环境带来了严重污染。废弃塑料循环利用不但可以减少其对环境的危害，还可以部分替代塑料制品对原油的需求，是炼化产业低碳发展的重要路径。

塑料回收再生一般先通过物理或化学方式将废弃塑料二次加工形成再生材料，再通过单独加工或与原生塑料掺混制成塑料产品。物理再生由于技术相对成熟、设备要求不高，是目前主流的加工方式，主要包括破碎、熔融切粒、改性等加工流程，但其缺陷在于每次加工都会降低再生塑料品质。化学再生是指利用高温裂解或催化裂解等技术，通过化学反应将废弃塑料解聚实现再生，其原料适应性强、产品品质稳定等优势明显，但工艺及设备复杂，目前主要制约因素是经济性。据相关测算，与传统原油加工生产塑料制品相比，物理回收废弃塑料生产塑料制品全生命周期可降低碳排放约4t/t塑料产品，化学回收降低约2t/t塑料产品，减排效果显著。但值得注意，炼化产业仅考虑范围2碳排放（企业购买和使用电力或热能而产生的间接温室气体排放）的情况下，化学回收与传统炼制生产塑料材料的单位碳排放基本相当，减排效果主要体现在终端处理阶段。

世界各国主要通过限制或禁止使用难回收的塑料制品、鼓励塑料回收、使用可降解塑料等方式推动塑料绿色发展，解决废弃塑料造成的白色污染问题。由于可降解塑料生产成本较高并且仍存在环境污染风险，提升塑料回收比例成为发达国家的首选。如欧盟2021年对非可再生一次塑料开始征收“塑料包装税”；英国也将对再生塑料含量低于30%的自产及进口塑料包装按200英镑/t征税。包装税政策将对全球塑料制品行业产生深刻影响，倒逼生产企业利用再生塑料，推动塑料回收技术研发。

我国积极推行“限塑令”，要求加大塑料回收力度、积极治理白色污染。2018年我国全面禁止废塑料进口；2019年开始全面启动垃圾分类政策；2020年明确禁止、限制使用的塑料制品包括不可降解塑料袋、一次性塑料餐具、宾馆和酒店一次性塑料用品、快递塑料包装；2021年印发的《“十四五”塑料污染治理行动方案》要求进一步完善塑料污染全链条治理体系，积极推动塑料生产和使用源头减量，科学稳妥推广塑料替代产品，加快推进塑料废弃物规范回收利用，大幅减少塑料垃圾填埋量等。

2019年我国产生废弃塑料约5500万t，其主要处理方式包括填埋、焚烧、回收和遗弃，其中回收率仅为30%。随着碳价走高、出口产品征收包装税等趋势发展，预计2030年我国废弃塑料回收率将达40%～50%，相对原油生产路线全生命周期可降低碳排放1亿t以上，减排潜力巨大。

目前塑料回收行业发展缓慢，主要制约因素包括：一是废弃塑料来源分散，塑料制品形态各异、种类繁杂，回收难度大、成本高；二是行业准入门槛较低，目前多为作坊式回收和人工分拣，缺少自动化技术和设备的应用，导致盈利能力不强；物理回收方法产品品质不稳定，化学回收尚未工业化，需要加强技术研发。

废弃高分子材料回收利用与炼油过程耦合是一种高效资源回收途径，国际上有不少炼油企业都在研究、开发和实践，有的已经产业化。中国石化开发了废塑料热解技术及配套多路径后加工技术，具有较强的碳减排竞争力。

四、炼油总流程优化调整

1．原油选择优化

原油选择优化是炼化企业生产过程中的一个关键环节，对原油资源的高效利用有重要意义。通过不同加工装置之间的组合，再结合中间物料的调整使得全厂加工流程具有一定的弹性，能够适应原油性质在一定范围内的波动。一些内地炼油厂每年炼制原油种类少则几种多则十几种，而沿海、沿江以加工进口油为主的炼油厂，每年加工原油种类可达几十种。在确保装置安全和稳定生产的同时，通常考虑通过原油选择优化来降低原油的采购和生产成本，而在“双碳”背景下，则需要进一步考虑碳排放带来的影响。目前纳入碳市场管理的行业主要为电力行业，全国碳市场扩容呈现加速态势，生态环境部已考虑在近几年将石化、化工、建材、钢铁、有色、造纸、电力、航空等八个重点排放行业陆续纳入全国碳市场。预计由碳达峰迈向碳中和的阶段减排压力增大，配额将加速收紧推动碳价上行，届时碳排放带来的额外成本对炼油厂生产运营的影响将逐渐显现，因此需要在炼油厂的各个生产环节综合考虑为降低碳排放所能采取的手段。通过研究发现，在全厂流程确定的情况下，原油性质的变化对全厂能耗和碳排放将产生巨大的影响。以某千万吨级炼油厂为研究对象，该厂的主要流程如图4-3所示。

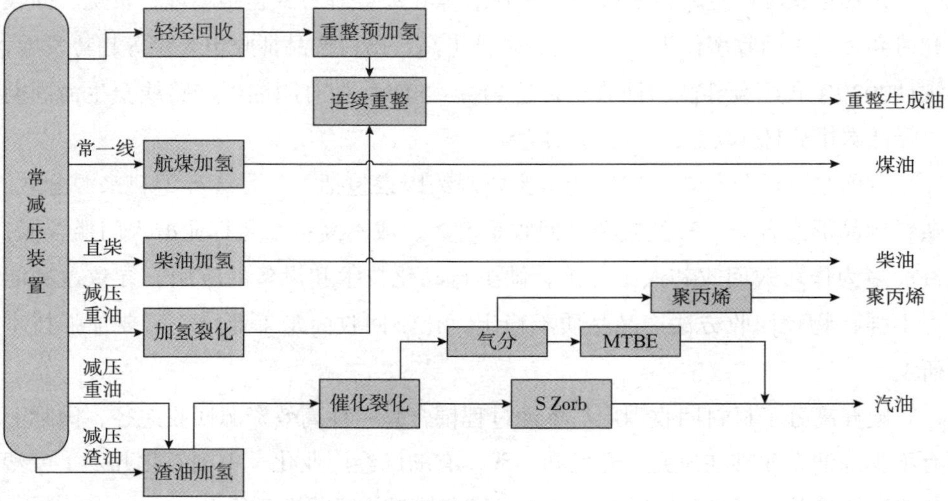

图 4-3　研究对象的主要流程图

（MTBE：甲基叔丁基醚；S Zorb：汽油吸附脱硫）

基于企业实际原油结构，设置三个对比方案，考察原油性质逐步轻质化对生产过程带来的影响，三个方案的原油结构对比见表4-1。

表 4-1　各方案原油结构对比

油种	°API	硫含量/%	方案1		方案2		方案3	
			数量/万t	占比/%	数量/万t	占比/%	数量/万t	占比/%
阿曼	31.7	1.4	400.00	43.48	200.00	21.74	0.00	0.00
卡滨达	32.8	0.16	130.00	14.13	130.00	14.13	130.00	14.13
埃斯锡德尔	35.9	0.41	260.00	28.26	460.00	50.00	660.00	71.74
蒂恩	32.9	0.44	130.00	14.13	130.00	14.13	130.00	14.13
合计			920.00	100.00	920.00	100.00	920.00	100.00

通过上述三个方案的设置，能够较为明显地区分各方案的混合原油性质，并且分别通过总流程模型对各方案的全厂能耗水平和碳排放水平进行计算，计算结

果见表4-2。由结果可以看出，随着原油轻质化、低硫化，全厂能耗和碳排放均呈降低的趋势。

表 4-2　混合原油性质及全厂能耗、碳排放水平

指标	方案1	方案2	方案3
混合原油°API	33.21	34.13	35.04
混合原油硫含量/%	0.81	0.59	0.38
能耗降低水平/%	基准	-3.77	-7.51
碳排放降低水平/%	基准	-4.41	-8.79

2．组分炼油

不同炼油工艺因反应原理与产品目标不同，进而对原料的分子结构需求不尽相同。分子的定向利用是提升反应选择性的必然路径，然而以蒸馏为核心的传统馏分炼油并没有实现分子的高效利用。组分炼油是提升石油炼制效率、降低炼油过程能耗的可行路线，其核心是采用先进的分离技术对原油或其馏分进行烃组分分离，然后对分离后的组分进行炼制。以石脑油加工路线为例，蒸汽裂解优选的原料分子结构为链烷烃，特别是长链烷烃；而催化重整优选的原料分子结构则为环烷烃。若仅按照馏分切割，大量分子在各种工艺装置里"跑龙套"，会付出较大的加工代价。从分子水平加深对石油加工过程的认识，依托原油数据库和工艺技术模型进行组分炼油可大大提升反应过程选择性。通过为企业提供原油选择与产品经济性分析模型，建立以组分分离为核心的总流程加工路线，可大幅度提升单程转化效率和目标产物收率，减少无效循环，降低能耗及碳排放。

以1000万t/a科威特原油为原料设计不生产成品油的化工型炼油厂作为基础方案，如图4-4所示，原油经预处理装置分为轻馏分、中馏分和重馏分后进入催化裂解装置加工，裂解干气、液化气和汽油经后续装置加工分离出乙烯、丙烯、C_4液化气和三苯产品（BTX），裂解柴油经柴油芳烃型改质（RLA）装置加工后，改质汽油经加氢抽提分离出三苯产品，改质柴油回炼至催化裂解装置。

同样以1000万t/a科威特原油为原料设计不生产成品油的组分分离化工型炼油厂方案，如图4-5所示，原油的轻馏分、中馏分和重馏分分别通过各组分分离装置分离出饱和分进入催化裂解装置加工，轻馏分非饱和分经抽提生产三苯产品，重馏分非饱和组分与油浆进入焦化装置加工，裂解干气、液化气和汽油经后续装置加工分离出乙烯、丙烯、C_4液化气和三苯产品，催化柴油和中馏分非饱和分进入循环油加氢–催化裂解装置加工，可产出甲基萘油和蒽油。

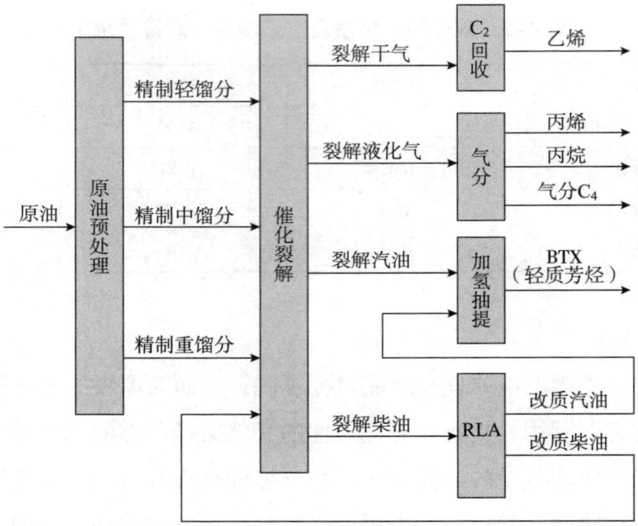

图 4-4　化工型炼油厂基础方案流程图

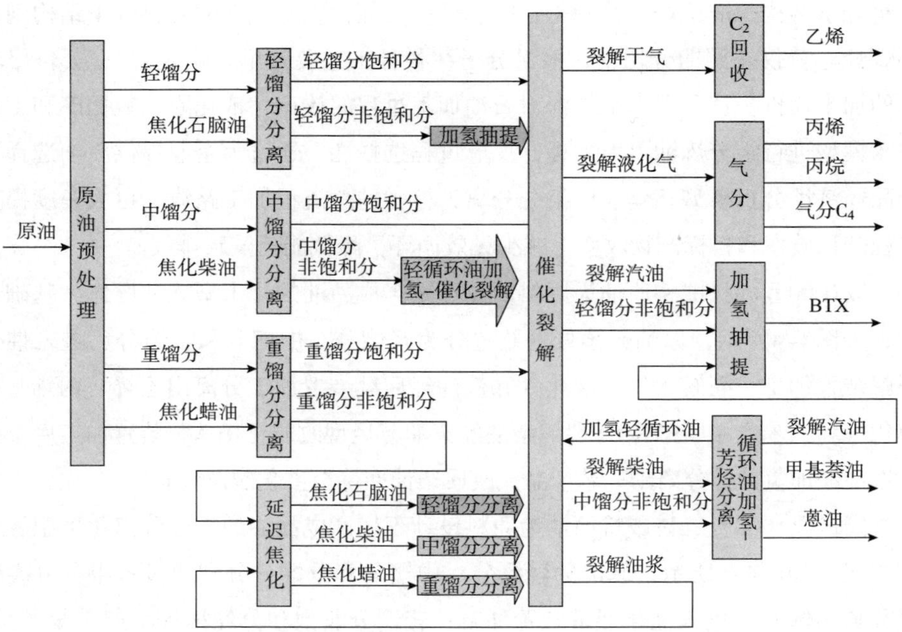

图 4-5　组分分离化工型炼油厂方案流程图

对化工型炼油厂基础方案及组分分离化工型炼油厂方案分别进行总流程研究，如图4-6所示，通过对原油轻馏分、中馏分、重馏分进行组分分离后，催化裂化装置的转化效率提高，乙烯、丙烯和三苯产品的产量提高，同时通过将难转化组分从催化裂解装置的原料中分离出来，组分分离方案的裂解烧焦总量低于基础方案。图4-7为在60美元价格体系下对两个方案进行经济效益对比的结果，由于组分分离方案中低碳烯烃和三苯等高附加值产品产量提高，产品产值高于基础方案，通过组分分离后，加氢装置效率增加，全厂耗氢总量降低，组分分离方案的吨油原料成本低于基础方案，组分分离方案由于增加了分离过程，吨油操作成本和建设投资折旧均高于基础方案，但经过经济效益评估，组分分离的吨油毛利较基础方案提高185元/t原料。对基础方案和组分分离方案进行二氧化碳排放核算后发现，由于组分分离方案的催化裂解装置烧焦量降低明显，组分分离方案的总碳排放量较基础方案降低44.57万tCO_2/a，同时由于组分分离方案产品产值的提高，组分分离方案的万元产值碳排放较基础方案降低0.26tCO_2/万元。

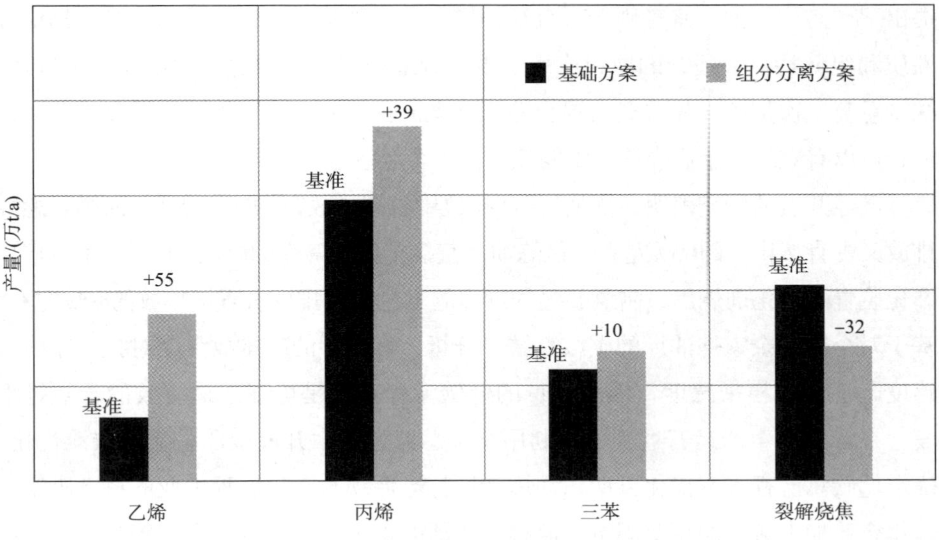

图 4-6　化工产品产量及裂解烧焦量方案对比

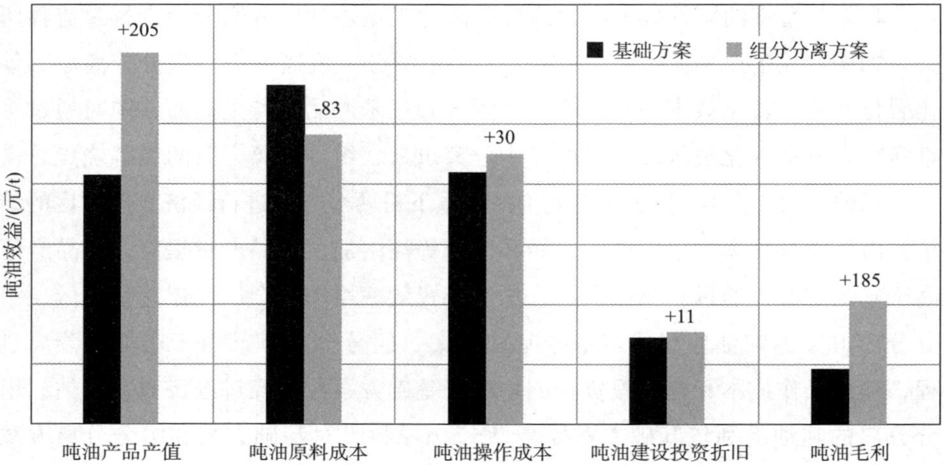

图 4-7　60 美元价格体系方案经济效益对比

3．流程优化

近年来，在石油化工产业日益壮大、常规油品需求增长受限、炼化技术原理认识深入、资源受限、节能减碳等因素的综合影响下，基于生产实践，研究人员提出了“宜油则油、宜芳则芳、宜烯则烯、宜特则特”的优化思路，即依据馏分性质和组分特征，适合的原料应用于生产合适的产品，通过优化设计加工流程，减少重复二次加工、先分离后混合等不合理流程，避免过度加工以及低效分离耗能，可以有效助力企业降低加工能耗，实现企业效益最大化。

已经开展的研究表明，炼油厂CO_2排放中直接排放占90%～95%，而燃料燃烧排放又占直接排放的60%左右，是炼油厂直接排放中最大的CO_2排放源。来自催化裂化装置的催化剂烧焦、制氢装置等过程的工艺过程排放占直接排放的40%左右。基于对全国50余家炼油厂的碳核算结果分析，炼油厂的碳排放强度对技术路线敏感度远高于规模敏感度，因此优良的低碳流程基因是炼油厂最有效的碳减排手段。在炼油厂生产运营过程中，利用全厂总流程技术开展全厂物流与碳流优化，确定低碳总流程方案优化方向，为炼油厂打造低碳基因。流程工业的特点决定了炼化企业加工流程的相对固定，但相对灵活的加工方案可以在不同碳减排、不同碳市场价格水平下为企业节省开支、创造价值，特别是在产品市场供需及价格出现大幅度波动时，可以掌握更大的主动权。

（1）原料加工路线选择分析

以直馏石脑油为原料进行加工时，对蒸汽裂解、催化裂解生产系统的单装置能耗及碳排放强度计算结果进行对比。考虑催化烧焦后，催化裂解综合能耗和相应的CO_2排放强度分别为152.11kgEO/t原料和447.1kgCO_2/t原料；蒸汽裂解的综合能耗和CO_2排放强度分别为192.67kgEO/t原料和576.29kgCO_2/t原料，即催化裂解吨原料加工碳排放比蒸汽裂解低22.4%。根据石脑油催化裂解与蒸汽裂解的产品分布数据，结合其碳排放数据，可得吨三烯产品的碳排放数据分别为963.37 kgCO_2/t三烯和1114.68kgCO_2/t三烯。由此可知，催化裂解单位质量三烯产品碳排放比蒸汽裂解低13.6%。综上，无论从吨原料加工角度，还是从目标产品烯烃的生产角度，催化裂解均具有明显的碳减排效果。

以劣质渣油为原料进行加工时，要依据原料性质、市场需求、经济效益以及环保要求等因素统筹考虑。国内已经工业化的渣油加工技术及工艺主要有渣油延迟焦化-蜡油催化裂化等“脱碳”工艺和渣油加氢-重油催化裂化-加氢裂化等“加氢”工艺。

采用延迟焦化为代表的“脱碳”工艺，可以有效脱除渣油中的绝大部分重金属、沥青质等，以较少的装置投资和运行费用处理高硫、高金属、高残炭等非常劣质的渣油。但是此工艺的轻质油品收率相对较低，生产的油品必须要经过加氢精制后才能作为产品出厂，此外，在环保标准不断提高的大环境下，高硫石油焦的清洁化利用问题日益突出，后续的投资和清洁化生产问题已成为该技术所面临的难题，新的焦化装置已难以批建。目前，在北京等环保要求严格地区，焦化装置已面临关停问题。

“加氢”工艺可以处理高硫、相对中等金属含量和残炭的原料油，渣油经过加氢处理后，残炭比较容易降到6%以下，有害金属含量也能降到催化裂化催化剂允许的水平，可以直接作为催化裂化装置的原料。虽然该工艺一次性投资稍高，但是渣油加工深度高，避免了其他工艺所带来的二次环境污染，是资源利用和环境友好型工艺。因此，重油加工路线选择“加氢”工艺具有很强的竞争性。但是，受渣油加氢催化剂的限制，该工艺对原料的适应性不足，难以适应炼油厂原油供应多元性变化。

中国石化海南炼化选择了以“渣油加氢处理-重油催化裂化”为核心的总流程，一方面使全部渣油经加氢处理后进入催化裂化装置加工，达到渣油的最大转化，实现“零”渣油的产品目标；另一方面使催化裂化原料性质得到改善，催化裂化液体产品收率可提高约4.5%，干气和生焦量相应减少，产品分布明显改善。运行数据表明：以汽、煤和柴油为主的轻油收率达到81%，综合商品率93%。此外，由于催化裂化进料的硫质量分数降到0.3%以下，根据催化裂化反应的硫平衡分布规律，汽油硫质量分数约为150μg/g，再生烟气中SO_x、NO_x排放量也相应减少，从源头上有效抑制了烟气排放问题。

（2）加工流程优化分析

总流程不优化导致效益下降的问题较多，如加工流程不合理，造成先分离后混合形式的能耗浪费；上下游装置加工负荷不匹配造成物料循环，从而增加能耗；炼油厂催化油浆通过焦化装置再作为催化裂化原料形成闭路循环等。但是，此类问题常常关联上下游多套装置，没有直观数据反映，因此总流程不优化导致的能耗上升问题往往没有得到足够重视。

上文中以催化裂解与蒸汽裂解单装置碳排放为基础，分别设计了蒸汽裂解和催化裂解两种总流程路线（见图4–8），考察催化裂解在炼油总流程中的技术竞争力。以加工1000万t/a沙中原油为例，对比两种加工路线下主要产品结构，催化裂解路线烯烃产量可达357万t/a，化工品收率可达43%。根据全厂碳排放量测算数据，催化裂解方案中乙烯主要是由裂解干气中分离而来，由于能耗的降低使得碳排放较低。此外，由于蒸汽裂解原料大部分来自加氢裂化尾油，因此由氢气消耗产生的碳排放较高；相反，催化裂解方案对氢气的需求量则会大幅度降低，因此氢气消耗产生的碳排放也大幅度降低。综合能耗降低与氢气耗量降低，使得催化裂解路线全厂CO_2排放总量较蒸汽裂解路线低约335万t/a，碳减排幅度达32.3%，碳减排效果显著。与前述单装置碳排放相比可以看出，催化裂解技术在炼油总流程中所发挥的碳减排效果更加显著。当分别采用60美元/桶、80美元/桶价格体系测算时，催化裂解路线的万元产值碳排放量分别较蒸汽裂解路线降低35%和33%左右。

总流程方案设计中，不同装置间物料匹配对节能降碳具有重要的影响。当采用渣油加氢预处理与重油催化裂化组合工艺时，可以分出部分常压渣油直接作为渣油加氢装置的原料，既避免了传统的常压渣油全部进减压装置分馏，然后再将减压渣油和部分蜡油混合作为渣油加氢装置原料而造成的能耗浪费，又可以通过设置较小的减压蒸馏装置降低投资成本和操作成本，如图4–9所示。在实际生产

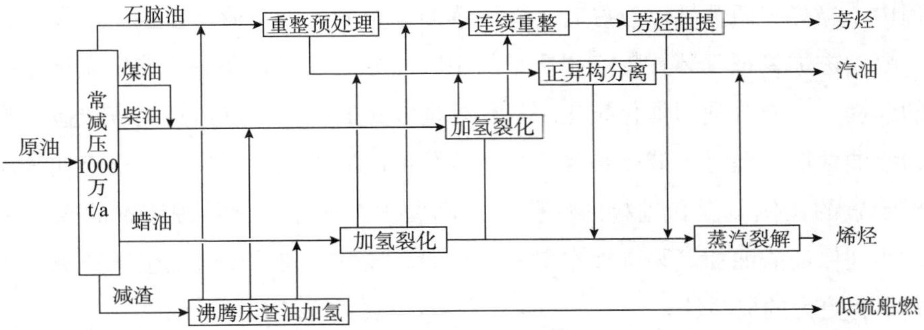

（a）蒸汽裂解路线流程简图

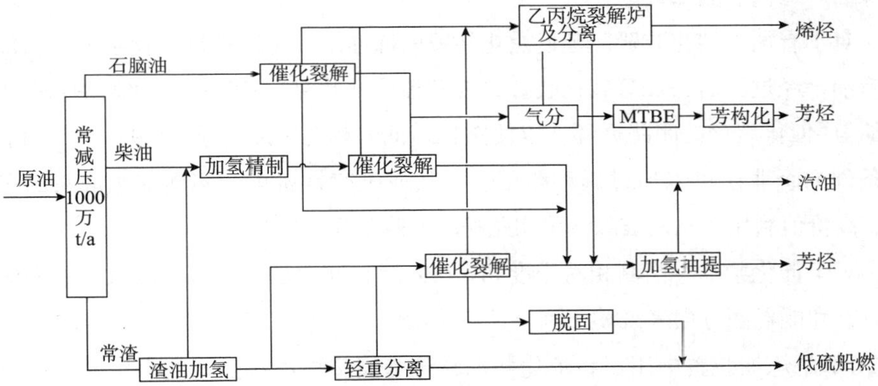

（b）催化裂解路线流程简图

图 4-8　蒸汽裂解路线流程简图与催化裂解路线流程简图

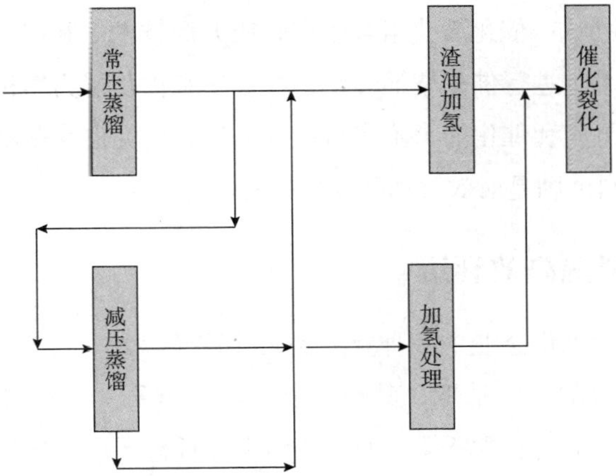

图 4-9　重油加工流程示意图

过程中，当加工原油性质较好时，减压蒸馏装置的处理负荷可以适当增大，多出减压蜡油进加氢裂化装置生产高质量的中间馏分油，同时在保证催化裂化进料性质的前提下，充分利用催化裂化原料预处理装置的能力，以提高经济效益；当加工的原油性质变差时，减压装置的处理负荷可以适当减少，减少减压渣油进加氢处理装置的比例，缓和进料的性质，降低催化裂化原料预处理装置的操作苛刻度，达到保证渣油加氢装置操作周期的目的。该方案较常压渣油全部进减压装置的方案有更大的灵活性。

结合炼油厂现状，采用优选加工路线，对进料性质和产品结构进行调整有助于炼油厂绿色节能降碳。

对于有加氢裂化装置、延迟焦化装置的炼油厂，可以通过焦化装置抽出部分轻蜡油，经过滤后去加氢裂化装置，打开催化油浆-延迟焦化-焦化蜡油-蜡油/渣油加氢-催化裂化的闭路循环，以使焦化蜡油的相对密度维持在0.94以下。此外，有条件的企业还可以通过调和船用燃料油或生产针状焦，实现催化油浆的多途径、高价值利用，从而破除油浆闭路循环，降低循环能耗。

对于催化柴油，当其相对密度超过0.95后，通过加氢再转化成汽油的方法对于效益和能耗两方面来说均不利。无论是沸腾床、浆态床、RLG、FD2G（RLG和FD2G都是炼油装置中用于将催化柴油转化为高辛烷值汽油的技术）、加氢裂化、柴油加氢改质、催化柴油加氢或渣油加氢，因为催化柴油氢含量较低（<8%），双环芳烃含量高，通过加氢改质、加氢裂化的方法提高十六烷值，氢耗高，在效益和能耗方面都是不利的。通过适度加氢再回催化裂化装置回炼的方法，如LTA（催化柴油选择性加氢-催化裂化组合生产轻质芳烃技术）和FDFCC（灵活多产汽油的催化裂化技术）进行催化柴油转化，在氢气和催化能力富裕的情况下，是可选路线，但对于氢气和催化能力不富裕的炼油厂，研究催化柴油加氢脱硫后调和生产低硫船用燃料油则是对效益和能耗均有利的加工路线。

五、氢气资源高效利用

氢气系统作为炼化企业中一种重要的资源网络系统，在环保要求日趋严格、油品质量不断升级的大背景下，其地位显得愈加重要。近年来，进口原油重质化、劣质化趋势加剧，节能环保、油品清洁指标日益严格，加氢工艺在炼油厂中得到广泛应用。炼化企业氢气需求量逐年递增，用氢成本不断攀升，氢气成本已成为炼化企业原料成本中仅次于原油的第二大成本要素。然而，制氢装置成本高昂（氢气成本为1万～2万元/t），能耗巨大（平均综合能耗为1000kgEO/tH_2以上），且碳排放量大（11tCO_2/tH_2）。因此，对炼油厂氢气系统进行集成设计与优化改造以提高氢气利用率，是炼化企业节能减排、挖潜增效的重要途径。

双碳背景下，炼油厂用氢理念应从氢气平衡过渡到氢气管理，从氢气资源回收利用、临氢装置节氢管理和氢气网络整合优化三个关键环节入手开展氢气资源高效利用技术，对“产氢-耗氢-氢气回收-氢气管网”进行系统诊断分析与集成优化，实现氢气资源的梯级利用与精细管理，提高全厂氢气利用效率，最大限度降低氢耗、系统能耗和二氧化碳排放。

目前氢气系统优化技术主要包括基于氢夹点分析的图解法和基于超结构优化的数学规划法。利用氢夹点分析技术，可以计算氢气系统理论最小氢公用工程消耗量，探寻氢气系统优化的潜力及瓶颈。夹点分析在设计优化氢气系统中，提供了指导性的优化匹配规则，如：夹点之上的氢源只能与氢阱匹配，不能送至燃气系统；夹点之下的氢阱不能消耗新氢，只能与夹点之下的氢源匹配。在氢夹点分析的理论基础上，应用基于超结构优化的数学规划方法，全面考虑氢源、氢阱、氢公用工程、提纯回收单元、压缩单元和燃料气系统之间所有可行的连接，综合权衡经济成本、综合能耗与碳排放等因素，构建混合整数非线性规划形式的氢网络数学优化模型，利用商用求解器或开发先进的求解算法进行求解，从而获得最优的氢气网络拓扑结构及最佳操作方案。针对氢网络优化模型中因包含大量的双线性项造成的难以收敛至全局最优的问题，石科院开发了分段线性化方法和基于多参数分解技术的全局优化算法，可以大幅提高氢网络数学规划模型的计算求解效率。在综合对比了氢夹点分析技术与数学规划模型各自的优势和局限性的基础上，石科院提出了融合氢夹点分析与超结构数学规划法的全新建模方法，向数学规划模型提供夹点约束匹配规则，利用夹点规则简化氢网络超结构从而降低数学规划模型的求解复杂度，通过夹点辅助诊断数学规划模型优化结果的合理性，可以快速获得符合工程实际要求的全局最优解，使氢源氢阱的匹配更加合理。

石科院提出的氢气网络系统集成优化技术路线包括：①利用氢夹点分析技术，诊断炼油厂氢气系统当前运行状况，挖掘系统用氢瓶颈，深度分析其节氢潜力及优化方向，提供氢气流股匹配规则约束。②对用氢装置进行严格模拟，开展耗氢装置节氢管理，将加氢装置的反应动力学模型耦合于氢网络优化模型之中，实现氢气网络与用氢装置协同优化，考察氢气网络变化对各个工艺单元的影响，集成优化氢气分配网络和加氢装置最佳操作条件。③构建氢气网络超结构数学规划模型，在实际约束限制下进一步优化氢气网络拓扑结构。混合整数非线性规划模型综合考虑了压力约束、逻辑限制、提纯和压缩单元数学模型、投资成本和回收期等约束，以年度总成本最小为目标函数，充分权衡节氢量、投资成本和压缩成本三者之间的关系。④结合炼油厂总图布置，考虑管网压力、区域加氢装置氢气消耗特点，综合权衡工程投资成本和操作运行成本，充分依托现有氢管网进行优化改造，实现氢气网络系统集成。

曼彻斯特大学过程集成研究中心（CPI）开发了基于氢夹点技术和数学规划方法的氢气系统集成优化软件；KBC公司开发了专门用于氢气优化管理的软件Hydrogen Pinch，可以与Petro-SIM流程模拟软件结合使用；UOP公司在改进氢气提纯回收装置方面取得了成功；浙江中控技术股份有限公司开发了侧重于信息系统构建的氢气网络在线系统；中石化（大连）石油化工研究院有限公司开发了H2-Star软件，在氢气网络优化中融入了加氢装置反应动力学模型；石科院针对大规模复杂氢气网络系统的数学规划模型，开发了高效的混合整数非线性规划全局优化算法，大大提高了氢气网络优化模型的计算求解效率，使其具备大规模工程应用的潜力。

针对某石化企业提出的重整氢优化利用、氢气和轻烃综合回收的氢气系统优化改造方案可使该企业的氢气利用效率从76.08%提升至88.47%，从而减少对制氢装置、外购氢需求量11619Nm^3/h，年经济效益可达9122万元，总投资14760万元，投资回收期仅为1.62年。对于一个1000万t/a的加氢型炼油厂，设置氢气回收系统，每年大约可回收氢气7000t；富含氢气的PSA尾气升压后作为制氢装置原料，既为低热值的PSA尾气提供了出路，合理利用了资源，同时也大量节省了制氢原料。对氢气网络系统进行优化改造，优化氢气资源的回收利用、梯级匹配，能够有效提高全厂氢气资源的利用效率，降低操作成本、系统能耗和碳排放，助力企业低碳高质量发展。

针对中国石化安庆石化氢气系统开展诊断分析与集成优化。安庆石化包含6个主要氢源、2套PSA、8套加氢装置和3个氢气管网。全厂主要氢气损失在于2套PSA装置的尾气损失、各加氢装置至低压瓦斯干气损失、重油加氢送往轻烃回收的干气损失和蜡油加氢送往焦化装置的干气损失等。结合全厂总产纯氢量，计算得到安庆石化全厂用氢效率约为87.9%。针对安庆石化提出了以下五类优化措施：① 优化氢气系统的梯级利用和氢源的直接利用，降低过度的PSA提纯。②开展氢气回收与轻烃回收集成优化，使得干气中的氢气损失有效降低。安庆石化轻烃回收潜力约为2.5t/h，考虑其热值贡献后的潜在回收效益约为2800万元/a。③开展CO和CO_2的综合治理，对含CO和CO_2的氢源进行合理整合，对CO和CO_2进行合理转化。④进行主要加氢装置的氢耗优化，根据加氢工艺合理设置加氢装置的氢油比和氢分压。⑤加氢装置氢气分离循环系统的改造升级。经过优化改造，安庆石化预计每年实现二氧化碳减排4.09万t，增加经济效益约7300万元。

当前，国内氢气的年消费量约为3000万t，氢气主要源于化石能源制氢，这种制氢方式会产生较大的碳排放。利用风电、光伏等新能源发电制备的氢气被称为绿氢。相较煤制氢和天然气制氢，基于可再生能源电力的PEM电解水制氢每生产1tH_2将分别减少20t和10t左右的CO_2排放。在用氢量巨大的炼油厂加大绿氢替代灰氢的应用和推广力度，是实现炼油厂制氢零排放的重要手段。未来将大力开展风电等新能源发电形式的制氢成套技术研发，探索炼油厂用氢、氢燃料电池充换站、氢储能等领域应用的新模式，提高氢气资源高效利用率，降低新能源发电和电解水制氢的产业链综合成本，开发风电和电解水制氢一体化的成套技术和工艺路线，助力石化产业绿色生产。绿氢供给、绿氢炼化属于典型的行业间低碳耦合发展模式，可以在打造全社会低碳产业链与低碳供应链中充分贡献石化力量。

随着碳中和目标的提出，近年来，绿氢炼化示范项目开始逐步布局，绿氢进厂将会对炼油厂氢气网络系统的经济性和稳定性产生一定的冲击和影响。在氢网络的设计和优化改造中，更应关注氢网络的操作柔性，全面考虑绿氢进厂可能带来的经济性和稳定性等不确定因素，从而保障炼油厂氢网络的高效安全平稳运行。

六、绿氢炼化

在推进碳中和的进程中，氢能将是打造未来能源体系、实现能源变革的重要媒介，更是深度减碳的攻坚利器。世界能源理事会将氢能分为“灰氢”“蓝氢”“绿氢”三类，其中灰氢来自化石能源（煤气化或甲烷蒸汽重整，及煤电制氢），制氢成本较低，但二氧化碳排放量大；蓝氢来自化石能源（煤气化或甲烷蒸汽重整）+CCS/CCUS，利用碳捕集封存或利用技术实现制氢过程的碳中和；绿氢来自风能、太阳能、生物质等可再生能源，制备过程无直接碳排放，但成本较高。我国炼化产业应用氢能减碳，短期内面临经济性问题，但长期来看，随着技术逐步成熟和规模化应用带来的成本下降，未来绿氢将发挥重要作用，可再生能源发电电解水制氢是实现绿氢的重要途径。《“十四五”全国清洁生产推行方案》中明确要求石化化工行业实施绿氢炼化降碳工程，绿氢炼化将成为炼化产业实现“双碳”目标的必由之路。

（一）绿氢炼化内涵

绿氢炼化是指在新能源安全可靠的基础上，炼化产业在实现节能减排、提高资源能源利用效率的同时，用氢以绿电电解水制取的绿氢为主，用能以绿电和绿氢为主，绿氢与绿电耦合重构炼化业务能源供给体系，再造炼化工艺流程，重塑炼化产业链、产品链、服务链和价值链，生产更多绿色低碳石化产品，为氢能交通生产绿氢燃料，推动炼化产业实现净零排放。具体体现在：一是氢气生产中期以灰氢为主、以蓝氢作为过渡，最终以绿氢替代灰氢、蓝氢，如果绿氢技术发展较快、经济上可行，甚至可能绿氢直接替代灰氢，减少自身制氢环节碳排放。二是利用绿电和绿氢的能源属性，以绿氢和绿电替代炼化工艺用化石燃料，绿氢与绿电协同耦合减少炼化生产用能环节的碳排放，推动炼化产业实现绿色低碳化转型。三是依靠科技进步，炼油流程要改造才能适应绿电、绿氢应用，实现节能降碳、绿色环保，未来短流程、生产特色产品、低碳排放的总流程方案将成为炼化工艺主流。四是利用氢的物质属性，以绿氢为原料生产更少碳足迹的石化产品，特别是加强二氧化碳资源化利用，为炼化产业提供碳中和解决方案。

（二）推进绿氢炼化的重要方向

1. 推进绿氢与绿电耦合，实现用能结构变革

氢能是未来国家能源体系的重要组成部分和用能终端实现绿色低碳转型的重要载体，绿电是降低碳足迹、实现碳中和的重要路径。炼化产业要发展绿氢炼化、实现碳中和，必须加快推进绿氢与绿电耦合发展，大力调整炼化产业用能结构。炼化企业绿电电气化及绿氢应用场景示意图参见图4-10。

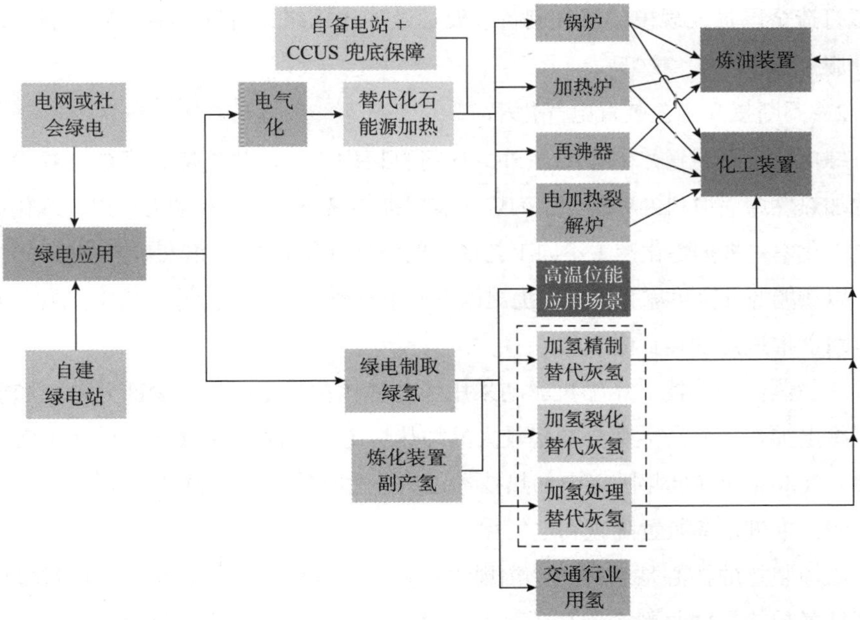

图 4-10　炼化企业绿电电气化及绿氢应用场景示意图

（1）逐步推进自产氢绿色化，大力推进自用氢高效化

目前，炼化企业制氢基本依赖化石能源制氢和炼化装置副产氢，碳排放量较大。“双碳”目标下，炼化企业制氢将由灰氢向蓝氢过渡、最终以绿氢为主。随着绿电制氢技术不断进步和生产成本不断下降，炼化企业需要加快推进制氢绿色化，并不断扩大绿氢产业规模，为炼化业务和新能源汽车发展提供低碳氢。

（2）积极助力交通行业低碳化

炼化产业生产的氢气除用于炼化业务外，还为交通行业提供高纯氢气，助其实现低碳发展。“双碳”目标下，我国氢燃料电池车将会快速发展。国家《氢能产业发展中长期规划（2021—2035年）》提出，到2025年将建立以工业副产氢和可再生能源制氢就近利用为主的氢能供应体系，部署建设一批加氢站，燃料电池车辆保有量约5万辆；到2035年，形成氢能多元应用生态，可再生能源制氢在终端能源消费中的比例明显提升。另据中国氢能联盟预测，到2025年我国氢燃料电池汽车保有量将达到10万辆，2030年将达到100万辆。

根据未来氢燃料汽车的发展态势，炼化企业需要充分发挥在氢能运输、储存、加注、使用等环节的优势，与国内氢能资源优势企业协同合作，在氢能交通领域打造全国最大规模的氢气制备、储运及加注网络，打造“油气氢电服”综合能源服务体系。

2. 不断提高工艺装置电气化率

绿电除用于电解水制取绿氢外，还将直接用于电加热乙烯裂解炉、替代化石能源加热燃煤锅炉和再沸器等，为炼化装置提供热能、蒸汽和动力，提高炼化业务的电气化率。根据炼化装置不同工艺单元电气化进程的差异性及其电气化应用可能性，以新能源安全可靠为基础，提出以下安全有效、经济可行的电气化实施方案。

（1）推进炼油装置电气化

一是蒸汽加热器、压缩机驱动采用绿电替代；二是炼油厂少部分单相加热炉采用绿电加热，剩余大部分功率较大的加热炉（>10MW）在2030年前暂不实施电气化，2030年至2060年随着电加热技术进步，适时采用绿电加热。

（2）推进乙烯装置降碳和电气化

乙烯装置的核心是裂解炉。常规乙烯裂解炉含辐射段和对流段，辐射段反应后裂解气的热量回收副产超高压蒸汽，对流段将烟道气热量回收预热原料、稀释蒸汽并过热超高压蒸汽。目前乙烯裂解炉以甲烷氢为燃料，碳排放量较大，约为0.5tCO_2/t乙烯，是降碳减排的重点。

2030年前阶段，优化现有裂解炉换热系统，节约能源消耗；采用绿氢或空分副产氧气作助燃介质等降碳措施减少裂解炉碳排放量；完成以电阻丝加热为热源的电加热裂解炉开发并进行工业试验，确定电加热炉的技术方向。

2060年前阶段，随着光电、风电等绿色能源技术的快速发展以及储氢技术的不断成熟，用绿氢或掺绿氢替代甲烷氢作为裂解炉燃料；开发并应用万吨级电加热裂解炉，实现乙烯裂解装置零碳排放。

3. 大力推进热力系统实现绿色低碳发展

热力系统化石能源消耗量大、碳排放量多，将是应用绿氢、绿电替代化石能源的重点环节之一。2030年前，以节能优先为原则，应用能量优化技术、低品位余热资源回收和高效利用等技术；采取抽凝汽机改抽背汽机、汽驱设备改电驱等措施，提高电气化比例；燃煤炉实施燃气改造、生物质掺烧等措施，提高低碳能源比重；适时开展储能储热、高温气冷堆、CCUS项目试点示范。2060年前，炼化企业热力系统采用新能源和绿色低碳技术，持续提升能效水平，建立循环利用体系，绿电、绿氢和其他清洁能源（生物质、核能等）替代半数以上的化石能源，剩余采用化石能源配套CCUS、核能、储能储热作为能源保障，采用绿氧富氧燃烧系统。

4．适应绿氢绿电发展，推进炼化工艺总流程再造

炼化企业现有工艺流程主要依赖化石能源。随着绿电和绿氢成本的大幅降低并逐步大规模应用，工艺流程将变为“绿氢炼化”，这必将导致现有炼化工艺总流程发生变革，需要构建短流程转型路线、调整现有用氢用能结构，以适应用能方式和能源结构变化，确保直接排放近零、过程排放最小，助力实现碳中和。

绿氢、绿电应用后将给炼化工艺总流程带来以下影响：一是煤制氢、油制氢和天然气制氢等化石原料制氢将被绿氢替代，企业原有的制氢装置备用；二是加氢裂化、加氢处理和加氢精制所用灰氢被绿氢替代，催化裂化装置因原料加氢比例提高而生焦量明显降低；三是工艺加热炉、重沸器、再热器等部分末端加热用户电气化、汽驱透平改为电驱动，全厂用电负荷大幅提高，更依赖于电力系统，需要对用电负荷等级重新梳理，特别需要明确一级中特别重要负荷，必要时可增加应急柴油发电机等应急电源；四是驱动由汽改电后，对蒸汽梯级利用影响较大，需要再造蒸汽系统，特别是副产高能级蒸汽的用途需要重新规划；五是乙烯裂解炉改为电加热裂解炉，乙烯裂解和分离流程需要重新调整再造。适应绿电绿氢的未来炼化一体化典型工艺总流程示意图参见图4-11。

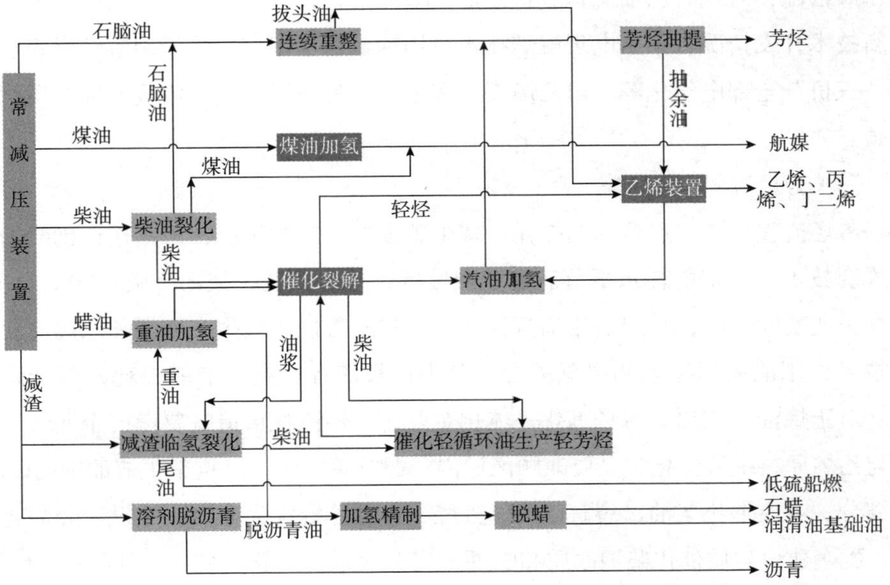

图 4-11　适应绿电绿氢的未来炼化一体化典型工艺总流程示意图

（1）炼油总流程再造方案

炼油总流程再造主要围绕“油转化”“油转特”、适应绿氢绿电和降低碳排放进行。根据炼油厂的目标市场定位和现有原油加工流程，选择适宜的“油转化”“油转特”原油加工流程进行再造：一是以“渣油加氢裂化+催化裂解”为核心的技术路线，加工原油的适应性比较强，可维持现有炼油厂加工重质原油现状，不产石油焦，大幅降低汽柴油产量和柴汽比，多产低碳烯烃和芳烃原料。二是以“渣油加氢处理+催化裂解”为核心的技术路线，适合于配置有延迟焦化装置的企业，与“渣油加氢裂化+催化裂解”组合路线相比，投资略低，但对原油的适应性略差，低碳烯烃收率略低。三是以“蜡柴油加氢裂化+催化裂解”为核心的技术路线，对于渣油部分仍采用非加氢型技术（如延迟焦化、溶剂脱沥青）加工的炼油厂，该技术路线可最大化满足企业对芳烃和烯烃原料的需求，同时实现企业油品最小化。四是以“全加氢裂化”为核心的技术路线，芳烃产量高，可生产润滑油基础油和沥青等特种油品，但氢耗较高。

（2）乙烯流程再造方案

乙烯流程再造重点是降低能耗、减少碳排放。2030年前，采用低碳排放裂解炉技术、高效急冷技术、空气冷却器等节能技术，优化分离流程，部分压缩机电气化等措施，对现有乙烯流程进行改造，节能降耗，减少碳排放。2060年前，根据新技术开发情况，采用电裂解炉技术或用绿氢替代甲烷氢用于裂解炉燃料、乙烯“三机”全部电气化等，对乙烯裂解和分离流程进行再造，实现乙烯装置深度脱碳。

（3）芳烃流程再造方案

芳烃流程再造重点是降低能耗、减少碳排放。2030年前，采用迭代创新的芳烃成套技术，改造能耗水平落后的芳烃装置，节能降耗、减污降碳。2060年前，结合企业实际情况，采用液相临氢异构化、劣质芳烃改质生产芳烃和乙烯原料等新技术，用能采用绿电和绿氢耦合，分类进行流程再造，节能降耗，降低碳排放。对于炼油、乙烯、芳烃炼化一体化企业，芳烃流程再造既要考虑企业芳烃原料与乙烯原料统筹优化，又要兼顾区域内资源统筹优化，以重整生成油中的C_{7+}芳烃馏分、劣质催化柴油、裂解C_9加氢芳烃、轻烃等资源为原料，建设芳烃联合装置、配套建设劣质催化柴油改质和C_{9+}重质芳烃轻质化装置；催化柴油改质和C_{9+}重质芳烃轻质化副产的轻烃用作乙烯原料，降低乙烯原料成本，实现芳烃装置和乙烯装置竞争力同步提升。对于炼油、芳烃一体化企业，芳烃流程再造重点是解决油品质量升级后的C_9+芳烃出路问题以及催化柴油高价值利用问题，统筹优化芳烃原料，兼顾区域芳烃资源优化利用，扩大PX生产能力，配套建设催化柴油改质装置，助推芳烃产业链与炼油产业链协调发展。

（4）新建炼化装置工艺流程再造方案及设计基本原则

新建炼化装置一般寿命均在30年以上。“双碳”目标下，新建炼化装置特别是2030年以后建设的炼化装置，需要按照以下原则进行流程再造：一是要按照“一体化、集约化、大型化、高端化、清洁化”的思路设计加工流程，主要应用绿氢和绿电，增加CCUS装置，实现净零碳排放；二是要采用短流程的原油制化工品加工路线，目标是“少油多化”，多产化工原料和高端化工品，少产或不产汽油、煤油和柴油产品，做到原油资源高效加工利用；三是采用“高选择性、低氢耗、低能耗”的工艺技术，降低全厂氢气消耗和能源消耗；四是提高末端加热用户的电气化率，绿电替代化石能源供电、供热；五是除自产副产氢气外，不足氢气采用甲烷与CO_2结合通过干重整技术转化为氢气或绿氢替代；六是对使用绿氢、绿电后仍未中和的过程碳排放，采用CCUS技术实现碳中和。

新建千万吨级炼油-乙烯-芳烃一体化炼油厂的设计基本原则：一是尽可能加工轻质原油，采用原油直接制烯烃的短加工流程；二是裂解柴油采用柴油定向加氢工艺，加氢后的石脑油作为重整料；三是蒸汽裂解、催化裂解和烯烃裂解生产的裂解汽油集中加氢和芳烃抽提，生产芳烃产品；四是裂解抽余油和催化柴油改质重石脑油作为重整原料生产芳烃产品；五是饱和、不饱和干气作为乙烯原料；六是蒸汽裂解生产的不饱和烃加工生产化工产品；七是炼油厂和乙烯裂解生产的甲烷气体与催化裂解烧焦生成的二氧化碳结合，采用甲烷干重整技术生产合成气，作为生产氢气和化工产品的原料；八是可以实现不生产成品油，化工产品收率达到70%；九是全厂碳平衡后，仍存在未中和的二氧化碳，增上CCUS实现净零碳排放。通过流程再造，应用绿氢及加热炉电气化、蒸汽用户电气化，在用电为100%绿电的情况下，可以实现净零碳排。

5．打通“制储运用”环节，保障绿氢安全稳定供应

炼化产业发展绿氢炼化，每年绿氢需求量非常大，同时还要满足加氢站大量绿氢需求。因此，必须要制定绿氢持续稳定的供应方案，打通绿氢产业链制取、储存、输送、应用各环节，打造好“原料/燃料氢”和“燃料电池氢”两大绿氢生

产应用产业链。

6. 加大核心技术攻关，支撑绿氢炼化发展

集中优势科研力量，部署高效绿氢制备技术、安全可控的氢气储输技术、炼化工艺装置降碳技术、二氧化碳资源化利用技术、重要设备电气化技术、炼化企业供配电系统升级技术、绿氧应用技术等绿氢炼化关键核心技术攻关。

七、生物资源利用与减排

生物燃料是指由各种植物材料、残渣、肥料生产的液体生物燃料，可用作一种石油替代燃料。本文仅涉及与炼化公司新能源业务密切相关的液体生物燃料，主要包括生物乙醇燃料、生物柴油和生物航煤，这三种液体燃料主要用于替代石油基的汽油、柴油和航煤。

（一）生物燃料种类

燃料乙醇是指以生物质为原料通过生物发酵等途径获得的可作为燃料用的乙醇。

生物柴油是指以可再生的油脂资源（如动植物油脂、微生物油脂以及餐饮废油等）经过酯化/酯交换、氢化裂解工艺制得的主要成分为脂肪酸甲酯、烷烃混合物的液体燃料，素有“绿色柴油”之称，其性能与普通柴油非常相似，是优质的石化燃料替代品。

生物航空煤油是以多种动植物油脂为原料，采用加氢技术、催化剂体系和工艺技术生产的产品。

（二）生物燃料原料种类

用于生产生物燃料的原料主要包括农作物（淀粉，包括糖）、木质纤维素、油脂（主要是餐饮废油）和微藻四类。其中，农作物主要使用发酵法制备燃料乙醇，油脂主要通过酯交换或催化加氢等制备生物柴油或生物航煤，木质纤维素主要通过发酵、气化–费托合成来制备液体燃料，微藻为原料可以合成脂肪酸甲酯（生物柴油）。

1. 农作物

对以农作物为原料的乙醇生产技术研究比较深入且已经商业化，原料有玉米、小麦、甘蔗汁、甜菜汁、糖蜜、玉米淀粉等。

粮食生产具有土地密集型特点，中国没有国际比较优势。“十四五”期间，

以玉米、稻米等陈化粮为原料的一代生物燃料乙醇，以及以木薯、甜高粱等非粮作物为原料的1.5代生物燃料乙醇，受“不与民争粮”“不与粮争地”发展原则的制约，尚难以实现大规模发展；以秸秆等农林废弃物为原料的二代生物燃料乙醇，成本仍居高不下，预计整体规模不大。

我国燃料乙醇的原料来源与下游消费市场存在较大的地域矛盾。玉米种植大省主要集中在东北和华北地区，其中黑龙江、吉林、辽宁、内蒙古、河南、河北和山东7省玉米产量占全国玉米产量的近70%；汽油消费主要集中在东南沿海地区和部分内陆省份，其中广东、江苏、四川、辽宁、湖北、山东和上海7省（或直辖市）汽油消费量占全国汽油消费量的近50%。原料与消费市场天然的地域矛盾为我国燃料乙醇产业发展带来了一定的阻碍，燃料乙醇企业需要面临长距离运输原料还是长距离运输产品的困境。但与此同时，包括辽宁省、四川省和山东省在内的部分地区玉米产量和汽油消费量均排名较高，在该地区内的燃料乙醇企业将具有更低廉的运输成本和更强的企业竞争力。

2．木质纤维素

木质纤维素不是粮食，而是粮食作物中不能食用的部分，是地球上最丰富的生物聚合物，约占世界生物质总量的50%，预计年产量为10亿～15亿t。有可能用于生物燃料生产的木质纤维素原料可分为六大类：农作物残渣（如玉米秸秆、小麦秸秆、甘蔗渣、甜高粱渣）、硬木、针叶树、纤维素废弃物、草本生物质和城市固体废物。我国主要发展以秸秆和木薯为原料的纤维素乙醇。

3．餐饮废油

因全球粮食安全问题，以粮食为原料生产生物原料越来越受到限制。在“不与民争粮，不与粮争地”要求下，餐饮废油成为我国生产生物柴油和生物航煤的主要原料。

餐饮废油包括废弃烹饪油、泔水油和地沟油等源自餐饮业的废油脂，其用途广泛、地域分散，因各种原因导致其回收困难。食品安全监管不完善，也为生物燃料炼制企业废弃烹饪油的回收带来挑战。

餐饮废油的产生量很难精确统计，可根据食用油消费量间接估算餐饮废油资源量。2013—2021年我国居民食用油消费量如图4-12所示。2021年我国居民食用油消费量达1525.6万t，废弃油脂的量占食用植物油消费量的20%～30%，即每年产生305万～458万t，能够收集起来作为资源的量约200万t。

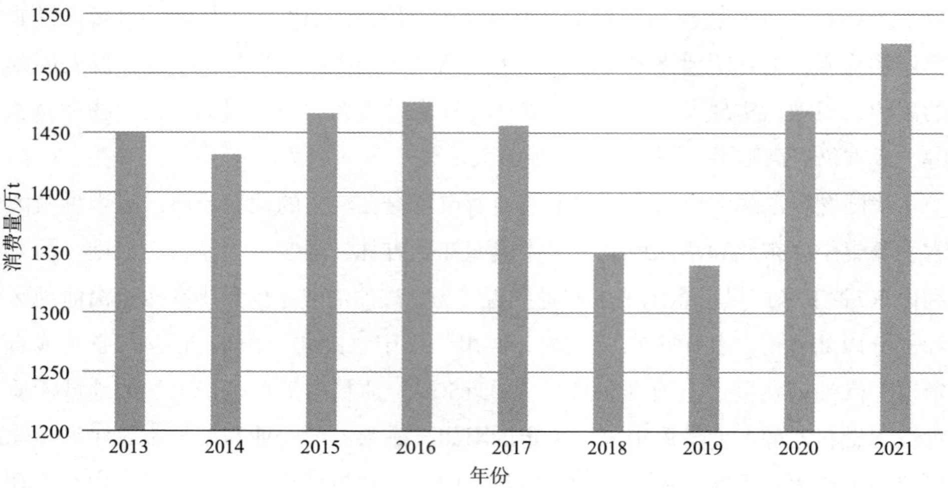

图 4-12　2013—2021年我国居民食用油消费量

近几年，垃圾分类回收政策推广，餐饮废油的流向得到控制和更好的监管，分类回收也使得不同来源的餐饮废油可以分类处理，处理难度降低，质量稳定性提高。

4．微藻

微藻是光合效率最高的原始植物，可大量吸收CO_2。与农作物相比，微藻单位面积的产率高出数十倍。微藻也是自然界中生长最为迅速的一种植物，通常在24h内，微藻所含生物质可以翻倍。微藻油脂和陆生油料作物（大豆和油菜等）油脂的化学组成类似，但产油率远高于玉米、大豆、油菜籽、麻风树、可可豆及油棕等，它的干细胞含油量可高达70%，因此达到同样产油量所需种植面积远低于这些粮食和油料作物。

微藻可以生长在高盐、高碱环境的水体中，且生长速度快，可充分利用滩涂、盐碱地、沙漠进行大规模培养，也可利用海水、盐碱水、工业废水等非农用水进行培养，不抢占粮食生产的土地和水资源。微藻的培养需要利用工业废气中的CO_2，也可以吸收工业废气中的NO_x。因此开发微藻生物柴油，被誉为“一石三鸟”的技术，即可以替代石油资源、减少CO_2排放所引起的温室效应和净化废气和污水。

微藻是最有前景的产油生物，被认为是目前唯一有可能完全替代化石燃料的生物柴油原料。以微藻为原料合成脂肪酸甲酯（生物柴油）成为当前研究微藻生物燃料转化的主流方向。

（三）生物质利用潜力

根据近几年我国主要粮食作物（稻谷、小麦、玉米、甘蔗）产量及秸秆折算比例（见表4–3）估算我国秸秆产量，木薯产量以20%薯类产量计，详见图4–13和图4–14。在此基础上，估算2013—2022年的乙醇可产量（见图4–15）。由图4–15可见，纤维素乙醇在我国具有巨大的发展潜力，原料以秸秆为主，产量可以超过1500万L/a。

表 4–3 作物籽粒、秸秆折算比例表

作物及秸秆名称	籽粒、秸秆质量比	乙醇产量/（L/t原料）
水稻：稻草	1：0.90	200
玉米：玉米秆	1：1.20	227.7
小麦：麦秆	1：1.10	261.3
甘蔗：蔗梢	1：0.25	140
甘蔗：蔗渣	1：0.14	

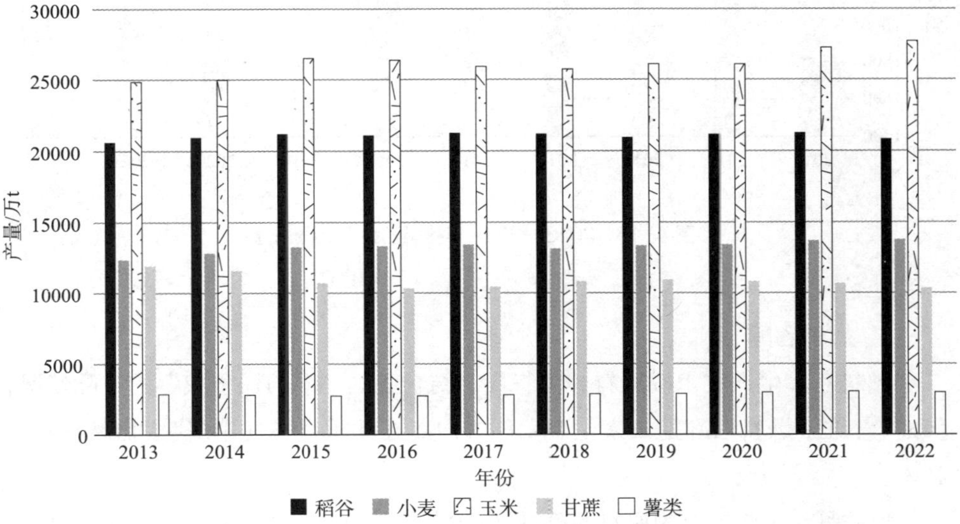

图 4–13 2013—2022 年我国主要粮食作物产量

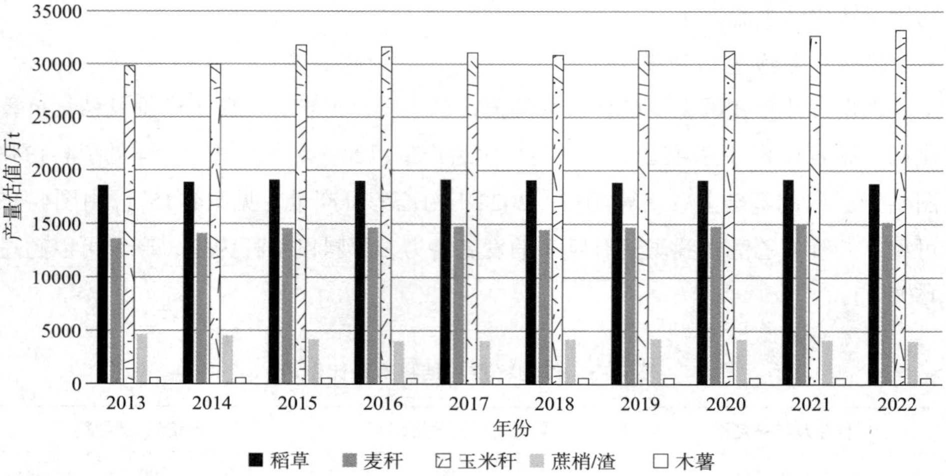

图 4-14　2013—2022 年我国秸秆与木薯产量估值

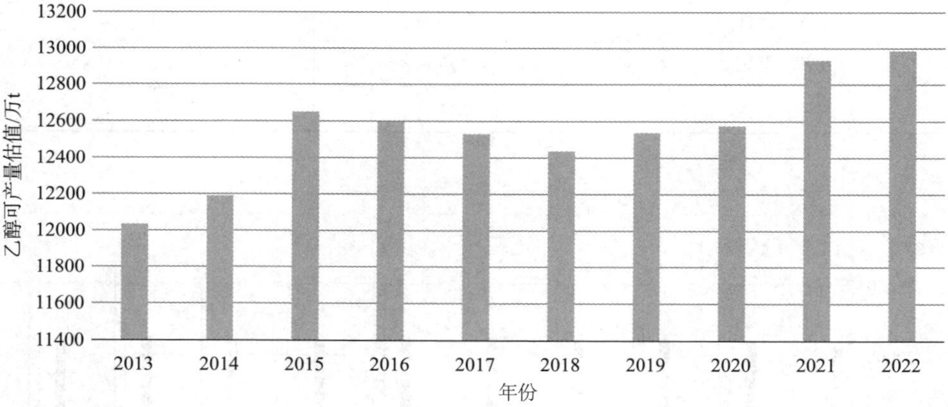

图 4-15　2013—2022 年我国乙醇可产量估值

（四）工艺

1．燃料乙醇

燃料乙醇生产技术按原料分为三代，结合我国“不与民争粮”的实际情况，第2代纤维素燃料乙醇是未来主要发展方向。在此重点描述第2代生物燃料乙醇技术。

以秸秆、玉米芯等为原料的第2代生物燃料乙醇技术（纤维素乙醇），主要工艺流程包括粉碎除杂、预处理、酶解、发酵、精馏脱水、酒糟干燥、废水处理等7个单元。纤维素乙醇技术关键在于预处理、酶解和发酵单元，北美和欧洲是纤维素制燃料乙醇技术领先的国家和地区。在预处理技术上，法国、丹麦、意大利、西班牙和美国拥有各自特点的预处理技术，例如：美国Dupont公司采用氨水碱性预处理技术，美国POET-DSM公司、加拿大Iogen公司、西班牙Abengoa公司、丹麦BioGasol公司均采用稀酸汽爆预处理技术，意大利Beta-Renewables公司采用中性汽爆预处理技术，丹麦DONG Energy公司采用连续高温高压热水闪蒸预处理技术，中国石化开发了螺杆一体化稀硫酸蒸汽爆破预处理技术。而与以上预处理技术相比，法国CIMV公司采用甲酸和乙酸等有机酸预处理技术，可以将秸秆原料中的纤维素、半纤维素、木质素三者进行分离和纯化，得到的高纯木质素具备替代苯酚生产酚醛树脂等潜力。在酶解技术上，酶解所用的酶制剂几乎被丹麦诺维信公司和丹尼斯克公司（已被美国杜邦收购）垄断；在发酵技术上，技术发展趋势是采用戊糖己糖共发酵产乙醇。我国纤维素乙醇技术尚处于研究和试验阶段，面临国外核心技术和知识产权的严峻挑战。国内主要研究单位包括中国石化、中粮集团、河南天冠企业集团有限公司、中国科学院过程研究所和丰原集团等，均未商业化运行。其中，中国石化通过与国内科研院校合作，形成了全套纤维素乙醇生产技术，已完成年产5万t纤维素乙醇工艺包开发，整体技术水平达到国内领先和国际先进水平。但与美国等国外技术相比，在能耗及成本等方面还存在差距，仍需进一步优化提高。

以藻类植物为原料的第3代燃料乙醇技术正在研发过程中，与植物生物质相似，藻类生物质包括可通过发酵生产乙醇的碳水化合物。淀粉是最理想的生产乙醇的底物，不同的藻类都能积累淀粉，生产乙醇的路径与谷物淀粉的相同，也需要糊化、酶法液化和糖化作用。

2．生物柴油

第一代生物柴油以酯交换技术为代表，酯交换法包括酸碱催化法、超临界法、生物酶法和工程微藻法，依据使用的催化剂不同，酸碱催化工艺又包括液碱催化工艺、固体碱催化工艺和酸催化工艺。随着燃油品质要求不断提高，加氢工艺地位日趋重要，以催化加氢技术为代表的第二代生物柴油问世。

第一代生物柴油的成分主要为脂肪酸甲酯，与石化柴油相比，燃烧过程中碳排放降低，但凝点较高、容易变质、添加比例小、不能充分依托现有储运设施，在使用上受到限制。而加氢法生产的绿色柴油以烃类混合物成分为主，使用性能上与石化柴油基本一致，可与石化柴油以任意比例混溶，无须改进发动机，能直接利用现有的储运设施。

（1）酸碱催化工艺

液碱催化工艺因反应时间较短、反应条件较温和、转化率高而成为目前生物柴油的主要生产方法，代表工艺是德国鲁奇（Lurgi）公司的两级连续醇解工艺。该工艺以精制油脂为原料，使用液碱催化剂，采用二段酯交换和二段甘油回炼工艺。碱催化法催化剂消耗量低，产品转化率高，但流程较为复杂，生产过程中废液排放多。

法国石油研究院（IFP）开发的固体碱催化油脂酯交换技术被命名为Esterfip-H技术，催化剂是具有尖晶石结构的新铝复合氧化物。反应在较高的温度下进行，采用两段反应以提高转化率，该工艺与液碱催化反应相比，废水排放少，甘油浓度高。

以废弃油脂为原料生产生物柴油主要利用酸催化反应：用酸作为催化剂对废弃油脂除杂、脱色以及脱水和脱胶等预处理，然后在酸催化条件下使其生成甲酯。此方法对原料油中的水分含量要求较高。

采用酸碱作催化剂制备生物柴油的方法，虽然具有反应速度快、原料转化率高等优点，但也存在催化剂不易分离、成本高、腐蚀性强等缺点。

（2）近/超临界甲醇醇解工艺（SRCA）

石科院开发了近/超临界甲醇醇解工艺（SRCA）。工业化装置的生产单元分为3个部分，即近/超临界反应单元、甲酯精制及甘油回收单元和生物柴油精制单元。SRCA-Ⅰ工艺技术已应用于工业化装置，SRCA-Ⅱ工艺技术对废油和尾气进行了无害化和资源化处理。

SRCA工艺不使用任何酸碱催化剂，能适应酸值高低不同的各种原料，产品收率较高，副产物甘油浓度较高，而且生产过程清洁，“三废”排放少，易于处理。

（3）生物酶催化工艺

清华大学开发的生物酶催化法同样不使用酸碱催化剂。该工艺以生物酶作为催化剂，采用动植物油脂和低碳醇（甲醇或乙醇）作为原料进行酯化反应制备生物柴油。和传统的酸碱催化剂相比，脂肪酶具有来源广泛、选择性好、底物与功能团专一的优点。脂肪酶的来源不同，反应工艺也往往不同，目前以固定化脂肪酶法、液体脂肪酶法、全细胞法为主。

生物酶催化工艺具有条件温和、成本低廉、环境友好等优点。但是，该技术还存在部分问题，如甲醇及乙醇转化率低、酶制剂使用寿命短、生产成本偏高，副产物难回收等。

（4）工程微藻工艺

微藻是低等植物中种类繁多、分布极其广泛的物种，微藻光自养生长过程可合成大量油脂，可用于生产生物柴油。微藻生物柴油工艺流程主要包括微藻筛选、微藻培养、收获提取、反应过程、制备生物柴油等。

微藻的优势在于其生长迅速，具有CO_2减排作用，可利用废水、废气等为原料进行培养，后续加工条件要求较低。开展微藻藻种筛选及光自养培养技术研究，以生产生物柴油的技术大多处于实验室阶段。

2013年，中国石化研究开发的新一代生物柴油技术在石家庄炼化公司中试装置试验成功，有力推进了我国生物柴油技术的发展；我国首个以炼油厂二氧化碳废气为碳源的“微藻养殖示范装置”也在石家庄炼化公司建成并投入运行，微藻养殖示范基地占地$500m^2$，可以很好地满足微藻养殖的环境条件，保证二氧化碳减排与微藻养殖试验的开展。示范基地有小球藻、栅藻、雨生红球藻等3类国内品种，养殖总体积超过40000L。示范基地微藻养殖必需的二氧化碳来自炼油厂烟气，经过冷却、加压直接引入微藻养殖光生物反应器。

与传统技术相比，采用中国石化新一代生物柴油技术，1t地沟油可以生产0.93t柴油，剩余的7%可以作为燃料为生产装置加热，整个加工过程不需要外来能量，能耗大大降低。同时，地沟油加工过程中，不使用酸碱催化剂，生产过程清洁，对环境不会产生二次污染。由于生物柴油是动植物油脂与甲醇反应生产的，是一种类似于石油柴油并可替代柴油的优质清洁燃料。与常规柴油相比，生物柴油具有优良的环保特性，较好的安全、润滑性能，而且易生物降解。欧盟研究数据表明，兑入20%生物柴油的车用燃料（B20）与相应石油柴油相比，可分别减少14%的颗粒物排放、13%的总碳氧化物排放和70%以上的二氧化硫排放。

（5）加氢工艺

近年，工业界开发了加氢异构生产生物柴油的方法，从根本上解决了生物柴油黏度大、挥发性低的问题。其工艺过程为：催化加氢下，油脂中的不饱和酸发生加氢饱和反应，同时油脂裂化生成二甘酸、单甘酸及羧酸等中间产物；中间产物再进行加氢脱羧基、加氢脱羰基，最终生成C_{12} ~ C_{24}。但正构烷烃的熔点较高，会造成生物柴油的浊点偏高，因此还需要通过加氢异构脱蜡工艺将全部或部分正构烷烃转化为异构烷烃，从而改善生物柴油的冷流动性能。

与第一代生物柴油相比，加氢法不联产丙三醇，可直接将植物油转化为高十六烷值（可高达80～100）的生物柴油。

3．生物航煤

目前，国外通过ASTM标准组织认证的生物航煤生产方法有动植物油脂加氢法和气化–费托合成法两种。

（1）油脂加氢法

油脂加氢法生产生物航煤工艺，以非食用动植物油脂为原料，本质为两段加氢工艺，生产流程包括5个步骤：原料预处理，加氢、脱氧工段，相分离工段，加氢改质工段和产品分馏工段，如图4–16所示。

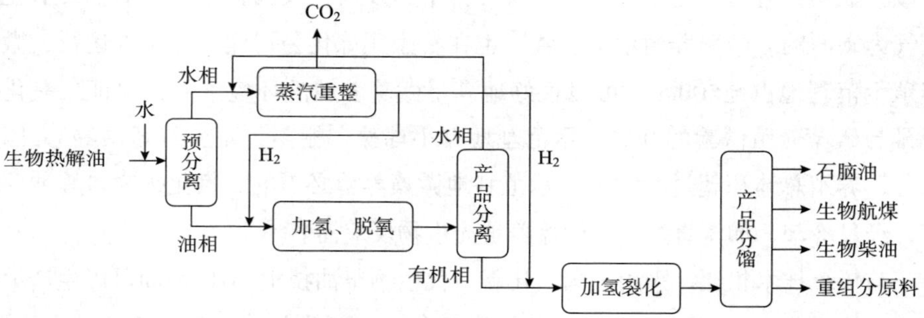

图4–16　两段加氢技术路线示意图

代表性工艺主要有UOP公司开发的Ecofining工艺、美国能源与环境研究中心（EERC）开发的两段加氢工艺、美国Syntroleum公司开发的Bio–synfining工艺、芬兰Neste Oil公司开发的NExBTL工艺和石科院开发的两段加氢工艺。鉴于目前生物航煤的应用量小以及经济性低等原因，生物航煤产品往往作为一种兼产产品，有的装置甚至因为经济效益差而停工。

目前石科院的生物航煤技术研发和改进在持续进行中，主要方向包括：航煤产品收率提高到50%以上；工艺流程适应性增强可兼顾生产生物柴油，而且流程更为简单；加氢转化单元采用非贵金属催化剂，以进一步降低生产成本等。中国石化镇海炼化将一套航煤加氢装置改为生物航煤生产装置。该装置是我国首套生物航煤工业化生产装置，采用中国石化自主研发的生产技术，以餐饮废油为主要原料，可掺炼非食用油脂等可再生资源，设计产能10万t/a生物航煤（同时兼顾60

万t/a柴油加氢生产）。

（2）气化–费托合成法

生物质气化–费托合成法是以纤维素、木质素等生物质为原料，先气化生成合成气，再经费托合成生成蜡，然后加氢改质生产生物航煤，工艺流程如图4–17所示。采用生物质气化合成工艺的生物航煤项目，受制于高额投资成本、原料收集成本、能源消耗，以及技术和操作稳定性等，不具有竞争优势。目前，生物质气化合成技术制生物航煤多处于技术研发、项目筹备阶段或少量产品用于试验验证和试飞。

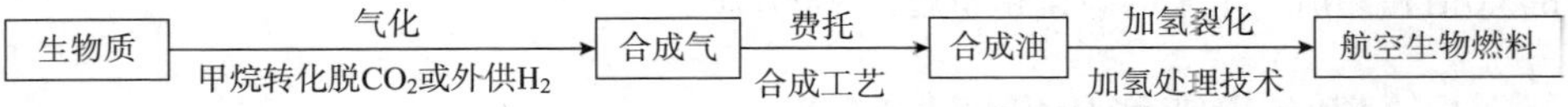

图 4–17　气化–费托合成技术路线示意图

此外，生物质水相合成汽油/航空燃油技术是近年来快速发展的新技术。与传统的生物质热解、气化和制备燃料乙醇等技术相比，在原料普适性、能源转化效率、工艺流程简化、生产成本、产品品质等方面具有综合优势，但在水热定向解聚和水相合成技术以及相关催化材料上的要求较高，目前该技术正在研发过程中。

（3）生物基化学品

开发与推广生物基化学品技术的重点是开发生物质制醋酸、乳酸、丁二酸、呋喃二甲酸、丁二烯、异戊二烯等可以进一步转化成用途广泛的生物基合成材料的单体技术。

开发与推广生物基材料技术的重点是开发生物基聚乙烯（PE）、聚丙烯（PP）、聚乳酸（PLA）、聚丁二酸丁二醇酯（PBS）、聚丁二酸丁二醇对苯二甲酸酯（PBTS）、聚呋喃二甲酸乙二醇酯（PEF）等合成树脂，粘胶纤维、醋酸纤维、Lyocell纤维、莫代尔纤维等纤维素纤维，稀土顺丁橡胶、稀土异戊橡胶等生物基橡胶。

（五）生物质减排贡献

2021年，我国燃料乙醇替代汽油的消费量约400万t，生物柴油消费量约77万t。在“双碳”政策的激励下，预计2025年燃料乙醇、生物柴油的需求量分别达到400万t和178万t。预计2030年燃料乙醇的需求量为500万t，预计2030年燃料乙醇温室气体减排量为1800万t。随着新能源的兴起，电动汽车比例快速提高，乘用车汽油需求量将趋于减少，燃料乙醇的需求量也将随之降低。预计2060年燃料乙醇的需求量为100万t，温室气体减排量为350万t。

从2021年到2030年左右，生物燃料乙醇和生物柴油将是公路运输重要减排方式之一，生物航空燃油也会逐渐在航空领域使用。预计到2030年后，生物液体燃料总使用量将达到700万t，为交通领域减排二氧化碳约4000万t。

2021年，全国汽油、柴油、煤油的消费量分别为14242万t、15197万t、3490万t。按照乙醇汽油10%的掺混比例，我国燃料乙醇的潜在需求量至少为1424万t/a，生物柴油的潜在需求量为3000万t/a。燃料乙醇和生物柴油的需求量分别是2021年产量的3.6倍和39倍。未来的减排量将超过3000万t。

八、数字化智能化发展与减排

智能化是指事物在计算机网络、大数据、物联网和人工智能等技术的支持下，所具有的能满足人的各种需求的属性。工业生产中，智能化主要体现在以智能工厂为载体的智能制造等方面。

（一）智能制造

制造业是国民经济的基础工业，也是决定国家发展水平的最基本因素之一。为了应对新一轮科技革命和产业变革，我国相继出台了一系列规划，指导制造业要走向智能化、数字化、网络化、绿色化的发展道路。拟以新一代信息技术与制造业深度融合为主线，以推进智能制造为主攻方向，实现制造业由大变强的历史跨越。

发展智能制造是中国制造业转型升级的主要路径。中国要从制造大国向制造强国迈进，必须加快发展先进制造业，推动互联网、大数据、人工智能和实体经济深度融合。智能制造工程以数字化制造普及、智能化制造示范为抓手，推动制造业智能转型，推进产业迈向中高端。

1. 智能制造的概念

《智能制造发展规划（2016—2020）》对智能制造给出了定义。智能制造是基于新一代信息通信技术与先进制造技术深度融合，贯穿于设计、生产、管理、服务等制造活动的各个环节，具有自感知、自学习、自决策、自执行、自适应等功能的信息生产方式。

推动智能制造，能够有效缩短产品生产周期、提高生产效率和产品质量、降低运营成本和资源能源消耗，并促进基于互联网的众创、众包、众筹等新业态、新模式的孕育和发展。智能制造以智能工厂为载体，以关键制造环节智能化为核心，以端到端数据流为基础，以网络互联为支撑，对我国工业转型升级和国民经济持续发展具有重要作用。

2．智能制造的主要特征

智能制造的主要特征包括三方面：

第一，数据的实时感知。智能制造需要大量的数据支持，通过利用高效、标准的方法实时进行信息采集、自动识别，并将信息传输到系统，用以进行实时监测，进一步分析与利用。

第二，决策优化。通过对产品全生命周期的海量信息的挖掘提炼、计算分析、推理预测等，形成优化制造过程的决策指令。

第三，动态执行。根据决策指令，通过执行系统控制制造过程的状态，实现稳定、安全的运行和动态调整。

（二）智能工厂

1．智能工厂的概念

从科学研究角度，智能工厂的定义为：生产工厂的各个环节，以一种高度柔性与高度集成的方式，通过信息系统来模拟生产经营的智能活动，对生产经营问题进行分析、判断、推理、构思和决策，取代或延伸生产经营环境中人的部分脑力劳动并对人类专家的智能活动进行收集、存储、完善、共享、继承和发展，实现人类智能活动向信息系统智能活动的转化。

从工程实践角度，智能工厂的定义又包含两种。定义一：工厂重要关键业务环节，以信息化为手段，集成其他相关学科技术，使企业生产运营具有灵敏准确的感知能力、正确的思维判断能力以及有效的协同执行能力，业务流程闭环化、业务运作自动化、信息关联图像化。定义二：以信息化技术为主导，与其他相关学科技术相结合，实现工厂生产操作、生产管理、管理决策三个层面全部业务流程的闭环管理，继而实现整个工厂全部业务流程上下一体化业务运作的决策和执行自动化。

2．智能工厂的主要特征

智能工厂是现代工厂信息化发展的新阶段，是在数字化工厂的基础上，利用物联网技术、设备监控技术、移动应用、虚拟现实等信息技术，采用智能手段实现生产，以智能系统为载体和平台，取代人的部分或全部活动行为。智能工厂强调整体自组织能力与个体自主性，系统的建模需要大量的基础数据，系统的仿真需要实时数据支持，系统要具备一定的容错能力，并具有学习能力。

智能工厂的主要特征如下：

第一，自组织能力，即智能系统具有思维能力，能够处理和再生信息，通过模型和知识库及相关规则，进行经验思维、逻辑思维与创造性思维训练，支持快速的智能管理决策，使生产操作更加智能和可控。

第二，自学习和调整。系统可以从专家和知识库直接获取知识，依据指令、状态变化和工作任务，学习和积累相关知识，完善和改进控制策略，在信息出现错误和误差时可以自我判断、自我调整，具有容错能力。

第三，广泛的互联互通。通过物联网实现物与物、人与物的互联，通过互联网实现企业内外信息互联互通，通过传感器与工业无线网络通信技术、Wi-Fi通信技术、RFID通信技术以及3G、4G通信技术相结合，实现信息的实时传递，使各级用户得到工厂真实信息，有效进行远程现场监控。

第四，全面实时的感知。RFID、传感器等感知设备的全面应用，构成完整的感知网，实现实时自动数据采集。

第五，模拟、优化与预测。通过模型可以在工厂投产前进行模拟，检查缺陷、优化流程、完善设计和施工，在工厂运营中对生产计划、生产运营、能源消耗等模拟，对工厂运行状态进行描述和预测，发现瓶颈问题，给出整改和改进意见。

第六，智能维护管理。通过对现场设备的实时监控和建模分析，可以自动生成维修计划，自动提醒管理人员对设备进行维护，预防事故发生。自动跟踪资产数量和位置，合理安排采购计划和库存。

（三）国内外发展状况

1. 发展状况概述

（1）国外状况

美国政府于2010年发布了《制造业促进法案》；2011年发布了《先进制造伙伴计划（AMP）》，提出了要创造制造业就业机会，进行新兴技术投资，从而提高美国制造业全球竞争力；2012年发布了《美国制造业复兴计划》和《美国制造业创新网络》，围绕中小企业、劳动力、伙伴关系、联邦投资以及研发投资等提出五大目标和具体建议，通过构建一个全国性创新网络，将美国打造成世界先进技术、服务的中心；2016年发布了《美国制造业创新战略规划》。

德国政府于2010年发布了《高科技战略2020》，提出了工业4.0等一系列促进制造业发展的创新政策；2013年发布了《工业4.0战略》，其中主要内容包括建设一个网络（信息物理系统网络）、研究两大主题（智能工厂和智能生产）、实现三项集成（横向集成、纵向集成与端对端的集成）、实施八项保障计划，通过信息网络与物理生产系统的融合来改变当前的工业生产与服务模式，使德国成为先进制造业的创造者和供应者；2014年发布了《工业4.0标准化路线图-V1.0》，后续又对此进行了完善，于2015年发布了《工业4.0标准化路线图-V2.0》。

日本于2009年至2013年相继提出了《日本制造业竞争策略》《日本制造业》《创造新产业、新市场的倡议》。

英国于2011年提出了《英国发展先进制造业的主要策略和行动计划》；2015年提出了《英国制造2025》，主要内容包括推进服务+再制造（以生产为中心价值链）、更快捷、更敏锐地响应消费者需求，把握新市场机遇、大力培养高素质劳动力，重振制造业，提升英国国力和竞争力。

目前，各国都在进行积极探索。世界知名的能源化工企业在智能化建设方面走在前列。埃克森美孚公司采用商业智能、数据可视化等技术，建立统一的关键绩效指标信息平台，实现了决策智能化；开发了供应链优化系统，使每桶原油产生最大的价值；建立全球能源管理系统（GEMS），总结了上百个节能最佳实践和12类绩效衡量计算方法，帮助企业提升效益。BP公司在智能运营、智能监控方面进行智能化建设。通过使用大数据分析、增强现实智能眼镜（VR）、无人机等先进技术，使工作流程智能化。运用三维虚拟技术，在三维数字工厂中实现了设备的智能化管理和维护。壳牌公司采用实时优化技术，识别并采取最佳的措施应对工况变化，对生产过程进行在线智能优化。通过拥有自主知识产权的装置优化模型，实现贯穿整个炼油过程的更加经济的决策。

（2）国内状况

目前，一些流程型企业结合企业自身特点与现代信息技术的发展现状和趋势，分析建设智能工厂的主要内容与技术要求，通过智能工厂的建设实现由传统制造向智能制造的转变，提升企业竞争力。企业通过参与智能制造试点示范专项行动，形成良好的示范效应，实现了流程型企业智能制造关键技术的推广与应用。

2012年中国石化启动智能工厂试点建设，2013年选择了九江石化、燕山石化、茂名石化、镇海炼化4家企业作为试点；2015年九江石化智能工厂建设率先被工信部确定为智能制造试点示范项目；2016年12月中国石化4家试点企业验收工作完成；2017年起，中国石化青岛炼化、齐鲁石化、海南炼化、金陵石化、中科炼化等企业也开展了智能工厂1.0建设。

中国石油对智能工厂建设也进行了积极探索，以过程控制层为突破口，在大庆石化、抚顺石化、吉林石化、克拉玛依石化、辽阳石化等典型生产装置上实施，2013年完成了智能工厂智能控制系统的设计，包括系统架构、工业大数据挖掘、智能建模、模型评价体系、新型智能控制器的结构和参数设计、智能控制系统性能评价体系等。

中煤陕西榆林能源化工有限公司全厂信息化系统是工信部2016年智能制造试点示范项目，其智能工厂架构包括五方面内容：先进可靠自动化控制、绿色节能IT基础设施、精准安全生产管控、规范高效经营管理和基于大数据的智能便捷决策支持。利用能源管理系统使企业的能源利用率明显提高；利用在线状态检测、智能巡检、大机组监测等系统加强设备实时监控，结合设备管理系统实现了对全厂关键设备进行全生命周期的数字化管理。

2．实现节能减排的案例

国内外一些企业通过能源计划和指标分解，建立贯穿各个运行点的节能调度目标并监控跟踪；针对生产加工方案的变化，实时调整能源管网产耗，保证供给，优化能源运行；通过能源评价，建立与行业先进水平的对标，分析最佳实践，指导改进。

（1）国外案例

国外某能源公司通过优化信息系统进行节能减排。对锅炉进行了建模，采用面向方程式的仿真和优化软件工具，以过程单元能源需求、由设备或环境法规所规定的能源要求和制度的约束为依据，优化燃料采购、蒸汽与电力的应用，年产生效益约270万美元。

国外某石油公司从管理、技术两方面入手进行能源管控，通过对能源管控体系评估和对能源消耗指标的实时监控，找到改进方向，支撑了节能减排。在管理方面，从组织结构、节能计划、人员配备、能源管控认知度、财务管理、供应管理、操作与维护、工艺设备、监控与报告和最终成效等10个关键领域共20个主要方面开展能源管控诊断，并根据诊断结果对企业能源管控水平自动评级（共分五级）和基准对比，自动生成诊断报告，指出企业能源管控最薄弱的三个方面，提出改进方向和措施。在技术方面，在下属的部分炼油企业应用软件首先对来自DCS、SCADA系统或数据仓库的相关能源数据进行实时采集、传输和存储，然后对不同类别、不同层面的历史能耗数据进行线性回归分析，并根据回归分析结果设定目标值；通过监控目标值与实际消耗数值之间的差距变化发出报警信息，并提出未来的改进方向。

国外某炼化一体化公司在2000年开始部署全球能源管控系统，通过对炼油、化工能量效率对标分析，发现仍有15%～20%的节能改进空间，从而确立了新的节能目标，并通过最佳业务实践指导措施的制定和落实，如：修改大型冷冻压缩装置的控制策略，减少蒸汽轮机驱动装置的能耗；为喷射燃烧装置更换了蒸汽管道，减少了蒸汽用量；优化冷却水泵的操作，节约了抽水能耗；改进除氧蒸汽管理，降低了蒸汽损耗。这些最佳实践全部实施后预计每年将取得500万美元至10亿美元的效益，减少二氧化碳排放1000万t。

（2）国内案例

国内某石油公司设立节能节水管理系统，包含的核心业务有计划管理、统计管理、能源审计管理、项目管理、监测管理、技术管理、能评管理、队伍管理、考核管理，取得了较好的节能节水减排效果。

国内某石化企业建立了能源管理系统。通过能流平衡图实现全公司生产过程中总投入和总产出的能源总量、工业生产消耗、加工转换产出、综合能源消耗以及能源损失的实时监测，以便能源管理人员能第一时间发现用户侧异常，及时调整应对；在线计算动力系统排产计划及各设备运行负荷，实时展示循环流化床锅炉（CFB）除氧器蒸汽用量、总产汽量、总耗汽量等无仪表计量数据。结合当前能源市场价格，以系统的实际运行成本最小化为目标，优化系统的能源结构配置，降低燃料成本。

（四）未来发展趋势

首先，从全球来看，以工业互联和智能化为核心的产业协同模式正在被各个智能制造企业应用。智能工厂将积极搭建企业信息全集成的工业大数据平台，进一步提升工业信息化水平。从工业互联网平台的竞争格局可知，未来智能工厂发展的新浪潮是趋向平台化、系统化的大工程。

其次，任何类型的智能工厂建设均需要依托软硬件产品。工业软件的集成与发展作为其核心，必将成为重点，尤其是与硬件层关系密切的软件部分，如制造执行系统、企业资源计划等。通用性强的硬件也会向模块化、标准化方向发展。

最后，未来的智能工厂更加自动化、信息化、智能化、平台化，将借助物联网技术，实现人、设备与产品的实时联通、精准识别、有效交互及智能控制，帮助企业实现安全、绿色、节能、高效的愿景，全面提升企业竞争力。

第二节 能源结构调整

一、能源结构与碳排放的关系

根据《国际能源署世界能源展望2022》（*IEA, World Energy Outlook 2022*）发布数据，2021年，全球能源消费622EJ（约213亿tEC），其中煤炭、石油、天然气、其他分别占比26.5%、29.4%、23.5%、20.6%。全球二氧化碳排放366亿t，其中燃烧排放336.8亿t，约占91.9%；燃烧排放中煤炭、石油、天然气、其他燃烧排放分别为151.1亿t、108.5亿t、75.2亿t、2亿t，约占燃烧排放44.9%、32.2%、22.3%、0.6%。2021年全球能源消费结构参见图4–18，2021年全球燃烧二氧化碳排放结构参见图4–19。从数据中可看出，全球二氧化碳排放中燃烧排放占主要部分；燃烧排放中高碳燃料煤炭、石油燃烧排放占主要部分。

图 4–18　2021 年全球能源消费结构

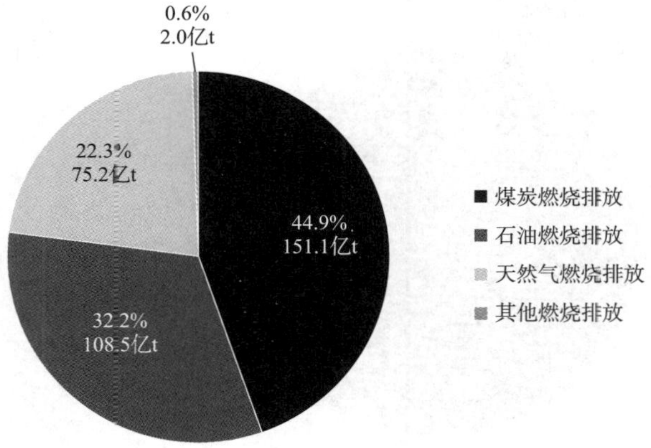

图 4-19　2021 年全球燃烧二氧化碳排放结构

我国能源资源富煤、贫油、少气的基本特点决定了我国能源消费中煤炭消费占统治地位。2021年，我国能源消费总量52.4亿tEC，其中煤炭、石油、天然气、其他占比分别为56%、18.5%、8.9%、16.6%。按IEA燃料碳排放因子初步测算我国燃烧二氧化碳排放约为103亿t，其中煤炭、石油、天然气燃烧排放分别为78.7亿t、16.8亿t、7.0亿t，占比分别为76.7%、16.4%、6.9%。我国能源消费中高碳燃料煤炭、石油占比为74.5%，高于全球平均水平（55.9%）约20个百分点。我国单位能耗碳排放因子为1.96tCO_2/tEC，高于全球平均水平（1.58tCO_2/tEC）约24个百分点。2021年我国能源消费结构、我国燃烧二氧化碳排放结构、全球与我国能源消费结构比较、全球与我国单位能源消费燃烧碳排放比较分别参见图4-20～图4-23。

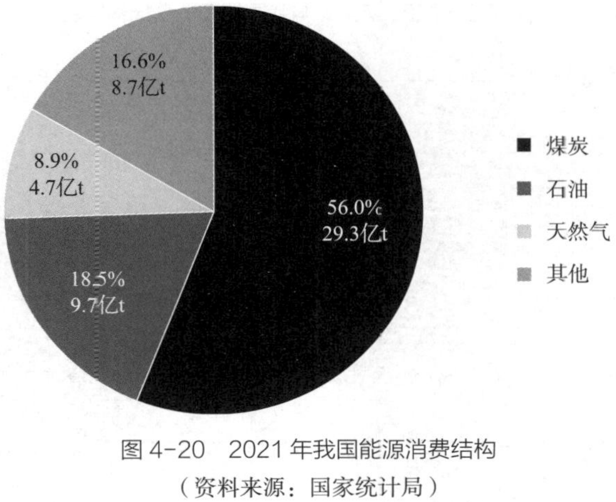

图 4-20　2021 年我国能源消费结构

（资料来源：国家统计局）

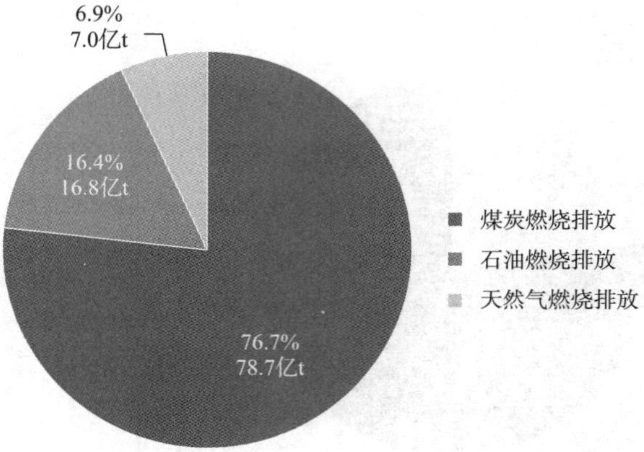

图 4-21　2021 年我国燃烧二氧化碳排放结构
（资料来源：中石化经济技术研究院有限公司）

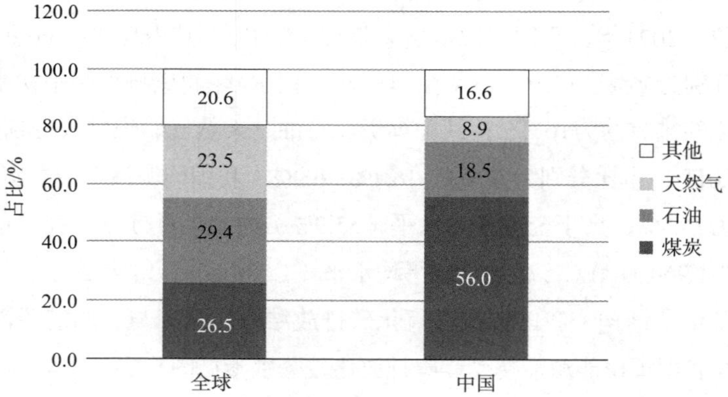

图 4-22　2021 年全球与我国能源消费结构比较

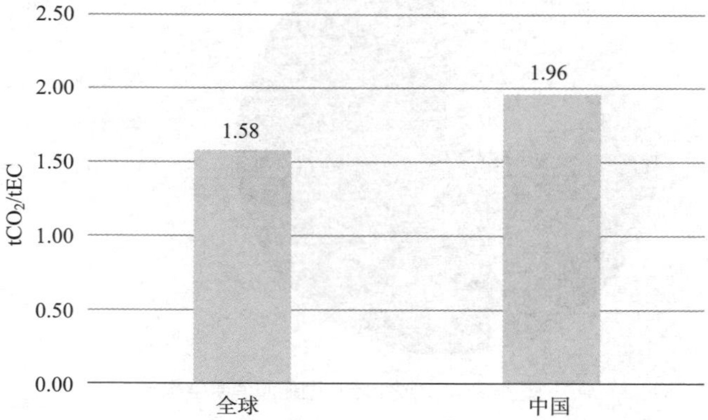

图 4-23　2021 年全球与我国单位能源消费燃烧碳排放比较

由于能源消费结构对碳排放影响较大，国内外均把发展可再生能源、降低化石能源消费比例作为降低碳排放的主要措施之一。如IEA提出2050年净零排放情景下全球能源消费结构中非化石能源占比要由2020年的20.8%上升到2050年的77%。清华大学研究提出1.5℃情景下我国能源消费结构中非化石能源占比要由2020年的15.9%上升到2050年的86.0%。净零排放下全球能源消费结构发展、净零排放下我国能源消费结构发展分别参见图4-24、图4-25。

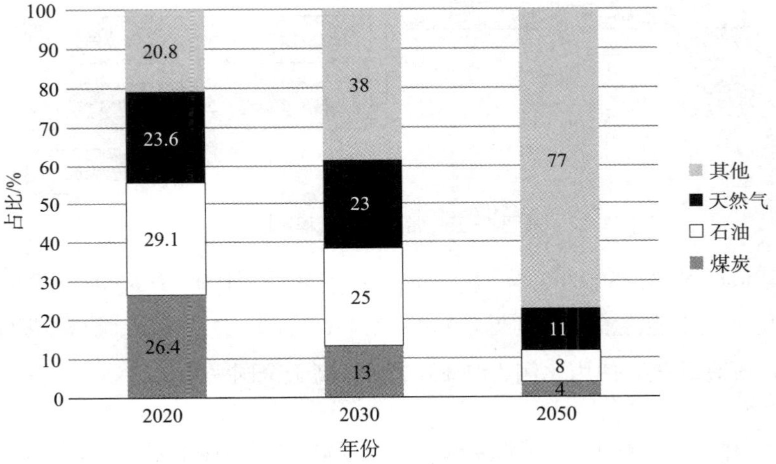

图 4-24　净零排放下全球能源消费结构发展

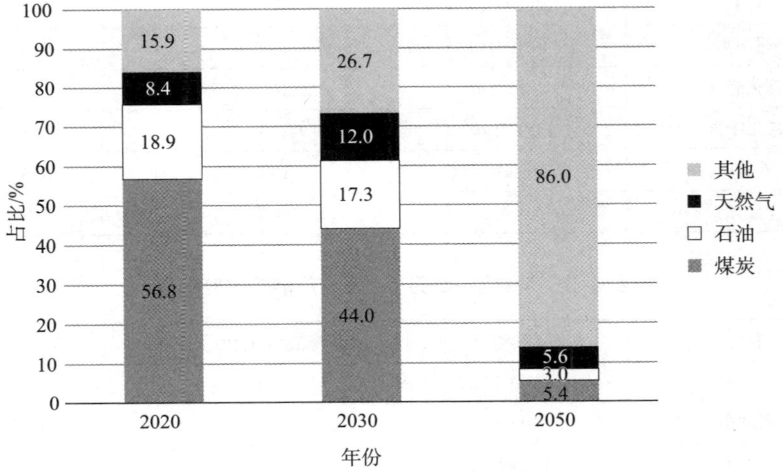

图 4-25　净零排放下我国能源消费结构发展

二、国内炼化企业能源结构现状

炼化企业主要为经济社会发展生产燃动能源、原材料和基础化学品，产业链长、工艺流程复杂，能源消耗量大。炼化企业流程示意参见图4-26。

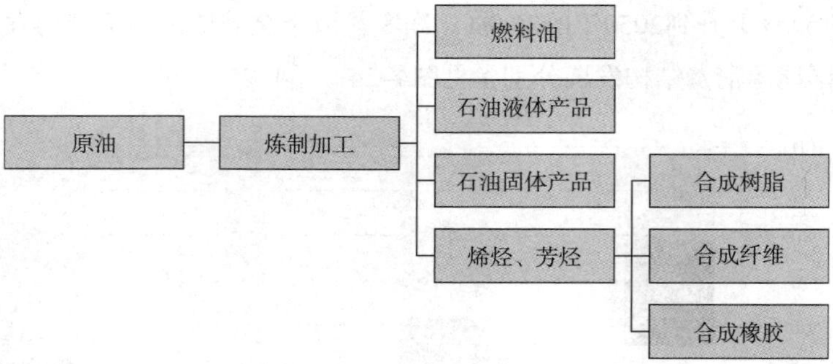

图 4-26　炼化企业流程示意

已建成的某典型800万t/a炼油厂、80万t/a乙烯厂、1000万t/a炼油配套80万t/a乙烯一体化企业年能源消耗分别见表4-4～表4-6。从表中可看出，已建成的炼化企业煤、油等高碳燃料使用比例为85%～95%，高于全国平均水平。

表 4-4　某典型 800 万 t/a 炼油厂能源消耗情况

名称	实物	折标油/（万t/a）	占比/%
煤炭	19.19万t/a	6.7	9.1
石油焦	19.19万t/a	14.8	19.9
催化烧焦	17.68万t/a	16.8	22.7
自用干气	25.1万t/a	25.1	33.8
外购电	4.89亿kW·h/a	10.8	14.5
合计	—	74.2	100.0

表 4-5　某典型 80 万 t/a 乙烯厂能源消耗情况

名称	实物	折标油/（万t/a）	占比/%
煤炭	85.75万t/a	30.0	27.9
石油焦	30万t/a	23.1	21.5
甲烷氢	36.26万t/a	36.3	33.7
碳五	8.05万t/a	7.7	7.2

续表

名称	实物	折标油/（万t/a）	占比/%
外购电	4.8亿kW·h/a	10.6	9.7
合计	—	107.7	100.0

表 4–6 某典型 1000 万 t/a 炼油 +80 万 t/a 乙烯厂能源消耗情况

名称	消耗量	折标油/（万t/a）	占比/%
煤炭（折标煤）	138.34万t/a	96.8	47.6
工艺燃料气	63.18万t/a	63.2	31.1
烧焦	34.22万t/a	32.5	16.0
外购电	4.91亿kW·h/a	10.8	5.3
合计	—	203.3	100.0

三、炼化企业能源结构调整重点技术及措施

目前炼化企业能源结构调整重点技术及措施主要有燃料低碳化、终端用能电气化、氢能利用、生物质能利用和新能源利用等。

（一）燃料低碳化

由于高碳燃料如煤炭、石油使用排放二氧化碳高于低碳燃料如天然气，燃料低碳化主要是指用低碳燃料替代高碳燃料，在目前主要是用天然气取代炼化企业自备热电站用煤。几种能源单位热值碳排放比较参见表4–7。

表 4–7 几种能源单位热值碳排放比较

名称	烟煤	原油	天然气
单位热值CO_2排放/（kg/GJ）	89.3	72.2	55.5
比例/%	100	81	62

资料来源：《中国石油化工企业温室气体排放核算方法与报告指南（2015）》，考虑燃料碳氧化率。

1. 应用现状

目前国内电力行业天然气热电联产主要采用的是燃气轮机+余热锅炉+抽汽式汽轮发电机组热电联产（简称燃机热电联产），工业领域包括炼化企业主要是燃气锅炉+抽汽式汽轮发电机组热电联产（简称燃气锅炉热电联产）。燃机热电联产流程示意、燃气锅炉热电联产流程示意分别参见图4–27、图4–28。

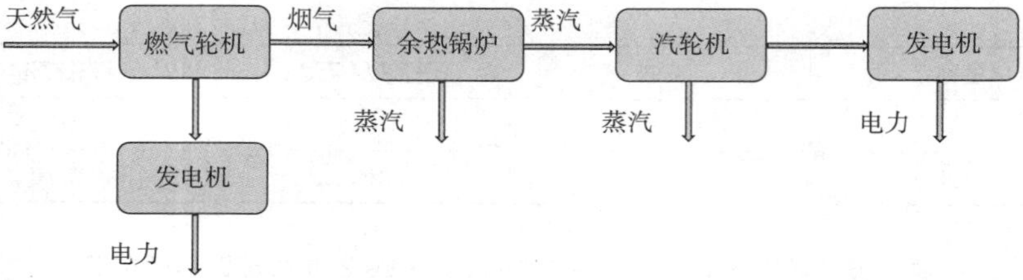

图 4-27 燃机热电联产流程示意

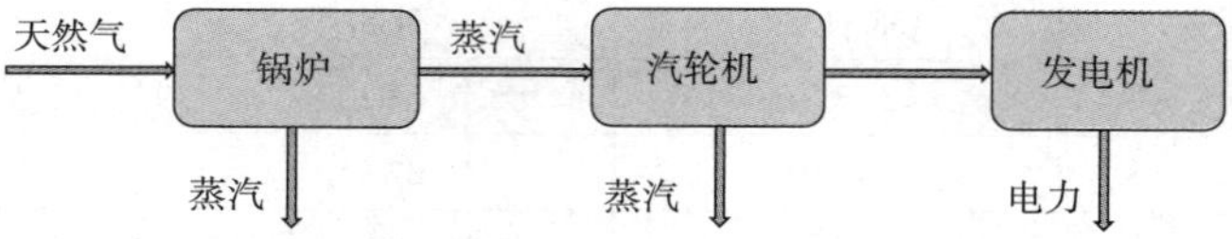

图 4-28 燃气锅炉热电联产流程示意

目前国产燃机技术规模在50MW水平，可以满足小型煤改气热电项目机组选型需要。国外燃机技术已达700MW水平，可以满足所有煤改气热电项目机组选型需要。国内电站锅炉技术已达到世界先进水平，国内燃气锅炉技术成熟，拥有丰富运行经验，可以满足所有煤改气锅炉选型需要。

2. 应用发展

炼化企业热电站煤改气项目无论是原有燃煤锅炉改燃气锅炉，还是新建燃气锅炉或者使用燃机+余热锅炉方案，现有技术都是成熟的。

燃机热电联产方案发电量较高，单位供汽量天然气消耗大，适用于天然气供应富裕且价格便宜、当地外购电价较高地区炼化企业选用。燃气锅炉热电联产方案天然气几乎全部转化为蒸汽，热电比最高，适用于天然气供应紧张、外购电价便宜地区炼化企业选用。具体到各企业的情况，在技术方案均可行可靠的前提下，可综合天然气资源可得性、经济可行性和政策约束性等多个因素制定“煤改气”具体实施方案。

3. 应用案例

2020年8月，为适应北京市更加严格的动力锅炉排放标准和中国石化集团公司绿色企业创建要求，燕山石化启动了锅炉系统清洁化改造项目。新建1台220t/h、1台260t/h燃气锅炉，改造1台燃石油焦310t/h CFB锅炉为燃气锅炉。上述项目完成后，燕山石化的动力锅炉将全部燃用天然气等清洁燃料，不再燃用石油焦等高碳燃料。

（二）终端用能电气化

由于电力供应结构向绿色低碳转变，终端用能电气化通过提高炼化企业电能占终端能源消费比重，可以减少化石能源消耗，从而达到减少二氧化碳排放的目的。

1．应用现状

根据中国电力企业联合会《中国电气化年度发展报告2022》数据，2016年国家能源局会同国家发展改革委等八部委联合印发《关于推进电能替代的指导意见》以来，我国在居民采暖、工农业生产制造、交通运输等诸多领域采取以电代煤、以电代油、农村电气化等多种方式推进电能替代工作，“十三五”时期累计完成替代电量8241亿kW·h。电能占终端能源消费比重从1985年的7%提高到2021年的近27%，参见图4–29。我国工业用电占工业终端用能比重与整体电气化率基本一致，但是钢铁、建材、化工、有色四个工业领域重点碳排放行业，仅有色行业电气化率高于全国水平，电气化总体仍存在较大发展空间。

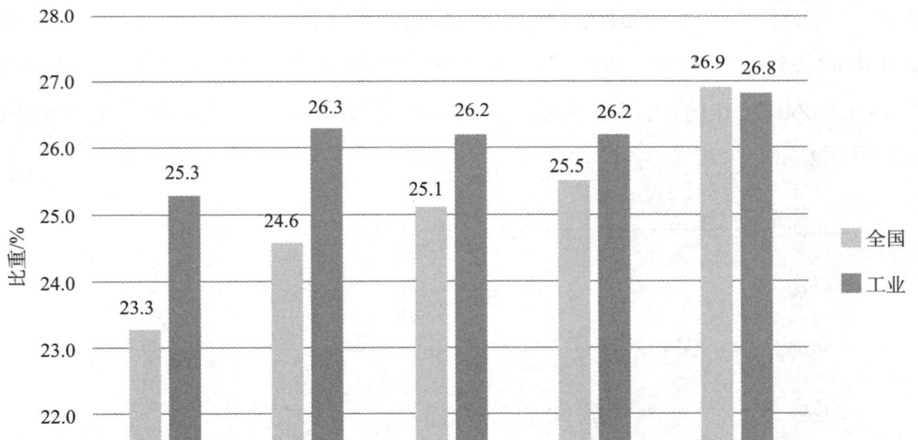

图4–29　我国电能占终端能源消费比重情况

资料来源：中国电力企业联合会《中国电气化年度发展报告2022》。

初步测算某典型800万t/a炼油厂、某80万t/a乙烯厂、某1000万t/a炼油+80万t/a乙烯联合厂终端电能占总能耗比例分别为10.9%、19%、13%，均低于目前全国电气化率水平。参见表4–8。

表 4-8 典型炼化企业电能占终端能源消费比重情况

企业类型	总能耗/万tEO	电负荷/MW	电能占比/%
某800万t/a炼油厂	67.6	107	10.9
某80万t/a乙烯厂	101.2	280	19.0
某1000万t/a炼油+80万t/a乙烯联合厂	196.8	373	13.0

注：电力折算按当量值。

2．应用发展

目前高比例可再生能源在电力系统中的渗透率不断提高，相应提高炼化企业终端电能比例，充分利用电网的低碳电力替代煤炭、石油等化石能源消费，可有效减少二氧化碳排放。

根据中国电力企业联合会预测，我国电气化进程“十四五”期间将稳步向前推进，中长期看，我国电气化进程将逐步加快。将通过优化实施路径，加强科技创新，完善体制机制，推动全社会电气化水平持续提升，重点推进工业、建筑、交通电能替代。2025年、2030年电能占终端能源消费比重分别将提高到31.6%、35.7%；2060年，电能占终端能源消费比重将提高到66.4%。我国电气化率发展进程参见图4-30。

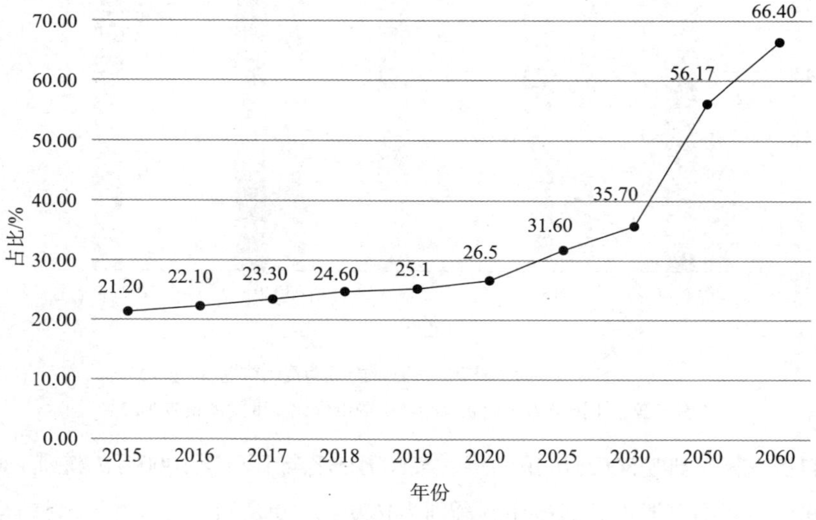

图 4-30 我国电气化率发展进程

（资料来源：中国电力企业联合会2021）

根据清华大学气候变化与可持续发展研究院《中国长期低碳发展战略与转型路径研究》，2000—2015年，我国工业电气化水平年均提高约0.5个百分点，在2℃和1.5℃情景下，我国工业电气化水平需要年均提高0.9个和1.4个百分点。到2050年，两种情景下工业电气化率分别达到58.2%和69.5%。我国工业部门电气化水平预测参见表4–9。

表 4–9　我国工业部门电气化水平预测　　%

情景	2020年	2030年	2050年
2℃情景	25.7	30.0	58.2
1.5℃情景	25.7	37.0	69.5

考虑技术可行性，初步预测2030年炼化企业终端能源消费电气化率达到23%～28%，2060年电气化率达到58%～69.5%。

3. 应用案例

（1）透平改电机

某石化企业循环水场原有2台凝汽式透平，每台透平正常功率824kW，耗3.79MPa蒸汽8.238t/h，机组效率34.1%。为减少燃料煤消耗，企业决定实施透平改电机作业，新建2台功率1000kW电机取代原有透平，改造后2台电泵减少全厂3.79MPa蒸汽负荷16.4t/h，减少燃料煤折标煤1.59万t/a。此外，除减少燃料煤消耗外，由于电泵效率超过82%高于蒸汽透平效率，企业还节能折标油超过0.7万t。

（2）电加热蒸汽裂解炉技术取代传统蒸汽裂解炉

大型蒸汽裂解装置是石化原料生产的核心，裂解炉需要消耗巨大的能源，国内每生产1t乙烯平均需要560kgEO的能源。巴斯夫、沙特基础工业和林德公司2021年宣布计划共同开发并推广蒸汽裂解装置电加热解决方案，并在未来大规模应用以减少炼化企业二氧化碳排放。该方案计划在路德维希港的一座大型工厂进行测试。除巴斯夫外，陶氏、壳牌也在开发大型电加热蒸汽裂解装置。

（三）氢能利用

氢气是炼化企业重要的原料之一，主要用于油品加氢和化工原料，目前国内炼化企业氢源以自产氢为主（约占50%），其余为天然气（含干气、油）制氢、煤焦制氢等。由于化石能源制氢排放二氧化碳数量较多，炼化企业氢能利用主要是发展绿氢炼化技术。

1．应用现状

根据中国氢能联盟统计数据，2020年我国氢气消费量约3342万t，其中炼化与化工消费约820万t，约占总消费量的24.5%。与国外制氢相似，我国目前以化石原料制氢为主，煤制氢、天然气制氢分别占63.6%、13.8%，两者合计约占77.4%，其余为工业副产氢，占21.2%，电解水制氢占比很小，约为1%。发展绿氢炼化最重要的是解决绿氢供应问题。

利用可再生能源电解水制氢是目前最成熟的绿色制氢技术，电解生成氢气和氧气，制氢过程中无含碳化合物排出，符合绿色可持续发展的理念。制得的氢气转换为电能并入电网或直接供给负荷，提高了能源系统的综合利用效率，有助于解决新能源消纳问题，保障电力系统的安全稳定运行。

根据电解质种类的不同，典型的电解水制氢技术主要分为碱性电解、质子交换膜电解（PEM）、固体氧化电解（SOEC）。目前，碱性电解水制氢技术发展最为成熟，制氢成本也相对较低，已基本实现工业大规模应用，但是能效较低；PEM制氢技术具有更宽泛的运行功率范围及更短的启动时间，可实现高电流密度电解、功耗低、体积小、生成气体纯度高、容易实现高压化，能够很好适应可再生能源的波动性，国外发展较为成熟，已开始商业应用，但在我国基本处于实验研发阶段；SOEC电解水制氢技术，目前国内外均处于实验室研发阶段。几种不同的电解水制氢技术特点见表4-10。

表 4-10　典型电解水制氢技术对比

项目	碱性电解	质子交换膜电解	固体氧化电解
电解质隔膜	30%氢氧化钾石棉膜	质子交换膜	固体氧化物
工作温度/℃	70 ~ 90	70 ~ 80	700 ~ 1000
电解效率/%	60 ~ 75	70 ~ 90	85 ~ 100
能耗/（kW·h/m^3）	4.5 ~ 5.5	3.8 ~ 5.0	2.6 ~ 3.6
电流密度/（A/cm^2）	0.2 ~ 0.4	1 ~ 2	1 ~ 10
电能质量	稳定电源	稳定、波动	稳定电源
响应能力	较快	快	慢
启动时间/min	15	< 15	>60
系统运维	复杂，成本高	简单，成本低	初期示范

续表

项目	碱性电解	质子交换膜电解	固体氧化电解
使用寿命/h	12000	10000	—
设备成本/（元/kW）	2000	8000	—
技术水平	技术成熟	国外商业化，国内初期示范	初期示范
环保性能	碱液污染	无污染	无污染

2．应用发展

碱性电解水制氢和PEM制氢技术后期的研究重点将在于成本、效率和灵活性之间的平衡。固体氧化物电解水制氢技术是能耗最低、能量转换效率最高的电解水制氢技术，随着技术的突破有望实现大规模、低成本的氢气供应。

（1）2030年

预计到2030年，清洁能源发电成本快速下降，电解水制氢将具备经济性优势，电制氢成本将低于13元/kg，逐步成为具有竞争力的制氢方式。

（2）2050年、2060年

预计到2050年、2060年，廉价、高效催化剂及长寿命、高稳定性高温固体氧化物电堆等关键技术取得突破，清洁能源发电成本进一步下降，电解水制氢成本将降至6～7元/kg，成为最具竞争力和主流的制氢方式。届时2060年预计我国绿氢总量将超过7500万t。

3．应用案例

（1）BP德国绿氢项目

2020年11月10日，BP官网发布信息表示，BP与当前全球最大的海上风电开发商——丹麦可再生能源集团Orsted开展合作，将在BP位于德国西北部的Lingen炼油厂开发零碳氢气。

该项目现处于初期阶段，初步的目标是建造一个50MW的电解槽，利用北海的海上风电，通过电解水来生产绿色氢气，以替代该工厂20%的天然气制氢产能。目前该项目正在建设中。此外，该项目后期电解槽产能可能扩大至500MW，从而取代Lingen炼油厂所有的化石燃料制氢产能。

（2）中国石化新疆库车绿氢示范项目

2021年11月30日，中国石化在北京、乌鲁木齐、库车三地举行新疆库车绿氢示范项目启动仪式。该项目为国内首次规模化利用光伏发电直接制氢的项目，总投资约30亿元。主要包括光伏发电、输变电、电解水制氢、储氢、输氢五大部分。项目将新建装机容量300MW、年均发电量6.18亿kW·h的光伏电站，年产能2万t的电解水制氢厂，储氢规模约21万Nm^3的储氢球罐，输氢能力每小时2.8万Nm^3的输氢管线及配套输变电等设施。项目2023年6月建成投产，生产的绿氢将供应中国石化塔河炼化，替代现有天然气化石能源制氢。中国石化新疆库车绿氢项目流程示意参见图4-31。

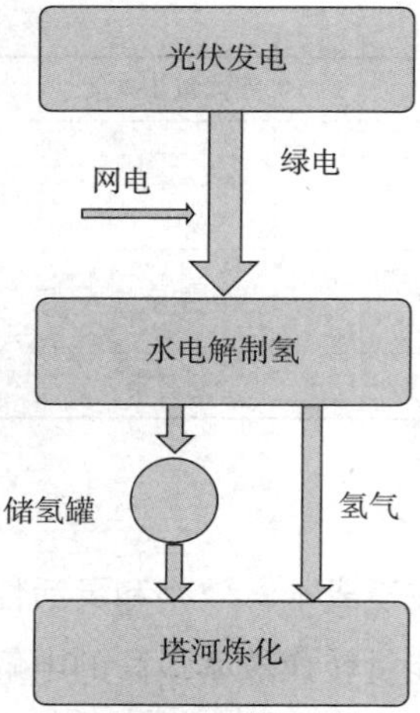

图 4-31　中国石化新疆库车绿氢项目流程示意

（四）生物质能利用

生物质燃料是可再生能源，植物通过光合作用将二氧化碳和水合成生物质，生物质燃烧生成二氧化碳和水，形成二氧化碳的循环。因此，生物质燃料是全生命周期零碳排放能源。生物质是在自然界广泛存在的可再生物质，培育生物质是实现碳中和的最重要路径。生物质主要由碳、氢、氧 3 种元素组成，其碳氢比和石油碳氢比基本相当。采用生物、化学、物理等多种技术手段科学集成进行生物炼制，可以更高效转化成各种燃料、含碳化学品和含碳材料。大力发展生物炼制，部分替代石油，是炼油行业实现碳达峰碳中和的重要技术路径。

我国可利用的生物质数量很大，参见表4-11。此外，据统计，我国还拥有非宜粮可种植生物质的土地约8.28×10^6公顷，发展生物炼制有很好的资源基础。

表 4-11　我国可利用生物质资源统计

名称	产生量/亿t	可收集量/亿t	可资源化利用量/亿tEC
农作物秸秆	8.05	6.7	0.725
农产品加工剩余物		1.24	0.31
林业生物质	1.95		0.975
畜禽养殖粪便	26.1		0.93
废弃食用油脂	0.0342		0.0415
城市含碳废物			0.276
小计	—	—	3.2575

1. 应用现状

当前现代生物质固体燃料产业化进展最为成熟，农林废弃物为原料的成型产品已全面推入市场，整体处于商业应用阶段。我国生物质成型燃料的年产量已有2000万t左右。

产业化应用的生物质气体燃料包括生物沼气和生物质合成气，主要用于发电和供热。生物质气体燃料通过热电联产和直接燃烧的方式实现建筑、工业和农业生产等供热。沼气是生物质气体燃料最成熟的商业化能源产品，在全球范围内实现了广泛应用。户用小型沼气工程技术发展最为成熟，中、大型沼气工程技术在美国和欧盟国家发展较为成熟。美国和欧盟国家已实现将沼气提纯作为车用燃料。中国沼气技术以农村户用小型沼气工程为主，虽然有产业化的中、大型沼气工程技术，但较欧美发达国家尚有一定差距。中国车用生物甲烷的产业规模较小，市场壁垒较大，需通过产业技术提升和市场运行机制的构建推进其商业化发展。将生物沼气提炼成生物甲烷可替代天然气用作炊事、供暖和车用燃料，具有更广阔的应用前景，是生物沼气今后发展的重要方向。

全球生物质发电装机规模呈逐年增加趋势。生物质直燃发电和沼气发电技术最为成熟。生物质与煤直接混燃发电均达到了商业化阶段。国内的直接燃烧发电主要使用炉排层燃和流态化燃烧，其中前者技术成熟度高，后者是一种可低温燃烧、燃料适应性强、可控性高的新兴技术。生物质气化发电可解决生物质原料分散和燃烧不充分的难题，同时具有经济和环境效益，呈现了较好的发展潜力。目前生物质气化发电以小规模（小于10MW）应用和分布式布局为主，大规模应用处在商业化早期阶段，以热电联产为主，欧美国家应用较多。

截至2024年底，我国生物质装机4599万kW，年发电量2083亿kW·h。

2. 应用发展

根据国际可再生能源署（IRENA）的研究，近10年生物质发电的设备降本空间不大，影响发电成本的主要因素是其原料的价格。受原料收集成本、运输半径的限制，预计未来发电成本保持平稳。尽管生物质发电成本远高于风电、光伏等其他可再生能源发电成本，但是生物质发电输出稳定，能够参与电力调峰，如果与储热结合，更能参与电力市场的深度调峰，未来在电力交易市场获取辅助服务、备用容量等收益的同时，能够灵活参与热力市场，提供清洁热力。

根据有关研究机构预测分析，预计到2030年我国生物质发电总装机容量达到

5200万kW，提供的清洁电力超过3300亿kW·h，碳减排量超过2.3亿t。到2060年，我国生物质发电总装机容量达到10000万kW，提供的清洁电力超过6600亿kW·h，碳减排量超过4.6亿t。

3. 应用案例

为推动降碳进程和清洁能源转型发展，积极响应碳排放"3060"目标，中国石化上海石化从2021年开始在热电部锅炉掺烧生物质燃料，用清洁燃料替代部分常规能源消耗。2021年掺烧量为2615t，2022年掺烧量超过6500t。参见图4-32。

图 4-32 上海石化热电部生物质燃料堆场

（五）新能源利用

炼化企业新能源利用主要是利用太阳能、风能、核能等非化石能源，替代现有化石能源，达到减少碳排放的目的。

1. 应用现状

在碳中和背景下，炼化企业开始加速推进新能源业务。国内中国石化、中国石油、中国海油、中化等大型石油央企，纷纷加速布局新能源业务。

中国石化与协鑫集团公司、天合光能公司、隆基集团公司、中环电子公司等企业围绕新能源产业链，开展更宽领域、更深层次合作，包含合作建设大型集中式光伏发电、制氢、运氢、加氢设施，全力降低成本，实现协同发展；加大电池材料方面的技术攻关力度，全力降低光伏组件生产成本；合作推进光伏、氢能等新能源项目在中国石化的落地，降低用能成本；推动风光氢一体化分布式能源示范工程建设。此外，中国石化还通过设立新能源公司、参股等方式，加快布局新能源业务。为此，中国石化成立了专门的新能源办公室和资本公司，统筹规划、整体布局。如中国石化资本入股亚玛顿集团全资子公司凤阳硅谷智能，布局超薄光伏玻璃产业链；入股常州百佳年代薄膜科技股份有限公司，布局光伏胶膜产业等。

中国海油进入风电、光伏等领域。宣布其碳中和规划"十四五"时期将以提升天然气资源供给能力和加快发展新能源产业发展为重点，推动实现清洁低碳能源占比提升至60%以上。提出到“十四五”末，新能源新产业收入占比达到10%的具体目标。2022年4月，中国海油成立了专门的新能源分公司，负责海陆风光发电、CCUS科技攻关、氢能等业务。

中国石油目前在风电、氢能、充电桩等业务上也多有布局。2021年12月，中国石油进行了4.5GW的光伏组件框架协议公开招标。中国石油还把“绿色低碳”纳入公司五大战略，明确了清洁替代、战略接替、绿色转型“三步走”总体部署，将新能源业务纳入主营业务发展。

2．应用发展

炼化企业新能源未来发展重点是光电、风电等。

（1）光电

我国太阳能资源丰富，电力行业预测，全国太阳能技术可开发装机容量超过1172亿kW。2021年底光伏发电并网装机容量达到3.06亿kW，开发率约0.26%。

电力行业规划我国光伏发电发展目标见表4-12。

表 4-12　我国光伏发电发展目标

名称	2021年	2025年	2030年	2050年	2060年
集中式光伏装机容量/亿kW	1.98	3.8	7.0	22.7	24.5
分布式光伏装机容量/亿kW	1.08	1.8	3.0	10.0	11.0
集中式光伏平均度电成本/[元/（kW·h）]	0.31	0.24	0.15	0.1	0.07

资料来源：全球能源互联网发展合作组织，2021年。

（2）风电

根据风能资源普查成果，我国风能资源丰富，陆上风电的技术可开发装机容量超过56亿kW，2021年陆上风电累计装机3.02亿kW，开发率约5.4%。海上风能储量约为7.5亿kW，其中5～50m水深、70m高度的海上风电可开发资源约为5亿kW，2021年海上风电装机2639万kW，开发率约3.5%。

根据电力行业规划，到2030年，我国风电发展装机规模将达到8亿kW，其中陆上风电装机容量7.4亿kW、海上风电装机容量5500万kW。到2050年和2060年，我国风电装机容量分别达到22亿kW和25亿kW。我国风电发展目标参见表4-13。

表 4-13　我国风电发展目标

名称	2021年	2025年	2030年	2050年	2060年
陆上风电装机容量/亿kW	3.02	5.1	7.4	20.7	23.4
海上风电装机容量/亿kW	0.26	0.30	0.55	1.3	1.6
陆上风电平均度电成本/[元/（kW·h）]	0.33	0.29	0.25	0.17	0.15
海上风电平均度电成本/[元/（kW·h）]	0.55	0.58	0.6	0.37	0.3

资料来源：全球能源互联网发展合作组织，2021年。

3．应用案例

（1）中国石化胜利石化总厂光伏发电项目

2021年10月，胜利石化总厂6MW分布式光伏发电项目正式并网投运。该项目设计总装机容量为6.17MW，年发电量约为730万kW·h，节约标煤约890t，二氧化碳减排约7600t。由12064块单晶硅光伏组件、29台逆变器、3台变压器组成，采用“自发自用”模式运行。该项目目前是石化系统炼油厂中较大的单体光伏发电项目。胜利石化总厂投运6MW光电项目参见图4-33。

（2）中国石化陕西大荔陆上分散式风力发电项目

2021年12月，中国石化首个陆上风力发电项目——陕西大荔陆上分散式风力发电项目成功并网发电。参见图4-34。

大荔陆上分散式风力发电项目位于陕西省渭南市大荔县，总投资1.51亿元，总装机容量20MW。项目包括安装8台2.5MW风力发电机组，新建1座35kV开关站，以及其他相关配套设施。该项目年上网电量约为4286万kW·h，可满足2万余户家庭清洁用电需求，年可节约标煤约1.36万t，减少二氧化碳排放3.5万t。

图 4-33　胜利石化总厂投运 6MW 光电项目

图 4-34　中国石化 20MW 风电项目

第三节 节能与减排

一、炼化企业节能现状与趋势

（一）炼化企业节能现状

石化节能在经历防治跑冒滴漏、局部能量集成阶段之后，目前已进入全厂节能阶段，全厂节能成为有效推进石化工业节能的共识。同时，近年产业大型化和集成化发展、工艺节能技术的持续开发和广泛应用，使得石化工业能耗显著下降，节能工作取得突出成绩。“十三五”以来，我国炼化企业炼油综合能耗从2015年的67.2kgEO/t降至2020年的63.7kgEO/t，乙烯综合能耗从2015年的597.8kgEO/t降至2020年的585.9kgEO/t，见图4-35。

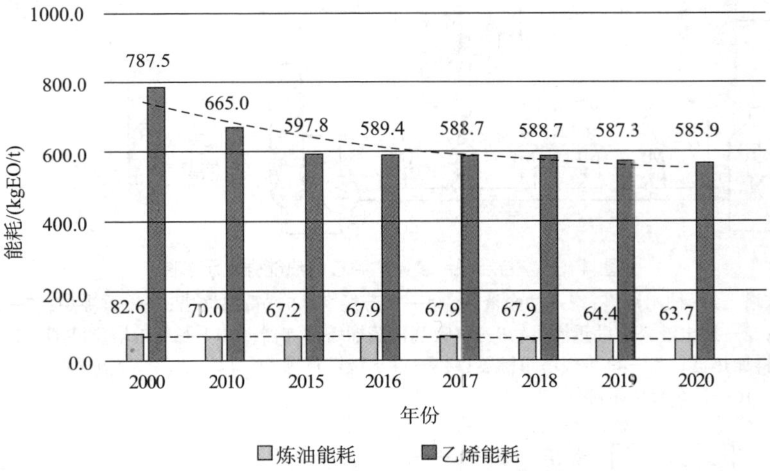

图 4-35 我国炼化产业能耗下降情况

1. 工艺系统与能源系统集成优化降低能耗成效显著

石化工业工艺系统与能源系统关联密切，能源系统向工艺系统供能，同时工艺系统也可以将副产能量反馈给能源系统。

中国石化的芳烃成套技术是将工艺系统与能源系统集成优化的典型案例，节能降耗成效显著。一是芳烃成套技术优化热能集成方式、减少热能浪费，通过“塔系压力–余热能级–分离精度–设备投资”多维协同优化实现热源总成，优化热集成，如图4-36所示。“热源总成”是以二甲苯塔作为物料与热量中心，由塔底重沸炉间接为抽出液塔、抽余液塔、脱庚烷塔、重芳烃塔、解吸剂再蒸馏塔、邻二甲苯塔等六座塔的再沸器提供热源。二是成套技术通过优化装置内塔系压力，实现塔顶的余热能级提升利用，产生低温余热用于产汽发电，实现装置外输电，与全厂供电系统集成，如图4-37所示。三是成套技术根据企业能源供给需求，将通过提高塔操作压力利用塔顶低温热产生的低压蒸汽，通过机械压缩方式将现有低品位的蒸汽转化为高品位蒸汽，外输至全厂蒸汽系统，供全厂利用。与其他成套技术相比，中国石化芳烃成套技术具有显著的能耗优势。

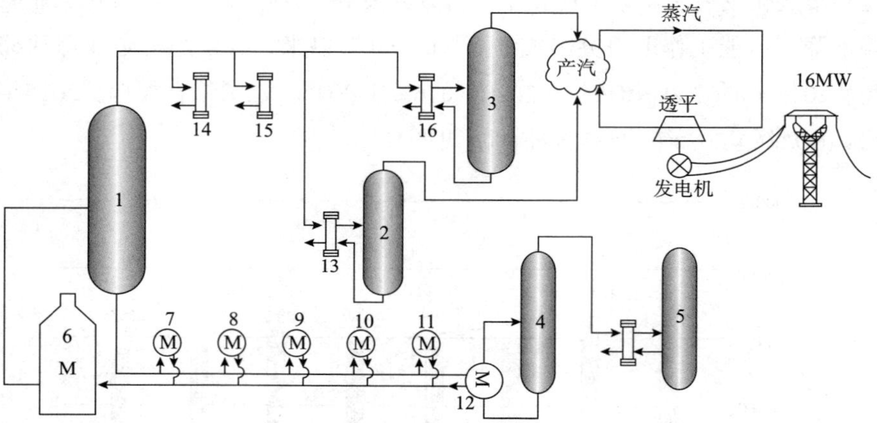

图 4-36　芳烃联合装置热源总成热能强化示意图

1—二甲苯塔；2—抽出液塔；3—抽余液塔；4—重芳烃塔；5—重整油塔；6—重沸炉；7—歧化汽提塔重沸器；8—抽出液塔辅助重沸器；9—解吸剂再蒸馏塔重沸器；10—脱庚烷塔重沸器；11—二甲苯白土塔进料加热器；12—重芳烃塔重沸器；13—抽出液塔重沸器；14—成品塔重沸器；15—邻二甲苯塔重沸器；16—抽余液塔重沸器

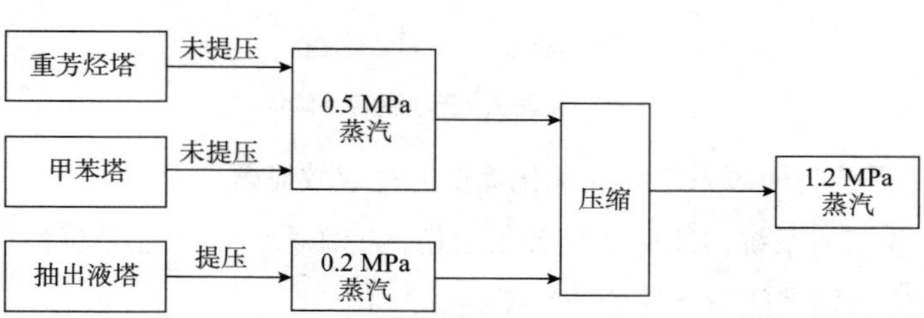

图 4-37　塔提压 + 副产蒸汽 + 蒸汽压缩利用技术示意图

2．充分利用反应热降低能耗受到重视

石化工艺系统的反应及催化剂再生过程会释放可观的热量，充分回收利用这部分热量，有助于节能降耗。如加氢精制装置，原料经换热、加热炉加热后进入反应器发生反应，反应过程放热，仅从节能角度，充分回收利用反应过程释放的热量后可以取消原料加热炉。化工过程涉及反应放热的工艺，如氧化、聚合等，一般都考虑了反应热的回收利用，或预热反应物料，或发生低压蒸汽等。石化过程自产热量回收利用的典型例子是催化裂化装置催化剂再生过程释放热量的回收利用，在热量回收的同时还考虑了热量的高品质回收利用。催化裂化装置既有物料加工的职能，在部分企业还具有公用工程岛的职能，其重要程度可见一斑。催化裂化装置热量回收一般通过副产蒸汽实现，按照发展历程，经历了发生3.5MPa蒸汽、6.5MPa蒸汽、10.0MPa蒸汽三个阶段，逐步提高了能量回收的品质。某280万t/a重油催化裂化装置将CO余热锅炉、外取热器的发汽压力由常规中压等级（3.5MPa）提高至高压等级（10.0MPa），实现降低装置能耗约10%。副产高压蒸汽到汽轮机组发电，每年可减少煤炭使用约25万t，节能减排效果显著。

3．应用节能装备取得显著节能效果

装备节能是石化节能的重要组成部分，既包括关键耗能设备如加热炉、压缩机、泵等的节能提效，也包括强化传热、传质、高效分离、压力能回收等典型节能装备，如高效换热器、热泵、分壁塔、液力透平等。近年伴随装备大型化与技术进步，装备节能取得显著效果，加热炉热效率提升到了95%左右；无级调速、变频技术的推广应用提高了压缩机、泵的运行效率；强化传热设备如表面多孔管再沸器、扭曲管换热器、缠绕管式换热器、高效冷凝器等，相对于光滑碳钢管换热器传热系数大幅度提高，节能效果明显，同时热泵技术、液力透平等在工艺节能降耗中也发挥了重要作用。分离过程能耗是石化企业能耗的重要组成部分，高效分离技术是石化节能关注的重点之一。近年较为典型的高效分离装备是分壁塔。分壁塔在塔内部设置了一块垂直隔板，将塔分为具有不同功能的四个部分，结构如图4-38所示，可以实现一座塔分离三个组分。分壁塔将常规两塔流程变为一塔流程，减少一个塔器、一个冷凝器和一个再沸器，节约占地和投资。同时可有效避免中间组分的返混问题，减少一个冷凝器和一个再沸器的负荷，节能降耗。与传统的两个常规塔序列流程相比，采用分壁塔技术可节能30%左右，节省设备投资20%左右。

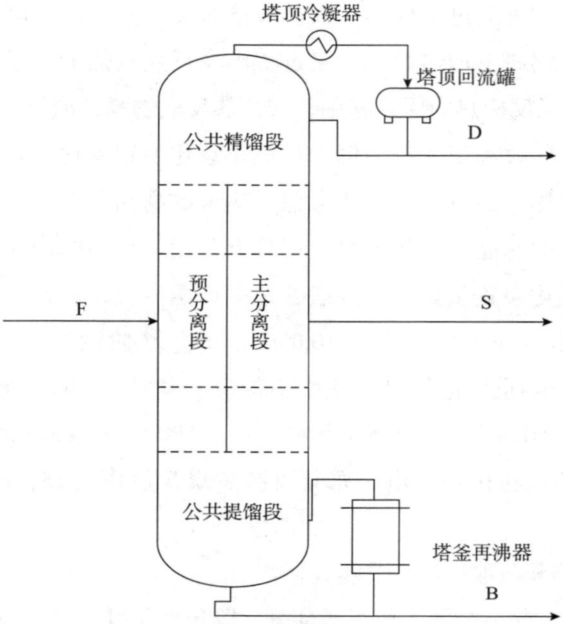

图 4-38　分壁塔结构示意图
（F—进料；D、S、B—不同组分）

4．炼化一体化、装置大型化助力石化产业节能

2000年以来我国石化行业正在向炼化一体化、装置大型化方向发展。国家发展改革委《石化产业规划布局方案》提出建设上海漕泾、浙江宁波、广东惠州、福建古雷、大连长兴岛、河北曹妃甸、江苏连云港七大世界级石化基地，其中已有、在建或规划的多为大型炼化一体化项目。2015年至2020年，我国千万吨级以上炼油厂由23座增至29座，单厂平均产能由257万t/a提高至456万t/a；百万吨级乙烯（以石油为基础原料）企业由6家增至13家，装置平均规模由56万t/a增至70万t/a。

炼油、乙烯、PX装置大型化带来的规模和节能边际价值效益充分显现。2021年，我国原油加工行业的能效“领跑者”中国石化青岛炼化、广州石化均为千万吨级炼油厂；乙烯行业能效“领跑者”中国石油独山子石化、中国石化镇海炼化均为百万吨级乙烯装置；对二甲苯行业能效“领跑者”为中国石化海南炼化百万吨级PX装置。炼化一体化、装置大型化助力石化产业节能的主要原因：一是充分利用炼化一体化的资源优化配置、规模优势，“宜油则油、宜烯则烯、宜芳则芳”，使宝贵的石油资源得到合理利用；二是综合利用炼油厂和石化装置的各种产品和中间产物，提升设施共享水平，建设大型集中公用工程和供氢中心，减少水、电、汽、热等公用工程系统的投资和消耗，并以装置热进出料、换热网络集成、大系统低温热利用等为契机持续提升能效和节能经济效益。

5．炼化行业节能主要存在问题

（1）设备规模小，能源消耗大

目前我国炼化企业采用的设备规模普遍偏小，导致能源消耗大，具体表现为：炼化装置集成化不足，运营过程单一机组规模小，导致单一机组能耗大，使得整体生产能耗降低。数据表明，全球炼油厂平均规模达500万t/a，大型炼油厂为1000万t/a，最大规模为4000万t/a，而我国目前千万吨级规模的炼油厂屈指可数，整体炼油规模有待提升，所以即使我国炼油水平已经有较大提升，但综合耗能水平依然居高不下。2021年国家发展改革委等五部委在《石化化工重点行业严格能效约束推动节能降碳行动方案（2021—2025年）》中强调引导低效产能有序退出，严格执行《产业结构调整指导目录》等规定，推动200万t/a及以下炼油装置、30万t/a以下乙烯装置、60万t/a以下对二甲苯装置、10万t/a以下电石装置淘汰退出；严禁新建1000万t/a以下常减压、150万t/a以下催化裂化、100万t/a以下连续重整（含芳烃抽提）、150万t/a以下加氢裂化、80万t/a以下石脑油裂解制乙烯装置。

（2）工艺技术及装备更新缓慢

由于我国炼化技术起步较晚，国内炼化技术发展较为缓慢，目前相对于国际炼化行业，我国工艺技术滞后，设计水平较低，装置大型化进程缓慢，同时科技创新发展迟缓。因此，节能低碳技术进步才是炼化行业实现“双碳”目标的根本途径，有必要加强前沿技术开发应用，加快成熟工艺普及推广。

（3）节能管理力度和体系不足

目前我国炼油化工企业的节能管理还比较薄弱，突出表现在管理体系建设方面，存在节能管理组织不健全、职能不到位、体系不顺、力量薄弱等问题，各级节能管理和技术机构的力量亟待加强。同时，在基础管理方面，计量、定额、监测、统计等还相对欠缺，节能源头管理尚未落到实处，考核奖惩机制还不够完善，企业全员节能意识有待进一步提高。

（二）炼化企业节能趋势

炼油能耗、乙烯能耗降低趋势减缓，进入了瓶颈平台期。一方面，炼油、石化企业及其关键工艺装置实现大型化，能效利用的规模效应凸显，同时大量采用先进、成熟节能技术，行业能耗持续降低的空间变得十分有限。另一方面，石化工业总加工流程延长，加工深度增加，添加了许多需要额外消耗能源的辅助附属装置和设施，侵占了一部分节能降耗空间。要突破能耗持续下降的瓶颈平台期，急需开发低能耗炼油与石化新工艺及新技术。

石化工业节能出现一些新趋势，一是原油深加工、产品结构影响石化工业节能降碳；二是石化节能技术如工艺过程强化技术和多过程耦合集成技术、提高化石能源转换效率的技术仍需加大开发与应用推广力度；三是数字化智能化技术将成为石化节能新手段。

1. 绿色工艺技术

开发或推广绿色工艺技术，有助于从源头上降低能耗。例如：在炼油行业，推广采用CO燃烧控制技术提高加热炉热效率，采用冷再生剂循环催化裂化技术提高催化裂化反应选择性等。在乙烯行业，推广原油直接裂解制乙烯，采用裂解炉在线烧焦技术、减黏塔减黏技术等。在对二甲苯行业，加强国产模拟移动床吸附分离成套技术的开发应用，降低装置能耗和排放。

2. 重大技术装备

针对炼化行业的关键装备，如高效换热器、大型加氢反应器、乙烯裂解炉、气化炉及新型塔器等，加强设计制造技术，通过设备过程强化技术提升装置运行效率，有助于进一步减少工艺系统的能源消耗。同时，结合智能控制技术，可以通过计算机大数据处理或数字孪生体，实时监测设备运行状态，解决传统人工监控的局限和人力物力消耗，掌握装备运行状况，确保各项参数在正常状态范围内。同时，采用变频调速技术，可以基于物料控制设备和功率，降低运行中的无功损耗。由此根据运行工况和负荷对设备进行调节，达到合理控制设备效率，优化设备运行能耗，提升机组节能效果的目的。

3. 能量系统优化

能量系统是生产过程中与能量转换、利用、回收等环节有关的设备所组成的系统，如余热余压利用、换热网络、氢网络系统等，对炼化行业能量系统进行优化设计，科学有效地对各能量环节进行转换和利用，可使得能量整体回收率提高。夹点技术是能量系统优化中最为常用的方法，目前已得到广泛应用，并扩展到包括精馏、热泵、热力透平等工艺流程。

二、炼化企业主要节能技术与减排效果

（一）前沿技术和普及推广的成熟工艺

1. 集成创新绿色低碳炼化新工艺

集成原油蒸汽裂解和重油催化裂解技术形成短流程绿色低碳集成裂解新技术。原油轻质部分蒸汽裂解，重质部分催化裂解，裂解重油加氢裂化深度利用，蜡油作为催化裂解原料或蒸汽裂解稀释料。集成轻烃转化+丙烷脱氢工艺形成增产芳烃+丙烯的新工艺技术。基于裂解技术的耦合集成方案参见图4–39。

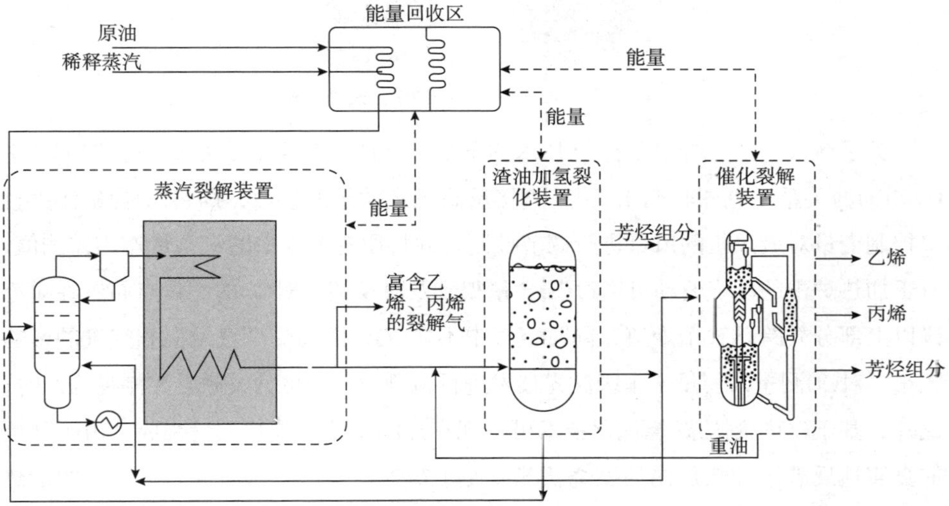

图 4–39　基于裂解技术的耦合集成方案

2. CO燃烧控制加热炉技术

加热炉是一种专用于产品物料以及工件热处理的加热设备，广泛用于石油、化工、冶金、机械等行业。为了提高加热炉的热效率，目前普遍采取对燃料预处理、炉体改进以及燃烧烟气回收等几种措施，如图4–40所示。而针对炼油企业加热炉主要采用基于O_2的燃烧控制技术，即通过锆的氧化物在辐射室顶部布置测量点，对烟气中的氧含量进行检测，从而实现调节加热炉燃烧的目的。但此技术存在许多不足：一是由于在顶点对氧气实施定点测量无法准确及时地反映加热炉内部的燃烧；二是实际生产过程中炉内燃烧的稳定性受如漏风量等多种因素影响常常会产生波动，当空气泄漏和燃烧器配风不合适时易造成操作人员误操作问题。

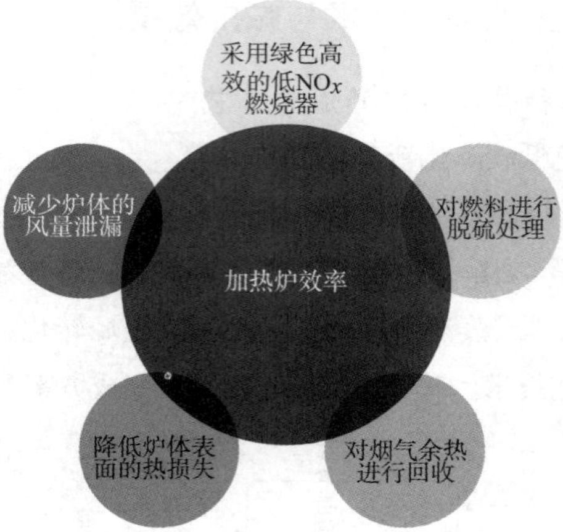

图 4-40　加热炉热效率的常见改进措施

为了解决基于O_2控制的燃烧技术的不足，新的控制策略是根据加热炉烟气中O_2与CO的关系（见图4-41），引入直接反映燃烧效果的参数，即将CO含量作为直接控制变量对鼓风机的风量进行调节控制，并将原有烟气中的氧含量作为监测值，对于加热炉中的燃烧波动可通过CO含量得到及时反馈；对CO的测量点布置在对流段以上部分并跨越整个烟道，同时空气中不含CO，因而受烟气偏混和空气的影响较小；对CO测量采用量子串级激光技术进行检测，反应更为灵敏且控制更为及时；此外，基于CO控制的燃烧优化技术可在现有控制系统中进行无缝集成，由于其更加真实地反映了加热炉内的燃烧状况以便于精细化操作，从而提高了原有的加热炉效率，同时也降低了CO_2以及SO_2、NO_x等污染物的排放，延长其使用寿命。

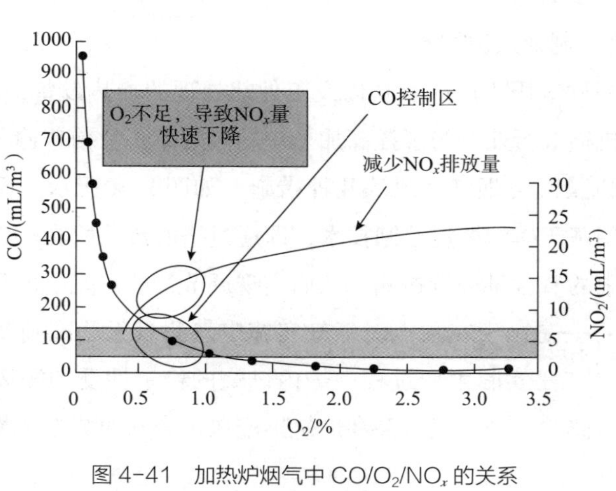

图 4-41　加热炉烟气中 $CO/O_2/NO_x$ 的关系

CO燃烧控制加热炉技术在工业上的应用情况以镇海炼化延迟焦化装置加热炉为例，通过对加热炉采用CO输出控制鼓风机变频，同步鼓风机比值前馈输出和炉膛负压反馈相结合的调节输出，从而对引风机进行综合变频控制，同时兼顾加热炉的快速控制与精细调节，该控制逻辑如图4–42所示。改造前后的关键参数见表4–14。采用该技术后，加热炉整体效率提高了0.68个百分点，烟气中的CO排放浓度控制在45μg/g以下，与原来相比，NO_x降低了33.17%，烟气总排放量降低了6500m^3/h。

表 4–14　CO 分析控制加热炉燃烧技术投用前后关键参数变化

· 参数名称	改造前	改造后
氧含量/%	3.3	0.8
排烟温度/℃	124	118
燃料气量/（t/a）	43000	42689
热效率/%	92.21	92.89
NO_x排放浓度/（mg/m^3）	40.1	26.8
CO_2排放量/（t/a）	129000	128067
变频器开度/%	35	20

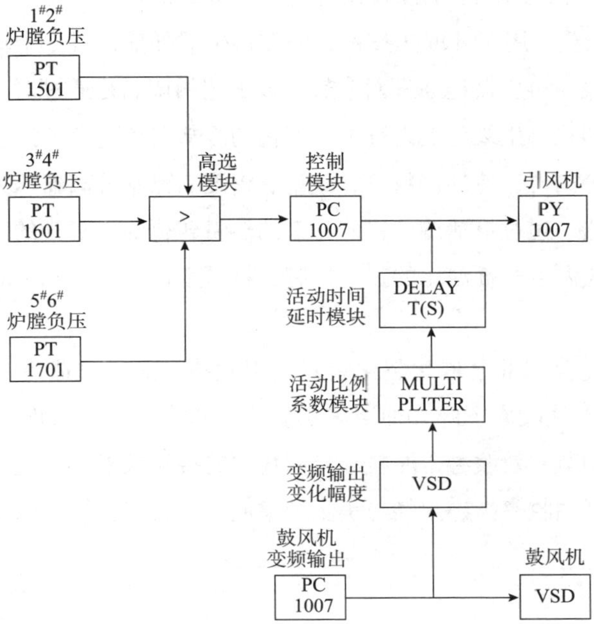

图 4–42　基于 CO 分析技术控制加热炉负压自动控制逻辑

3. 冷再生剂循环FCC技术

催化裂化（FCC）装置作为炼油工业最重要的原油二次转化和深度加工装置，其能耗一般占全厂总能耗的25%～35%，已成为炼油行业中能耗大户。目前催化裂化装置的节能重点包括：采取优化原料组成、优选催化剂、优化操作等措施来提高产品收率，减少生焦；对再生烟气能量进行充分利用；充分优化利用反应油气和动力消耗。

催化裂化为一个热量自平衡过程，即反应所需热量等于结焦催化剂在烧焦过程中所释放出的热量大小，但原料主要为高残炭、高金属、高黏度、高胶质和沥青质等劣质重油，容易引起焦炭产率升高，造成反应再生系统热量过剩。过高的温度使得反应催化剂失活，同时对产率分布造成影响。为了维持系统热平衡过程，控制再生催化剂的温度，从而降低其含碳量，获得理想的产品分布，则需要满足合理的再生剂碳含量、剂油比，以及原料雾化完全、适当的油气与再生剂混合温度等一系列技术指标。

催化剂的温度降低方案依据换热管束在再生器内、外取热位置不同，可分为内取热器与外取热器方案，现有催化剂冷却技术，主要集中在再生器密相段内取热，而无法对FCC系统中的操作条件进行相应的优化。冷再生剂循环催化裂化（CRC–FCC）工艺，属于外取热技术，即在再生器外部设置一个单独的设备，通过颗粒循环管线与再生器连通进而取热。该工艺的调温是通过对再生剂冷却系统的温控设计，即在再生线路上设置再生催化剂冷却器和配套的汽包（见图4–43），如一体式汽水分离器，冷却器料位、藏量、密度，汽水分离器压力、液位等必要的自动控制回路，通过灵活调节将催化剂的热量转化为水蒸气的热负荷，实现对再生温度、反应温度、剂油比的独立控制，将再生剂温度由原来的710～720℃降至640～650℃。

在锦西石化公司Ⅱ套催化裂化装置应用此技术进行改造后，其产品性质见表4–15，其中干气收率下降，油浆和焦炭收率得到提高，说明催化剂温度的降低与油剂比的调节有效改善了原料油与催化剂的接触效果，催化活性得到大幅提升，因而具有轻油收率高、干气与焦炭产率低、节省装置能耗以及催化剂输送系统稳定等特点。

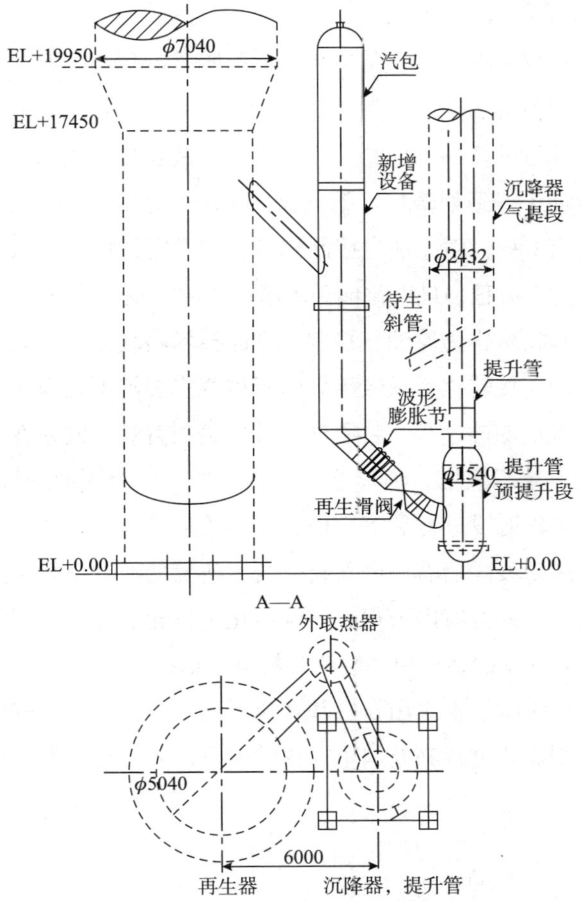

图 4-43　CRC-FCC 工艺 - 再生系统设备结构

表 4-15　改造前后产品收率对比

%

产品	改造前	改造后
干气	4.14	2.46
液态烃	12.00	12.31
汽油	43.50	43.03
轻柴油	31.50	32.03
油浆	2.50	3.61
焦炭	6.00	6.50
损失	0.06	0.06

4. 原油直接裂解技术

当前我国存在成品油过剩、基本化工原料匮乏的现实问题，炼油业由“燃料为主”向“化工原料为主”的转型已然成为时代要求。化工企业一般采用石脑油等经过炼油厂精炼过的产品为原料，再通过裂解装置进行乙烯、丙烯等化工原料的生产，进一步加工得到如塑料、肥皂或合成纤维等制成品，其实际用于生产化工原料的占比仅有30%；而原油直接制化学品技术则省略了常减压蒸馏等主要炼油环节，简化了生产流程，最大化地利用原油资源，提高了化工原料的收率。

原油蒸汽裂解技术作为原油直接制化学品技术路线之一，先以美国埃克森美孚公司开发的原油直接转化为低碳烯烃的新型蒸汽裂解工艺为代表，如图4-44所示。该工艺绕过常规炼油过程，将原油直接供给裂解炉，同时在裂解炉对流段和辐射段之间加入一个闪蒸塔，通过该闪蒸塔将预热后的原油进行气液组分分离，气相（76%）进入辐射段进行裂解反应，底部重质液相（24%）则作为其他原料或燃料转移至下一阶段。后有我国石科院自主研发的原油催化裂解技术，以及中石化（北京）化工研究院有限公司、中国石化工程建设有限公司与南京天华化学工程有限公司联合开发的轻质原油蒸汽裂解制乙烯技术。

轻质原油蒸汽裂解技术采用石蜡基轻质原油作为其相对较好的裂解原料，对于轻、中质原油则需要进行必要的重油移除才可进入传统裂解炉中裂解。由于该

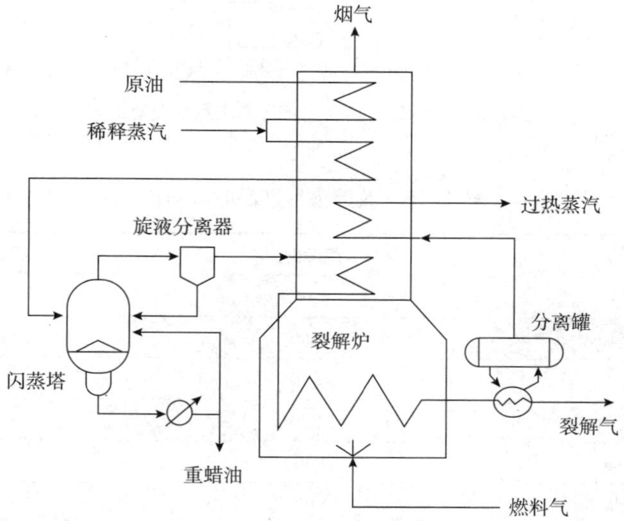

图4-44　埃克森美孚公司原油蒸汽裂解制乙烯核心工艺流程

技术直接使用原油作裂解原料，避免了传统炼油的常压蒸馏和原料精制等加工过程，可大幅缩短生产流程，降低原材料生产成本。埃克森美孚公司在新加坡建成的100万t/a装置用于原油直接制低碳烯烃，化学品收率可达50%～70%，1t烯烃成本节省100～200美元；与常规的“炼油+馏分油蒸汽裂解流程”相比，其综合生产能耗可降低20%以上，同时大幅降低CO_2等温室气体的排放。

5. 电裂解炉技术

蒸汽裂解装置生产乙烯作为我国最主要的生产路线，占据了国内乙烯总产能的84%，其生产过程可分为裂解、急冷、压缩、分离等工序，其中蒸汽裂解装置依赖于化石燃料来加热裂解炉，这种由燃料燃烧直接排放产生的CO_2约占其总碳排放量的60%。而随着能源电网由传统化石燃料朝着可再生能源发展，逐步提高化工行业的电气化率，尤其是开展对电加热蒸汽裂解炉技术的研发，从根本上以“零碳、低碳”能源替代“中碳、高碳”能源，可有效实现碳减排目标。

目前，继陶氏与壳牌于2020年宣布合作开发电裂解技术后，2021年巴斯夫、沙特基础工业与林德等公司也随即宣布2023年启动全球首座电加热蒸汽裂解炉的建造工作。与传统化石燃料的燃烧过程作为热量供给来源相比，采用电加热裂解炉技术是通过（尤其是以可再生能源为主导的）电力驱动加热，所用电阻金属管（或丝）以较高的电阻率、较低的电阻温度系数为特点，能够达到高温裂解反应所需的裂解温度（约840～850℃），因而具有热效率高、热量分布均匀，便于灵活调节以控制加热温度等优势，CO_2的减排比例有望实现90%以上。

6. 裂解炉在线烧焦技术

裂解炉（见图4–45）作为乙烯等基础化工原料的主要生产装置，当烃类在裂解炉内部的辐射段发生裂解反应的同时，其辐射段炉管和急冷锅炉内管壁容易出现焦炭沉积。焦炭热阻较大，导致炉管表面温度上升；随着焦炭的不断沉积，管内直径减小从而使管内流体压降不断攀升，这不仅增大了裂解炉装置的运行能耗，还降低了蒸汽裂解选择性。为了维护裂解炉的正常运行以及保障人身设备安全，当温度或压降达到最高限值时，需要对炉内的焦炭进行及时清除。为保证裂解炉在烧焦过程中的设备安全，实际烧焦的过程通常耗时较长，缩短了裂解炉投入正常运行的时间，并且耗费了大量的水蒸气、热空气等物料供给，继而增大了裂解装置的运行以及维护成本。

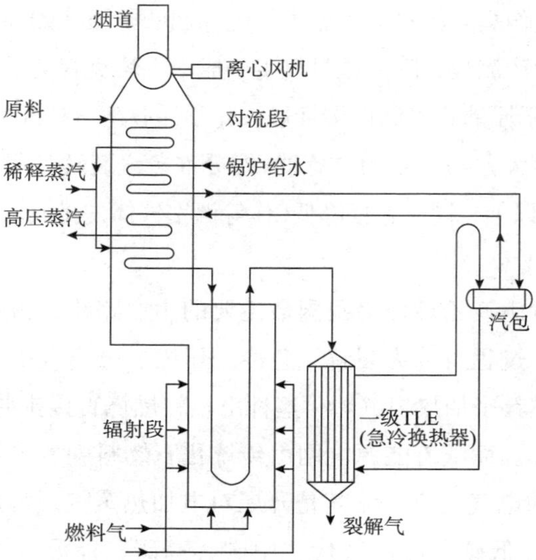

图 4-45 裂解炉结构

与传统的停炉烧焦相比，在线快速烧焦技术主要是对烧焦尾气中的CO_2、CO和O_2摩尔分数进行实时采集与分析，以此为依据，采取提高空气量、减少水蒸气量、提高裂解炉辐射段炉管出口温度等措施，继而达到加快烧焦速率的目的，同时也对烧焦过程中产生的热量进行了适当的控制，避免了炉管局部过热现象，在保证设备安全的前提下，有效缩短了裂解炉辐射段炉管的烧焦时间。对辐射段炉管和急冷锅炉采用在线快速烧焦技术，可极大缩短裂解炉烧焦时间；同时由于减少了裂解炉降、升温点火过程，较大幅度地降低了温度波动对炉壁材质使用寿命的影响，并节省大量的蒸汽、燃料供给，有效地降低了裂解炉的能耗。

7. 模拟移动床吸附分离成套技术

对二甲苯（PX）作为一种重要的化工有机原料，广泛应用于制备纤维、胶片和树脂等产品。根据《高耗能行业重点领域能效标杆水平和基准水平（2023年版）》，对二甲苯能效标杆水平为380kgEO/t、基准水平为550kgEO/t。截至2020年底，我国对二甲苯能效优于标杆水平的产能约占23%，能效低于基准水平的产能约占18%。

目前在工业上制取对二甲苯首先是通过催化重整、蒸汽裂解、甲苯歧化或煤焦油等途径得到混合二甲苯，再从混合二甲苯中分离出对二甲苯。混合二甲苯中的主要成分为对二甲苯、间二甲苯（MX）、邻二甲苯（OX）和乙苯（EB）等，由于各组分密度较为接近且沸点差异很小，这时再用传统的精馏方法将很难进行分离。经过行业几十年的探索与发展，当前应用最为成功的是采用模拟移动床（SMB）吸附分离成套技术。模拟移动床吸附分离技术由移动床工艺演变而来，最早由美国UOP公司提出，而后发展形成从混合二甲苯中分离对二甲苯的美国UOP-Parex，日本Toray-Aromax，法国IFP-Eluxyl工艺以及中国石化SorPX工艺。模拟移动床的基本原理是保持固定床中所填充的吸附剂不动，通过特殊的旋转阀或开关阀周期性地改变沿着流体流动方向的液流进出口位置，实现模拟固体和液体之间的逆向移动。整个过程中，实际床层本身没有发生移动，只是液流在相对逆流的同时填充吸附剂床层，因而既不会造成吸附剂的磨损，也尽可能地减少了液相出现沟流与返混的现象。总的来说，该技术结合了固定床和移动床各自的优点，工艺成熟，可实现连续化生产和自动化操作，操作成本低，固定相利用率与回收率高，液相稳定，提高了对二甲苯的产率。

镇海炼化公司450kt/a对二甲苯联合装置对Eluxyl吸附分离技术进行工业应用，采用144个控制阀的程序控制来完成吸附床层的模拟移动，通过在塔底泵出口设置浓度分布和变化趋势的检测点，对二甲苯生产负荷能够达到100%，产品纯度可以达到99.8%，单程收率可达到96%。

（二）过程强化技术

炼化过程强化技术的基础研究和应用研究。在炼化生产过程积极探索超重力强化、精馏强化、微化工强化、传热强化、膜反应器、多分离过程耦合集成等的应用集成，助力炼化工业降低能源消耗。

过程强化技术是从研究不同尺度下分子运动、传递、碰撞、吸附和反应过程机理入手，通过微反应器、超重力、微波、过程耦合等反应强化技术实现碳减排。主要涉及的技术内容包括：①开发原子经济化工技术，提高反应效率，减少副产物产生和“三废”排放。2025年前，推广高效低成本低温热回收利用工艺；采用速率调控手段，开发化学反应过程强化技术，重点开展微反应器、超重力、微波、过程耦合等反应强化技术基础研究，实现分子传递和反应过程的多尺度灵活协调控制，使传热、传质、混合、宏观反应速率等得到显著强化，2035年前，持续关注推广过程强化技术，从源头上解决化工生产过程中高能耗、高物耗和高污染等问题。②推进低温热回收及利用。基于工艺燃料深度脱硫技术，进一步降低排烟温度，通过技术开发，将加热炉热效率从现今的90%～92%提升至94%左右。探索将石油化工企业低温余热资源作为热法海水淡化装置的热源，为原料海水低温多效蒸发提供热量。在石化产业技术开发过程中，持续推动低温热回收及利用技术的推广减排。

此外，过程强化还涉及关键耗能设备的强化、优化利用。一般炼油企业关键耗能设备包括：工艺装置反应设备，工艺装置余热、余压回收系统、设备，功率不低于10MW的加热炉，轴功率不低于1000kW的容积式压缩机，轴功率不低于2000kW的透平式压缩机，轴功率不低于200kW的机泵等。过程强化的主要实现方式是对单个过程、单元或设备开展节能专项技术改造或应用。

对某800万t/a炼油企业过程强化建议如下：①采用强化燃烧及烟气余热回收技术，合理提升工艺加热炉热效率；②合理提升列入关键耗能设备的压缩机效率；③合理提升列入关键耗能设备的机泵效率等。该企业大型工艺加热炉设计热效率为91.0%，重整四合一炉热效率为92.0%，结合燃烧强化技术与烟气余热回收技术应用，优化提升大型工艺加热炉热效率至93.0%，提升重整四合一炉热效率为94.0%，预计节约燃料气约1.0t/h。涉及的主要加热炉见表4–16。

表 4–16　实例企业大型工艺加热炉

序号	名称	负荷/MW
1	常压加热炉	80.0
2	减压加热炉	20.0
3	渣油加氢反应进料加热炉	25.0
4	渣油加氢分馏塔进料加热炉	25.0
5	重整四合一炉	35.0

（三）能量系统优化

1. 余热余压利用

在工业领域的各个行业进行生产运行时，都伴随着大量能量的产出与释放，有其特有的节能潜力，以生产运行过程中的能量为研究对象，对其进行改进，是降低对应行业能耗、提高生产效率的重要手段。余热余压是在工艺运行过程中释放出来的不属于所需产物的多余副产热能及压差能，主要来自高温气体、液体、固体的热能和化学反应能。工业余能是工业生产过程中产生的一种重要的能源形式，其中余热和余压是工业余能的重要组成部分，可以占到总余能的90%左右。

对这些能量在一定的经济条件下进行回收利用，可以有效减少资源浪费，并且也能避免对环境产生污染。因此对于余能的回收利用在能源资源不断紧张的今天，尤显重要。

余热余压按产生途径可分为以下几类：高温烟气余热、高温炉渣余热、高温产品余热（包括中间产品）、冷却介质余热（如循环水、导热油、冷冻液媒介等）、可燃废气余热、化学反应放热、残炭余热、蒸汽疏水余热余压等。

按载热体形态将余热余压资源分为三类：①固态载体余热资源：包括固态产品和固态中间产品的余热资源、排渣的余热资源及可燃性固态废料；②液态载体余热资源：包括液态产品和液态中间产品的余热资源、冷凝水和冷却水的余热资源、可燃性废液；③气态载体余热资源：包括烟气的余热资源、放散蒸汽的余热资源及可燃性废气。

按温度可将余热余压资源分为三类：①高温余热：温度高于500℃的余热资源；②中温余热：温度在200～500℃的余热资源；③低温余热：即温度低于200℃的烟气及低于100℃的液体。

（1）低温热利用技术

石化企业存在大量的低温热，包括炼化企业在生产过程中由各种换热设备、用能设备和化学反应设备中产生的高于油品储存或工艺本身需要的温度而未被用尽的热量，数量约占工业废热的60%。炼化企业低温余热资源量非常可观，而且连续稳定。据初步统计，仅中国石化所属炼化企业中在80～150℃之间相对集中、具有较好利用条件的低温余热资源量就达4000～5000MW。据测算，一个原油加工能力为1000万t/a的炼油企业，每小时可产生160MW以上的低温热，主要包括50～200℃的油品，或者100～400℃的气体或烟气。充分考虑企业低温热源、热阱的数量、温位及平面布置等具体条件，全厂性设计低温热回收利用系统，是石化企业节能降耗的重要手段。

低温热利用对于石化节能具有重要意义，关键措施是大系统统筹回收和综合利用低温热。即结合低温热能质低、位置分散的特点，针对热源、热阱能级、数量分布，在全厂范围内，以除氧水为循环热媒，按照“温度对口，梯级利用”的原则，把分散在各个工艺装置的热源集中起来，再供给分散在不同地方、不同温位的热阱，通过循环热媒水流程的串、并联设计，实现低温热的统筹回收和综合利用，流程见图4-46。具体地，低温热的主要利用途径有两类：一是按级匹配利用，即向温位更低的物流换热利用，主要包括为低温再沸器提供热源、预热空气、储罐与管线维温伴热、原油预热、北方冬季采暖、提供生活热水等；二是升级利用，具体表现为热升级、制冷、做功等形式，包括低温热发电、第一类吸收式热泵、第二类吸收式热泵、溴化锂制冷、海水淡化等。

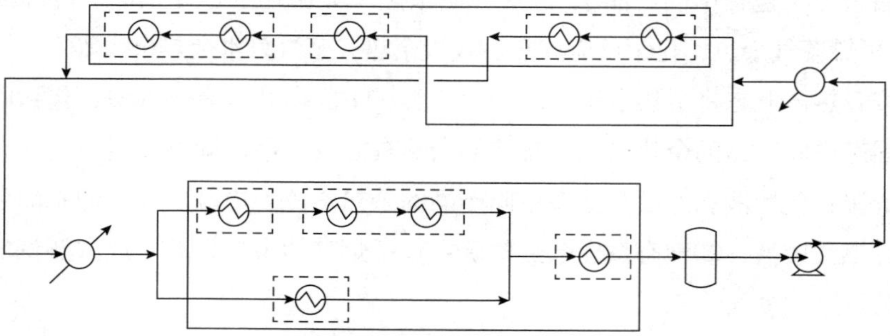

图 4-46　统筹回收和综合利用低温热示意图

近年低温热升级利用技术开发应用较多，包括有机朗肯循环（Organic Rankine Cycle，简称ORC）发电技术等，取得了良好的应用效果。有机朗肯循环发电技术是以低沸点有机物为工质的朗肯循环发电技术，其工作示意见图4-47。ORC由于沸点低，可以在低温下就获得较高的蒸汽压力，从而维持涡轮机的运转，适用于低品位热源发电。

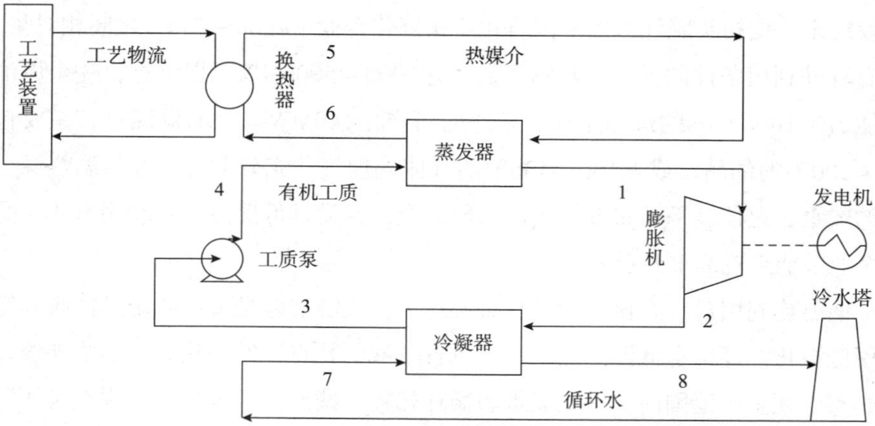

图 4-47　有机朗肯循环发电技术示意图

1—进膨胀机工质；2—出膨胀机工质；3—出冷凝器工质；4—加压后有机工质；5—吸热后热媒介；6—放热后冷媒介；7—冷循环水；8—热循环水

1）应用案例一

海南炼化60万t/a芳烃联合装置是非常复杂的石化生产装置，技术门槛高，工艺流程长，循环物料多，分离过程复杂，而且是耗能大户。为了实现装置的余热利用，首先进行了工艺创新，优化塔系压力，提升塔顶余热能级，实现回收低温余热产汽发电。同时进行工程创新，采用特殊结构的换热设备、蒸汽发生器和专用的泄漏监测设施，避免了蒸汽泄漏到工艺介质侧，阻止水对专用吸附剂和催化剂的损坏。通过工艺、工程等多学科集成优化，芳烃联合装置整体能耗较引进技术降低28%，达到世界领先水平。通过余热发电技术，首次实现了芳烃装置由受电到外送电的历史性突破，每年节省电费1亿元以上，每吨PX的生产成本比同类装置降低500元以上。

2）应用案例二

以节能高效汽油吸附脱硫成套技术S Zorb为例，该技术加工了我国近60%的催化裂化汽油，是我国汽油质量快速高效升级的重要支撑。在燕山石化S Zorb项目中，通过实施低温热整体化提质综合利用，ORC机组净发电量约为535kW，可满足装置总用电负荷的50%左右，折合节能量1680tEC/a。该低温热利用项目入选2018年国家发展改革委环资司的“最佳节能实践”项目。

3）应用案例三

茂名石化公司4#柴油加氢装置精制柴油需经空冷器A503从140℃冷却到50℃再送出装置，装置低温热的回收利用存在极大的困难。升级改造采用了先进的向心式ORC低温发电技术，通过利用低温精制柴油将工质五氟丙烷加热成高压蒸气在向心式膨胀机内进行发电，实现低温余热的充分利用。用户4#柴油加氢装置的精制柴油温度为140～165℃，精制柴油流量为200～360t/h，经过空冷器A503冷却后才能送至罐区，大量的低温余热无法回收，长期需要启动空冷风机冷却后才能外送，造成装置能耗居高不下。采用的工质为沸点15℃的五氟丙烷，冷凝系统采用蒸发式空冷器，精制柴油作为热源进入机组蒸发器加热工质五氟丙烷，加热后精制柴油温度下降再返回装置产品空冷器A503入口。液态工质五氟丙烷进入蒸发器加热为过热蒸气后进入向心涡轮机，热能转化为机械能带动发电机产生电力。过热工质蒸气通过蒸发式冷凝器冷却成为液体，冷却液体送入工质泵增压后送回蒸发器，重复循环。改造后，装置每年电量输出1452万kW·h，装置能耗降低443.03MJ/t，装置节能效果显著。

（2）热联合技术

采用热联合的方式，用除盐水作热媒，冷却分馏塔顶油气、精制柴油，而吸收了热量的除盐水则用来作为油品罐区保温的热源，及部分装置伴热、取暖的热源。除盐水放热后返回冷却器循环使用。低温余热项目的投用，可进一步降低能耗，挖掘炼油节能潜力，技术路线如图4-48所示。

齐鲁石化公司炼油厂260万t/a柴油加氢精制装置是600万t/a胜利高硫高酸原油加工技术改造项目中配套装置之一，采用中石化（大连）石油化工研究院有限公司开发的FH-UDS催化剂及工艺技术。装置运转过程中经过了如提高热进料的比例、降低燃料消耗等多种优化手段，但仍存在进空冷器温度高的问题。为解决分馏塔顶油气、精制柴油低温余热利用的问题，增加了低温余热综合利用单元。240t/h的精制柴油进空冷器前的温度在120℃左右，20t/h的分馏塔顶油气进空冷器前的温度在165℃左右，造成空冷器冷却负荷大，低温余热浪费。来自热水泵站温度为70℃、流量为300t/h的除盐水，一路去换热器E207与120℃的精制柴油进行换热，一路去E208与165℃的分馏塔顶油气换热，换热后的除盐水合并为一路。精制柴油、分馏塔顶油气分别与除盐水换热后，再分别进入空冷器进行进一步冷却。温度为110℃的除盐水分别送至第二油品罐区的10个罐，作为油罐的维温热源；送至第三加氢装置办公楼、二油品车间办公楼、重油加氢装置办公楼及第二油品车间各罐区范围内操作室、办公室、泵房作为采暖热源。改造后，采暖期间外供低温热水流量平均为394t/h，供水温度为98.2℃，回水温度为93.1℃，热媒水管网压力为0.7MPa；停止供暖后外供低温热水流量平均为320t/h，供水温度为102.1℃，回水温度为98.2℃，热媒水管网压力为0.9MPa。

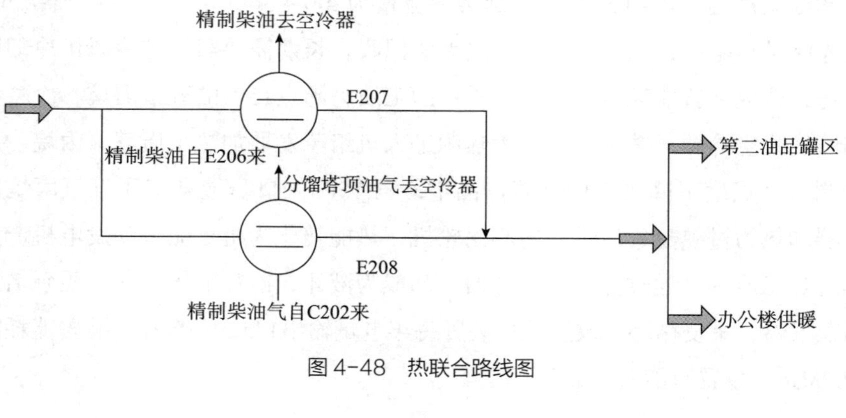

图4-48　热联合路线图

（3）升温型工业余热利用技术

以第二类溴化锂吸收式热泵作为主要设备，采用中温热源驱动，热泵循环中蒸发压力和吸收压力高于发生压力和冷凝压力，借助其与低温热源的势差，可吸收低品位余热（热水、蒸汽或其他介质），将另一部分中温热提升到较高的温度，生产高品位热蒸汽或热水，实现能源品位的提升。该类热泵以获取更高的输出温度为目的，由于其向环境或低温热源排放部分热量，其性能系数COP一般小于1，在0.3～0.5之间，系统运行过程中仅消耗少量的电能，具有显著的节能效果，技术路线如图4–49所示。

中海石油宁波大榭石化30万t/a乙苯装置工艺热水余热回收项目，用户30万t/a乙苯装置中高温物料冷却产生大量热水，温度达120℃、总量为468.4t/h，直接进入冷却塔散热，造成极大浪费。安装二类热泵机组回收乙苯工艺装置热水余热，以120℃热水作为驱动热源，制取0.30MPa（表）的蒸汽，并入0.25MPa（表）蒸汽管网，实施周期2个月。改造后，可多产0.3MPa蒸汽12.5t/h，节约循环水1400t/h。设备年运行时间按8000h计算，年节约标准煤0.90万t，年减排CO_2 2.49万t，投资回收期10个月。

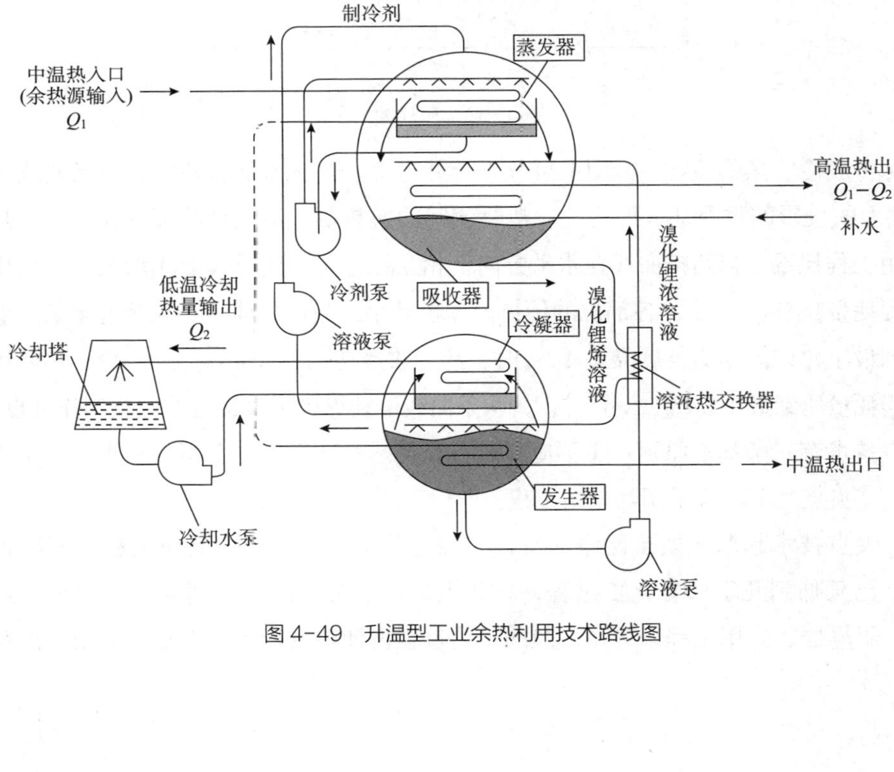

图4–49 升温型工业余热利用技术路线图

2．夹点技术

夹点技术是19世纪70年代由英国的Bodo Linnhoff教授等人提出的用于换热网络能量优化的综合设计方法，其理论在工业装置设计、改造等方面逐步发展、优化，成为化工过程综合设计的方法。夹点技术的重点在于对生产系统的能量回收，由于化工生产工艺流程中通常存在多股冷、热物流，通过对冷量、热量的综合分析，可以设计出使冷、热物流充分换热最大化回收能量的过程系统。

在夹点设计中，冷、热物流之间的换热量与公用工程的消耗量可以用温–焓（T–H）图表示，如图4–50所示。

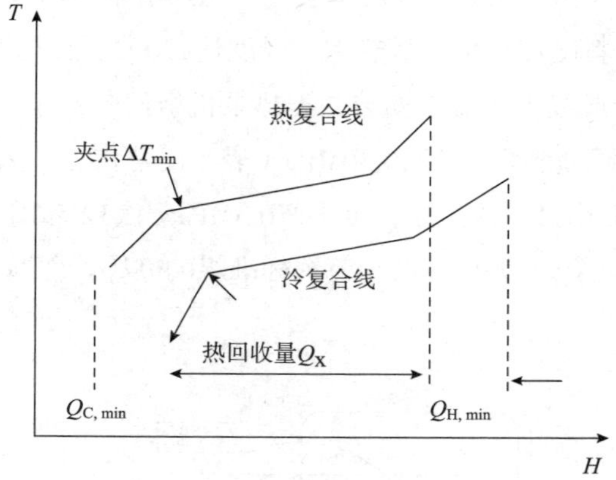

图4–50　T–H图

多股冷、热物流在T–H图上可分别合并为冷、热物流复合曲线，两条曲线在H轴上的投影的重叠部分即为冷、热物流间的换热量，不重叠的部分即为冷、热公用工程耗量。当两条曲线在水平方向上相互移进时，热回收量Q_X增大，而公用工程耗量Q_C和Q_H减小，各部位的传热温差也减小。当两条曲线相互接近至某一点达到最小允许传热功当量温差ΔT_{min}时，热回收量达到最大（$Q_{X,max}$），冷、热公用工程耗量达到最小（$Q_{C,min}$，$Q_{H,min}$），两条曲线运动纵坐标最接近的位置叫作夹点。夹点技术有三条基本原则：①不应穿过夹点传热；②夹点之上不应采用冷公用工程；③夹点之下不应采用热公用工程。

夹点技术起源于换热网络的设计，经过几十年的发展，其应用领域不断扩大，已延伸到几乎所有化工过程，在热电联产、分离序列、蒸馏塔、热泵、热机、干燥器、公用工程系统及一般的工艺过程设计与发行等方面都有应用，涉及众多工业部门，夹点技术的工业应用领域见表4-17。

表 4-17　夹点技术的工业应用领域

工业部门	应用对象
石油/石化工业	原油装置、加氢裂化装置、减黏裂化装置、加氢装置、焦油砂装置、乙烯装置、丙烯装置、丁烯装置、聚乙烯装置、聚丙烯装置、BTX装置
一般/特种化学品工业	化肥、药品、染料、丙烯腈系纤维、聚酯纤维、纤维素纤维、甘醇回收、环己烷、硝酸、聚苯、柠檬酸、聚氯乙烯、磷醋三钠、硫酸、硝基甲苯、甲苯二异氰酸盐，邻苯二酸酐
浆粕和造纸工业	牛皮纸浆厂、溶剂浆粕厂、造纸厂
食品和饮料工业	食用油、玉米湿磨、啤酒酿造、麦芽威士忌、奶制品、奶酪、冰淇淋、咖啡
冶金及其他工业	焦炭生产、煤加工、高炉、铝、苏打粉、水泥

3．热泵精馏技术

精馏通常需要高品位热量（来自重沸塔底），但精馏过程中却有95%的热量作为低品位热量由冷凝器的冷却水或空气带走排掉，因此热利用效率很低，而结合热泵技术可以有效利用低品位热量，降低高品位热量的消耗。根据压缩工质的不同，蒸汽压缩式热泵精馏可以分为以塔内物质为循环工质的直接式热泵精馏（开式热泵精馏）以及以外来物质为循环工质的间接式热泵精馏（闭式热泵精馏）。直接式热泵精馏又分为塔顶蒸汽压缩式热泵精馏和塔底液相闪蒸式热泵精馏。

闭式热泵精馏的循环流程如图4-51所示，经减压膨胀的低温低压热泵循环介质进入冷凝器吸收塔顶产品的热量而汽化，压缩机将该汽体加压升温变成过热体，过热体进入重沸器便冷凝释放出热量使塔底液体重沸，如此不断循环。放出热量和吸收热量之差值就是压缩机所消耗的动力，标志着使热从低温侧泵送到高温侧所付出的代价。

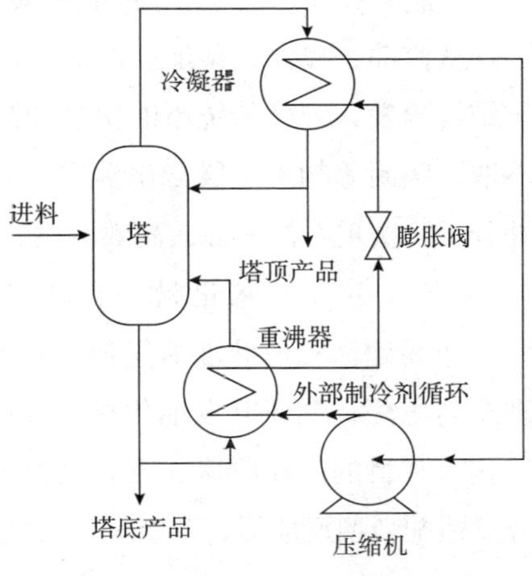

图 4-51　闭式热泵精馏

开式系统的热泵流程如图4-52、图4-53所示，塔顶蒸汽压缩式热泵精馏中取消了冷凝器，把塔顶蒸汽直接引入压缩机加压升温去加热重沸器，而后节流膨胀冷凝。塔底液相闪蒸式热泵精馏取消了重沸器，把塔底产品经节流闪蒸去冷凝塔顶蒸汽，而后再加压升温送回塔底。如果塔顶产品合适的情况下，使用开式热泵精馏的节能效果优于闭式热泵精馏。

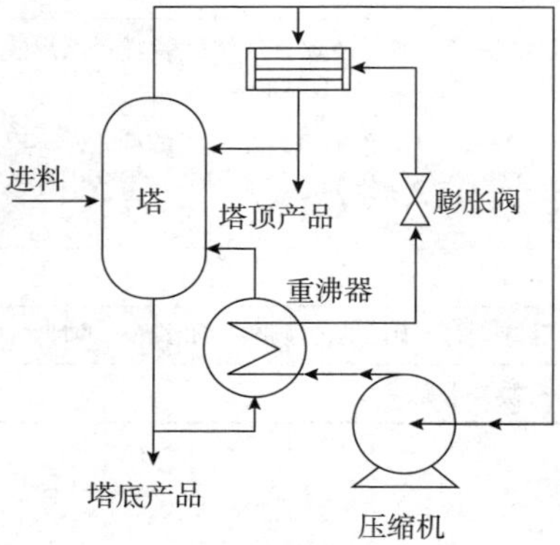

图 4-52　塔顶蒸汽压缩式热泵精馏

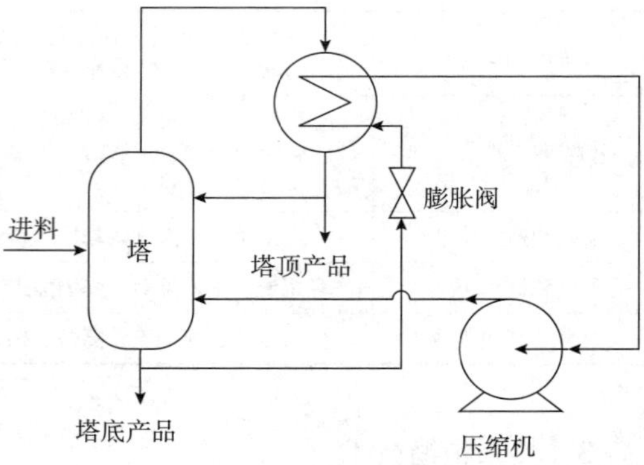

图 4-53　塔底液相闪蒸式热泵精馏

（四）推进炼化全产业链节能提高能效

开展炼油与乙烯、芳烃项目间的炼化一体化能量集成；全厂加热炉及其排烟系统、蒸汽及其管网系统、循环水及其管网系统、氢气及管网系统等的集成优化；传统节能技术的挖潜应用研究，如工艺装置与上下游工艺单元、装置加工深度和工艺特征的协同优化技术，工艺装置与系统深度关联的公用工程优化技术，全厂节能技术等。

（五）基于分子炼油的低能耗炼油技术

从汽油、煤油、柴油、润滑油、乙烯、丙烯、苯、对二甲苯等烃类组成与分子结构出发，突破传统原油切割-馏分炼制工艺，开发馏分分离与组分分离耦合，萃取、吸附等物理手段与化学反应手段相结合的石油炼制新工艺，用好每一个石油分子，实现石油资源的高效利用，降低能源消耗。

（六）基于新催化材料和新催化剂的低能耗炼化技术

开展计算机辅助炼油复杂反应系统理论与模型研究，采用“材料基因工程”理念与方法，创新开发催化材料和催化剂，降低反应压力和温度，提高选择性、转化率和目的产品收率，延长催化剂再生周期和使用寿命；根据新催化剂特性，开发适配新型反应器，革新炼油工艺与工程技术，实现低能耗低碳炼油。

第四节 碳捕集与回收利用

一、CCUS概况以及在碳中和目标下的作用

（一）CCUS概况

二氧化碳捕集利用与封存（Carbon Capture，Use and Storage，简称CCUS）是指将工业和相关能源产业排放的二氧化碳捕集分离出来进行有效利用或碳封存，最终实现CO_2减排的技术手段。

1．CO_2捕集系统

国内外CO_2捕集目前主要有3个系统，即燃烧前（制氢、合成氨生产等）、燃烧后和富氧燃烧捕集系统。

燃烧前捕集系统是指将烃类燃料转化为CO_2和H_2，从可燃气体中分离出CO_2集中应用（CO_2体积浓度80%以上），H_2可用于合成氨和化肥的生产，以及石油提炼等。燃烧前捕集系统示意参见图4–54。

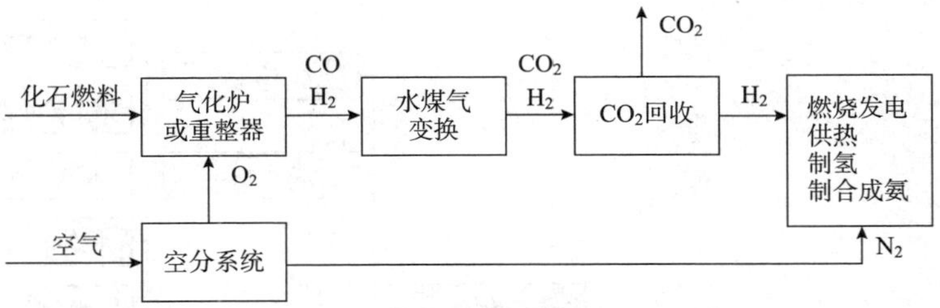

图4-54 燃烧前捕集系统示意

燃烧后捕集系统多指燃料燃烧后从烟气中捕集CO_2技术，由于烟气排放量大，其中约15%的成分为CO_2，所以该系统也是目前捕集CO_2最具前景的。燃烧后捕集系统示意参见图4–55。

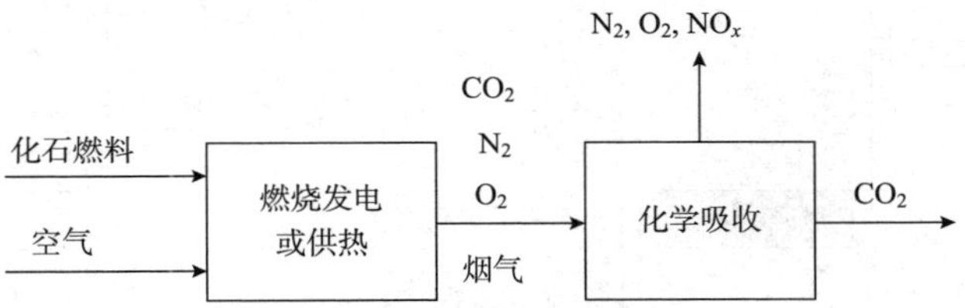

图4-55 燃烧后捕集系统示意

富氧燃烧捕集系统是用氧气代替空气作为燃料进行一次性燃烧，产生以水汽和CO_2为主的烟道气体。这种方法产生的烟道气体含CO_2的浓度很高（占体积的80%以上），但此法需要首先从空气中分离出氧气，这就致使总的能耗大大增加。氧化燃料作为在锅炉中捕集CO_2的一种方法，目前尚处于研究阶段。富氧燃烧捕集系统示意参见图4-56。

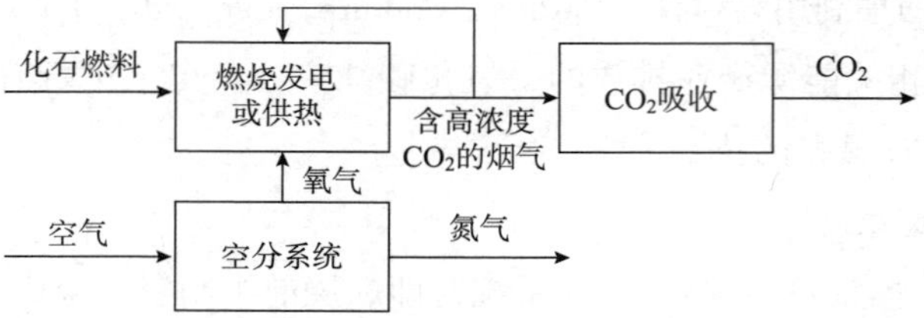

图 4-56　富氧燃烧捕集系统示意

2. 碳利用和封存

国内外目前常用的碳利用和封存方式有地下封存、地质利用（驱油等）、化学利用和生物利用。碳利用和封存主要技术见图4-57。

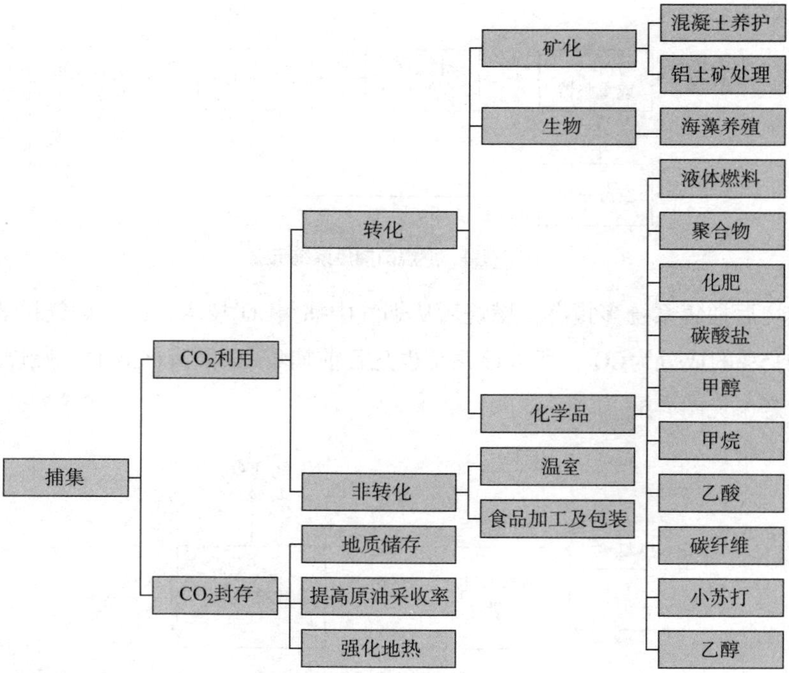

图 4-57　碳利用和封存技术示意图

3．CCUS应用情况

（1）国外应用

为应对全球气候变化和实现碳中和目标，世界各国纷纷展开了CO_2捕集项目的相关研究。其中美国、加拿大、澳大利亚、日本及阿联酋等国家推进CO_2捕集项目的工业化力度较大。2000年，美国与加拿大合作在Weyburn油田注入Great Plain Synfuel Plant和Sask Power电厂的CO_2，提高濒临枯竭油田采油率的同时，累计封存CO_2超过2600万t。2014年，加拿大Sask Power公司的Boundary Dam Power项目成为全球第一个成功应用于发电厂的CO_2捕集项目，该项目将150MW燃煤发电机组产生的CO_2捕集后，一部分封存地下，一部分用于美国Weyburn油田驱油，CO_2捕集能力达100万t/a。2019年全年，该项目捕集CO_2达61.6万t。2015年，加拿大Quest项目将合成原油制氢过程中产生的CO_2成功注入咸水层封存，每年CO_2捕集能力达100万t，该项目是油砂行业第一个CCUS项目，每年减少碳排放可达100万t。截至2019年，Quest项目已经累计捕集CO_2达400万t，以更低的成本提前完成了预定目标。目前，Quest项目是全球最大的捕集CO_2并成功注入地下的项目。2016年，澳大利亚西部的Gorgon项目是全球最大的单体LNG项目Gorgon天然气项目的配套。该项目通过液化技术将CO_2从天然气中分离出来，将分离出来的CO_2注入巴罗岛的盐水层中，注入量可达350万t/a。

根据全球碳捕集与封存研究院发布的《全球碳捕集与封存现状2020》报告，截至2020年底，全球有28个处于运行阶段的大规模CCUS项目，捕集能力约为4000万t/a，其中14个分布在美国，此外全球有37个大规模CCUS项目处于在建或开发阶段。参见表4–18。

表 4–18　国外部分 CCUS 项目一览表

项目名称	地点	捕集能力/（万t/a）	CO_2来源	CO_2去向	运行年份
Terrell	美国	40～50	天然气处理	EOR	1972
Enid	美国	10～20	化肥厂	EOR	1982
Shute Creek	美国	700	天然气处理	EOR	1986
Sleipner	挪威	100	天然气处理	盐水层	1996
ValVerde	美国	130	天然气处理	EOR	1998
Weyburn	美国/加拿大	100	煤气化	EOR	2000
In Salah	阿尔及利亚	120	天然气处理	枯竭气田	2004

续表

项目名称	地点	捕集能力/（万t/a）	CO_2来源	CO_2去向	运行年份
Snohvit	挪威	70	天然气处理	盐水层	2008
Century	美国	500	天然气处理	EOR	2010
Coffeyville	美国	90	化肥厂	EOR	2013
Lost Cabin	美国	70	天然气处理	EOR	2013
Lula	巴西	70	天然气处理	EOR	2013
Air Products	美国	100	制氢	EOR	2013
Boundary Dam	加拿大	100	燃煤电厂	EOR/盐水层	2014
Quest	加拿大	120	制氢	盐水层	2015
Uthmaniyah	沙特阿拉伯	80	天然气处理	EOR	2015
Decatur	美国	100	乙醇	盐水层	2016
Kemper	美国	340	燃煤电厂	EOR	2016
Petra Nova	美国	160	燃煤电厂	EOR	2016
Gorgon	澳大利亚	400	天然气处理	盐水层	2016
苫小牧	日本	10	氢气产品	盐水层	2016
Abu Dhabi	阿联酋	80	钢铁厂	EOR	2016
Alberta Trunk	加拿大	30～60	化肥厂	EOR	2016
Alberta Trunk	加拿大	120～140	炼油厂	EOR	2017
Gorgon	澳大利亚	400	天然气处理	盐水层	2019
Qatar	卡塔尔	220	天然气处理	盐水层	2019
Alberta Trunk	加拿大	160	制氢	EOR	2020

注：EOR为二氧化碳强化驱油。

（2）国内应用

相比国外，中国的CCUS项目起步较晚。2007年，中国石油吉林油田和中国石化华东油气分公司草舍油田掀开了国内CO_2捕集项目的新篇章。经过长期实践，中国石油吉林油田于2007年首先实现CCUS-EOR技术的工业化，建立五类CO_2驱油与封存示范区，年封存CO_2能力可达35万t。同年，中国石化华东油气分公司草舍油田建成了CO_2年注入量4万t的先导试验项目，后期建成了CO_2回收装置，年处理量可达2万t。随后，基于日趋成熟的CO_2捕集技术，中国石化胜利油田、中国神华集团、延长石油集团及中国石化中原油田加速推进CO_2捕集项目的工业化。2010年，中国石化胜利油田建成了国内首个燃煤电厂的CCUS示范项目，以燃煤电厂烟气CO_2为源头，采用燃烧后捕集技术，将捕集的CO_2注入油田中进行驱油，CO_2捕集能力达3万～4万t/a。2011年，中国神华鄂尔多斯10万t/a的CCS示范项目落成，采用甲醇吸收法捕集煤气化制氢项目尾气中的CO_2，后向盐水层中注入CO_2。该项目是国内第一个盐水层地质封存实验项目。2012年，延长石油集团建成了5万t/a的CO_2捕集利用项目，该项目利用煤化工产生的CO_2，经过低温甲醇洗技术提纯加压液化后注入油田中，降低了原油黏度，提高了原油采收率并实现了CO_2永久封存。2015年，中国石化中原油田炼油厂尾气CCUS项目建成，该项目将已经接近废弃的油田，通过CO_2驱油将油田采出率提高15%。目前已有百万吨CO_2注入地下。

除了传统CO_2捕集技术，国内还开展了CO_2新型再利用技术的研发，应用于食品、精细化工等行业。2009年，上海石洞口第二电厂碳捕集项目建成，捕集规模为10万t/a，捕集后的CO_2主要用于食品行业。2011年，连云港中国科学院清洁煤能源动力研究所研究后提出，可将国内煤气化联合循环电厂（IGCC）产生的CO_2捕集后一部分用于尿素和纯碱工业，一部分注入盐水层进行封存。2012年，天津北塘国电集团CO_2捕集示范项目采用燃烧后捕集技术，年捕集量为2万t，捕集后的CO_2用于食品行业。

此外，微藻固碳技术在世界范围内仍处于发展阶段。2010年，新奥集团在内蒙古达拉特旗利用微藻固碳技术，将煤制甲醇/二甲醚装置的尾气吸收后，一部分用作生物柴油，一部分用作生产饲料，处理量达2万t/a。

据《中国二氧化碳捕集利用与封存（CCUS）年度报告（2021）》显示，中国已投运或在建的CCUS示范项目约为40个，捕集能力300万t/a，从项目数量和封存规模来看，已成为继美国之后的第二大国家。国内部分CCUS项目一览参见表4-19。

表 4-19　国内部分 CCUS 项目一览表

项目名称	地点	捕集能力/（万t/a）	CO_2来源	CO_2去向	运行年份
中原油田	河南	12	化工	EOR	2006
吉林油田	吉林	35	天然气处理	EOR	2007
上海石洞口电厂	上海	12	燃煤电厂	商用	2009
胜利油田	山东	4	燃煤电厂	EOR	2010
重庆合川双槐电厂	重庆	1	燃煤电厂	商用	2010
鄂尔多斯煤制油	内蒙古	10	煤制油	盐水层	2011
连云港清洁煤能源动力系统	江苏	3	燃煤电厂	盐水层+工业	2011

续表

项目名称	地点	捕集能力/（万t/a）	CO_2来源	CO_2去向	运行年份
天津北塘电厂	天津	2	燃煤电厂	商用	2012
榆林煤化工	陕西	5	甲醇、乙酸	EOR	2012
华中科技大学35MW富氧燃烧	湖北	10	热电厂	商用	2014
天津IGCC电厂	天津	10	燃煤电厂	EOR	2016
新疆敦化利	新疆	10	甲醇厂	EOR	2016
吉林油田	吉林	60	天然气处理	EOR	2018
华润海丰电厂	广东	2	电厂	商用	2019
齐鲁石化	山东	100	化工	EOR	2022
泰州电厂	江苏	50	燃煤电厂	EOR	2023

（二）CCUS对碳中和的重要意义

1．减少化石能源基础设施的排放

根据已有研究的预测，到2050年，化石能源仍将扮演重要角色，CCUS将是实现该部分化石能源近零排放的主要技术选择之一。如IEA预测2050年全球能源系统净零排放情景（Net Zero Emissions，NZE）下，2030年来自化石燃料及工业过程的碳捕集量为13.25亿t，其中约4%的燃煤电厂及1%的天然气电厂需要配备CCUS。2050年来自化石燃料及工业过程的碳捕集量为52.45亿t，其中约50%的燃煤电厂及7%的天然气电厂需要配备CCUS。全球近零排放情景化石能源电厂CCUS配置率参见图4-58。

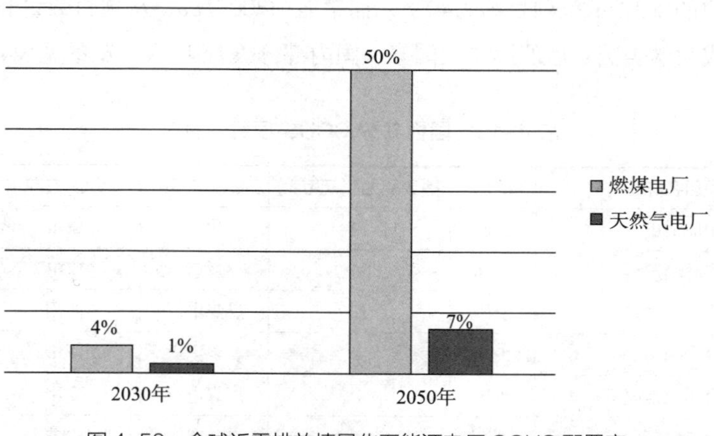

图4-58　全球近零排放情景化石能源电厂CCUS配置率
（资料来源：IEA全球能源部门2050净零排放路线图，2020）

2. 为一些碳排放难以避免或减排压力较大的行业提供减排方案

工业排放（水泥、钢铁、化学品生产等）占全球碳排放的20%。根据IEA 2020年发布的钢铁行业技术路线图，预计到2050年，钢铁行业通过采取工艺改进、效率提升、能源和原料替代等常规减排方案后，仍将剩余34%的碳排放量，即使氢直接还原铁（DRI）技术取得重大突破，剩余碳排放量也会超过8%。水泥行业通过采取其他常规减排方案后，仍将剩余48%的碳排放量。CCUS技术是可以从钢铁、水泥等生产中深度减排的技术之一。此外，CCUS也是钢铁、水泥和化学品生产行业减排最具成本效益的技术。另外，采用捕集的CO_2作为合成燃料生产的原料，可以作为长途运输（特别是航空运输）减排方案之一。全球工业部门近零排放情景CCUS减排贡献率参见图4-59。

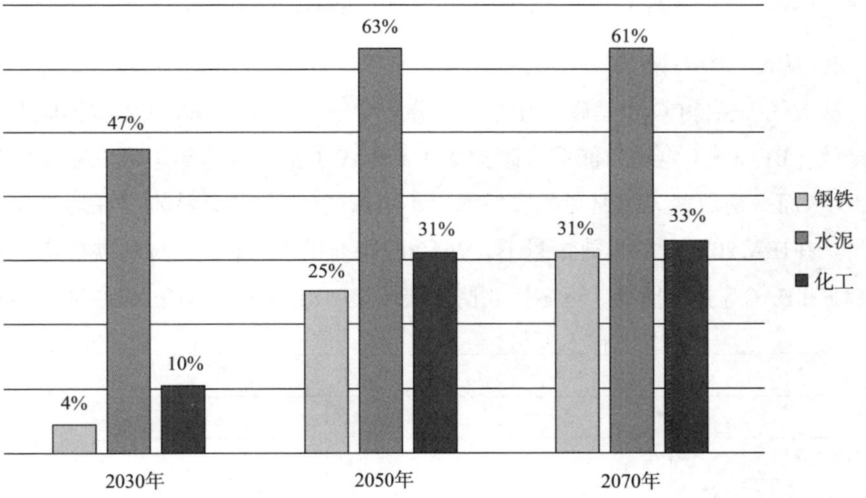

图 4-59 全球工业部门近零排放情景 CCUS 减排贡献率

（资料来源：IEA，Energy Technology Perspectives 2020）

3. CCUS是未来低碳经济制氢的有效技术之一

CCUS可以用于支持现在乃至未来大规模低碳制氢，以满足交通、工业部门以及建筑行业当前和未来的能源需求。IEA预测到2050年，全球近零排放情景下的氢气使用量将增加5倍，达到5.3亿t。制氢产量中60%将来自清洁电力电解水，37%将来自配备了CCUS的化石燃料制氢。全球近零排放情景氢产量构成参见图4-60。

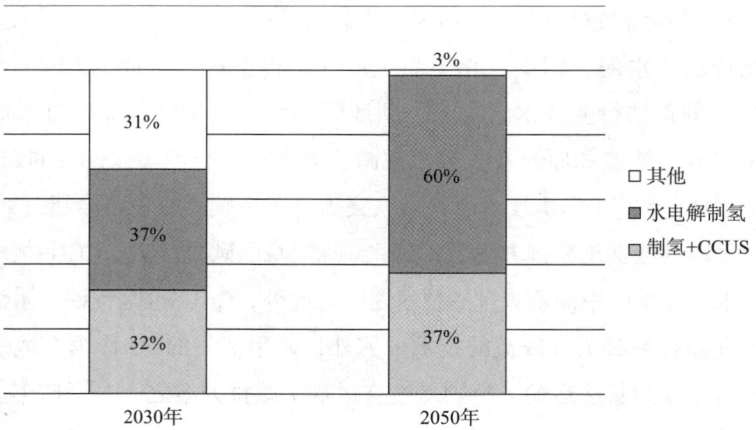

图 4-60　全球近零排放情景氢产量构成

（资料来源：IEA全球能源部门2050净零排放路线图，2020）

4．从大气中去除CO_2

从大气中去除CO_2也是碳中和的一部分，对于一些难以消除或者减排成本过高的排放，BECCS（生物质能耦合碳捕集）和DAC（空气碳捕集）可以减少大气中的CO_2从而平衡那些无法避免的或技术上不可行的CO_2排放，特别是在运输和工业部门。在IEA 2050近零排放情景下，76亿t的碳捕集中，有约30%的碳捕集将通过BECCS和DAC等技术捕集。近零排放情景碳捕集中BECCS和DAC占比参见图4–61。

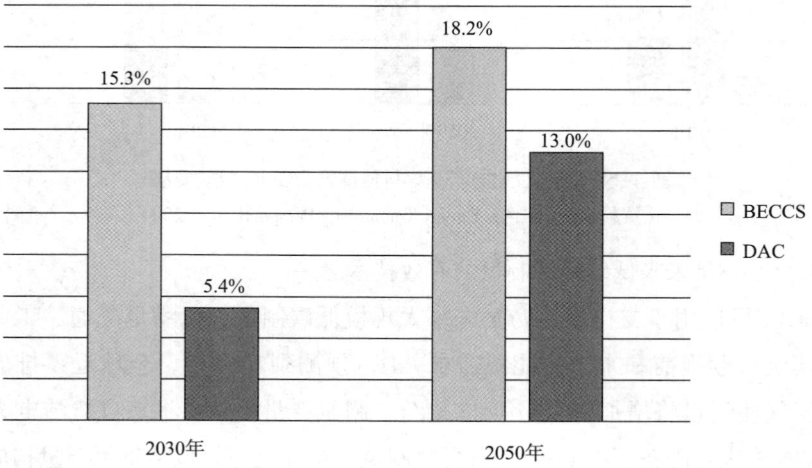

图 4-61　近零排放情景碳捕集中 BECCS 和 DAC 占比

（资料来源：IEA全球能源部门2050净零排放路线图，2020）

5．CCUS在通往净零排放的道路上的发展潜力

根据IEA的研究结果，近零排放情景下2050年全球碳捕集总量约76亿t，约占所有减碳措施减碳量的14%。随着技术的改进、成本的下降以及一些行业中缺乏更廉价的减排选择，CCUS的贡献会随着时间的推移而增长。2020—2050年近零排放情景CCUS碳减排贡献率参见图4-62。

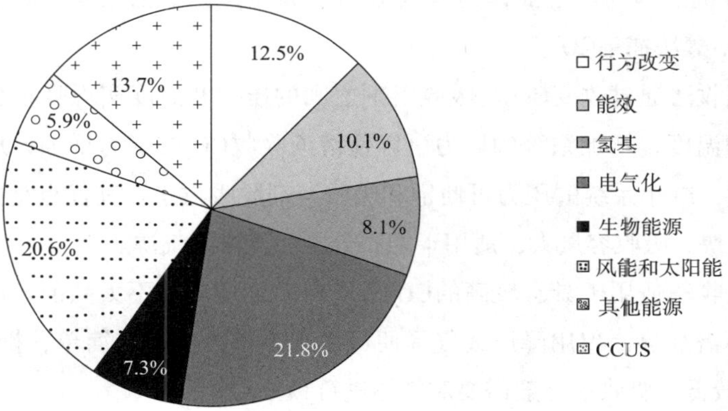

图4-62　2020—2050年近零排放情景 CCUS 碳减排贡献率

（资料来源：IEA全球能源部门2050净零排放路线图，2020）

二、碳捕集技术现状及进展

（一）国内外CO_2捕集主要技术

CO_2捕集气源一般可分为工业过程气体和空气两方面。从工业过程气体中分离，尤其是从化工和化石燃料的燃烧排放气中捕集CO_2的研究相对较多，其方法可分为吸收分离法、吸附法、膜分离法、深冷法以及其他新型CO_2捕集方法；从空气中直接捕集CO_2的方法包括吸收法等捕集方法。

1．工业过程排放气体中CO_2捕集方法

（1）吸收分离法

吸收分离法是当前采用的CO_2分离捕集的主要方法之一。该方法分离效果好、设备投入成本相对较低、运行稳定，技术相对比较成熟。20世纪50年代，人们开发了碳酸丙烯酯法、醇胺法、氨水法等一系列吸收分离法，经过几十年的发展，已逐步成熟并应用于氨厂、提纯天然气等许多工业行业中。

吸收分离法是建立在混合气体中CO_2与其他组分在溶液中溶解度不同的基础

上的。按照吸收过程中的物理化学原理（即吸收过程中CO_2与吸收溶剂是否发生化学反应），可以将其划分为物理吸收法、化学吸收法和物理化学吸收法。

1）物理吸收法

物理吸收法是指CO_2溶解在吸收剂中，但是并不与吸收溶剂发生化学反应的吸收过程。在吸收过程中一般采用水、有机溶剂（不与溶解的气体反应的非电解质）以及有机溶剂的水溶液作为吸收溶剂。例如，在氮肥工业中常采用水捕集CO_2和低温甲醇法捕集CO_2。

物理吸收法通过改变CO_2与吸收溶剂之间的压力和温度实现吸收和解吸CO_2。降低系统的温度，增加系统的压力可以使溶液吸收CO_2的能力增加；反之，提高系统的温度，减小系统的压力可使饱和吸收溶剂脱吸再生。其优点是中高压下吸收反应速度快、吸收容量大，适用于中高分压和低浓度气源。

物理吸收法适用于具有较高的CO_2分压、净化度要求不太高的情况，再生吸收时通常不需加热，仅用降压或气提便可实现。该方法工艺简单，操作压力高，CO_2回收率较低，吸收前一般需要对气体进行预处理。

物理吸收法的关键是吸收剂，目前工业上常用的吸收剂有*N*–甲基吡咯烷酮、聚乙二醇二甲醚、水和低温甲醇等。为了减少溶液损耗和避免溶剂蒸气外泄而造成二次污染，尽量选用高沸点溶剂。常用的物理吸收法吸收剂种类及其优缺点见表4–20。

表 4–20　物理吸收法吸收剂种类及其优缺点

方法	吸收剂	优点	缺点
加压水洗法	水	加压水洗脱碳常在填料塔或筛板塔中进行，此法设备简单	CO_2的净化度差，且水洗的喷淋密度大，动力消耗高
N–甲基吡咯烷酮法	*N*–甲基吡咯烷酮（NMP）	具有对CO_2溶解度高、黏度较小、沸点较高、蒸气压较低等优点，特别适应气体压力大于7MPa的场合	原料价格较贵
聚乙二醇二甲醚法	聚乙二醇二甲醚	一种淡黄色透明的有机液体，无毒、无特殊气味、化学性质稳定、腐蚀性低，不挥发，不降解，是理想的物理溶剂	价格高且CO_2回收率低，不能满足全部NH_3转化为尿素的需要
低温甲醇法	甲醇	不会加湿烟气，价格低廉，再生能耗低，可同时脱除CO_2和H_2S	低温操作对设备和管道的材质要求比较高；换热设备多，流程复杂，有毒性，给操作和维修带来一定的困难和危险
碳酸丙烯酯法	碳酸丙烯酯	对CO_2、H_2S和一些有机硫有较大溶解能力；溶剂稳定性好；吸收CO_2和H_2S后溶剂的腐蚀性不强；价格便宜，对人体安全	投资费用较高

2）化学吸收法

化石燃料燃烧后排放的烟气中CO_2含量一般在3%～15%之间，烟气量大，使用物理吸收法难以捕集大量化石燃料烟气中的CO_2，一般采用化学吸收法，如燃煤电厂采用醇胺、钾碱与氨水等溶液捕集CO_2。

化学吸收法捕集CO_2实质是利用碱性溶液与烟气中的CO_2接触并发生化学反应，溶液吸收CO_2，形成不稳定的盐类，而盐类在一定的条件下会逆向分解释放出CO_2，同时再生吸收剂，从而达到CO_2从烟气中分离捕集的目的。该技术适用于低浓度CO_2，其吸收容量大、吸收反应速率快，适用于燃煤电厂、钢铁厂、水泥厂等低分压、低浓度气源。化学吸收法的缺点是能耗高、溶剂损耗大，目前新型低能耗配方吸收剂、节能工艺、抑制溶剂降解和损耗的方法正在研发和改进中。

目前工业应用上，针对CO_2化学吸收捕集工艺的吸收剂常用的有醇胺溶液、强碱液、热苛性钾溶液等，常用的化学吸收工艺有热钾碱工艺和醇胺工艺。化学吸收法吸收剂种类及其优缺点参见表4–21，化学吸收工艺对比参见表4–22。

表 4–21　化学吸收法吸收剂种类及其优缺点

吸收剂种类	优点	缺点
一乙醇胺（MEA）	碱性强，与CO_2反应快，气体净化度高，价格低	吸收容量低，较具腐蚀性，热容量高，解吸能耗高，容易被烟气中的SO_2和O_2毒化
二乙醇胺（DEA）	吸收速率快，热容量低	吸收容量低，有一定的腐蚀性
三乙醇胺（MDEA/TEA）	吸收容量高，热容量低，低腐蚀性，气提特性佳，解吸能耗低	吸收速率慢
空间位阻胺（AMP）	吸收容量高，吸收速率快，气提特性佳，热容量高	价格过于昂贵，同时挥发损耗较大
热苛性钾（K_2CO_3）	吸收容量高	热容量高，腐蚀性强，解吸能耗高
强碱（NaOH、KOH）	吸收速率快，吸收容量高，去除效率佳	溶剂无法再生

表 4–22　化学吸收工艺对比

方法	热钾碱工艺	醇胺工艺
原理	在K_2CO_3水溶液中加入DEA作为活化剂，V_2O_5为缓蚀剂。K_2CO_3水溶液具有强碱性，与CO_2反应生成$KHCO_3$，生成的$KHCO_3$在减压和受热时，又可放出CO_2，重新生成K_2CO_3，因而可循环使用	弱酸（二氧化碳）和弱碱（如胺）反应生成可溶于水的盐，随着温度变化这一反应是可逆的，一般在311K时形成盐，CO_2被吸收；在383K时反应逆向进行，放出CO_2

续表

方法	热钾碱工艺	醇胺工艺
优点	吸收与再生的温度基本相近；采用冷的支路，两段再生流程可以得到高的再生效率，从而使净化尾气中的CO_2分压很低；流程简化，K_2CO_3的浓高度，吸收能力增加，再生能耗降诋；可在高温下运行，再生热低。有效地把CO_2脱除到1%～2%。提高CO_2的吸收速率并降低溶液表面CO_2的平衡能力	具有吸收量大、吸收效果好，成本低，洗涤剂可循环使用，能回收高纯产品的优点。其中，MDEA：酸气负荷高，溶解度大，闪蒸放出的CO_2量多，CO_2回收率高，溶液循环量相对较小；能耗较低；热稳定性好，不易降解，溶剂挥发性小，溶液对碳钢设备腐蚀性弱
缺点	需对设备进行可防腐蚀钒化处理；要求工人的操作水平较高	单乙醇胺：具有腐蚀性；在二氧化碳处于轻微至中等压力下才有效。MEA、DEA：反应热大；加热再生较困难，蒸汽消耗较高。其成本、效率都不是很理想。MDEA：水溶液与CO_2反应受液膜控制；反应速度较慢

3）物理化学吸收法

除纯粹的化学吸收法和物理吸收法外，还开发出了针对化学试剂和物理试剂相混合的混合试剂吸收工艺，以利用化学吸收法和物理吸收法的性能优势，这被称为物理化学吸收法。物理化学吸收法兼有两种方法的优点：物理溶剂可以大量吸收原料气中的有机硫，同时脱除部分H_2S和CO_2；化学溶剂进行精脱，将剩余CO_2进行化学吸收，保证净化气中CO_2含量较低。该技术的特点是在带压体系下吸收反应速度快、吸收容量大，适用于化工厂、化肥厂、天然气加工厂等中高分压、低浓度的场合。缺点是由于气体同时脱硫脱碳选择性较差、易起泡，目前解决的方式是一般通过先湿法脱硫再脱碳，或者先精脱硫再脱碳，从而实现H_2S和CO_2的顺序脱除。

物理化学吸收法主要有Sulfinol法和Amisol法。两种工艺的优缺点见表4-23。

表4-23　物理化学吸收工艺对比

方法	Sulfinol法	Amisol法
吸收剂	环丁砜和二乙醇胺（DEA）或二异丙醇胺（DIPA）的混合水溶液	以甲醇和MEA或DEA、DIPA等为吸收剂
优点	该溶剂在低温高压下吸收CO_2，在低压高温下可通过解吸而得以再生。此溶剂优点是应用范围广、净化气CO_2含量低、腐蚀性小	吸收能力强、易再生、再生温度低、节省冷量、溶剂价格便宜
缺点	环丁砜的凝固点低，不利于溶剂的配制，也会吸收部分重烃而影响CO_2净化；在吸收过程中环丁砜和DEA（或DIPA）都会因发生降解而损失；溶剂价格较高，这是由于制造环丁砜的原料为丁二烯	有毒性，具有一定的腐蚀性
应用	已广泛用于天然气、炼厂气和各种合成气的处理，尤其适合高压气体和酸性气体组分含量高的气体	主要用于以煤、重油为原料制合成气的净化

（2）吸附法

吸附分离是通过流动的气体或液体中的一个或多个组分被吸附剂固体表面吸附来实现组分分离的过程。工业过程的吸附设备常采用小颗粒的固定床，流体中被分离的组分在穿过床层过程中被吸附截留。当床层饱和吸附后，通过再生使吸附质脱附来实现吸附剂的回收，并进入下一个吸附循环。

吸附分离机制主要有三种：

①立体效应。受吸附剂内部孔道形状和大小的限制，只允许小于孔道的气体分子进入孔道内被吸附，大于孔道的气体分子则不被吸附。

②动力效应。吸附剂对混合气体中各组分的吸附速率不同，吸附速率大的可以快速吸附，反之则吸附慢。

③平衡效应。吸附剂对各组分的平衡吸附量是不同的，吸附量小的先达到饱和。

吸附法的关键是吸附剂的载荷能力，其主要决定因素是温差（或压差）。吸附分离法具有设备简单、操作方便、自动化程度高、无设备腐蚀和环境污染、投资少、消耗低等优点。该方法的主要问题是吸附剂吸附容量有限，吸附再生频繁。

CO_2的吸附剂通常分为物理吸附剂和化学吸附剂。物理吸附剂，如活性炭、沸石分子筛，依靠它们特有的笼状孔道结构将CO_2吸附到吸附剂表面。这些吸附剂具有无毒性、比表面积大、成本低等优点，但多用于常低温吸附，吸附选择性低，吸附过程受到水的影响，再生能耗大。化学吸附剂是通过吸附剂表面的化学基团和CO_2分子反应，达到吸附分离CO_2的目的。目前研究较多的是表面改性的多孔吸附材料，包括碳纳米管、硅胶、金属氧化物、聚酯类多孔材料和分子筛（MCM系列、SBA系列和KIT系列）等。该方法适用于中高分压和中浓度气源。

根据吸附和解吸过程中的变换条件，吸附法分为变压吸附法和变温吸附法。

1）变压吸附法

变压吸附（简称PSA）是利用吸附剂对吸附质的不同吸附速度、吸附容量和吸附力，在一定压力下，选择性吸附被分离的组分，通过加压去除原料气体中的待分离组分，减压脱附实现吸附剂的再生。为了达到连续分离的目的，多采用多个吸附床，循环变动各吸附床的压力。目前，变压吸附主要有两种途径：一是高压吸附、减压脱附；二是高压或常压吸附、在真空条件下的脱附，但该方法的吸附容量有限，吸附剂的需求量大，吸附解吸操作烦琐，自动化程度要求较高。

由于可用于变压吸附的CO_2气源较多，情况各不相同，例如原料气压力不同，CO_2的含量差异较大；原料气中硫化物、氮氧化物等杂质含量有所不同，需根据不同条件进行工艺流程设计。典型工艺流程见图4-63。

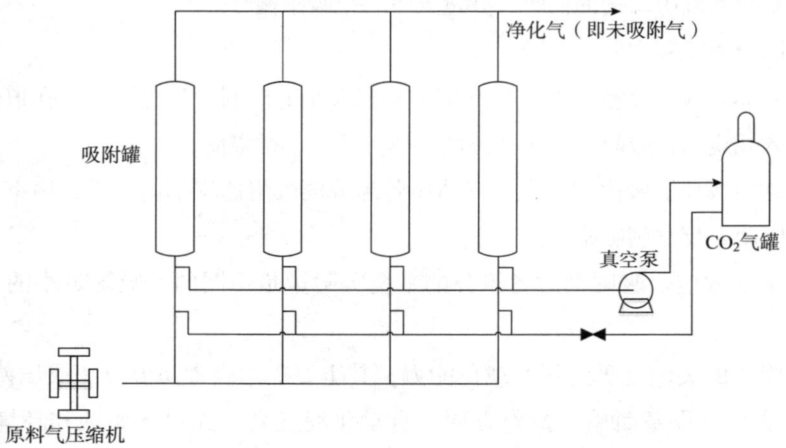

图 4-63　变压吸附法工艺流程

1960年，Skarstrom提出了变压吸附的想法，由于吸附过程是恒温，所以当时被称为绝热吸附（heatless adsorption）。

自Skarstrom发明该方法以来，PSA技术以较低的投资费用和能耗获得大量关注。在我国，该技术研究起步于20世纪70年代，首先由西南化工研究设计院开展。最初PSA技术主要用于空气干燥和氢气净化。近20年来，该技术在化工、冶金、医疗、电子、食品等行业迅速应用，包括从含有氢的混合气中分离氢气；从含丰富CO_2的气源中提取CO_2；从合成氨变换气中分离CO_2；从富含CO的气源中分离CO；从乙烯尾气中浓缩乙烯；从瓦斯气中浓缩CH_4；天然气净化等。

变压吸附法是一种可以从各种气体混合物中有效分离回收CO_2的工艺，具有以下特点：

①自动化程度高，操作方便，整套装置除真空泵和压缩机外，无其他运转设备，维修方便；

②开停车方便，装置启动数小时即可获得合格的液体CO_2；

③装置操作费用低，除动力设备耗电外，只需要少量仪表空气和冷源；

④装置适应性强，液体CO_2产品的纯度范围广，原料气处理量可在±20%间任意调节；

⑤吸附剂使用寿命长，一般在8年以上，装置运行过程中吸附剂无损失。

2）变温吸附法

变温吸附法（TSA）利用吸附时的放热反应，在相同的压力下，气体的吸附量随温度的变化（低温吸附，高温脱附）来分离气体混合物。加热冷却的循环周期一般需几个小时，所以TSA单位时间可处理的气体量比PSA小。变温吸附法的特点是吸附剂容易再生、工艺过程简单、无腐蚀，但吸附剂的再生能耗较大、时间较长、设备体积庞大。

为连续分离回收CO_2，至少应该设置两个交叉进行吸附和脱附的系统。在TSA吸附过程中，滤床内被吸附的CO_2的排除和吸附剂的再生是利用提高温度来实现的。在工业生产过程中，由于温度的调节速度相对较慢，使用TSA的效率相对较低。TSA系统的能源消耗是PSA系统的2～3倍，且体积庞大，吸附剂的再生时间长，因此，PSA比TSA系统有更大的优越性。PSA已经在我国工业生产气体分离工作中得到了广泛应用。

Grande等将变电吸附（Electric Swing Adsorption，ESA）应用到CO_2吸附分离上。采用整体蜂窝状活性炭为吸附剂，在常压常温下进行吸附，通过低压电流的加载使吸附剂快速升温脱附。此技术本质上仍属于变温吸附法，与其他TSA技术不同，ESA脱附过程直接在吸附剂上加载低压电流，利用电流的焦耳效应，使吸附剂快速升温达到脱附温度，大大缩短了加热冷却的循环时间。

（3）膜分离法

膜分离法是利用某些聚合材料如醋酸纤维、聚酰亚胺、聚砜等制成的薄膜对不同渗透率的气体进行分离。膜分离的驱动力是压差，当膜两边存在压差时，渗透率高的气体组分以高的速率透过薄膜，形成渗透气流，渗透率低的气体则大部分在薄膜进气侧形成残留气流，两股气流分别引出，实现分离。膜分离法包括分离膜和吸收膜两种类型，在膜分离技术的实施过程中往往需要二者共同来完成。两种分离膜分离原理示意参见图4-64。

膜分离法分离CO_2的原理是：通过CO_2气体与薄膜材料之间的化学或物理作用，使CO_2快速溶解并穿过薄膜，从而使该组分在膜原料侧浓度降低，而在膜的另一侧CO_2达到富集。该技术的特点是膜对CO_2的渗透率及扩散速率高于其他的气体分子。受膜选择性的限制，该法仅适用于中高分压、中高CO_2浓度混合气。

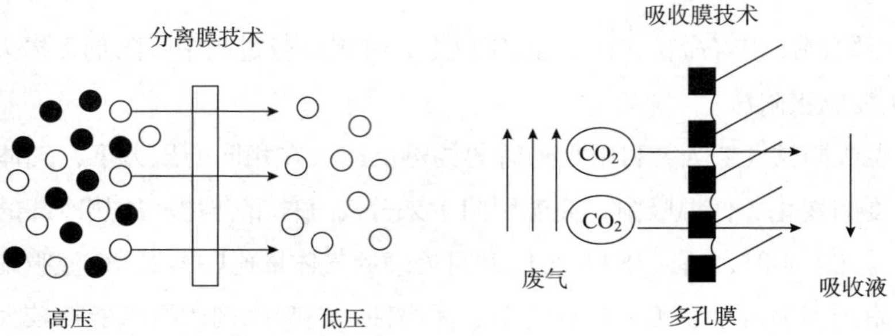

图 4-64　两种分离膜分离原理示意

同时，膜分离法分离CO_2的另一个限制在于单根膜管，当前最大气量处理规模为2000m^3/h，在规模化碳捕集时，膜管数量庞大，成本高昂。膜分离法更适宜于中小规模的碳捕集工程。

膜分离法工艺较简单，无流动性的机件，具有设备简单、占地面积小、操作方便、分离效率高、能耗低、环境友好且便于和其他方法集成等优点，其工艺流程如图4-65所示，主要由压缩气源系统、过滤净化处理系统、膜分离系统、取样计量系统四个部分组成。膜分离系统是整个工艺的核心，关键是选用合适的膜组件及膜材料。

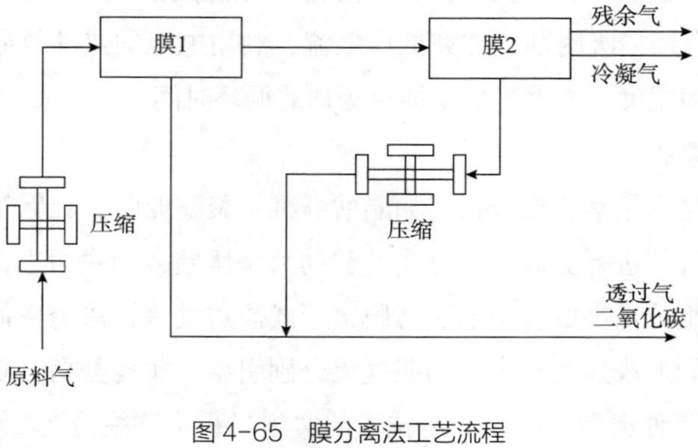

图 4-65　膜分离法工艺流程

气体膜分离是一项高效、节能、环保的技术，可有效脱除气体中的CO_2组分。膜分离系统的适应性强，可通过调节膜面积和工艺参数来适应处理量变化的要求。该技术已经有100多年历史，但膜在工业生产中广泛应用是从20世纪80年代开始的，主要包括三个方面：从天然的高压甲烷中去除CO_2、从垃圾填埋气里回收CO_2、采油中CO_2的回收。另外，由于燃煤电厂尾部烟气中CO_2的分离越来越受到关注，膜分离技术也开始应用在燃煤电厂烟气中CO_2的分离回收。

（4）深冷法（低温液化分离法）

低温液化分离是根据气体组分不同的液化温度，将气体的温度降低到其露点以下，使其液化，然后通过精馏的方法将各种组分进行分离。

在压力增加到7.38 MPa、温度低于31.06℃的条件下，CO_2变为液态，从而得到有效的分离。对于CO_2含量较高的混合气体采用此法较为经济合理，可直接采用压缩、冷凝、提纯的工艺获得液体CO_2产品。适用于低中高分压、高浓度气源的混合气。

对于中低浓度气源，需要多级压缩和冷却过程增加冷却效果，引起CO_2的相变，以促使处于高温和低压下的CO_2迅速液化，而得以与其他气体分离，并可获得液态CO_2，便于运输和储存。其优点是CO_2的回收率高、纯度也高，缺点是CO_2低浓度下经济性较差，能耗高。

低温液化分离CO_2有以下两种流程。

1）级联式液化分离流程

该流程由三级独立的制冷循环组成，制冷剂为丙烷、乙烷和甲烷。级联式液化流程中，低温度级的循环将热量转移给相邻的较高温度级的循环。第一级丙烷制冷循环可为乙烯和甲烷提供冷量；第二级乙烯制冷循环可为甲烷提供冷量；第三级甲烷制冷循环为液化CO_2提供冷量，空气的温度逐步降低，直至CO_2液化。级联式液化分离流程参见图4–66。

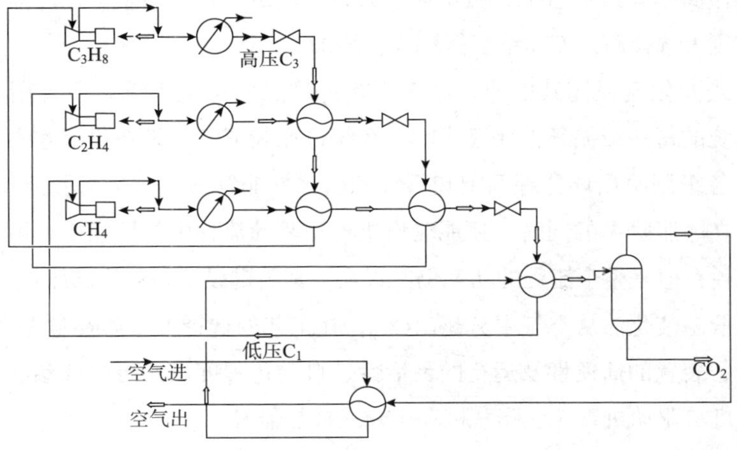

图4–66　级联式液化分离流程

2）N_2膨胀液化分离流程

N_2膨胀液化分离工艺包括CO_2液化分离系统与N_2膨胀制冷系统。N_2膨胀机液化是指利用高压制冷剂通过透平膨胀机绝热膨胀的克劳德循环制冷实现CO_2液化分离的流程。气体在膨胀机中膨胀降温的同时能输出功，可用于驱动流程中的压缩机。N_2膨胀液化分离流程参见图4-67。

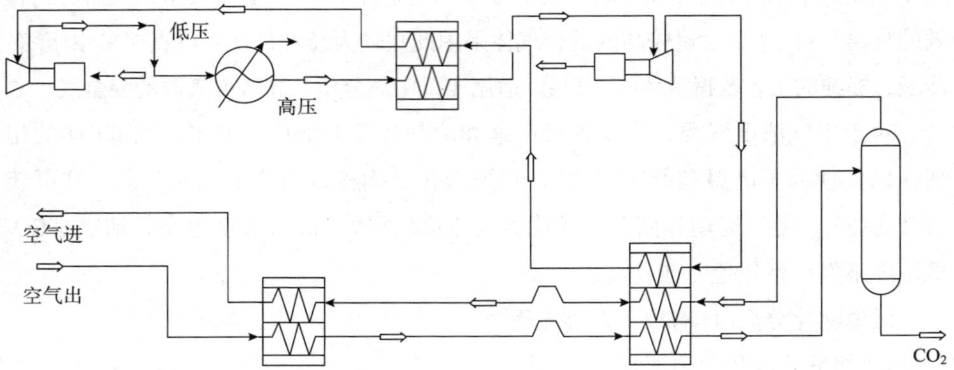

图 4-67　N_2 膨胀液化分离流程

在初始空气条件相同时，N_2膨胀流程的水冷却负荷、压缩机功耗和比功耗远大于级联式流程，而两者的出口空气流量和CO_2含量相差无几。级联式液化流程采用多级循环串联工作，减少了不可逆传热，功耗较低，但流程复杂，设备多，管道及控制系统复杂，需多个压缩机及换热器，造价较高。N_2膨胀液化流程设备紧凑、操作简单、投资适中，但功耗较大，为满足换热器热量平衡的需要，制冷剂膨胀前压力选择高，使压缩机能耗大大增加。

级联式液化流程比其他液化系统更接近理想的可逆系统，适宜用于获得低温，但系统的每一级循环都相互影响，系统也比较复杂，设备投资和占地面积都比较大，各级制冷循环合理匹配和系统的密封性非常重要。N_2膨胀液化流程中，高压气体在膨胀降温的同时，还能输出机械功驱动流程中的压缩机，可减少系统的部分能耗，但是整个流程的功耗仍然很大，其关键设备是透平膨胀机。

利用低温液化法从空气中分离出CO_2，在工艺的选择上，需要考虑投资成本、运行费用、装置的简便性及运行的灵活性、自动化程度、初始空气参数、产品要求、压缩机与驱动机系统、膨胀机和板翅式换热器等。

常用的制冷剂有单一制冷剂和混合物制冷剂，主要包括无机物、氟利昂和碳氢化合物。制冷剂选择需考虑以下方面：具有环境可接受性、传热性和流动性好、化学稳定性与热稳定性好、热力性质满足使用要求、无毒害、使用安全、价格便宜、来源广泛。

（5）正在研发的技术方法

除了传统CO_2分离方法，近10年一些新兴的技术或吸收方法正在研发和快速发展，以新型高效混合吸收剂、水合物法、相变吸收剂、离子液体为典型代表。

1）新型高效混合吸收剂

目前广泛使用的常规单一吸收剂的特点是吸收效率高，但再生困难，再生能耗大（如MEA、DEA），或者是再生能耗较低，但吸收效率低（如MDEA），不能同时满足低再生能耗与高吸收效率这两种需求。针对这些问题，研究者试图找到一种同时满足“高吸收率和高吸收负荷、低能耗、低腐蚀性”的吸收剂来取代常规吸收剂进行工业应用，混合吸收剂的研究应运而生。由于一、二级醇胺具有较高的CO_2反应速率，而三级醇胺具有高的CO_2吸收负荷和较低的热再生能耗，因此，用一、二级醇胺与三级醇胺的混合溶液作为吸收剂去吸收CO_2，在理论上能做到融合上述两类醇胺的优点，成为混合吸收剂的研究重点。同时，由于某些空间位阻胺溶液能兼顾高的吸收负荷与吸收速率，其研发也受到重视。从研究方法和成果来看，在新型高效混合胺吸收剂的研究上，有以下3种方向：

一是以高CO_2反应速率为主、低再生能耗为辅。主要是在高CO_2反应速率前提下，通过添加其他吸收剂来降低再生能耗。目前备受关注的一种方法是以一、二级醇胺为主体，添加其他胺来降低混合胺吸收剂的再生能耗和降低腐蚀性、防止胺降解等。如在MEA、DEA吸收剂中添加三级胺或空间位阻胺来降低再生能耗。

二是以低再生能耗为主、高CO_2反应速率为辅。是在解吸低能耗的前提下，采用活化剂来提高混合吸收剂的吸收效率。目前进行的研究有采用哌嗪（PZ）、DEA、MEA、烯胺、2，3-丁二酮等来活化三级醇胺等。有代表性的是道化学公司的AP-814吸收剂，该吸收剂是特制的MDEA溶液，具有更高的CO_2吸收能力，可减少胺处理装置的再生负荷。

三是空间位阻胺吸收剂。较为成功的是日本关西电力公司和三菱重工联合开发的空间位阻胺类专利产品KS-1、KS-2和KS-3系列吸收剂。KS-1型吸收剂在马来西亚得到了商业化应用，被用于处理CO_2体积分数为8%的烟气CO_2脱除工艺中，

CO_2脱除率为90%。应用结果表明，KS-1吸收剂与常规的MEA吸收剂相比，吸收剂循环率降低40%，吸收剂反应放热量降低20%，再生时每吨CO_2蒸汽消耗量从1.9～2.7t降到1.5t，且KS-1吸收剂对设备的腐蚀可忽略不计，吸收剂损失也降低了82.5%。

2）水合物法

相对于传统气体分离技术，水合物法CO_2分离捕集技术具有环境友好、工艺简单、能耗低等特点，被认为是具有应用前景的CO_2分离捕集技术，因而被广泛研究。

水合物法气体分离原理是水合物在形成过程中，气体组分在水合物相和气相中的分布具有选择性。在相同系统，不同气体形成气体水合物的温压条件不同，一定温度下，混合气中形成水合物压力更低的组分，形成水合物的驱动力更大，会优先形成气体水合物，这些气体以水合物相富集，同时导致对应平衡相在气相中富集。水合物法CO_2分离捕集研究主要集中于水合物形成动力学、热力学、吸收剂、分离工艺、分离装备及工艺经济性评估等。

自20世纪50年代起，气体水合物及相关技术在能源与环境领域受到越来越广泛的研究，主要应用于油气管路运输安全、天然气水合物开采、水合物储氢、气体分离及提纯等领域。在纯水中形成CO_2水合物需要高压低温，导致工业应用成本高。针对水合物形成速率低的问题，研发了可改善水合物形成条件和促进水合物形成的添加剂。

添加剂可分为热力学型和动力学型。热力学添加剂通过改善平衡条件，使水合物在更高温度或更低压力下形成，通常由有机化合物组成，包括四氢呋喃（THF）、丙烷、环戊烷（CP）和四丁基铵盐（四丁基溴化铵TBAB、四丁基氯化铵TBACl或四丁基氟化铵TBAF）。动力学添加剂可以加速水合物形成，由表面活性剂组成，包括十二烷基硫酸钠（SDS）和十二烷基三甲基氯化铵（DTAC）。

采用单一的热力学或动力学添加剂不能解决水合物法从气体混合物中分离和捕获CO_2的所有问题（极端条件、低气体消耗量、低水合物形成速率和低CO_2回收率），需进一步研究热力学添加剂和动力学添加剂的协同作用。LI等将DTAC加入到0.29（摩）%TBAB溶液中，研究水合物法从烟道气中捕获CO_2，发现与纯水体系相比，该体系可以显著改善气体水合物的形成条件，提高形成速率和CO_2回收率。TORRE等采用THF结合SDS，通过形成水合物从CH_4-CO_2气体混合物中移除

CO_2，发现添加剂的组合降低了水合物形成压力并且提高了捕获CO_2的选择性。CP加入0.29%（摩）TBAB溶液中，可以显著提高水合物法从IGCC合成气中分离CO_2的气体量。

3）相变吸收剂

相变吸收剂在吸收CO_2时具有较好的吸收特性，与普通醇胺吸收剂相比，当再生温度达到使普通醇胺的铵盐分解时，相变吸收剂只是液液分相，不会汽化而节约一部分能量，而且可分离为液-液或液-固两相，其中一相富集CO_2，在降低能耗方面呈现出较大优势。

有研究提出利用热力学相变溶剂体系有可能达到相变的目的。传统的溶剂吸收法以有机胺为主，有机胺的吸收工艺比较成熟，研究者在筛选相变吸收溶剂时更倾向于选择有机胺。有研究提出如果吸收后的吸收液升高到相应温度分为两相，被吸收的CO_2在某一相中得到浓缩，于是只需要将富含CO_2的富液送入再生塔，就可以减少进入再生塔的液体流量，降低CO_2的再生能耗。相关研究开发了以氨乙基哌嗪-二正丁胺-环丁砜为主吸收体系、纳米颗粒为活化剂的新型相变吸收体系，吸收能力相比MEA提升33%以上，再生能耗下降31%。法国石油与新能源研究院对不同胺浓度，CO_2分压为0～200kPa、温度为20～90℃的300多种胺类试剂进行了筛选试验，试图找出在室温下能够溶于水，但在给定的胺浓度范围内因增加负载或提高温度而分成液-液两相的有机胺试剂。清华大学对5种具有低临界溶解温度的有机胺溶液进行了研究，并通过自建的半连续鼓泡实验台测试了这些吸收剂对CO_2的吸收解吸性能。一些研究发现具有特殊结构的吸收剂溶液在吸收后会变成液-液两相。有学者研究了一种相变吸收剂，其包含两种组分，并对该吸收剂的吸收和再生性能、吸收剂对设备的腐蚀进行了研究。

4）离子液体

含水胺类吸收CO_2是应用最广泛的技术之一，但该技术具有严重的缺点，例如吸收到气流中的水需要额外的干燥步骤，并导致严重的腐蚀；挥发性胺的损失增加了操作成本，加热会释放CO_2时水的蒸发需要更高的能耗；用于CO_2分离的胺也会分解，不仅浪费且会引起环境问题。因此，需要一种新的溶剂，既可以从气体混合物中促进分离CO_2又不会损失溶剂。在这方面，离子液体（ILs）作为替代品显示出巨大的潜力。

离子液体由带正电的离子和带负电的离子构成，在-100～200℃呈液体状态。

与典型的有机溶剂不一样，离子液体由于蒸气压非常低，在化学反应过程中不会产生对大气造成污染的有害气体，且使用方便；同时，离子液体可以反复多次使用，有着可调极性、非挥发性、高稳定性等特性。

某研究进行了多种离子液体的物理特性和CO_2吸收机理研究，表明在给定的离子液体中，相对于O_2、C_2H_4、C_2H_6等气体而言，离子液体对CO_2具有更好的选择性；同时发现离子液体具有很高的CO_2吸收负荷和更低的再生热需求。对离子液体吸收CO_2进行了试验研究，发现采用1-丁基-3-甲基咪唑六氟磷酸盐（PF_6）、1-丁基-3-甲基咪唑四氟硼酸盐两种离子液体吸收CO_2试验中，CO_2的溶解度非常高，并且通过实验进一步证实了PF_6能从CO_2/N_2或CO_2/CH_4混合气中有效分离出CO_2。为了提高离子液体的吸收能力，在分子识别的基础上，提出了预组织和互补性概念新策略，前者决定识别过程的键合能力，后者决定识别过程的选择性。设计了基于酰亚胺离子液体捕获低浓度CO_2的方法，通过在含有10%（体积）CO_2的N_2中，使用具有预组织阴离子的离子液体，实现了高达22%（质量）的CO_2吸收容量，并表明了良好的可逆性（16个循环）。某研究成功地实现了由质子离子液体（PIL）催化的CO_2化学吸收，发现带有［Pyr］的PILs表现出更强的碱度和更大的自由空间，提高了CO_2捕获能力，证明了CO_2的吸收行为在其活化和转化中起着重要作用。

因此，基于离子液体的环境友好性、低腐蚀、易于产物分离、反复循环使用性高等特点，离子液体在CO_2回收利用方面受到重视。研究预测，经过良好设计的离子液体在未来的CO_2脱除中有着广泛的应用前景。

综上，目前在工业应用的众多脱碳方法中，以醇胺为主体的混合胺溶液吸收CO_2法仍然具有一定优越性。在今后的研究中，研发吸收能力大、吸收速率快、腐蚀性低、再生能耗低的吸收体系是发展CO_2吸收工艺的主要目标。在CCS中，理想的吸收剂应该同时具有较强的吸收能力及较低的再生能量，其中碳酸酐酶（CA），相变吸收体系、纳米流体体系、离子液体以及醇胺新型混合胺溶液等新型吸收体系的研发将成为今后的发展方向。

2. 空气中CO_2的捕集方法

与传统的CCUS技术相比，空气捕集法不受限于时间和地域，可直接从空气中捕集低浓度的二氧化碳。又因该过程没有运输环节，所以没有传统CCUS的运输风险。CO_2空气捕集主要有三种方法。第一种是吸收法，即CO_2溶解到吸收剂中；第二种是吸附法，即CO_2分子附着在吸附剂材料的表面；第三种是低温精馏法，其本质上是一种气体液化技术，利用混合气体中各组分沸点的不同，通过连续多次的部分蒸发和部分冷凝来分离混合气体中各组分。这三种方法分离出的CO_2可地质封存或用于生产碳基燃料和其他化学品。

1999年，K. S. Lackner等提出了从空气中捕集CO_2技术的概念并进行了可行性分析。经过二十多年的发展，该技术已从概念设想走到了具备工业示范能力的阶段。运用CO_2空气捕集的公司主要包括加拿大的Carbon Engineering、瑞士的ClimeWorks公司和美国的Global Thermostat公司。截至2021年底，全球有18个DAC项目正在运行，分别位于加拿大、欧洲和美国，每年捕获二氧化碳量能够达到1万t左右。

全球首个空气捕集二氧化碳设备位于冰岛首都雷克雅未克郊外，该设备利用地热发电厂的余热作为动力，将二氧化碳从空气中提取后转化为固态矿物质埋入地下。但直接从空气中捕获二氧化碳能源损耗大，所耗成本远大于效益，如何降低成本是目前的研究方向。与此同时，也在尝试从空气中捕集二氧化碳的不同方式。某研究在《能源与环境科学》杂志中介绍了利用电化学板吸收空气中的二氧化碳。该技术通过大型专用电池充电过程中流入的空气吸收其中的二氧化碳，在放电过程中释放浓缩后的二氧化碳气体，该方法仍在试验阶段。

国内中国科学院、上海交通大学、浙江大学等单位也正在开展实验室研究。由于大气中CO_2含量低，空气捕集CO_2目前的主要问题是成本高，未来通过新型技术、材料的突破实现大幅度的成本降低，空气捕集将为碳减排带来革命性的效果。

（1）吸收法

空气捕集最成熟的方法是将空气与强碱性液体（如氢氧化钾或氢氧化钠溶剂）接触，CO_2和碱溶液发生化学反应，形成碳酸盐溶液，然后碳酸盐溶液与沉淀器中的氢氧化钙溶液结合，形成固体碳酸钙沉淀，并使碱液再生。固体碳酸钙在沉淀煅烧窑与氧气发生高温反应（约800℃），形成高浓度CO_2和氧化钙，CaO在水化器中与水结合，形成$Ca(OH)_2$，以便重复使用。空气捕集工艺流程参见图4-68。

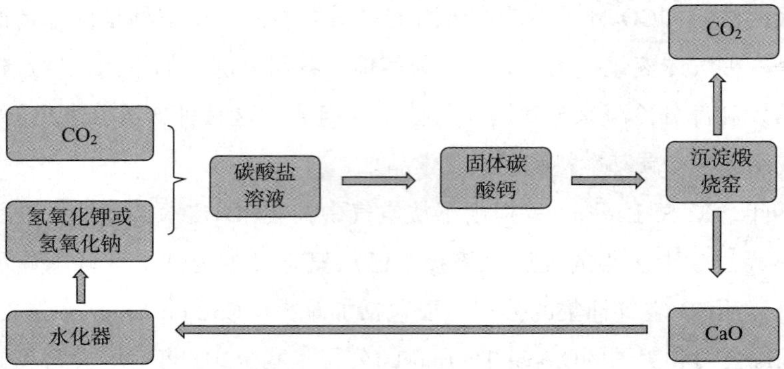

图 4-68　空气捕集工艺流程

（2）低温精馏法

该方法分离CO_2的流程可概括为：气体压缩→冷却→气体液化→精馏塔板气、液接触→质、热交换→CO_2组分从混合气体中冷凝成液体→其他组分转入蒸汽→CO_2分离。

具体的工艺流程：采用自洁式混合气体吸入过滤器进行混合气体的过滤，混合气体中的灰尘与其他颗粒物将由此被过滤掉，过滤后的混合气体进入空压机进行多级压缩，送入空冷塔。经过空冷塔冷却后，混合气体被送入分子筛吸附器，去除混合气体中的碳氢化合物、水分，获得用于后续生产的纯化CO_2。经过分子筛吸附器的处理后，纯化CO_2将被分为两部分，其中一部分经过污氮换热器冷却并直接送入下塔，另一部分则需要进一步压缩后通过后冷却器进行冷却，随后方可被送入下塔，同时增压机的末级CO_2需依次经过主换热器、液体膨胀机处理方可被送入下塔。进入下塔的纯化CO_2会与回流液体发生接触，下塔顶部冷凝蒸发器负责碳氢化合物的冷凝，液态CO_2会在这一环节逐渐蒸发。其中下塔的回流液主要由液态碳氢化合物组成，其余的液态碳氢化合物经过主换热器重新复热作为产品送出。上塔底部将产生液态CO_2，由此抽出液态CO_2并使用CO_2泵压缩、主换热器热交换，即可得到压力较高的CO_2，同时部分液态CO_2也可直接送出冷箱外作为产品。

（二）国内外CO_2捕集主要技术进展

1. 燃烧后捕集技术

化学溶剂吸收法是当前最成熟的燃烧后CO_2捕集方法，具有较高的捕集效率，且能耗和捕集成本较低。除了化学溶剂吸收法，还有吸附法、膜分离等方法。燃煤烟气中不仅含有CO_2、N_2、O_2和H_2O，还含有SO_x、NO_x、粉尘、HCl、HF等污染物，杂质的存在会增加捕获与分离的成本，因此烟气进入吸收塔之前，需进行预处理，包括水洗冷却、除水、静电除尘、脱硫与脱硝等。烟气在预处理后，进入吸收塔，吸收塔温度保持在40～60℃，CO_2被吸收剂吸收，通常用的溶剂是胺基吸收剂（如MEA）。然后烟气进入水洗容器以平衡系统中的水分并除去气体中的溶剂液滴与溶剂蒸气，之后离开吸收塔。吸收了CO_2的富气溶剂经由热交换器被抽到再生塔的顶端。吸收剂在温度100～140℃和比大气压略高的压力下得到再生，水蒸气经过凝结器返回再生塔，再生碱溶剂通过热交换器和冷却器后被抽运回吸收塔重复利用，而CO_2从再生塔分离外送。

该技术的关键是如何选取在吸收速率、再生能耗、吸收剂损失、容器腐蚀严重等方面性能好的吸收剂。带CO_2处理的常规燃煤电站CCS系统流程示意参见图4-69。

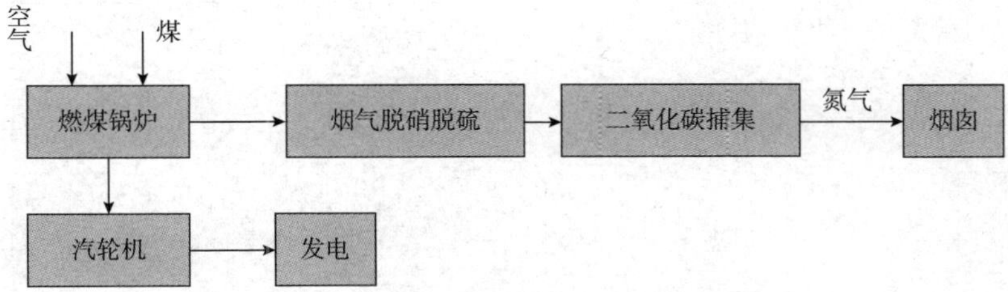

图 4-69　带 CO_2 处理的常规燃煤电站 CCS 系统流程示意

燃烧后捕集技术相对于其他碳捕集方式来说，适用于烟气排放体积大、排放压力低、CO_2的分压小的排放源。对于燃煤电厂来说，不仅适用于新建电厂，而且也适用于现有电厂改造，对现役机组改造工作量小，CO_2捕集用能对电厂发电效率影响较小（7%～10%）。但由于脱碳能耗高、出口温度高、设备腐蚀较严重，因此，设备投资和运行成本较高。随着技术的进步，燃烧后CO_2捕集技术将会是未来应用广泛的、较低成本的碳捕集技术。

2. 燃烧前捕集技术

集成气化组合循环技术（Integrated Gasification Combined Cycle，IGCC）是将煤变成合成气的一项发电技术，在这个过程中实现了CO_2的高浓度高效脱除，是一种典型的燃烧前捕集技术。

（1）IGCC发电系统

IGCC将煤气化技术和联合循环相结合，先将煤气化为煤气，然后进行燃气-蒸汽联合循环发电，结合二者的优势以实现发电的高效率与污染物的低排放。燃气-蒸汽联合循环就是利用燃气轮机做功后的高温排气在余热锅炉中产生蒸汽，再送到汽轮机中做功，把燃气循环和蒸汽循环联合在一起的循环，其热效率比组成它的任何一个循环的热效率都要高得多。

它由两大部分组成，第一部分为煤气化与净化部分，第二部分为燃气-蒸汽联合循环发电部分。

煤气化与净化部分的主要设备有气化炉、空分装置、煤气净化设备（包括硫的回收装置）；燃气-蒸汽联合循环发电部分主要设备有燃气轮机发电系统、余热锅炉、蒸汽轮机发电系统。煤气化与净化部分流程参见图4-70。

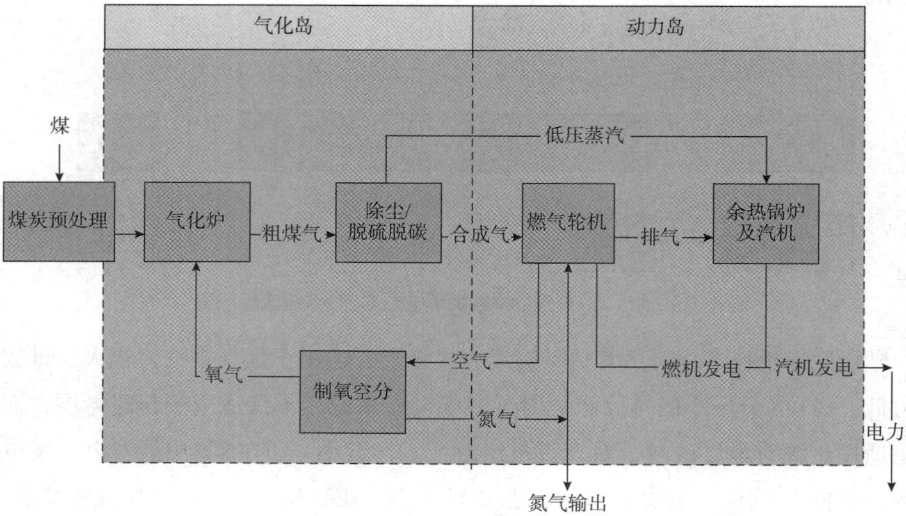

图 4-70　煤气化与净化部分流程

从图4-70中可以看出IGCC的工艺过程如下：煤在氮气的带动下进入气化炉，与空分系统送出的纯氧在气化炉内燃烧反应，生成合成气（有效成分主要为CO、H_2），经除尘、水洗、脱硫等净化处理后，到燃气轮机做功发电，燃气轮机的高温排气进入余热锅炉加热给水，产生过热蒸汽驱动汽轮机发电。IGCC整个系统大致可分为：煤的制备、煤的气化、热量的回收、煤气的净化和燃气轮机及蒸汽轮机发电几个部分。IGCC系统工艺流程参见图4-71。

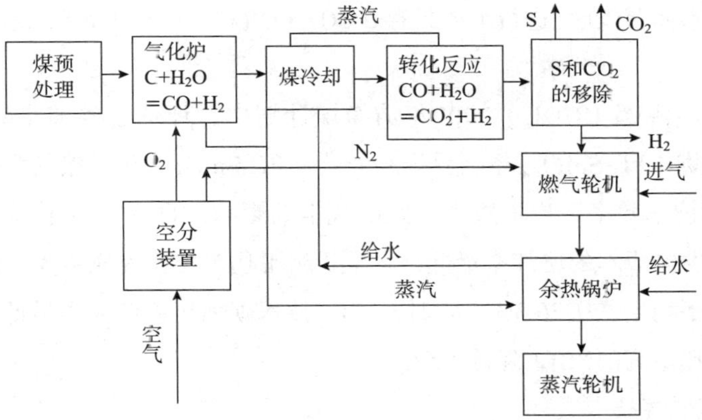

图 4-71　IGCC 系统工艺流程

与传统煤电技术相比，IGCC是目前国际上被验证的、能够工业化的、最具发展前景的清洁高效煤电技术。具有以下优点：

①高效率。IGCC的高效率主要来自联合循环，燃气轮机技术的不断发展又使它具有提高效率的最大潜力。现在，燃用天然气或油的联合循环发电系统净效率已超过50%，可望超过60%或更高。

②煤洁净转化与非直接燃煤技术使它具有极好的环保性能。先将煤转化为煤气，净化后燃烧，克服了由于煤的直接燃烧造成的环境污染问题，其NO_x和SO_2的排放远低于环保排放标准，脱硫率≥98%，除氮率可达90%。废物处理量少，副产品还可销售利用，能更好地适应新世纪火电发展的需要。

③耗水量少，比常规汽轮机电站少30%～50%，这使它更有利于在水资源紧缺的地区发挥优势，也适于在矿区建设坑口电站。

④易大型化，单机功率可达到600MW。

⑤能充分综合利用煤炭资源，适用煤种广，可和煤化工结合成多联产系统，能同时生产电、热、燃料气和化工产品。

因此，IGCC是目前具有较高前途的发电和燃料制备技术，不仅满足电力发展需求，还满足环境保护和应对气候变化的要求。IGCC电站可以通过水气变换反应实现制氢和CO_2，是实现燃煤发电和洁净煤技术选择之一。另外，所产生的氢也是具有广阔应用前景的新能源。

（2）CO_2捕集系统

IGCC技术（IGCC技术产生的CO_2浓度约为35%～45%），利用吸附、低温以及膜系统等技术捕获CO_2，进行地质封存、CO_2-EOR和CO_2-ECBM（二氧化碳驱煤层气）等。

在美国能源部（DOE）2007年洁净煤计划中，评估了碳捕集对IGCC、亚临界煤粉燃烧（PC Sub）、超临界煤粉燃烧（PC Super）和天然气联合循环发电（NGCC）等技术效率、投资成本及发电成本的影响，显示IGCC技术碳捕集单位投资成本和发电成本的增加率最低，发电机组平均单位投资成本为2496美元/kW，比无碳捕集平均增加了26.3%。同时，IGCC技术碳捕集单位成本最低，平均为42美元/tCO_2，比最高的NGCC降低了53.8%。

3. 富氧燃烧技术

富氧燃烧是发电过程中使用化石燃料燃烧时，采用纯氧或高浓度的含氧气体作为氧化剂，燃烧过程中烟气中的二氧化碳浓度较高，成分简单，容易实现二氧化碳的分离捕集和纯化。具有相对成本低、易规模化、可改造存量机组等诸多优势，是可能大规模商业化的CCUS技术之一。其系统流程如图4-72所示：空气分离装置（ASU）制取高纯度氧气（O_2纯度95%以上），按一定的比例与循环回来的部分锅炉尾部烟气混合，完成与常规空气燃烧方式类似的燃烧过程，锅炉尾部排出具有高浓度CO_2的烟气产物，经烟气净化系统（FGCD）净化处理后，再进入压缩纯化装置（CPU），最终得到高纯度的液态CO_2。

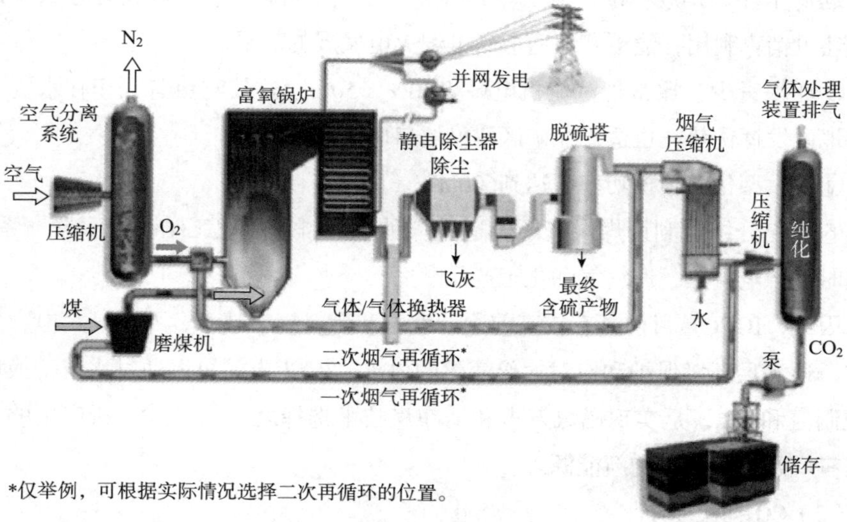

图4-72 富氧燃烧技术系统流程

富氧燃烧技术的主要特点是采用烟气再循环，以烟气中的CO_2替代助燃空气中的N_2，与O_2一起参与燃烧。这样可大幅度提高烟气中的CO_2浓度，便于CO_2分离和处理，有效降低了CO_2向大气的排放，烟气量大为减少（仅为原来的20%～30%），降低了排烟热损失，锅炉的运行效率可提高2%～3%。该燃烧方式还具有降低SO_x、NO_x生成的效能，可形成一种低污染物综合排放的“无烟囱”的环境友好发电方式。与常规燃烧不同，富氧燃烧在燃烧特性、传热特性和污染物排放特性等方面具有优势。

（1）燃烧特性

燃烧特性通常指颗粒燃烧程度的快慢，受可燃物的活性、燃烧热的释放及环境气氛、比热容等方面的影响。由于CO_2气体本身的特性，O_2/CO_2的密度、比热容、辐射特性及物质的传输较O_2/N_2气氛有显著的差别。在O_2/CO_2气氛下，燃烧呈现以下几个特点：①煤的着火点模糊和不稳定，产物的扩散速率较O_2/N_2气氛下燃烧时有所降低，造成未燃尽物碳含量增加，同时燃烧时间延长。②煤燃烧的火焰传播速度比相同O_2含量的O_2/N_2气氛有明显的下降，且随气氛中O_2含量的增大而提高，这主要是CO_2的高比热性所致。③O_2/CO_2气氛比相同O_2含量的O_2/N_2气氛下的火焰温度低。总体来看，O_2/CO_2气氛较相同O_2含量的O_2/N_2气氛的燃烧特性略差，通过减少循环烟气量、提高反应气氛中的O_2含量，采用合理的燃烧配风技术等措施，可以改善燃烧特性。其中提高O_2浓度可以大幅度改善煤的燃烧过程，降低燃尽温度、缩短燃尽时间和提高碳的燃尽率，但过高的O_2浓度，将使得O_2/CO_2气氛燃煤电站的运行成本大大增加。

（2）传热特性

与常规空气煤粉燃烧相比，O_2/CO_2燃煤系统产生的烟气成分（主要成分是CO_2、O_2、H_2O）不同，其热量传递发生很大变化，主要影响表现在两个方面：辐射换热特性和气体热容量。炉内热传递主要来自辐射传热，主要包括：三原子气体辐射，火焰中灰粒、焦炭粒子的辐射，炭黑粒子的辐射。富氧燃烧的主要产物是CO_2和H_2O，其辐射发射率明显要高于N_2。有研究表明，在相同的平均烟气温度下，O_2含量占27%时，富氧燃烧火焰温度及烟气浓度都和在空气中燃烧非常相似，但总的烟气辐射发射率将增加20%～30%。因此，在O_2/CO_2燃烧系统中炉膛的换热会明显增强，炉膛出口烟气温度下降。对于对流受热面，CO_2和H_2O较N_2具有更高的热容量，导致对流受热面换热增加，但由于炉膛出口烟气温度下降和烟气流量的减少，对其换热又有消极的作用。因此，O_2/CO_2燃烧锅炉辐射和对流受热面，应根据传热特性进行优化设计，以保证锅炉高效率运行。

（3）污染物排放特性

关于O_2/CO_2气氛下SO_2排放特性的研究，主要集中在SO_2释放规律、石灰石脱硫机理以及脱硫效率等几个方面。研究表明，燃烧介质对SO_2的排放没有明显的影响。对于所有的N_2基和CO_2基燃烧气氛来说，在贫燃区，SO_2量随化学当量比率增加，在化学当量比率大于1.2之后显著下降。在富燃区，SO_2量下降原因可能是在还原性气氛中SO_2被还原，生成H_2S、COS、CS_2等含硫物质。SO_2排放量随温度的升高而升高，对于不同的气氛来说，SO_2的排放量的增加幅度不一样。在高浓度的CO_2气氛下，SO_2的增加幅度较小，且温度从1200℃变化到1300℃时，SO_2基本上没有明显增加。但在空气气氛下，温度从800℃逐渐增加到1300℃，都可以观察到SO_2量有较为明显的增加。随O_2含量增加，燃烧温度升高，SO_2转换为SO_3的量增大。O_2/CO_2气氛有利于飞灰固硫，对于富含CaO的煤种，固硫作用更明显。这是O_2/CO_2气氛下SO_2排放量较空气气氛有所减小的重要原因之一。关于炉内喷钙脱硫机理研究，O_2/CO_2气氛下脱硫效率比空气气氛下高。主要原因是：①烟气再循环使SO_2的实际停留时间被延长。②SO_2浓度高抑制了$CaSO_4$分解。③高浓度CO_2条件下，石灰石发生直接硫化作用。就脱硫效率的贡献而言，在温度为1177℃以下时，第一条原因的贡献在2/3以上；然而，超过1227℃时，第二条原因的贡献在2/3以上。在较高温度和较长停留时间范围内，O_2/CO_2煤粉燃烧系统保持较高的直接脱硫效率。

与常规空气燃烧相比，煤在O_2/CO_2气氛中燃烧时NO_x的排放量要小，是常规空气燃烧的25%。主要原因是：燃烧过程中没有N_2参与，无法生成热力性NO_x。O_2/CO_2气氛下高浓度的CO_2，会与煤或煤焦发生还原反应生成大量的CO，在煤焦表面发生NO/CO/Char（不完全燃烧过程中形成的含碳残余物）的反应，促进了NO的降解。NO_x排放浓度随着O_2浓度、温度的增高而增大，与常规燃烧方式中NO_x排放规律一致。研究发现，在炉内喷钙脱硫的情况下，CO_2气氛不仅有利于提高脱硫效率，还能有效降低NO_x排放。

国内关于富氧燃烧的研究始于20世纪90年代末。华中科技大学、华北电力大学、浙江大学、东南大学以及清华大学都开展了相关基础研究和技术开发。华中科技大学开展了富氧燃烧方式下NO_x抑制机理、SO_2钙基脱硫机理以及燃烧火焰稳定性方面的基础性研究工作，建成了国内首套300kW规模的富氧燃烧与污染物联合捕集综合试验台。中国富氧燃烧技术研发示范路线图参见图4–73。

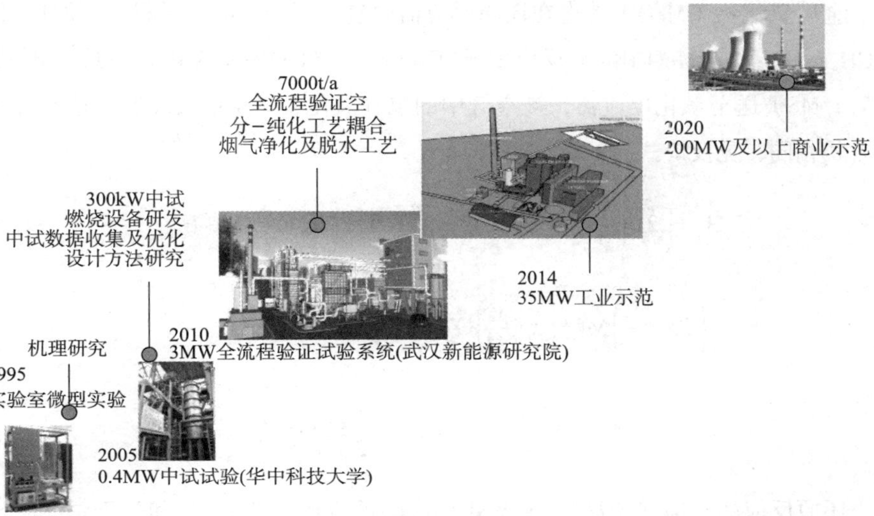

图 4-73　中国富氧燃烧技术研发示范路线图

目前富氧燃烧技术发展的最大瓶颈在于制氧成本太高，主要原因是空气分离过程中深冷压缩能耗太高，大约15%的电厂发电量被消耗。近期出现的一些新的制氧技术，如变压吸附、膜分离等技术，可望大幅度降低制氧成本，但这些新技术尚未成熟，还没有进行大规模的商业应用。

4．化学链燃烧技术进展

化学链燃烧（Chemical Looping Combusting，简称CLC）是将传统的燃料与空气直接接触反应的燃烧，借助于载氧剂（OC）的作用可将其分解为2个气固反应，燃料与空气无须接触，由载氧剂将空气中的氧传递到燃料中。

化学链燃烧示意如图4-74所示，CLC系统由氧化反应器、还原反应器和载氧剂组成。其中载氧剂由金属氧化物与载体组成，金属氧化物是真正参与反应传递氧的物质，而载体是用来承载金属氧化物并提高化学反应特性的物质。

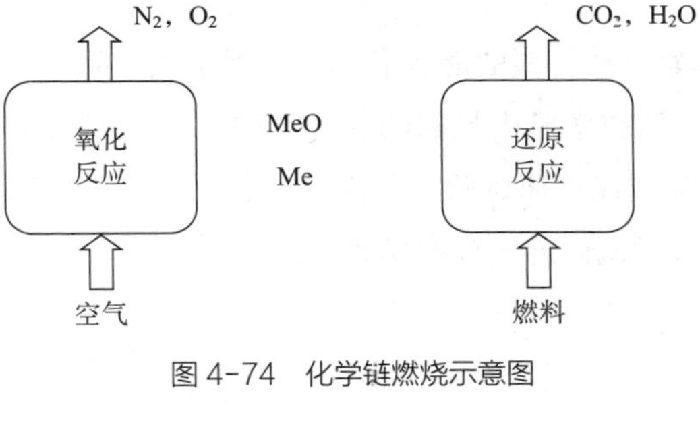

图 4-74　化学链燃烧示意图

金属氧化物（MeO）首先在还原反应器内进行还原反应，燃料（还原性气体，如CH_4、H_2等）与MeO中的氧反应生成CO_2和H_2O，MeO还原成Me，见反应式（1）；然后，Me被送至氧化反应器，被空气中的氧气氧化，见反应式（2）。这与传统燃烧方式相同，见反应式（3）。

$$C_xH_y+\left(2x+\frac{y}{2}\right)MeO=xCO_2+\frac{y}{2}H_2O+\left(2x+\frac{y}{2}\right)Me-H_{red} \quad (1)$$

$$\left(2x+\frac{y}{2}\right)Me+\left(x+\frac{y}{4}\right)O_2=\left(2x+\frac{y}{2}\right)MeO+H_{OX} \quad (2)$$

$$C_xH_y+\left(x+\frac{y}{4}\right)O_2=xCO_2+\frac{y}{2}H_2O+H_c \quad (3)$$

还原反应的反应热（H_{red}）和氧化反应的反应热（Hox）总和等于总反应放出的燃烧热H_c，也即传统燃烧中放出的热量。

这种新的能量释放方法是新一代能源环境动力系统，它开拓了根除燃料型NO_x生成、控制热力型NO_x产生与回收CO_2的新途径。金属氧化物（MeO）与金属（Me）在两个反应之间循环使用，一方面分离空气中的氧，另一方面传递氧，这样，燃料从MeO获取氧，无须与空气接触，避免了被N_2稀释。燃料侧的气体生成物为高浓度的CO_2和水蒸气，用简单的物理方法，将排气冷却，使水蒸气冷凝为液态水，即可分离和回收CO_2，不需要常规的CO_2分离装置，节省了大量能源。由于化学链燃烧中燃料与空气不直接接触，空气侧反应不产生燃料型NO_x。另外，由于无火焰的气固反应温度远远低于常规的燃烧温度，因而可控制热力型NO_x的生成。由于燃烧中所利用的高品位能源为化学循环反应产生，因此，无须在燃烧、分离两个过程中大量耗能，分离和回收CO_2都不需要额外的能耗，即不降低系统效率，比采用尾气分离CO_2的燃气蒸汽联合循环电站效率高。

化学链燃烧作为一种新型的能源利用形式具有燃料高效转化、CO_2内分离和NO_x产物低的特点，该技术已由最初的载氧剂的选择、测试与开发，发展到化学链燃烧的小型固定床或流化床试验，目前已开展化学链燃烧反应器系统中试验证及系统分析。捕集技术国内外进展参见表4-24。

表 4–24　捕集技术国内外进展

捕集技术	国外	国内
燃烧前—物理吸收法	商业应用	商业应用
燃烧前—化学吸附法	工业示范	工业示范
燃烧前—变压吸附法	工业示范	工业示范
燃烧前—低温分馏法	工业示范	工业示范
燃烧后—化学吸收法	商业应用	工业示范
燃烧后—化学吸附法	中试阶段	中试阶段
燃烧后—物理吸附法	工业示范	工业示范
燃烧后—膜分离法	中试阶段	中试阶段
富氧燃烧—常压	工业示范	工业示范
富氧燃烧—增压	基础研究	基础研究
富氧燃烧—化学链	中试阶段	中试阶段

三、碳封存和利用现状和进展

捕集的CO_2通过管道等方式运到利用或封存地点，就可以进一步用于驱油、驱气或地下封存。

1．CO_2驱油技术现状

（1）CO_2驱油机理

CO_2的临界温度为31℃，与其相对应的临界压力为7.38MPa。在超过临界压力的高压条件下，随着压力的增加，CO_2气体会变成一种液态的黏稠状物质。CO_2比一般烃类气体易溶于水，而且其在原油中的溶解度大于其在水中的溶解度，可以从水溶液中转溶于原油中。人们利用CO_2这种物理化学特性，将其作为良好的油田驱油剂。

在不同的油藏条件下，CO_2的驱油机理并不相同，现场实施注CO_2项目主要分为混相驱和非混相驱。非混相驱的驱油机理主要有降低原油黏度、使原油体积膨胀、压力下降造成溶解气驱（注入的CO_2在油藏中占据一定空隙，增加油层压力，当油藏压力下降时，原油中溶解的CO_2会逸出，形成类似天然溶解气驱的效果，进一步提高驱油效率）、酸化解堵作用（CO_2与水形成弱酸性溶液，可以与地层中的碳酸盐反应，溶解部分堵塞物，提高地层渗透率），提高注入能力，但非混相驱驱油效率低、CO_2易突破（CO_2在油藏中的流动不稳定性较大，容易形成气串现象）、采收率低，最典型的应用方式是注CO_2吞吐（周期性地注入CO_2并关井，使CO_2与原油充分接触，降低原油黏度并膨胀原油，从而提高采收率）。混相驱的主要机理是萃取和汽化原油中的轻质烃，降低原油界面张力，减少驱替阻力；混相流体的混合物仅为单相，在流体之间不存在界面，从而也就不存在界面张力；如果原油与驱替流体之间完全消除了界面张力，也就是说毛管准数变为无限大时，残余油饱和度能够降低到它的最低可能值，从而提高原油采收率。目前国外注CO_2项目以混相驱为主。

（2）国外CO_2驱油发展状况

国外研究注CO_2提高原油采收率方法已有百年历史，而CO_2的现场应用始于1958年，当时美国Permain盆地首先开展了注CO_2混相驱项目，结果表明注CO_2是一种提高原油采收率的有效方法。经过60多年的摸索和实践，美国已有150余个CO_2驱油项目，已经封存超10亿t CO_2。

对美国注CO_2驱项目的实施效果统计结果表明，CO_2驱项目开始前油藏具有较高的含油饱和度，项目实施后饱和度降低幅度一般低于20%，部分油藏高于25%；从提高采收率幅度角度统计，水驱后实施CO_2驱提高采收率幅度一般介于10%～25%；从增油量角度统计，美国成功实施CO_2驱的区块平均单井日增油量较高，大部分项目单井日增油量超过5t/d；从CO_2混相驱开发效果统计，无论是对于先导试验还是对于矿场应用，CO_2混相驱的见效时间一般是0.5～1.5年，在注入0.4～0.6HCPV（烃类孔隙体积）时可以提高采收率13%，CO_2的平均换油率介于4～12Mcf（千立方英尺）/桶；从注CO_2驱油成本来看，由于美国CO_2采用管道运输，且采用较纯的天然CO_2气源，驱油成本仅为18～28美元/桶（约883～1374元/m^3油）。

（3）国外注CO_2驱油油藏及技术特点

从CO_2驱油油藏上看，目前国外现行注CO_2驱油的适应范围较为广泛（见表4-25），不仅适合于白云岩和砂岩油藏，也适合于硅藻岩、石灰岩以及混合岩性类型油藏。大部分进行CO_2驱的原油以低黏度、低密度为主，油藏以中低渗、低温、碳酸盐岩为主，渗透率介于0.1～50mD、深度小于2000m、原油°API在30.0～45.0、原油黏度小于2mPa·s的油藏最多，也被认为是注CO_2驱油的最佳区域。

表 4-25 美国注 CO_2 驱油油藏有关情况

有关参数	最小值	最大值	平均值
深度/m	355	3685	1840，1230～2000m的项目69个（65.7%）
原油/°API	11	45	36，30～45的项目100个（95%）
原油黏度/（mPa·s）	0.35	45	1.9，2mPa·s以下的项目79个（89%）
渗透率/mD	1.3	1000	51，<50mD的项目81个（78%）
油藏温度/℃	28	121	55，36.1～66.7℃的77个（75.5%）
储层岩性	砂岩34项；白云岩38项；硅藻岩5项；石灰岩6项；混合类型21项		

从CO_2驱油技术特点上看，储量规模要求单井控制储量大于6万t、动用储量大于100万t；注气时机选择在应用于水驱后，再注入CO_2进一步提高采收率；井网类型主要是反九点、五点和线性类型三种；注入方式主要采取水气交替注入和CO_2吞吐两种方式。油藏筛选标准见表4-26。EOR增产吨油CO_2消耗量见表4-27。

表 4-26 注 CO_2 提高采收率的筛选标准

筛选参数	CO_2混相驱	CO_2非混相驱
地层岩性	砂岩或碳酸盐岩	不关键
原油黏度（地层条件）/（MPa·s）	1.5～10	<600
°API	22～36	>12
含油饱和度/%	20～55	30～70
原油组分	C_3～C_{12}含量高	不关键
深度/m	>800	>600

表 4-27 EOR 增产吨油 CO_2 消耗量

注入烃类孔隙体积倍数	提高采收率幅度/%		
	15	12	10
0.5	3.3	4.2	5.0
1	6.7	8.3	10.0
1.5	10.0	12.5	15.0

（4）国内注CO_2驱油总体情况

国内CO_2驱油技术研究始于20世纪70年代，大庆油田针对高含水油藏在萨南开展了CO_2非混相驱矿场试验，CO_2由烟道气提纯而来，提高原油采收率约7%，但因气源问题和比聚合物驱效果差，没有进一步发展。

2000年以来，中国石油、中国石化、延长石油先后针对中高渗透油藏高含水开发后期及低渗透油藏开展了多个CO_2驱先导试验，国内CO_2驱油实施情况见表4-28。

表 4-28　国内 CO_2 驱油实施情况

单位	序号	油藏	驱替类型	深度/m	孔隙度/%	渗透率/($10^{-3}\mu m^2$)	注入方式	油藏情况
中国石油	1	大庆芳48区块	非混相驱	1868	12.3	1.26	连续	非均质性严重、天然裂缝不发育
	2	大庆树101区块	非混相驱	2120	10.65	1.06	间歇	非均质性强，微裂缝发育
	3	吉林黑59区块	混相驱	2440	12.4	3	连续	—
	4	吉林黑79区块	混相驱	2440	13.5	5.2	连续	—
	5	吉林乾安老区Ⅰ区	非混相驱	2200	15.8	5.5	连续	—
	6	吉林红87-2区块	非混相驱	2200	10.9	0.26	连续	—
中国石化	7	华东草舍油田	混相驱	3042	14.1	46	连续	非均质性严重，天然裂缝不发育
	8	胜利高89地区	混相驱	3000	12.5	4.7	连续	层间非均质性强，天然裂缝不发育
	9	腰英台DB33区块	非混相驱	2300	14.2	5.4	连续转气水交替	非均质性强，天然微裂缝、人工压裂缝发育
	10	储家楼	非混相驱	2960	21.3	241	气水交替	—
	11	濮城沙一	混相驱	2350	28.1	690	气水交替	—
	12	富明富14	混相驱	3050	23.4	854	气水交替	—
延长石油	13	靖边乔家洼	非混相驱	1661	8.18	1.22	气水交替	16井组，20万t/a CO_2注入
	14	吴起油区	非混相驱	1960	12.7	0.78	连续	36井组，30万t/a CO_2注入

从实施效果看，储层吸气能力强，注入压力较水驱明显降低，不管混相、非混相都有一定的效果，但混相、近混相驱替效果明显好于非混相驱替，裂缝发育的油藏驱替效果略差，各先导试验单元均有腐蚀、气窜现象，需要加大攻关力度。

2．CO_2埋存技术现状

CO_2埋存主要把捕集的CO_2压缩后运输到枯竭油气田等地下封存场所，然后进行注入，地下的温度和压力使CO_2保持液态，CO_2缓慢穿过多孔岩并填满孔隙的微小空间，实现对CO_2封存。合适的CO_2封存地点包括废弃的油田、废弃的气田、不能开采的煤田、含水岩层、含盐层等，CO_2封存地点选择示意图见图4-75。

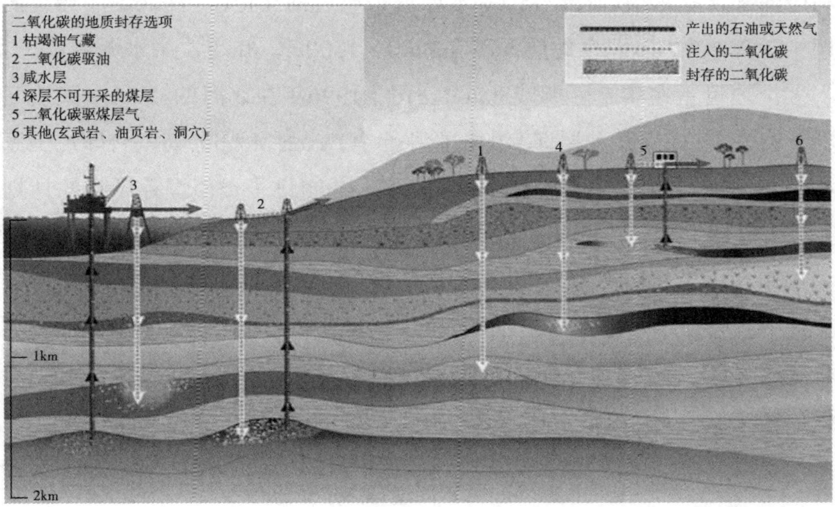

图 4-75　CO_2 封存地点选择示意图

（1）CO_2埋存的地质场所及条件

这些封存地点的上面通常有不透水岩层（称为密封层），密封岩和其他地质特征将阻止CO_2泄漏到地表，可安全封存CO_2数百万年。为了确保CO_2安全封存，CO_2一旦被注入后，需要采用一些遥感技术对岩层中CO_2的活动进行监控。将CO_2封存在地层中的自然孔隙中，是目前最经济、最可靠的CO_2处理技术，也是可以大量减少CO_2排放的最有效方法。这种方法有几大优势：一是自然界中CO_2气藏的存在证实了CO_2可以在地下长时间存储；二是油气田开发中已经积累了CO_2埋存的专业技术经验；三是利用CO_2提高原油采收率和提高煤层气采收率已通过了试验并获得了经济效益；四是可以利用天然气勘探的成熟理论、经验、技术和设备。

埋存CO_2的场所必须满足以下条件：一是位于地质构造稳定的地区，存储的气体向大气泄漏的可能性微小；二是储层的孔隙度和渗透率高，有一定的厚度，能达到所需的存储容量；三是上覆不透气的盖层；四是储层压力超过CO_2的临界值（31℃，7.495MPa），储层深度一般在800m以下；五是对人类社会和自然环境、资源带来的负面影响小；六是与产生CO_2点源距离近。

（2）CO_2埋存方法及基本原理

CO_2埋存方法，除前面介绍的利用CO_2驱油可以部分封存CO_2外，主要还有利用深部含盐水层封存CO_2等方法。

利用深部含盐水层埋存CO_2的基本原理是通过钻孔把CO_2注入封闭构造内的含盐水层中，理想的CO_2埋存地层深度在1200～1500m，并与饮用水源隔离。目前，国外有多个项目正在实施。挪威Statoil公司于1996年在北海的Sleipner天然气田建成世界上第一个CO_2含盐水层埋存的试验平台；Exxon Mobil公司联合印尼国家石油公司在南海，美国能源部在West Virginia和Texas制订了类似埋存项目的计划。我国有关该方面研究现处于起步阶段。据估算，我国深部含盐水层的埋存潜力较大，1000～3000m深含盐水层的CO_2储存潜力为1600亿t，约为我国2021年CO_2排放量的14倍。其中，柴达木盆地、塔里木盆地的CO_2埋存潜力最大，均在100亿t以上；鄂尔多斯盆地的CO_2埋存潜力在60亿～80亿t，可作为未来实施碳捕获和埋存项目的重点考察区域。不同埋存方法对比参见表4–29，中国CO_2封存潜力见表4–30。

表4–29　不同埋存方法对比

类型	EOR	枯竭油藏	煤层	深部咸水层
经验基础	二叠纪盆地	探索中	目前有失败例子	探索中
泄漏风险	很低	很低	高	低
CO_2资源获得	有限	有限	非常有限	大量
成功概率	100%	100%	很低	高
经济性	采油量将弥补成本支出	需要政府政策支持	需要政府政策支持	需要政府政策支持
总体风险	很低	很低	高	低

表4–30　中国CO_2封存潜力

亿t

封存场地类型	CO_2最低值	CO_2最高值
CO_2驱油	37	78
枯竭天然气田	41	305
CO_2驱煤层气	121	484
深部咸水层	1435	14513
小计	1634	15380

总的来看，CO_2的各种埋存技术相对较为成熟，其中EOR技术是一项成熟的市场技术，但当用于CO_2封存时，只有在特定条件下才可行；CO_2-ECBM技术尚处于示范阶段，有一定发展潜力；咸水层埋存是CO_2减排量最大、最有效的手段，但不产生经济效益，因此现阶段国内咸水层埋存的推广有一定难度。

3．封存和利用新技术

（1）CO_2驱油（气）大幅度提高采收率和埋存CO_2一体化技术

随着CO_2驱油技术的发展，应用范围由常规稀油油藏向复杂油气藏发展。我国多数油田的原油黏度高、含蜡量高、凝固点高、油藏构造复杂、非均质性强，低渗透或特低渗透油藏和高温高盐油藏占比较大，利用CO_2提高采收率面临许多特殊理论和技术难点。需要发展驱油与埋存一体化的CCS-EOR技术，即将埋存与驱油统一考虑，在追求高采收率的同时，也追求较高的CO_2埋存量。

①驱油与埋存一体化的油藏工程优化设计技术：

目前已有的理论方法均分别针对埋存和驱油，特别是在油藏工程优化设计方面没有将埋存和驱油统一，只是追求采收率的最大化而忽略了埋存量的最优化。有必要发展驱油与埋存一体化工程设计技术，包括驱油与埋存一体化数值模拟技术、评价指标体系和评价方法、油藏工程参数优化设计技术、考虑埋存效益的全流程经济评价方法等。

②CO_2+化学的复合驱油技术：

由于单一的CO_2驱油技术一般不能完全解决复杂油藏开发中的所有问题。因此，多种技术的有机组合将成为CO_2提高石油采收率领域中十分重要的发展方向，针对油藏特征和流体性质，发展包括CO_2泡沫、CO_2+聚合物、CO_2+表面活性剂等多种组合驱油技术，扩大波及体积，提高驱油效率。

③CO_2流度控制、增大混相程度的驱油技术：

研发CO_2驱混相剂降低混相压力，增大混相程度；研发CO_2驱增稠剂，降低流度比，扩大波及体积。

④CCS-EOR波及与封存状况、环境安全监测技术：

国内对于CO_2驱油效果的评价方法还不完善，前期研究过程中有了一定的成果，但主要基于对实际资料的统计分析，需要从基础理论和评价方法上进一步研究。研发CO_2驱油推进方向、波及状况及地面泄漏监测装置和相关监测技术，确保CO_2埋存安全性。

⑤开展CO_2咸水层埋存选址及源汇匹配研究、CO_2埋存示范及环境安全监测技术研究，为大规模CO_2咸水层埋存做好储备。

⑥开展CO_2–ECBM机理及配套技术研发和工程示范，发展捕集–驱气–埋存一体化技术。

（2）新能源与CCS/CCUS耦合利用技术

CO_2捕集大大增加了发电成本，系统能耗明显增加，经济效益急剧变差，但与太阳能、风能、干热岩、可燃冰等新能源开发结合，优化生产工艺流程，如充分利用太阳能、风能等可再生能源，可降低生产过程中的能耗损失，降低捕集成本，同时在采油生产过程中，与太阳能、风能结合，可减少系统用电量；与干热岩、可燃冰等新能源开发结合，利用开发出来的新能源弥补CCUS成本，可提高CCUS整体经济效益。

1）太阳能辅助CCUS技术

太阳能是一种清洁的可再生能源，具有大规模提供有用功和热量的能力，可以作为驱动碳捕集过程的替代性能源。如太阳能集热场收集的热能用于解吸塔内再沸器的耗热，实现CO_2的解吸。太阳能辅助CCUS方式参见图4–76。

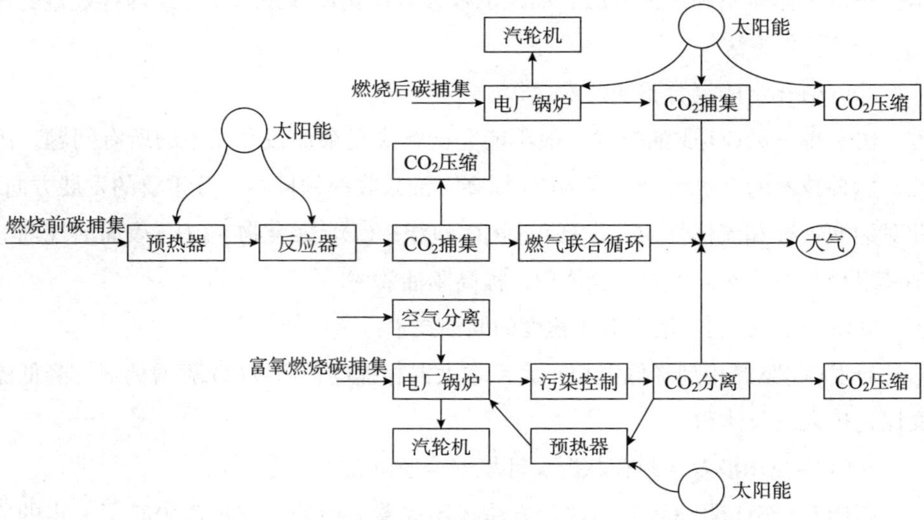

图 4–76　太阳能辅助 CCUS 方式

随着碳捕集技术的发展，一些太阳能辅助碳捕集新技术的出现拓展了碳捕集的技术边界，呈现以下3个发展趋势。

①部分新技术的产物不再是传统的高浓度的CO_2气体，而是含碳元素的化合物，如光催化的合成产物是甲醇等。这使得基于分离模型推演的分离理想最小功和分离热力学效率的方法不再合适，碳捕集理论过程研究的框架有待拓展，核心的物理模型和数学工具需要随之更新。

②由于碳捕集过程的能耗很大，传统的太阳能辅助环节往往聚焦于捕集过程。如燃烧后碳捕集，压缩过程却占捕集和压缩总能耗的1/3，而运输和储存过程则与实际情况有关。随着研究的深入，太阳能与CCS环节的集成形式将更加灵活，集成程度更高。

③太阳能除了供热、发电和海水淡化等利用方式，还有制冷和分频利用等。如分频利用太阳能可以在光伏发电的同时获得高温热能。面对不同碳捕集技术的不同需求，太阳能的辅助形式更加多样化，梯级利用更加合理。

以太阳能为热源的能源系统，在发电、供热、制冷和海水淡化等联供用途外，还可以增加碳产品的制取，使太阳能综合利用效率更高，太阳能辅助碳捕集过程将向着人工光合作用领域继续发展。

2）CO_2地质封存及增强地热开采一体化技术

地热资源按其赋存形式，主要可分为水热型和干热岩型2种：①水热型地热资源赋存于高温、高渗透率和富含水的岩层中，主要通过泵采或自喷的方法对地热水进行开采，从而用于发电或者直接利用（如地热采暖、洗浴、医疗、水产养殖等）；②干热岩的研究始于20世纪70年代，已经表现出巨大的利用价值和开发前景。该类型地热资源主要赋存于地下3～10km深度范围内结晶质岩层中，该种岩层温度高而干燥，渗透率低，缺乏高温流体。目前人们多采用增强型/工程型地热系统（enhanced geothermal systems，EGS）开采该类地热资源，即从地面钻井到达地下深部结晶质岩层，采用水力压裂等井下作业措施使原有岩体裂隙发育或在岩体中制造新裂隙，以增加热交换体积和原岩层的渗透性，然后在井中注入冷水，在冷水与高温储层库岩体充分热交换后，通过其他井（生产井）抽出，从而利用产生的地热蒸汽等进行发电。目前干热岩的研究工作主要在一些发达国家进行，如美国芬顿山、日本肘折地区、法国苏尔士地区等均开展了干热岩研究开发的示范项目，其中，日本肘折地区在1996年已开始发电运行。而我国由于资金和技术等原因对干热岩的研究尚处在起步阶段。

中国地处三大板块接合部位，地质构造复杂，火山地震活动频繁，预示着我国拥有丰富的地热资源，据初步估算，中国大陆（深度3～10km）干热岩地热资源总量为714.9亿万tEC，若按2%的可开采资源量计算，是水热型地热资源量的168倍，相当于中国2017年能源消耗量（44.9亿tEC）的15.9万倍。但目前我国多开展中低温（小于150℃）水热型地热资源的直接利用，而对于地下深部分布广泛的高温干热岩型地热资源并没有引起足够重视。因此，为了大规模利用地热资源，需要研究深部高温岩体热利用问题。

目前地热开采系统中工质流体主要为水，若以超临界CO_2代替水作为工质流体，则可将CO_2地质封存与地热资源开采相结合，即开展CO_2地质封存与增强地热资源开采一体化技术，从而可同时实现CO_2减排的社会效益和CO_2高效资源化利用的经济效益。在满足目标场地要求的前提下，可将CO_2咸水层封存（CCS）与水热型地热资源开采相结合，而对于干热岩型地热资源，或者含水率极低的咸水层，可以采用CO_2代替水作为工质流体增强地热资源开采（CO_2-EGS），即2种地热资源类型（水热型和干热岩型）均可与CO_2地质封存相结合以实现不同的CCUS技术。增强型地热系统示意参见图4-77。

①CO_2咸水层封存与水热型地热资源开采相结合：

可用于CO_2地下储存的地质条件中，咸水层分布面积最广，储存容量巨大，是主要的CO_2地下储存场地。在对CO_2进行咸水层封存的同时，利用其天然的高孔隙度、高渗透率地质条件，可采用CO_2作为工质流体进行地热资源开采；而对于高含水率的咸水层，可以抽采其中的高温流体以获取地热资源，流体的抽采反过来又为CO_2封存留出更多的封存空间，从而可避免CO_2注入压力持续增加，不仅大大提高了长期安全性，也可缓解单纯CCS技术无附加经济效益的缺点。

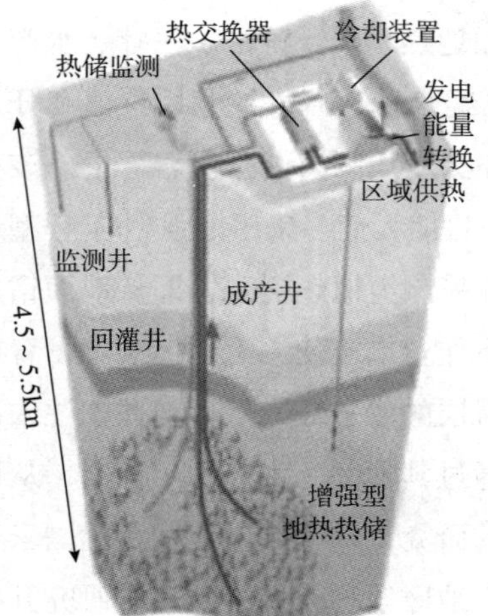

图 4-77　增强型地热系统示意
（引自Geothermal Explorers Ltd，2005）

②CO_2增强干热岩型地热资源开采：

针对干热岩型地热资源，目前日本、欧洲和澳大利亚等国家和地区多采用水作为压裂液体和携热液体来开采该类型地热资源，但在开采过程中，水会溶解大量岩石矿物，矿物的溶解与沉淀将改变储层的渗透性，影响储层的稳定性；同时，溶解的矿物会导致管道和地面设备等结构堵塞。此外，在采热循环系统中，不可避免地会导致工质流体的流失，在美国新墨西哥州芬登山试验场进行的干热岩实验表明，H_2O-EGS系统产生的水流失为注入量的7%～12%。这不仅是珍贵水资源的浪费，而且在一些水资源匮乏地区将难以进行地热开采（或需要增加额外费用）。与水相比，CO_2具有更加良好的热动力特性和化学性质，当温度和压力超过临界点（31℃，7.38MPa）时CO_2将进入超临界状态，超临界CO_2拥有与液体相当的密度，但黏度却与气体相近，在热储层库中拥有更好的热膨胀性和流动特性。这些特性足以弥补CO_2热焓值低、单位质量携热能力差的缺陷。同时，高温高压下的超临界CO_2不会大量溶解矿物。因此，以超临界二氧化碳代替水作为工质流体（即CO_2-EGS系统）增强该类地热资源开采。研究表明，以CO_2代替水作为工质流体增强地热开采具有与水相当（甚至超过水）的热提取率，因此，CO_2-EGS系统已成为目前的研究热点。

3）CO_2海洋封存联合可燃冰开采技术

可燃冰是高度压缩的天然气和水的固态混合产物，外形呈冰晶状，通常呈白色，燃烧性极强且燃烧无残留，其密度在0.9g/cm^{3}左右，具体值取决于其所存在的温度、压力条件及气体的组成。可燃冰微观结构是笼型分子结构，外围是水分子形成的笼子，其内部则充填天然气分子，其中甲烷分子含量（体积分数，下同）高达80%～99.9%，所以天然气水合物往往被称为甲烷水合物，能量密度极高。据理论计算，1体积的天然气水合物可释放出164体积的CH_4，在我国南海神狐海域开采出的天然气中CH_4含量就高达99.5%。

天然气水合物（Natural Gas Hydrate，简称NGH），又被称为可燃冰，是一种公认的高效、绿色能源，被誉为21世纪最具商业开发价值的战略能源。自可燃冰被发现以来，世界各国对其探索从未停止，美国、加拿大、日本和韩国等国家相继开展了可燃冰试采项目，但由于种种原因，试采结果不尽如人意。2017年5月，我国南海北部神狐海域可燃冰试采成功，此次试采打破了原有采产气时长和产气量纪录，实现了多项技术的突破，积累了大量的科学数据，为可燃冰的商业化开发奠定了基础。预计随着可燃冰勘探开发技术的日趋成熟，可燃冰的商业化开发为期不远。

据勘探研究发现，陆地长期冰冻区和海底具有形成可燃冰的有利条件，而已发现的可燃冰主要存在于大陆上的永久冻土区和大陆边缘的海底深层砂砾中，其分布在海洋里的资源量是陆地上的百倍以上。冻土区的可燃冰埋深在200～2000m，而海洋环境中埋深500～800m。可燃冰储量巨大，据估计其在全球范围内含碳量是常规石油、天然气等化石能源的2倍，专家估算只是海底可燃冰的储量就足以让人类使用1000年。据勘探估算，我国仅南海可燃冰的资源量就达到了700亿t原油当量，相当于我国陆地石油、天然气资源总量的一半左右。

CO_2埋存联合可燃冰开采技术是在CO_2地质埋存技术和CO_2置换天然气水合物技术的基础上提出的综合利用CO_2、获取多重效益的新型技术，也是碳捕集、利用与封存技术的有益补充。经过长期的研究和论证，CO_2置换开采可燃冰在动力学和热力学方面被证实具有很高的可行性。从能源角度分析，可燃冰储量巨大，无疑是今后重要的后续能源，CO_2海洋埋存联合可燃冰开采技术可加速可燃冰的开发，这对缓解现今世界能源不足的状况具有重要的意义。此外，可燃冰的开采也有助于打破当今能源不平衡的格局。我国沿海地区可燃冰的开采在一定程度上也能缓解我国东部沿海地区能源供需不平衡的状况，从而使得我国能源格局更加完善。从经济角度分析，单纯的CO_2埋存项目造价高昂，不但需要支付大量的碳捕集、提纯等费用，而且还需要花费大量的资金购买配套设备以降低埋存项目的风险，而在天然气水合物开采联合CO_2埋存过程中，所开采天然气水合物的收入可以支付CO_2的处理费用和项目投入。从环保角度分析，向可燃冰储层中注入CO_2，不仅能够降低大气中温室气体的浓度，缓解全球变暖的趋势，开采出的天然气又是清洁能源。从地质环境角度分析，CO_2把可燃冰从地层中置换出来，不仅可以维持原有地层的稳定性，减少地质灾害，还在一定程度上扩大了CCUS技术的应用范围。

目前CO_2海洋埋存联合可燃冰开采技术面临一些问题有待解决：一是CO_2置换CH_4不彻底，可燃冰中包裹CH_4分子的水分子笼有大小之分，CO_2分子只能进入大的空穴，而不能进入小的空穴，导致小空穴里CH_4分子滞留，对于这一问题就需要联合其他开采方式，充分释放CH_4。二是CO_2置换可燃冰中CH_4速率低，随着置换反应的进行反应速率会越来越低，这需要寻找加快置换速率的条件或催化剂。三是海洋环境的污染问题，海洋封存和可燃冰开采对海洋的污染不可避免。CO_2若不能及时生成水合物或大规模泄漏会严重影响海水pH，破坏海洋生态平衡，这就需要严格的风险评估和风险防治措施。另外，若造成CH_4的泄漏，会产生比CO_2更严重的温室效应，为此对于可燃冰的开采要全面预防和控制CH_4的泄漏，优化运输系统，提高储存技术。CO_2埋存联合可燃冰开采系统示意、我国南海天然气水合物资源量预测分别参见图4–78、表4–31。

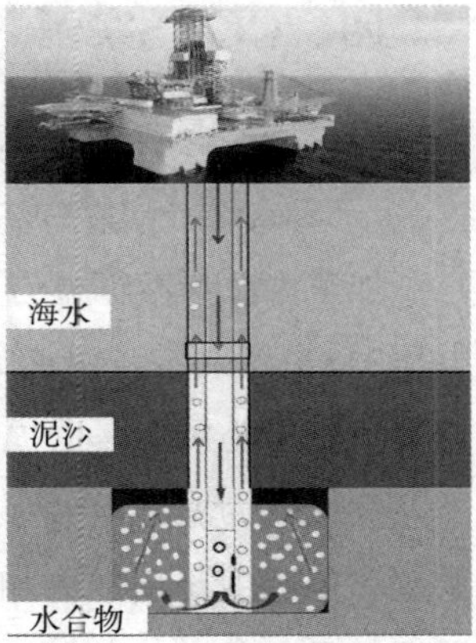

图4–78　CO_2埋存联合可燃冰开采系统示意

CO_2驱油和埋存技术国内外进展情况参见表4–32。

表 4–31　我国南海天然气水合物资源量预测

地区	资源量/万亿m^3
南海北部	15
南海南部	23.2
琼东南盆地	1.6
台西南海域	13.85
白云凹陷	8.7
神狐海域	0.019
小计	64.369

资料来源：万方数据，长江证券研究部。

表 4–32　CO_2驱油和埋存技术国内外进展

技术	国外	国内
强化采油	商业应用	工业示范
驱替煤层气	中试阶段	中试阶段
强化天然气开采	基础研究	基础研究
强化页岩气开采	基础研究	基础研究
渗采采矿	商业应用	商业应用
采热利用	基础研究	基础研究
强化深部咸水开采与封存	工业示范	工业示范

四、CCUS案例

（一）煤电行业工程案例

1．SaskPower边界大坝100万t/a CCUS项目

加拿大萨斯喀彻温省电力集团SaskPower公司的“边界大坝”项目，主要是对电厂3号机组改装：由加拿大工程和建筑SNCLavalin公司设计、设备采购和建设，壳牌全资子公司Cansolv提供碳捕集工艺，日立公司提供先进的蒸汽涡轮机。

萨斯喀彻温省电力一直利用当地价格低廉、资源丰富的煤炭支撑主要的电力系统，但随着环境压力加大，燃煤发电不可持续。Weyburn油田距离边界大坝电厂近，且具备良好的驱油与封存地质条件，CO_2强化采油可提高油田采收率，产生的收益增加碳捕集设施的经济回报。因此，政府批准实施边界大坝电厂碳捕集利用与封存项目。

2008年2月萨斯喀彻温省宣布SaskPower将对边界大坝的3号生产机组进行翻新。2011年4月，边界大坝CCS工程正式开工建设。2013年12月碳捕集系统竣工，2014年10月边界大坝集成碳捕集与封存示范项目开始运营。

“边界大坝”电厂3号燃煤机组发电能力139MW，改造后可生产清洁电力110MW，采用化学吸收法对发电厂烟气中CO_2进行捕集回收。CO_2吸收塔采用陶瓷鳞片防腐的水泥填料塔，长11m，宽11m，高54m。CO_2解析塔则采用304不锈钢填料塔，直径8m，高43m。捕集所得的CO_2经脱水后纯度达到99%，被一个功率为1.45万kW的压缩机压缩至17MPa的超临界状态。项目每年可以捕集约100万tCO_2气体，占其CO_2排放总量的90%，压缩CO_2气体将通过管道运输至Weyburn油田，用于提高原油采收率，富裕气体将在Williston Basin的Aquistore项目进行地质封存。边界大坝CCS项目自2014年底运行以来至2021年6月已累计捕集二氧化碳415万t，其中2021年上半年捕集34万t，2020年捕集73万t，2019年捕集62万t，2018年捕集63万t。

“边界大坝”工程改装耗资13亿加元（约合12亿美元），其中联邦政府补贴2.4亿美元，SaskPower电力公司测算改造后电价提升约15.5%。加拿大边界大坝电厂CCS项目全貌参见图4–79。

该项目的成功投产运营得益于以下因素：①政府资金支持，加拿大联邦政府不仅从项目的立项与研究阶段提供各种科研经费支持，而且在项目的建设阶段直接提供高达2.4亿美元的项目资本金；②政府政策支持，2011年加拿大发布了“减

少燃煤发电CO_2排放条例”，要求所有现有和新建的燃煤电厂达到相当于天然气联合循环的排放性能标准［375kg·CO_2/（MW·h）］，而包含CCUS的电厂在2025年前暂时不受此标准约束，这给予了SaskPower公司发展CCUS的动力；③项目用于CO_2驱油，提供了利润来源，改善了财务状况，降低了商业风险。

图 4-79　加拿大边界大坝电厂 CCS 项目全貌

该项目是世界上第一批商业化规模的CCUS设施，也是世界上第一个烟气CO_2捕集百万吨级商业化示范工程，对大规模烟气CO_2捕集工程的建设和运行提供了重要借鉴。如边界大坝CCS项目没有考虑包括主要换热器在内的许多核心设备的必要冗余度，也没有充分重视烟气中的痕量污染物对工艺的潜在影响。这些缺陷导致系统在早期频繁出现故障。

2．国能锦界公司15万t/a CCUS示范项目

国能锦界公司15万t/a CCUS示范工程是国家重点研发计划项目、陕西省重点建设项目、国家能源集团重大科技创新项目。项目于2019年11月1日开工建设，2021年1月安装建设完成。其依托锦界公司1号600MW亚临界机组，集成新型吸收剂（复合胺吸收剂）、增强型塑料填料、降膜汽提式再沸器、超重力再生反应器、高效节能工艺（级间冷却+分流解吸+机械式蒸汽再压缩）等新技术、新工艺和新设备，开展先进的燃煤电厂化学吸收法二氧化碳捕集技术研究和工业示范，形成了适用于我国燃煤电站烟气二氧化碳高效、低能耗捕集的新技术体系。

项目采用复合胺化学吸收方式，烟气通过水洗塔进行水洗，之后进入吸收塔，进行二氧化碳低温吸收，在再生塔高温解析出二氧化碳气体以后，压缩干燥冷却制成液态二氧化碳，通过车辆运输到油田，进行驱油。15万t/a CCUS示范装置工艺流程见图4-80。

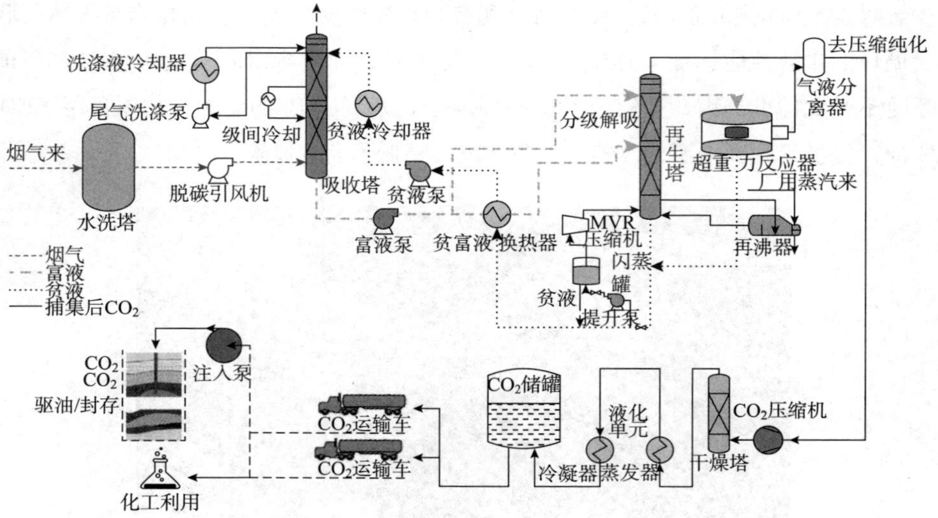

图 4-80　15 万 t/a CCUS 示范装置工艺流程

2021年6月25日，15万t/a CCS示范项目在国能锦界公司一次通过168h试运行，试运期间连续生产出纯度99.5%的工业级合格液态二氧化碳产品，满负荷运行时生产能力高于18.75t/h，通过系统工艺集成，实现了低浓度、大流量燃煤烟气CO_2捕集率大于90%、再生能耗小于2.4GJ/t（以CO_2计）的突破，液态CO_2产品全部用于驱油封存和化工利用，产品品质、综合能耗、热控/电气保护、测点/仪表投入等关键指标均满足设计要求。国能锦界公司168h试运期间主要技术指标参见表4-33，国能锦界公司15万t/a CCUS示范项目全貌参见图4-81。

表 4-33　国能锦界公司 168h试运期间主要技术指标

项目	数值
烟气处理量/（Nm^3/h）	100000
产品气CO_2≥99.5%/（t/h）	18.75
CO_2捕集率/%	>90
CO_2再生能耗/（GJ/tCO_2）	< 2.4
循环冷却水/（t/tCO_2）	约138.5
0.3MPa蒸汽/（t/tCO_2）	≤1.27
1.0MPa蒸汽/（t/tCO_2）	≤0.08
0.63MPa蒸汽（t/tCO_2）	≤0.27
胺溶液/（kg/tCO_2）	≤1

图 4-81　国能锦界公司 15 万 t/a CCUS 示范项目全貌

（二）石化行业工程案例

1．加拿大Weyburn油田注CO_2提高采收率和埋存工程

为开发替代性燃料资源，1984年，美国政府在北达科他州Beulah附近建设大平原合成燃料厂（Great Plains Synfuels Plant），通过煤气化工艺制甲烷。每天超过16000t粉碎的褐煤被送进气化器，与蒸汽和氧气混合，在1200℃的温度下部分燃烧产生混合气体。然后将气体冷却，凝出焦油、水和其他杂质。通过低温甲醇（–70℃）洗工艺对混合气体进行处理，将合成天然气与CO_2分离，合成天然气通过输气管道提供给客户。分离得到的CO_2气体浓度为96%（0.9%H_2S、0.7%CH_4、0.1%CO，2.3%C_{2+}，N_2浓度小于300mg/L，O_2浓度小于50mg/L，H_2O浓度小于20 mg/L）。

1997年，达科他气化公司（DGC）同意将废气从大平原合成燃料厂送至Weyburn油田，并耗资1.1亿美元修建运输管线，管线长约330km，直径305～356mm，管输能力超过5000t/d。2000年9月，首批CO_2通过管道输送至Weyburn油田。

Weyburn项目得到了多家跨国能源公司、美国和加拿大政府以及欧盟的支持，从2000年开始，每年约有200万tCO_2被注入油田存储。据预测，Weyburn CO_2–EOR技术将使得油田可以多生产1.3亿桶原油，将油田的商业寿命延长约25年。

2．齐鲁石化–胜利油田百万吨级CCUS示范项目

齐鲁石化–胜利油田百万吨级CCUS示范项目包括齐鲁石化100万t/a二氧化碳捕集、齐鲁石化–胜利油田二氧化碳输送管线、胜利油田二氧化碳驱油三部分。

新建二氧化碳捕集工艺生产装置主要包括压缩单元、液化提纯单元、制冷单元及新风补充单元等4个部分。工艺流程为富含二氧化碳的尾气原料压缩至2.4MPa左右，冷却后干燥脱水、液化进入精馏塔提纯，在塔底可得到体积浓度99%以上的液态二氧化碳产品。塔顶不凝气补充空气后送原有蓄热式催化氧化（RCO）尾气处理系统处理。齐鲁石化公司二氧化碳捕集工艺流程示意、齐鲁石化–胜利油田百万吨级CCUS示范项目捕集设施现场分别参见图4–82、图4–83。

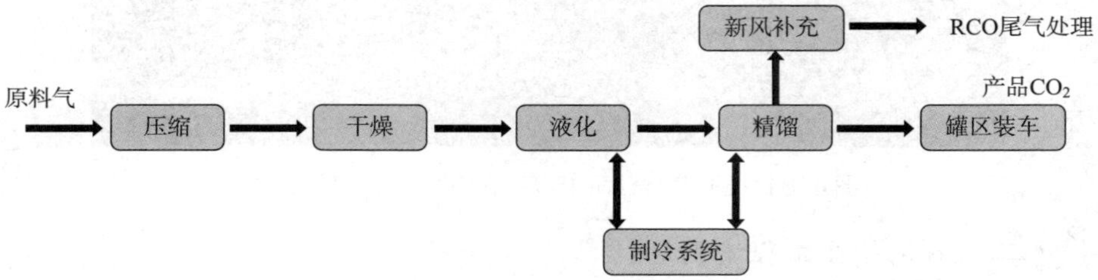

图 4–82　齐鲁石化公司二氧化碳捕集工艺流程示意

图 4–83　齐鲁石化 – 胜利油田百万吨级 CCUS 示范项目捕集设施现场

该工程新建二氧化碳输送管道，将齐鲁石化液化分离得到的液态CO_2通过管道输送至胜利油田高89–樊142地区各注气站。线路包括干线管道线路和支线管道线路，线路全长116.05km，管道起点为齐鲁石化首站，终点为各注气站，设计压力为12MPa，设计输送量为100万t/a，输送工艺采用高压常温输送工艺。胜利油田高89–樊142地区二氧化碳驱油与封存示范工程包括注入工程、驱油工程和集输工程3部分。齐鲁石化–胜利油田百万吨级CCUS示范项目管输首站、驱油现场分别参见图4–84、图4–85。

图 4-84　齐鲁石化 - 胜利油田百万吨级 CCUS 示范项目管输首站

图 4-85　齐鲁石化 - 胜利油田百万吨级 CCUS 示范项目驱油现场

五、CCUS发展趋势

（一）碳捕集技术

碳捕集技术种类繁多，但尚不存在一种低成本的、成熟的、可大规模工业化利用的技术。目前的碳捕集技术都有一些缺陷，燃烧后捕集的化学吸收法需要消耗较多能源；液体吸收剂需要消耗大量水；固体吸收剂稳定性一般；膜分离法除耗能高外，对膜材料的物理特性和性能要求也较高，目前还不能大规模工业化生产出适用的膜材料；燃烧前捕集需要特定的设备，不仅成本高，而且不适用于现有电厂的改造；富氧燃烧要有前期的设备投入，运行中制氧也要消耗大量能源。

要达到经济可行必须对废气中的CO_2进行提纯和液化。在捕集CO_2的3种工艺中，燃烧后捕集的难点在于CO_2只占被处理气体的10%，必须处理大量气体，既不经济，也不节能。化学吸收溶剂对气体有较好的吸收效果，却难以推广，原因在于再生时，需要对溶剂进行加热，能耗很大，因此，吸收溶剂再生技术对于吸收分离技术的发展相当重要。而富氧燃烧捕集，燃料在纯氧环境下燃烧，废气中CO_2的浓度超过90%，提高了捕集的效率，但降低制氧成本还需要制氧技术的进一步发展。第三种是燃烧前捕集，从工业角度看，这是最复杂的一种工艺，燃料会在蒸汽和空气或氧气中不完全氧化，因此产生一种合成气，这种合成气被转换成CO_2和氢气。

针对脱碳装置存在的吸收效率不高、操作复杂、装置体积大、能耗偏高的现状，脱除CO_2工艺的改进、新处理装置和新吸收剂的开发成为业内研究者所关注的焦点，近年来，开发研究膜分离与溶剂吸收组合的脱碳新技术引起人们重视，在国外尤受关注，该工艺充分利用膜分离脱碳装置简单、使用寿命长、操作方便、能耗低、效益高、投资仅为溶剂吸收法的1/2的优点，进行粗脱碳，再利用溶剂吸收做精分离，来克服膜分离CO_2纯度不高的缺陷。该技术效率高、成本低、投资少，随着高功能膜技术的开发，分离回收成本的进一步降低，必将会成为脱除CO_2最有前途的技术。此外，脱碳新设备，如超重机可以替代传统的脱碳塔，以动代静，以机代塔，不仅具有良好的机械运转稳定性、可靠性、长期性和易于维修等优点，而且具有更高的效率和更低的成本，超重力脱碳较传统脱碳工艺具有明显的经济优势，为治理温室气体CO_2提供新的技术，也将有利于我国化学工业的发展。作为一种新兴的绿色溶剂，离子液体是现阶段化工领域的研究热点，在吸收CO_2方面具有极大的应用潜力。针对CO_2吸收方法的研究一直在不停地进行，国内外研究较多的是采用光生物法，即通过绿色生物的光合作用直接吸收并利用气体中所含的CO_2，此外，新型吸收剂——硅酸锂、钙基吸收剂，催化剂法、酶法和低温冷凝等方法都投入了研究，如何提高CO_2的吸收效率和选择无污染试剂成为今后的研究热点。

降低碳捕集成本还要靠技术创新，除了传统的碳捕集方式，当前也存在一些新型的碳捕集方式。新型燃烧后CO_2捕集方法——冷冻氨工艺（CAP）及工程是以法国阿尔斯通公司为主开发的一种新型的燃烧后CO_2捕集技术，工艺原理是利用碳酸铵和碳酸氢铵混合溶液作为循环溶剂，能实现90%的脱碳率，并可以有效脱除烟气中残留的SO_x、HF、PM_x等影响人们正常生活的污染物。该法与目前工程上采用较多的燃烧后CO_2捕集技术乙醇胺（MEA）法相比，具有吸收能力强、能耗低、成本低、不易降解等优点，具有很好的应用前景。

随着知识经济的发展，在一系列高新技术的发展中吸附分离技术不断取得新的进展，宇航工业中用吸附剂吸附宇航员生活排放的CO_2，使宇航舱中CO_2维持在预期的浓度。超大型集成块的制造中越来越需要6N、7N甚至8N（N表示纯度中9的个数）的超纯净气体，这离不开吸附分离技术；在月球、火星建立空间站时，吸附分离技术将在营造人类大气环境中发挥重要作用。在处理地球环境的污染物时，吸附分离技术也扮演了重要角色，例如，吸附分离法在捕获CO_2、处理工厂排出的“三废”等方面也有广泛的应用前景。

开发研制高效气体分离膜材料，制备高渗透性、高选择性、耐用性强的CO_2分离膜材料、膜及其组件是今后研究的重点。例如，探索能与CO_2发生可逆反应而与其他气体不反应，且对其他气体的渗透性很低的膜材料；在膜材料中添加有机或无机化合物制备共混杂化材料；膜材料的选择和制备从扩散选择性向溶解选择性方向发展。寻求新的成膜技术，制备具有理想形态结构的膜材料。由于气体的渗透速率与膜厚度成正比，故超薄无缺陷膜的制备工艺成为研究的重点；超细中空纤维膜的研制与生产也是热点之一，要求膜具有更好的耐溶胀、耐酸碱及耐塑化性能。

生物固碳是固定大气中CO_2的最经济且副作用最少的方法，因此受到广泛关注。我国目前开展的生物固碳研究主要包括：高固碳能力的转基因工程和物种筛选培育；生态系统固碳机理及固碳定量化研究和区域生物固碳减排模型模拟。生物固碳潜力巨大，不同管理措施对生态系统固碳能力有明显的影响，但还缺乏对其固碳量、持续性、稳定性的准确理解，急需就我国的关键生态系统开展相关的生物固碳研究。

BECCS技术是一项结合生物质能和CCS技术以实现CO_2负排放的技术，从用玉米生产乙醇的过程中捕集高纯度的CO_2用于咸水层地质封存。目前，我国生物质能的发展主要集中在生物质发电、生物质气体、生物质成型燃料、生物液体4个方面，其中生物质发电近年来发展迅速。结合我国CCS技术发展现状，BECCS技术在电力行业的应用具有明显的技术优势，可作为我国BECCS发展的早期机会。

燃料电池发电技术比较容易与CO_2捕集技术整合，因此其捕集成本将比较低，能耗也会较少，当采用多组燃料电池建成规模超过100MW的发电站时，CO_2的捕集、处理和运输成本将降低到可接受的水平。未来想提高富氧燃烧系统的效率、改善系统技术的经济性，关键要降低空气系统的能耗，同时在系统集成和耦合方面进行改进，正在开发的高温氧气分离膜能够显著提高发电效率，降低系统造价。

1. 2035年及2050年捕集技术展望

CO_2捕集是CCUS系统的关键，捕集后CO_2的纯度和浓度是埋存和资源化利用的必要前提，也是CCUS技术耗能和成本产生的主要环节。物理吸收法、低温分馏法目前已经是较为成熟的技术，实现了规模化应用。用于低浓度CO_2捕集的化学吸收法目前处于应用示范阶段，进一步降低能耗和成本后可实现大规模推广应用；相变吸收法、离子液体法、化学链燃烧、空气捕集等技术是新一代捕集技术的发展方向，到2030年，有望实现中试和应用示范。人工叶绿体直接转化CO_2、超临界CO_2-allam循环（以超临界CO_2为工质，通过燃料和氧气直接燃烧加热的一种新型布雷顿循环发电技术）、燃料电池等技术目前仍处在概念阶段，到2050年有望大规模推广应用，实现经济化的超低浓度CO_2分离和空气CO_2直接捕集。

2. 2035年及2050年捕集技术路线图

燃烧后捕集技术主要应用于燃煤热电厂、石化天然气处理厂、合成燃料厂等，排放的CO_2压力低、浓度低，CO_2捕集能耗和成本高。吸收剂是化学吸收法的核心，通过新型吸收剂的开发实现吸收性能、再生能耗的降低，目前的研究热点是大吸收容量、高反应速率、低再生能耗、低损耗、环境友好型的吸收剂。在提高热利用效率方面，通过回收系统内余热实现热利用率的提高，典型代表为化学吸收法，通过回收再生后贫液的热量、再生气的热量实现能耗的降低。常用的节能工艺有MVR热泵、吸收式热泵、级间冷却、分级流解吸与压缩式热泵等。同时，为降低捕集系统对电厂系统发电效率的影响，要开展捕集过程和原有工业过程能量的深度集成优化。工艺设备的未来发展是特大型塔器及塔内件的开发，高性能塑料填料的研制，以及小型化、强化传质超重力反应器的开发。

燃烧前捕集技术是将CO_2在化石燃料燃烧前分离出来。一般是将化石燃料气化生成H_2和CO，CO转化为CO_2，H_2作为能源燃烧转化为H_2O，CO_2则被分离和捕获。这类混合气压力为中高压，范围为10～80bar，CO_2浓度范围为20%～50%，由于高压和高浓度，一般采用MDEA工艺脱碳，捕集的能耗和成本较低。燃烧前捕集技术未来的研发重点是基于吸收溶剂的系统能量优化，提高吸附法的气体分离纯度，气体分离膜的低成本制备及使用寿命问题，以及加压纯氧燃烧气化炉装备的国产化等。

富氧燃烧和化学链燃烧技术是通过空气或载氧体富集氧气，在化石能源燃烧时通入氧气，减少CO_2和空气中惰性气体如N_2的分离难度和能耗。富氧燃烧技术的未来发展方向主要包括新型空分制氧、酸性气体共压缩、系统耦合优化等。化学链燃烧技术的发展方向主要包括高活性低成本载氧体研发、新型流化床反应装置开发、工艺过程放大和系统集成优化等。

电力、钢铁、水泥、化工等行业是捕集技术的主要应用主体。火电是我国CO_2的主要排放源，捕集技术在燃煤电厂的应用最为成熟，不仅对于我国碳减排目标的实现意义尤为重大，而且对捕集技术在其他行业的推广具有重要借鉴意义。我国现役火电机组80%左右在2005—2015年建成，在2045年后将陆续退役，同时迎来火电机组的新建高峰。为保证CCUS项目至少10年的运行寿命，捕集技术的应用主体2035年以前应以存量火电机组改造为主，2035年后以新建火电机组为主。为此，2035年前后也将是捕集技术实现代际更替的关键时期，新一代捕集技术的推广将大幅降低减排成本和额外能耗。

因此，一代燃烧后捕集技术具有较大优势。一代技术在2030年左右具备产业化能力，之后能耗和成本下降空间有限。随着二代捕集技术的不断成熟，2035年前二代技术能耗和成本将明显低于一代技术。2025—2050年燃烧前、中、后捕集技术路线图参见表4–34。

表 4–34 2025—2050 年燃烧前、中、后捕集技术路线图

名称	2025年	2030年	2035年	2040年	2050年
技术进展	掌握第一代捕集技术设计建造能力，验证第二代技术可行性	掌握第一代捕集技术产业化能力及第二代技术设计能力	实现第一代捕集技术商业化及第二代技术初步应用	第二代捕集技术替代第一代捕集技术成为主力	第二代捕集技术在多个行业广泛应用
捕集成本 高浓度（>70%） 低浓度（<35%）	100～180 230～310	90～130 190～280	70～80 160～220	50～70 100～180	30～50 80～150

资料来源：中国21世纪议程管理中心，2019。

基于情景预期，第一代捕集技术应尽快降低能耗和成本并积极推进示范，在2030年左右具备产业化能力。随着燃烧前捕集、化学链燃烧和增压富氧燃烧等燃料源头捕集技术为代表的第二代低能耗捕集技术不断成熟，至2035年前后，二代技术能耗和成本将明显低于一代技术，成为我国火电行业实现低碳排放的主力技术。

（二）碳封存和利用技术

1．碳封存技术

CO_2封存存在的最大风险是CO_2在地质储层中可能发生泄漏，考虑到未来CO_2封存的规模可能在亿吨级，如果封存的CO_2泄漏到大气中，可能会引发显著的气候变化。此外，还有与CO_2管道运输相关的局部突发的CO_2大量释放，若空气中CO_2浓度达到7%～10%，则会对人类生命和健康产生直接威胁。地下浅层CO_2浓度升高会对植物及土层动物造成致命的影响和地下水污染。此外，地质封存的选址及封存状况的评价技术等还不完善，国内外现存的地质封存选址标准不统一，没有一套通用的筛选标准和关键的筛选指标，需要从基础理论和评价方法上进一步研究；封存系统设计和安全防护技术还需要不断发展以保证CCUS实施的安全性，以及发展在CO_2渗漏前发现并及时使用补救技术来阻止或控制渗漏的先进监控技术等。

未来具有发展前景的封存技术包括陆地生态系统中的封存、盐碱含水层封存、用矿物质碳化进行封存、海洋封存等。

陆地生态系统中的封存包含耕地管理与森林管理，耕地管理中的精准农业技术可提高生产率并降低释放到大气中的CO_2的速率；森林管理中的造林技术可以保持更高的森林碳储量，并尽量减少碳损失。

盐碱含水层封存在地理位置方面具有潜在的优势，含水层靠近捕获地点，简化运输手段，节约成本；同时，盐碱含水层井渗透的可能性要远远小于油气藏，降低了泄漏路径的风险，全球盐碱含水层中封存潜力远远高于油藏或气藏封存潜力。

矿物质碳化封存中的碳化反应能够大规模吸收CO_2，是一个可以加速地质风化过程的潜在封存方式。工业过程中的碱性废弃物可以成为矿物质碳化的原料，例如城市垃圾焚烧、煤燃烧和生产水泥的灰渣等都是良好的潜在原料，同时对废料进行二次利用，使其产生更高的经济价值，也能通过这种方式获得巨大的经济效益。

海洋封存是有可能实现大规模长期封存CO_2的理想方式，但该方式存在一系列复杂的技术、经济和环境等方面有待解决的问题，仍处于探索阶段。虽然海洋封存CO_2的潜力巨大无比，但由于海洋系统整体具有的复杂性及协调性，使得海洋封存仍处于大量实验中，又由于封存较深，现有技术及手段很难对其进行长期有效的监测，无法预知封存效果，海洋封存CO_2仍是一个巨大的挑战。

2．CO_2–EOR埋存CO_2目标

（1）技术发展目标

2025年目标：依据我国陆相沉积油藏特征，深化研究CO_2驱油和埋存机理，形成CO_2捕集–驱油–埋存一体化技术，重点完善陆相沉积油藏CO_2驱油基础理论，形成CO_2管网输送、流程安全及环境监测技术、全过程腐蚀监测及防腐、气串控制及治理技术等，并制定相应的标准体系。主要以松辽盆地、渤海湾盆地、苏北盆地的高含水后期和低渗、特低渗透油藏为目标，开展小规模的CO_2–EOR示范工程项目。预计覆盖地质储量3000万～4000万t。

2035年目标：配套成熟CO_2–EOR技术，形成CO_2–EOR源汇匹配、工程优化、动态管理、安全监测、过程控制、效益评价等全过程、跨行业的技术体系和管理模式，建立CO_2–EOR规模化应用示范基地，形成CO_2–EOR埋存与驱油全生命周期的技术和管理网络。重点在海拉尔、二连、渤海湾、鄂尔多斯、苏北盆地的高含水和低渗、特低渗透油藏部署实施，预计覆盖地质储量5000万～9000万t。

2050年目标：加大CO_2–EOR工业化推广力度，重点在松辽、渤海湾、鄂尔多斯、塔里木、准噶尔、吐哈盆地部署实施，实现规模化推广应用。预计覆盖地质储量10000万～25000万t。我国油气开发利用CO_2–EOR目标参见表4–35。

表 4–35　我国油气开发利用 CO_2–EOR 目标

年份	盆地	油气田	目标	应用程度
2025	松辽、渤海湾、苏北	大庆、吉林、中原、东北、华东	高含水和低渗、特低渗透油藏	小规模示范
2035	海拉尔、二连、渤海湾、鄂尔多斯、苏北	大庆、华北、大港、长庆、胜利、中原、华东、东北	高含水和低渗、特低渗透油藏、煤层气、致密气	2~3个规模示范基地
2050	松辽、渤海湾、鄂尔多斯、塔里木、准噶尔、吐哈	大庆、辽河、冀东、长庆、塔里木、胜利、中原、江苏、江汉、华北	高含水和低渗、特低渗透油藏、非常规气	规模化推广应用

（2）CO_2–EOR埋存CO_2目标概述

根据我国CO_2–EOR技术发展情况，中国21世纪议程管理中心2019年结合CO_2捕集技术发展和推广应用情况，遵循先易后难、积累经验、逐步推进、和谐发展的原则，对2025—2050年我国CO_2驱油埋存CO_2目标，进行了CO_2埋存量预测。预测结果见图4–86。

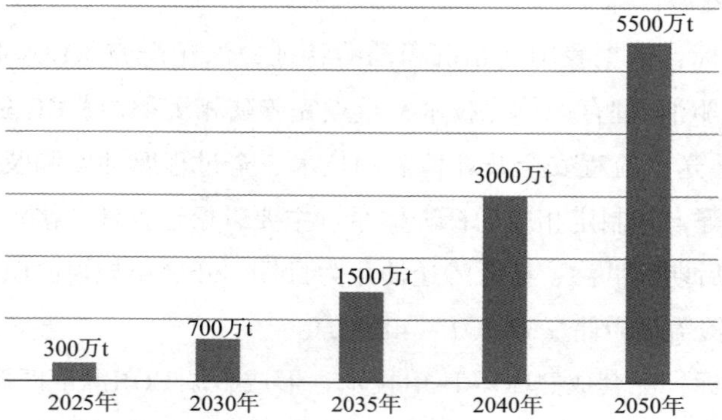

图 4–86　2025—2050 年我国 CO_2 驱油与埋存目标规划

（资料来源：中国21世纪议程管理中心，2019）

3．盐水层CO_2埋存量目标

我国柴达木盆地、准噶尔盆地、东海盆地等25个主要沉积盆地深部盐水层CO_2埋存容量为1190亿t，具有极大的埋存潜力。这些盆地盐水层CO_2埋存可作为油气开发利用CCUS的补充。中国21世纪议程管理中心2019年预测了盐水层CO_2埋存量，见图4–87。

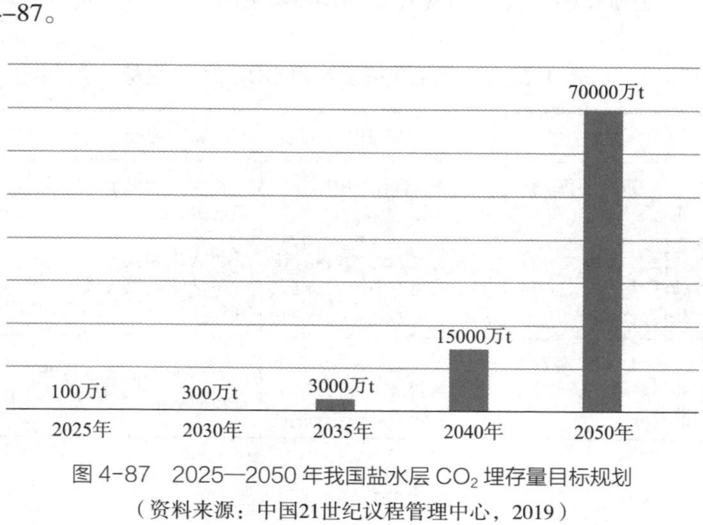

图 4–87　2025—2050 年我国盐水层 CO_2 埋存量目标规划

（资料来源：中国21世纪议程管理中心，2019）

4．碳利用目标

（1）2030年

部分CO_2化工利用技术和生物利用技术在无碳收益情况下具备一定经济竞争力。

（2）2030—2035年

CO_2化工利用技术逐渐达到商业化应用水平，CO_2生物利用技术经济性逐渐摆脱外部条件制约。

（3）2040年

CO_2化工利用技术和生物利用技术均实现商业化。2025—2050年我国CO_2化工与生物利用规划参见表4-36。

表4-36　2025—2050年我国CO_2化工与生物利用规划

项目	2025年	2030年	2035年	2040年	2050年
化工利用					
能源燃料	10万m^3/h	商业化	商业化	商业化	商业化
高附加值化学品	10万t/a	20万t/a	商业化	商业化	商业化
材料	5万t/a	10万t/a	商业化	商业化	商业化
CO_2利用量/（万t/a）	500	>1000	>2000	>4000	>6000
生物利用					
食品、饲料、生物肥料	万吨级	商业化	商业化	商业化	商业化
化学品、生物燃料、气肥利用	万吨级	万吨级	商业化	商业化	商业化
CO_2利用量/（万t/a）	40	>150	>200	>300	>900

资料来源：科学技术部，中国碳捕集利用与封存技术发展路线图（2019）。

第五节　碳汇及碳市场

一、炼化企业碳汇现状及未来展望

（一）碳汇及主要类型

1997年12月《联合国气候变化框架公约》缔约国签订的《京都议定书》第一

次提出“碳汇”一词，碳汇是指从大气中清除温室气体、气溶胶或温室气体前体的任何过程、活动或机制，与其相对的概念是碳源。

根据吸收二氧化碳的载体和方式的不同，碳汇通常包括林业碳汇、海洋碳汇、草地碳汇、耕地碳汇、湿地碳汇、地质封存等。

1．林业碳汇

是指森林植物吸收大气中的二氧化碳并将其固定在植被或土壤中，从而减少该气体在大气中的浓度的过程或活动。森林是陆地生态系统中最大的碳库，对于降低大气中温室气体浓度、减缓全球气候变暖具有十分重要的作用和意义。相关研究表明，一公顷阔叶林每天可以吸收1t的二氧化碳，释放0.73t氧气。森林每生长出1m^3的蓄积量，平均能吸收1.83t二氧化碳，释放出1.62t氧气。因此扩大森林覆盖率是未来经济可行、成本较低的增加碳汇的措施。

目前已经有许多国家和国际组织都在积极利用林业碳汇应对气候变化，森林碳汇也是我国应对气候变化的重要途径和选择。国内有专家研究指出在我国通过种植森林，每储存1t二氧化碳的成本约为122元人民币，而其他碳汇措施减排每吨成本高达100美元以上，从经济性上来说林业碳汇具有明显优势。

2．海洋碳汇

海洋碳汇是将海洋作为一个特定载体吸收大气中的二氧化碳，并将其固化的过程和机制。海洋作为地球上最大的碳汇，参与地球上93%的二氧化碳循环过程。单位海域中生物固碳量是森林的10倍，是草原的290倍。海洋每年可以吸收30%左右人为排放的二氧化碳，其储碳周期长达上千年，海洋是世界上最大的活跃碳库。因此开发海洋负排放潜力，推动海洋碳汇发展，对实现“双碳”目标具有非常重要的意义，也受到各国越来越多的重视。

3．草地碳汇

草地碳汇目前还没有很清晰的概念，但是草地的碳汇能力很强，主要是将吸收的二氧化碳固定在地下的土壤当中，植物的固碳比例较小，仅占一成左右，多年生草本植物的固碳能力更强，随着我国退耕还林、还草工程的实施，尤其是退化草地的固碳增量更加明显，因此可充分发挥草地的固碳作用。

4．耕地碳汇

耕地固碳仅涉及农作物秸秆还田固碳部分，原因在于耕地生产的粮食每年都被消耗了，其中固定的二氧化碳又被排放到大气中，秸秆的一部分在农村被燃烧了，只有作为农业有机肥的部分将二氧化碳固定到了耕地的土壤中。

5. 湿地碳汇

湿地碳汇是指湿地生态系统吸收大气中的二氧化碳等温室气体，从而减少大气中的二氧化碳浓度。湿地是一种重要的碳汇系统，有研究表明我国各种类型沼泽湿地每年总的固碳能力约为491万t，因此湿地在吸收二氧化碳等温室气体方面也具有巨大的潜力。

6. 地质封存

二氧化碳地质封存主要是指通过工程技术手段将捕集的二氧化碳注入深部地质储层，实现二氧化碳与大气长期隔绝的过程。按照封存位置不同，可分为陆地封存和海洋封存；按照地质封存体的不同，可分为咸水封存、枯竭油气藏封存等，实际存放的时间高达百年甚至更久。我国主要有深层盐水层二氧化碳封存、深层不可采煤层地质二氧化碳封存和枯竭油气藏地质二氧化碳封存。中国地质封存潜力约为12100亿～41300亿t，其中分布于松辽盆地、渤海湾盆地、鄂尔多斯盆地和准噶尔盆地的油田通过CO_2强化石油开采技术（CO_2–EOR）可以封存约51亿tCO_2。枯竭气藏可以封存约153亿tCO_2，通过CO_2强化天然气开采技术（CO_2–EGR）可以封存约90亿tCO_2。深部咸水层的CO_2封存容量为24亿～200亿t。

目前林业碳汇仍然是碳汇交易市场的主体，在我国发展也相对较为成熟。海洋碳汇仍处于研究阶段，仅少数国家探索实践海洋碳汇项目。草原和耕地碳汇相对来说缺乏稳定性和持久性，所以《京都议定书》未将其固碳潜力考虑在能减缓气候变化的增汇减排之列。二氧化碳地质封存具有较大的发展潜力，我国二氧化碳地质封存总量也在逐年增加。

（二）炼化企业碳汇现状

目前我国炼化企业多采取地质封存、植树造林等方式开发碳汇。

2022年8月我国最大的碳捕集利用与封存全产业链示范基地、国内首个百万吨级CCUS项目——中国石化“齐鲁石化–胜利油田百万吨级CCUS项目”正式注气运行。该项目每年可减排二氧化碳100万t，相当于植树近900万棵。预计15年累计注入超过1000万t二氧化碳，增油近300万t，采收率提高12个百分点以上，实现石油增产和碳减排双赢。

中国石油吉林油田已建成5个二氧化碳驱油与埋存示范区，累计埋存二氧化碳225万t，覆盖地质储量1183万t，年产油能力10万t，年二氧化碳埋存能力35万t，年埋存能力相当于每年植树280万棵。

2022年6月，中国海油、广东省发展改革委、壳牌集团和埃克森美孚共同签署了大亚湾区二氧化碳捕集、利用及封存（简称CCS/CCUS）集群研究项目谅解备忘录。这是中国首个海上规模化（300～1000万t）CCS/CCUS集群研究项目，该项目将通过捕集装置，收集大亚湾区各企业在生产过程中排放的二氧化碳，压缩后以管道等方式输送到附近符合条件的海域进行封存或地质利用。

中国石油、中国石化等大型炼化企业也非常重视碳汇林的建设，目前已在西北等地建设多座碳汇林，并将继续加大碳汇林的建设工作。

（三）炼化企业碳汇未来展望

IEA发布2020年钢铁行业技术路线图，预计到2050年，钢铁行业通过采取工艺改进、效率提升、能源和原料替代等常规减排方案后，仍将剩余34%的碳排放量，在考虑氢直接还原铁（DRI）技术取得重大突破的前提下，剩余碳排放量也超过8%。水泥行业通过采取其他常规减排方案后，仍将剩余48% 的碳排放量。能源转型委员会和IEA等数家机构一致指出，化工属于最难脱碳的行业之一，即如果不采用CCS，行业几乎不可能实现净零排放。

根据清华大学的最新研究成果，中国碳排放数值将于2027年左右达到106亿t峰值。随后经历5～7年的平台期，2030年中国碳排放量为105亿t，并且碳排放量将逐级下降；至2060年，在实施节能提效、零碳能源等技术措施后，仍有25亿t的碳排放不能彻底消除。这部分碳清除目标将必须通过负碳技术等技术路径完成。

对于炼化企业来说在实现“双碳”目标的过程中也面临相同的问题，炼化企业生产过程中可以通过能源替代、低碳工艺等减少一部分二氧化碳排放，但仍有一些（例如催化剂烧焦等）生产过程，无法通过自身技术手段来脱除二氧化碳，因此必须通过增加碳汇等负碳手段来抵消炼化企业必须排放的二氧化碳，以最终实现碳中和。

未来炼化企业需要采取多种措施开展碳汇资源储备。

1. 推进CO_2-EOR

炼化企业中制氢、乙烯、甲醇、乙醇等生产装置是高浓度CO_2排放源，相较于低浓度排放源，其捕集能耗低、投资成本与运行维护成本低，从而具有显著优势。利用CO_2-EOR可以在对CO_2封存的同时，通过增加采油量来获得经济效益从而减少碳减排成本，对于炼化企业来说将是一个比较现实的增加碳汇的渠道。

2．探索二氧化碳化学转化

炼化企业不仅是CO_2的排放来源，同时也有可能成为CO_2的主要利用渠道。目前国内已开始通过化学反应将CO_2转变成其他物质的尝试，例如利用绿氢还原CO_2制甲醇可以实现对CO_2循环利用，同时解决二氧化碳的消纳问题。因此在未来炼化企业要打开思路，积极探索CO_2的化学转化，将CO_2转变成资源加以利用。

3．增加林业等碳汇开发

炼化企业要积极参与国土绿化行动等绿化造林活动，增加林业碳汇，此外还需要探索开发海洋、湿地、土壤等碳汇项目增加碳汇量，满足未来炼化企业碳中和需求，同时积累低成本开发碳汇的经验。

4．积极争取国家鼓励政策

目前我国碳汇开发的政策、技术和方法学等还需要进一步完善，这给炼化企业开发碳汇带来一定的困难。特别是碳汇开发需要投入大量的资金和时间成本，这就需要炼化企业积极和政府部门沟通争取前期的优惠政策，以扶持碳汇开发的研究和落地。

二、我国碳交易市场的现状与未来展望

（一）碳交易市场概述

1．碳排放权交易市场的内涵

碳排放权交易市场又称碳排放权交易体系，是指将碳排放的权利作为一种资产标的来进行公开交易的市场。与传统的实物商品市场不同，碳排放权交易市场是通过法律界定人为建立起来的政策性市场，其设计的初衷是为了在特定范围内合理分配减排资源，降低温室气体减排的成本，目前已成为世界各国减少温室气体排放、实现碳中和目标的重要政策工具。

2．碳排放交易体系

碳排放交易体系建立在总量管制和交易制度（Cap-and-Trade）基础上。在碳市场中，一般由行政部门或组织设定域内一定周期内的碳排放总量上限，并将配额分配给控排企业。总量上限决定了对控排行业的系统性影响，而配额分配方式决定了对控排行业的结构性影响。企业可以在确保履约的前提下，根据自身排放需求，在碳市场中通过竞价的方式获取或转让配额。此外，企业还可以购买核证减排量（CCER）以抵消部分上缴需求，但可抵消比例通常不高。

（二）全球碳交易市场的发展现状

1．全球碳交易市场的总体状况

1997年在《联合国气候变化框架公约》下，全球100多个国家共同签署了《京都议定书》，该条约规定了发达国家的减排义务，同时提出三个灵活的减排机制，碳排放权交易是其中之一。据国际碳行动伙伴组织（ICAP）报告，自《京都议定书》生效后，碳交易体系发展迅速，各国及地区纷纷开始建立区域内的碳交易体系以实现碳减排承诺的目标，2005—2015年十年间，已建成了遍布四大洲的17个碳交易体系。2016年签署的《巴黎协定》设定了21世纪后半叶实现净零排放的目标，各国纷纷提出了碳中和目标；伴随着气候变化给世界经济与社会发展带来的压力，全球碳交易市场正在不断摸索发展和成熟完善。截至2023年1月，全球范围内已有28个碳交易市场正在运行；还有8个碳市场正在建设中，预计将在未来几年内投入运行；另有12个司法管辖区亦开始考虑碳市场在其气候变化政策组合中可以发挥的作用。这些正在运行碳市场的司法管辖区占全球GDP的55%，覆盖世界人口的1/3；28个正在运行的碳交易体系已经覆盖了全球17%的温室气体排放。

2．国际碳交易市场对我国的经验借鉴与启示

“边做边学”是各国和地区碳市场建设发展的必然路径。每个国家和地区的经济结构、排放特征、减排目标和管理体制各不相同，需要将碳交易理论和本国实际相结合，才能发展出符合实际的碳排放权交易政策。因此，随着经济社会的发展及国家和地区减排目标的变化，各国和地区都在不断跟踪评估碳市场运行效果，发现问题并针对问题调整和完善碳市场制度。多年来，在发现和总结经验教训的基础上，各国不断推进、完善和加强其碳交易制度的设计和运行，包括扩大行业覆盖范围、增加控排气体、削减配额上限、严格配额分配、增加拍卖比例、完善测量报告与核查（MRV）、建立市场调节机制、加强市场监管和取消减免等措施，为我国碳市场未来完善和发展提供了参考和借鉴。

（1）强化顶层设计，健全法律法规

注重法律法规建设，构筑起规范的法律体系以提高碳交易政策的强制性和约束力，是各国碳排放交易机制的共同特点。欧盟、新西兰、韩国等不仅对碳排放交易制定了位阶高的综合性法律，还针对交易体系的各项要素系统性地制定了法律层级较高、可操作性强的配套法规、实施细则和指南等，为碳市场长期发展提

供了坚实的制度保障，推进了碳市场长期、稳定、规范和有序运行。如欧盟公布《欧洲气候法》提案，以立法形式明确温室气体减排目标，并通过指令、条例、决议等形式对碳市场的规则体系和监督机制进行了规范；同时，设计了配额分配机制、第三方审核机构测算核查报告的MRV管理机制、对超排企业进行高额惩罚的强制履约机制、减排项目抵消机制、使交易透明化的统一登记簿机制等，为市场健康发展和良好运行提供坚实基础。

（2）逐步扩大市场主体范围，加大配额有偿分配力度

碳市场的发展是一个循序渐进的过程。以欧盟为例，它的电力与能源密集型工业（如石油冶炼、钢铁、水泥、玻璃等行业）首先被纳入碳市场，接着是航空行业，道路运输和建筑业以及内部海运行业，减排的覆盖范围逐步拓展。在配额分配方式上，欧盟最初约95%的配额为免费发放，后来免费发放配额下降至90%左右。而在供求双方通过碳市场自动成交的同时，拍卖占比也逐年上升，份额从最初的不到5%升至目前的40%。此外欧盟对于碳排放的违约企业的处罚也在不断加大。韩国碳市场在对控排企业的行业覆盖方面也呈现多样化，包括钢铁、水泥、石化、冶炼、电力、建筑、废弃物处理、航空等多个行业，且在不同的阶段，针对不同的行业，根据其排放数据的可得性，适当选取配额分配方法，采用历史平均法与行业基准线法结合的形式，合理地制定控排企业的配额。参与主体也从控排企业扩大到做市商。

（3）建立价格稳定机制，增强碳价格有效性

维持一个适度、稳健的碳价格，对于实现碳市场的政策目的至关重要，这需要通过平衡配额的供求来实现。EU ETS（欧盟碳排放交易体系）、RGGI（美国东北部和中大西洋地区的一个区域性碳市场）、新西兰等碳市场的运行实践表明，配额的市场需求很容易受到各种因素的影响，特别是宏观经济形势变化的影响。因此政府也需要采取诸如底线价格机制、价格上下限机制、市场稳定储备机制等措施干预碳价格，以保障碳市场价格的稳定。如欧盟碳市场曾经历碳价低迷，为了应对需求侧冲击和配额过剩，欧盟在2018年通过了新的市场改革措施，确定将收紧配额供给并实施市场稳定储备机制（Market Stability Reserve，简称MSR）。从2019年开始，市场稳定储备机制每年将减少24%的超额排放配额。MSR机制通过吸收过剩配额来部分抵消需求下降的影响，有效稳定了碳价格并提供了长期的碳价格信号，成功稳定了企业减排与低碳投资预期。

（4）引入抵消机制，丰富碳市场交易品种

抵消机制是碳排放交易体系的重要组成部分，体系内的企业可以购买体系外的减排成果来抵扣其排放量。抵消信用允许被覆盖排放源的排放总量超过总量目标，但超出的排放量和抵消信用相抵减，总体排放量不变。引入抵消机制可以降低排放企业的履约成本，促进未纳入碳排放交易体系范围内的企业通过减排项目实现碳减排，进一步活跃碳市场。目前很多国家和地区都引入了包括CER（核证减排量）和ERU（减排单位）在内的国际碳信用抵消机制，同时建设国内自愿减排碳信用市场，扩大碳排放交易市场的项目品种，但抵消项目所占履约配额的比例一般不高（5%～10%）。

（5）加快发展碳金融衍生产品，提高市场流动性

由于碳配额发放和交割履约之间存在时间差，控排企业具有套期保值、风险对冲等衍生品需求，碳金融交易应运而生。通过引入碳期货等不同种类的金融产品，可以强化碳市场价格发现功能，完善碳信用产品的价格形成机制，增强市场的流动性，为控排企业提供规避价格风险的套期保值工具。同时，多元化的衍生品有助于吸引更多投资者参与碳市场，提高碳市场活跃度，推动碳市场的发展与完善。如欧洲拥有发达的传统金融市场，EU ETS建立伊始就直接引入了碳金融衍生品，主要有碳远期、碳期货、碳期权和碳互换，其中碳期货（主要包括欧盟EUAs期货和CER期货）的交易规模最大，占欧盟碳市场交易总量的90%以上。通过购买碳期货合约代替碳现货，可以对未来将要买入或卖出的碳现货产品进行套期保值，规避价格风险，极大地提高了欧盟碳市场的流动性，碳排放交易逐步向碳金融发展。

（三）我国碳市场的发展现状与未来趋势

1．试点碳交易市场发展历史与现状

2011年10月，国家发展改革委印发《关于开展碳排放权交易试点工作的通知》，批准北京、上海、天津、重庆、湖北、广东和深圳7省市开展碳交易试点工作。2013年6月，深圳碳排放权交易所率先开展交易，其他试点地区的碳市场也相继开市。截至2021年末，我国试点碳市场已覆盖20多个行业、近3000家重点排放企业，累计覆盖4.4万t碳排放量，累计成交金额约104.7亿元。经过不断摸索实践，碳交易试点市场不仅在区域内的碳排放总量和强度控制方面取得初步成效，而且为全国碳市场建设积累了经验、奠定了基础。

在行业覆盖方面，各试点均覆盖了电力和工业行业，但在其他行业覆盖范围有所不同。如上海、广东、福建将国内航空业纳入试点碳市场，上海、深圳和北京将建筑业纳入碳市场，深圳和北京将交通业纳入碳市场。对于具体控排企业的标准，各试点市场的设定也有所区别。其中天津、上海、重庆、广东均设定为年排放2万tCO_2以上；北京和深圳较低，分别为1万t和3000t；而湖北则较高，为6万t。在交易品种方面，各试点碳市场以现货交易为主，包括碳配额现货和核证自愿减排量（CCER）现货。部分试点还进行了碳衍生品交易和碳相关融资工具方面的创新，包括碳排放回购、质押融资、借碳、碳债券、掉期、远期、碳基金、林业碳汇等，不过产品数量金额不大。在配额总量和分配方面，试点碳市场都采取了柔性的配额结构，设置了“初始分配配额”“新增预留配额”和“政府预留配额”，在控制现有设施排放的同时，为未来的经济增长以及政府的市场干预预留了空间。在分配方式上多数试点碳市场为免费分配，也有部分碳市场如广东、深圳、上海等尝试探索有偿发放形式。在履约机制方面，试点碳市场的履约时间各不相同，例如深圳、广东、天津、重庆的履约时间均在6月份，上海为9月底，北京为10月底。各控排企业在履约之前，首先需要经过第三方核查机构核查，确定其排放量，并以此为依据确定履约需要缴纳的配额数量。不同试点碳市场对未履约的惩罚措施也不相同，但基本上以罚款、责令限期改正、扣除下一年度配额等为主。截至2021年，七个碳排放权交易试点中，北京、天津、上海、广东和深圳五个试点地区完成了八次履约，湖北和重庆地区完成了七次履约。试点区域履约时间及惩罚措施、我国试点区域主要制度规则分别参见表4–37、表4–38。

表 4–37　试点区域履约时间及惩罚措施

市场	履约时间	未履约惩罚措施
深圳	6月30日前	必须补交等于超额排放量的配额；缴纳等于碳市场平均价格的3倍乘以超额排放量的罚款
上海	9月30日前	处以5万元以上10万元以下罚款
北京	10月31日前	根据其违规排放量，按照市场均价的3～5倍予以处罚
广东	6月20日前	在下一年度配额中扣除相当于未足额清缴部分2倍的配额，并处5万元罚款
天津	6月30日前	“责令限期改正”，并在3年内不得享受激励政策
湖北	5月最后一个工作日前	对其未缴纳的差额按照当年度碳排放配额市场均价的3倍予以处罚，同时在下一年度分配的配额中予以双倍扣除
重庆	6月20日前	按照清缴期届满前一个月配额平均交易价格的3倍予以处罚

表 4–38　我国试点区域主要制度规则

市场	交易机构	启动时间	交易品种	交易方式	覆盖行业	纳入标准	企业数量	配额分配	分配方法
深圳	深圳碳排放权交易所	2013年6月18日	SZA、CCER	定价点选大宗交易电子竞价	能源（发电）、供水、大型公共建筑、公共交通、制造	工业3000t碳，政府机关及大型公建1万m^2	721	采取无偿分配和有偿分配两种方式	历史排放法、历史强度法、行业基准线法
上海	上海环境能源交易所	2013年11月26日	SHEA、CCER、SHEA远期	协议转让	工业：电力、钢铁、石化、化工、有色金属、建材、纺织、造纸、橡胶和化纤；非工业：航空、机场、水运、港口、商场、宾馆、商务办公建筑和铁路站点	工业2万t碳，非工业1万t碳	313	免费发放和有偿发放	行业基准线法（电力热力）、历史强度法（工业、航空、港口、水运、自来水生产）
北京	北京绿色交易所	2013年11月28日	BEA、CCER、BCER、BEA场外掉期、期权	公开交易协议转让	电力、热力、水泥、石化、交通运输业、其他工业和服务业	5000t碳	843	逐年免费分配	历史排放法、历史强度法、行业基准线法、先进值等方法
广东	广州碳排放权交易所	2013年12月19日	GDEA、CCER、PHCER、配额远期、CCER远期	挂牌点选协议转让	电力、水泥、钢铁、石化、造纸、民航	2万t碳或1万tEC	242	实行部分免费发放和部分有偿发放	行业基准线法、历史强度法、历史排放法
天津	天津碳排放权交易所	2013年12月26日	TJEA、CCER	拍卖交易、协议交易	电力、热力、钢铁、化工、石化、油气开采	2万t碳	125	免费分配	历史强度法（电力、热力、建材、造纸）、历史排放法（钢铁、化工、石化、油气开采、航空）

续表

市场	交易机构	启动时间	交易品种	交易方式	覆盖行业	纳入标准	企业数量	配额分配	分配方法
湖北	湖北碳排放权交易中心	2014年4月2日	HBEA、CCER、碳排放配额远期	协商议价转让、定价转让（公开转让和协议转让）	玻璃及其他建材、水泥、电力、化工、汽车制造、热力及热电联产、钢铁、石化、设备制造、造纸、水的生产与供应、食品饮料、有色金属和其他金属制品、医药、纺织、陶瓷制造	1万tEC（约2.6万t碳）	373	免费分配	标杆法（水泥、电力）、历史强度法［热力及热电联产、造纸、玻璃及其他建材、水的生产和供应、设备制造（部分）］、历史排放法（其他）
重庆	重庆碳排放权交易中心	2014年6月19日	CQEA、CCER	协议交易	电力、电解铝、铁合金、电石、烧碱、水泥、钢铁	2万t碳	195	免费分配	根据企业历史排放水平和产业减排潜力等因素综合考量（具体方法未明确）
四川	四川联合环境交易所	2016年12月16日	CCER	定价定选电子竞价大宗交易					
福建	海峡股权交易中心	2016年12月22日	FJEA、CCER、FFCER	挂牌点选协议转让，单向竞价定价转让	石化、化工、建材、钢铁、有色金属、造纸、电力、航空、陶瓷	1万tEC（约2.6万t碳）	269	免费分配	行业基准线法、历史强度法、历史排放法

注：SZA—深圳碳排放配额；CCER—中国核证减排量；SHEA—上海碳排放配额；BEA—北京碳排放配额；BCER—北京市核证减排量；GDEA—广东碳排放配额；PHCER—广东碳普惠制证减排量；TJEA—天津碳排放配额；HBEA—湖北碳排放配额；CQEA—重庆碳排放配额；FJEA—福建碳排放配额；FFCER—福建林业碳汇。

从各试点区域碳排放权配额的成交均价来看，各地区成交均价差异较大。价格最高的为北京地区，2018年以来，年均成交价格均在50元/t以上，2020年高达87元/t，2022年一季度均价为64元/t。价格最低的为福建、深圳和天津地区，2022年一季度均价分别为15元/t、13元/t、27元/t。各试点地区碳排放权配额成交均价参见图4–88。

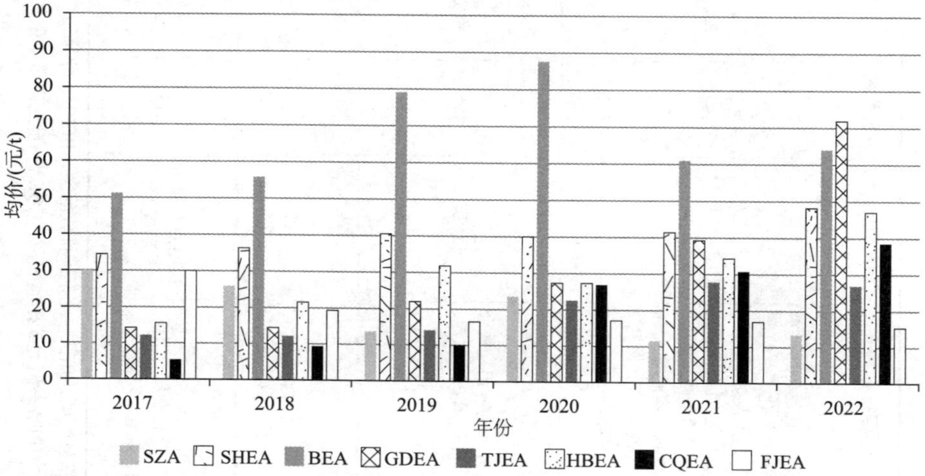

图 4–88　各试点地区碳排放权配额成交均价

从成交活跃度来看，广东省和湖北省的市场规模相较于其他市场更大。各试点区域碳配额交易存在“潮汐现象”——即临近履约截止日期前，成交量显著放大，年度履约完成后，成交量明显萎缩。例如，广东地区履约时间在6月份，其5月、6月、7月成交量显著扩大至其他月份的几倍。此外，各地区普遍存在年底成交量相对放大的现象。碳市场各月份成交量差异较大，某种程度上体现出市场交易连续程度有待提高，活跃性仍不足。试点地区碳排放权配额季均成交量参见图4–89。

从CCER（中国核证减排量）交易行情来看，截至2021年12月31日，国家发展改革委公示CCER审定项目累计达到2856个，备案项目1047个，获得减排量备案项目287个。获得减排量备案的项目中挂网公示254个，合计备案减排量5293万t二氧化碳当量。

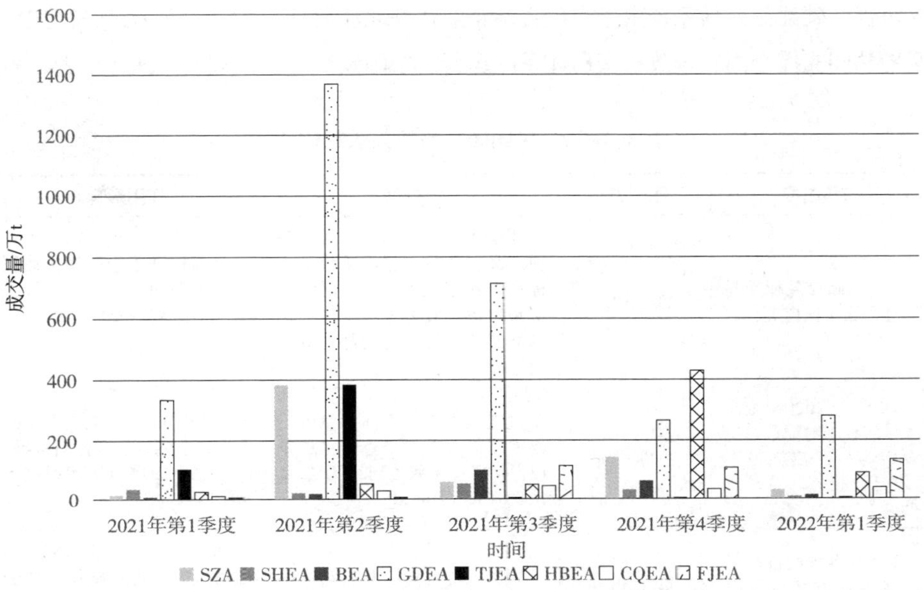

图 4-89　试点地区碳排放权配额月均成交量

2．全国碳交易市场的建立与发展

2013年，党的十八届三中全会通过《中共中央关于全面深化改革若干重大问题的决定》，建设全国碳市场成为全面深化改革的重要任务之一。2014年12月，《碳排放权交易管理暂行方法》的发布从制度层面明晰了全国碳市场建设的总体框架。2017年12月，《全国碳排放权交易市场建设方案（发电行业）》的发布，标志着全国统一碳市场建设拉开帷幕。2018年以来陆续开展碳排放权交易系统、注册登记系统、数据报送系统、交易结算系统等四大基础设施建设。2019年4月，生态环境部发布《碳排放权交易管理暂行条例（征求意见稿）》，标志着中国碳市场逐渐由地方性的试点向全国推广。随着相关基础工作的完成，以发电行业配额交易为主的全国统一碳市场进入重要的模拟、运行阶段，为全国统一碳市场的有效运行奠定了良好的基础。

2020年9月22日，国家主席习近平在第七十五届联合国大会一般性辩论上发表重要讲话，首次向世界作出实现“30·60”“双碳”目标的承诺，中国正式进入“双碳”时代。2021年7月16日，作为实现“双碳”目标的重要举措——全国碳排放权交易市场正式启动，中国碳市场试点正式推向全国，并成为全球覆盖温室气体排放量规模最大的碳市场。全国碳排放权交易市场建设采用“双城”模式，注册登记系统由武汉负责，碳配额交易系统由上海负责，企业在湖北注册登记账户，在上海进行交易，两地共同支撑全国碳排放权交易体系的运行。中国碳交易相关政策梳理参见表4–39。

表 4–39 中国碳交易相关政策梳理

政策名称	颁布日期	主要内容	作用影响
《全国碳排放权交易管理办法（试行）》	2021–01	明确了有关中国碳市场的各项定义，对重点排放单位纳入标准、配额总量设定与分配、交易主体核查方式、报告与信息披露、监管与违约惩罚等方面进行了规定	全面推动了中国碳排放权交易市场的建设，为后续中国统一碳市场奠定了坚实的基础
《2019—2020年全国碳排放权交易配额总量设定与分配实施方案（发电行业）》（征求意见稿）	2020–11	规定初期交易主体为发电行业重点排放单位，重点排放单位包括年度排放达到2.6万t二氧化碳当量以上的企业	初步明确了碳配额在中国发电行业的计算方法与标准，标志着中国碳市场建设进入新的阶段
《全国碳排放权交易市场建设方案（发电行业）》	2017–12	确保发电行业顺利启动中国全国性碳排放权交易体系	明确了要充分利用碳交易市场机制实现对碳排放量的控制，推动碳交易市场建设进程
《“十三五”控制温室气体排放工作方案》	2016–10	提出建立中国全国性碳排放交易制度，启动运行全国性碳排放权交易市场，强化中国碳排放权交易基础支撑能力	明确了中国的碳排放控排目标，强化了碳交易市场的重要性
《碳排放权管理暂行办法》	2014–12	对碳排放权交易活动的管理和监督、配额管理、碳盘查、碳核查、配额清缴、法律责任等方面作出了详细规定	为中国统一碳交易市场建设搭建了基本框架，明确了碳市场建设的主要思路和管理体系
《中共中央关于全面深化改革若干重大问题的决定》	2013–11	中国碳市场建设成为全面深化改革的重点任务之一	明确中国碳排放权交易市场的建设方向，加速中国碳市场建设工作的进程
《温室气体自愿减排交易管理暂行办法》	2012–06	为CCER交易市场搭建起整体框架，明确了CCER的定义、开发流程、核证方法、交易程序等	提高CCER交易的公正性，调动了全社会参与CCER项目的积极性
《关于开展碳排放权交易试点工作的通知》	2011–10	确定北京、天津、上海、重庆、广州、湖北、深圳等七个省市开展碳排放权交易的试点工作	中国正式启动碳交易市场，积极利用市场机制应对碳减排等问题

数据来源：相关政府网站。

在覆盖行业和企业范围上，全国碳市场把发电行业作为首个纳入的行业。纳入标准方面，全国市场设定控排企业年二氧化碳排放量在2.6万t以上。2021年全国碳市场共纳入2162家重点排放单位，这些企业碳排放量超过45亿t二氧化碳，每年碳排放总量占全国排放总量的40%左右。重点排放单位地区分布差异较大，山东省覆盖排放单位数量最多，共338家，海南省最少，为7家。已经纳入全国碳市场的重点排放单位不再参与地方试点碳市场。全国碳市场覆盖的重点排放单位地区分布参见图4-90。

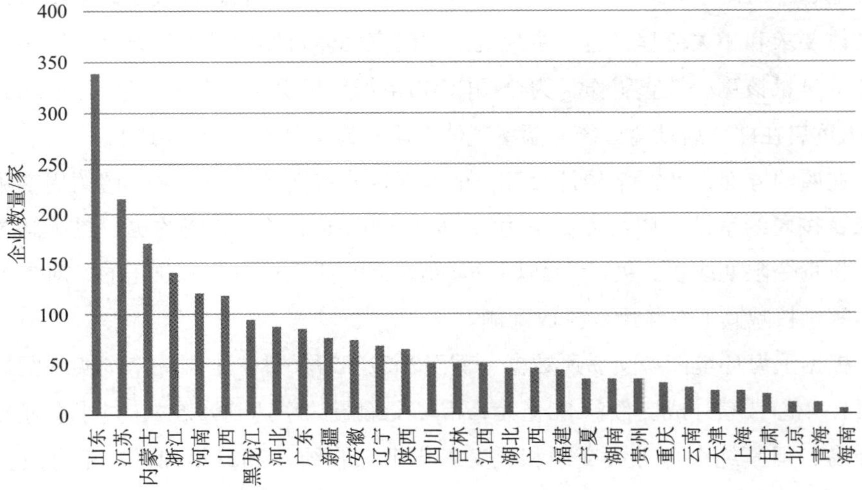

图 4-90　全国碳市场覆盖的重点排放单位地区分布

在交易品种上，全国碳市场主要包括碳排放权配额交易和CCER项目减排量交易（目前暂停）。目前全国碳市场仅开展碳排放配额（CEA）现货交易，交易方式包括协议转让（又细分为挂牌协议转让、大宗协议交易）和单向竞价，其中单笔买卖申报数量在10万t以下以挂牌协议交易的方式成交，10万t（含）以上以大宗协议交易的方式成交。

在配额分配上，全国碳市场亦采取碳配额免费分配的方式，以总量适度从紧、公平公正为原则，制定了发电企业碳排放配额分配方法——基准线法，且在此基础上编制了发电行业的配额分配技术指南。

在抵消机制上，全国碳市场规定了CCER的抵消机制，即纳入碳市场交易的单位（控排企业）可以通过购买CCER抵消其超额温室气体排放，并规定1个CCER等同于1个配额，可以抵消1t二氧化碳当量的排放。全国碳市场重点排放单位可使用CCER抵消配额清缴，但不能超过应清缴配额的5%。

为鼓励更广泛行业、企业参与温室气体减排行动，规范温室气体自愿减排交易及相关活动，生态环境部编制形成《温室气体自愿减排交易管理办法（试行）》，于2023年7月7日起面向全社会公开征求意见；同时，公开征集遴选项目方法学，将按照“成熟一个发布一个”的原则，择优发布一批项目方法学。2023年10月24日，生态环境部公布了首批CCER项目方法学，包括造林碳汇、并网光热发电、并网海上风力发电和红树林营造等四个领域，同时明确了碳汇项目开发的具体要求和相关流程，进一步规范全国温室气体自愿减排项目设计、实施、审定和减排量核算、核查工作，为全国CCER市场重启奠定了基础。诸多迹象表明，CCER重启在即，启动全国统一温室气体自愿减排交易市场指日可待。

在履约方面，2021年12月31日，全国碳排放权交易市场第一个履约周期顺利结束，按履约量计，履约完成率为99.5%。全国碳市场对未履约也设置了惩罚机制，将责令限期改正，处2万元以上3万元以下的罚款；逾期未改正的，对欠缴部分，等量核减其下一年度碳排放配额。

根据上海环境能源交易所数据，截至2022年7月6日，全国碳市场实现配额交易量1.94亿t，累计成交额84.88亿元，市场配额履约率达到99.5%，过半企业参与了交易，但其绝大部分成交额和成交量集中在履约月2021年12月（单月成交量13541万t，成交额58亿元），与试点区域一样存在潮汐现象。全国碳市场CEA成交量与成交额参见图4-91。

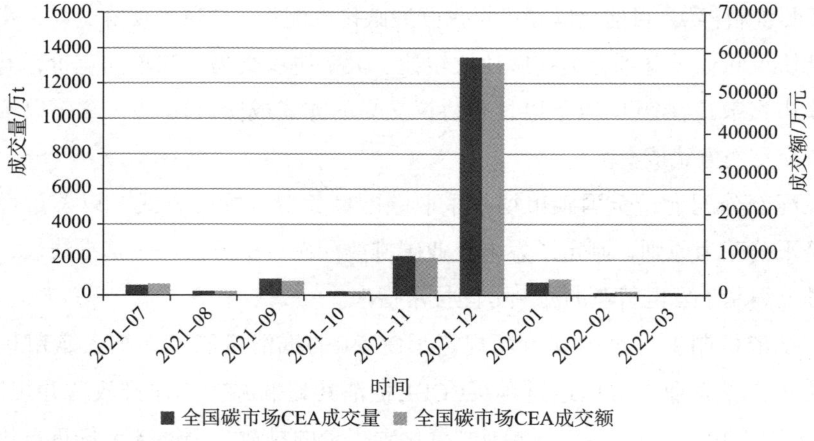

图4-91　全国碳市场CEA成交量与成交额

（数据来源：EDRI，WIND）

在成交价格上，全国碳市场CEA价格呈现了高—低—高三个较为明显的阶段。在市场成立初期，交易价格稳定在50元/t以上，随后滑落至42～45元/t的区间，持续了大致4个月时间；随着履约日临近，价格攀升至55元/t以上，截至目前一直处于相对高位。全国碳市场CEA成交价格参见图4-92。

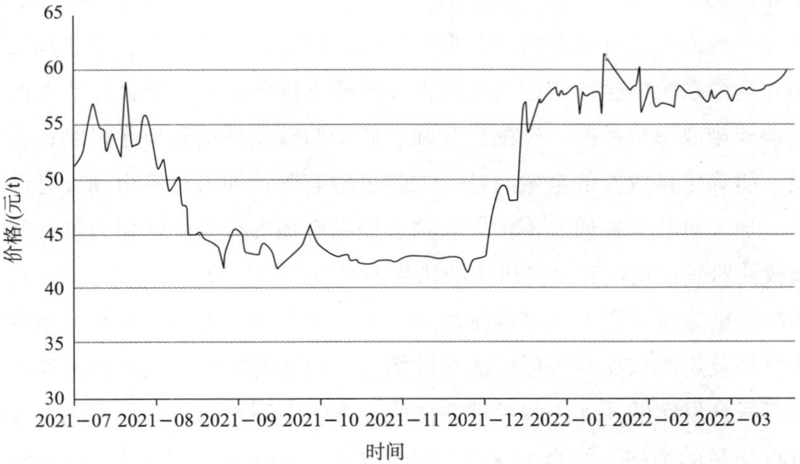

图 4-92　全国碳市场 CEA 成交价格

（数据来源：EDRI，WIND）

3．未来我国碳市场发展前景预判

党的十九大报告提出，要按照“市场导向、政府服务、协同推进、广泛参与、统一标准、公平公开”的原则，分阶段稳步推进全国碳市场建设，在确保碳市场平稳有效运行的基础上，不断完善碳交易系统，切实发挥市场机制在控制和减少温室气体排放、降低全社会碳减排成本方面的作用。2022年4月10日，国务院发布《中共中央 国务院关于加快建设全国统一大市场的意见》，该意见明确：建设全国统一的碳排放权交易市场是打造统一的要素和资源市场的重要内容，并提出实行统一规范的行业标准、交易监管机制。这对建设统一、规范、高效的全国碳排放权交易市场具有重要指导意义。

（1）完善顶层设计——进一步细化和改进碳市场顶层制度设计及相关配套措施

国外发达碳市场国家不仅对碳排放交易制定了法律，还针对交易体系的各项要素系统性地制定了法律层级较高、可操作性强的配套法规、实施细则和指南等，为碳市场长期发展提供了坚实的制度保障。目前全国碳市场刚刚起步，未来国内碳市场的整个交易体系规则将会进一步细化和提升，包括：在法律保障方面，尽快出台《碳排放权交易管理暂行条例》，以更高层次的立法保障碳市场各项制度有效实施；在数据监测方面，加快建设全国范围内统一规范的碳排放统计核算体系，推动不同行业碳排放标准、核算和认证的统一；在数据核查方面，切实落实企业的数据报送质量主体责任、技术服务机构的核查数据质量主体责任，进一步完善地方生态环境系统对数据质量保证的监督管理制度、落实细化管理流程，构建全面系统的全国碳市场监管保障服务支撑体系；在数据报告方面，加快建立涵盖碳排放总量控制、碳配额分配、碳价的碳交易信息披露机制；在市场监管方面，明确碳排放权的金融属性，加强金融监管；加大对碳市场交易环节的监管力度，加大对数据造假、不按期履约、操纵市场等行为的惩罚力度；建立全国碳排放权注册登记机构和交易机构的风险隔离与风险防范机制等。

从配套措施看，需要做好碳排放权交易、绿色电力市场化交易、绿色电力证书认购交易及用能权交易等低碳减排政策工具之间的衔接。近期国家发展改革委等七部门联合发布的《促进绿色消费实施方案》中明确指出，绿色电力要加强与碳排放权交易的衔接，结合全国碳市场相关行业核算报告技术规范的修订完善，研究在排放量核算中将绿色电力相关碳排放量予以扣减的可行性。碳交易市场中的参与者主要为控排企业，而新能源企业可通过开发和出售碳减排资产（CCER）参与其中，因此绿色电力交易与碳市场具有共同的市场主体。未来将研究建立绿色电力交易与碳市场的有效衔接机制，通过市场化手段，引导电力用户购买可追溯、可评估、可认证的绿色电力产品，在碳排放履约中核减相应的碳排放，降低电力用户在碳市场的履约成本，充分发挥绿电交易市场与碳排放权交易市场的联动作用，共同促进“双碳”目标实现。

（2）增加市场主体——除电力行业外的“两高”行业和企业逐步纳入交易体系，市场交易主体日趋多元

从国际上看，虽然各国碳交易体系的覆盖范围存在不同，但几乎所有体系均涵盖电力行业与工业部门。考虑到不同行业和碳排放源之间的巨大差异，行业排放的占比是决定行业是否被覆盖的决定因素。2021年7月，全国碳市场以电力行业作为突破口正式启动，在发电行业碳市场稳定运行的基础上，未来全国碳市场将按照“成熟一个、纳入一个”的原则来纳入石化、化工、建材、钢铁、有色金属、造纸、航空七大行业。预计“十五五”期间，石化、化工行业将正式纳入全

国碳市场交易体系。《中国碳市场回顾与展望（2022）》中指出，预计完成八大行业覆盖之后，全国碳市场的配额总量有可能从目前的45亿t扩容到70亿t，覆盖我国二氧化碳排放的总量从40%提高到60%左右。按照目前的碳价格水平，到碳达峰的2030年，累计交易额有望达到1000亿元。

参与主体多元化是提升碳市场流动性与活跃度的重要途径之一。国际上成熟碳交易体系的参与主体除了控排企业，还包括金融机构、机构或个人投资者、咨询机构等，通过不同主体差异化的风险偏好、市场预期、交易决策等，有利于形成公平公正合理有效的均衡价格。目前试点碳市场中已对交易主体进行了规定，阐明了其他组织与个人参与试点碳市场交易的条件。在上海、广东、北京、深圳碳市场的交易中，机构投资者的交易量占比都超过50%，大大促进了市场的活跃与发展。《全国碳排放权交易管理办法（试行）》规定交易主体为“重点排放单位以及符合国家有关交易规则的机构和个人”，出于对市场稳定运行、保证碳交易、发挥碳减排效果的考虑，还未对相关交易规则进行明确，因此目前只有控排企业在全国碳市场中进行交易。未来全国碳市场将进一步明确交易规则，培育更多的诸如金融机构、投资机构及碳资产管理公司等其他参与主体，形成多样化的市场需求，有助于提升碳市场的活跃度。机构投资者将碳市场作为投资渠道，向碳市场参与者提供金融中介服务，将有利于推动交易顺利进行，促进碳配额的合理流通，进一步促进碳市场的良性发展。

（3）优化市场结构——试点碳市场有序过渡到全国碳市场，并增强与国际碳市场的连接

在全国碳市场启动初期，实施全国碳市场和8个试点碳市场并行的双轨制模式。目前发电行业已全部纳入全国碳市场中，其他行业仍在各试点地区开展交易。“十四五”至“十五五”期间随着全国碳市场稳步推进，逐步将各试点地区的石化、化工、建材、钢铁、有色金属、造纸、航空七大行业纳入全国碳市场中，其他行业仍在试点地区交易，仍采取全国碳市场和试点碳市场并行的双轨制模式。在此期间，地方碳市场与全国碳市场在配额分配方法、交易制度、交易流程、碳价等方面的制度性协调力度将加大，以维护市场完整性、避免市场割裂，进而推动全国碳市场“一盘棋”。未来，地方碳市场的生存与发展取决于其各自的特色化经营与探索。从国际上看，欧盟碳市场交易有欧洲气候交易所、欧洲能源交易所、Climex联盟、绿色交易所以及Nord Pool等五个主要碳交易平台，五大

交易所在职能承担上错位发展。如欧洲气候交易所专门从事二氧化碳排放权交易，而一氧化碳、全氟化碳等衍生品则多数在其他能源交易所挂牌。预计未来地方碳市场可能起到承担不同交易功能、发展特色交易产品的作用，与全国碳市场相辅相成或成为其有益补充。

《巴黎协定》第六条中作出了有关允许各国通过碳市场等市场机制部分实现国内减排目标的规定，谈判成果为不同国家间的减排交易以及碳市场之间的连接奠定了规则基础。随着中国碳市场的不断发展，也开始探索国际化道路。自2016年起，中、日、韩三国每年定期举行碳排放交易合议机构会议，通过该机构会议讨论建立中长期碳排放权交易统一市场方案，统一排放量监测方法，寻求三国间碳排放权市场互通方案。2021年9月，中国–加州碳市场联合研究项目正式启动，以共同应对气候变化挑战，早日实现碳达峰碳中和目标为目的，促进美国加州碳市场与中国碳市场之间的合作。未来中国碳市场会进一步加强与全球各碳市场的合作，借鉴国际碳市场的发展经验，协调中国与国际碳排放权交易机制间的差异，加快中国碳市场的国际化进程。同时，中国碳市场作为全球覆盖温室气体排放量规模最大的碳市场，在全球碳市场建设中有望发挥规模优势，为推动国际气候变化合作起到积极作用。

（4）改善配额分配——逐步扩大拍卖配额比例，提升碳价有效性

当前全国碳市场是一个基于强度的碳排放权交易市场，根据“自下而上”的方式确定配额总量，主要采用基于行业碳排放绩效基准的免费配额分配方法。该方法基于实际产出量，对标行业碳排放先进水平，而且配额免费分配与实际产出量挂钩，既体现了奖励先进、惩戒落后的精神，也兼顾了当前我国将二氧化碳排放强度列为约束性指标要求的制度安排。但是在企业生产活动难以提前确定的情况下，碳配额的供给和需求均存在一定变数，配额采用免费分配且配额分配标准较宽松，可能导致市场流动性不足、初期碳价存在偏差。在“双碳”目标明确后，未来从国家层面将制定清晰、明确且能适应碳达峰碳中和目标要求的碳排放总量控制时间表、路线图和阶段性目标，以法律法规、规章制度等形式将碳排放总量的阶段性目标确定下来再将目标层层分解，下沉落实到地方、企业层面。有了总量目标后，全国碳市场将逐渐发展成为一个混合型的碳市场，既有基于强度的属性，也具有基于总量的属性。在配额分配方法上，以行业基准线法为主，也基于“稳中有降”的配额总量。

《全国碳排放权交易管理办法（试行）》指出，碳排放配额分配以免费分配为主，可以根据国家有关要求适时引入有偿分配。从国内区域试点来看，我国八大试点中有六个碳试点地区均可以通过拍卖的方式进行配额的发放，但是比例均较低。参照欧盟等成熟碳交易市场的经验，未来随着碳交易市场的日益成熟，市场化机制将进一步完善，包括碳配额总量“适度从紧”、逐步提高有偿分配的比例、改进配额分配方法、完善价格稳定机制等。碳配额总量的下降意味着企业需要更加主动减排，免费碳配额的下降则意味着企业在同样的碳排放量下需购买更多的碳配额来实现碳排放量达标。在配额收紧以及“双控”政策的约束下，碳价逐渐上涨将成为长期趋势，反映碳排放权稀缺性的价格机制将初步形成。

（5）丰富交易品种——碳金融前景看好，除现货外CCER等产品种类进一步丰富

在交易品种方面，从国际上看，欧洲和美国的碳市场都是期现并行的，即开展碳交易时，期货与现货差不多同时启动，且衍生品交易对促进市场活跃度起到举足轻重的作用。以欧盟碳市场为例，碳期货已然成为市场上的主流交易产品，在2020年EUA现货和期货交易中，期货成交量占比高达92%，极大地提高了欧盟碳市场的流动性，碳排放交易逐步向碳金融发展。我国试点碳市场也曾推出过一些碳金融产品，而刚起步的全国碳市场仅涉及碳排放权配额的现货交易，交易品种和交易方式较为单一。从未来发展趋势上看，随着我国碳市场法律框架和信用体系的完善，碳金融市场将快速发展，期货、远期、期权、掉期和抵消信用等碳金融衍生品将被逐渐推出和完善，逐步形成现货和期货同时覆盖、交易模式和交易品种不断丰富的局面。如2020年9月《中国（北京）自由贸易试验区总体方案》中提出在北京城市副中心探索设立全国自愿减排等碳交易中心，北京绿色交易所将对标国际领先的碳市场标准，发展资源减排交易、探索绿色资产跨境转让，并借鉴国际碳市场中碳期货、碳期权等成熟经验，开展新型碳金融工具实践。2021年4月广州期货交易所成立，碳排放权期货、电力期货是其未来重要的研究方向。2022年7月16日，上海环境能源交易所启动碳价格指数开发工作，旨在为后续开发碳指数金融产品奠定基础，撬动更多金融资源进入绿色领域，充分发挥市场价格发现功能。

从国外碳市场看，很多国家和地区都引入了包括CER和ERU在内的国际碳信用抵消机制，同时建设国内自愿减排碳信用市场，以扩大碳排放权交易市场的项

目品种，提升碳市场活跃度。目前我国的地方碳市场中，都规定了5%～10%的CCER抵消比例；全国碳市场也规定了5%的抵消比例。但是在2017年3月由于温室气体自愿减排交易量小、个别项目不够规范等问题，国家发展改革委叫停签发新的CCER项目，老项目仍可运行。彼时，全国已有2871个审定项目、861个备案项目，以风电、光伏发电、甲烷利用等类型居多。依据2021年发布的《全国碳排放权交易管理办法（试行）》，用于抵消的CCER应来自可再生能源、碳汇、甲烷利用等领域减排项目，1单位CCER可抵消1t二氧化碳当量的排放量。可以预见，未来CCER将在进一步规范政策体系后，作为碳配额的补充产品在碳市场进行交易。

（四）石化企业参与碳交易市场的情况

1．中国石化参与国内碳市场的情况

为应对气候变化政策要求，按期实现“双碳”目标，中国石化结合实际，不断调整完善自身碳排放管理体系，先后制定了《中国石化碳排放管理办法》《中国石化碳排放交易管理办法》《中国石化碳排放信息披露管理办法》等管理制度，通过制度规范企业参与碳市场的各个环节。作为国有大型能源企业，中国石化一直积极参与国内碳市场建设。2014年，中国石化在北京、上海、湖北等6个省市的14家企业纳入试点地区碳市场，每年均足额完成碳配额履约任务，同时积极利用CCER抵扣配额政策，降低履约成本，累计碳交易额超4亿元，8年履约率均保持100%。

2021年7月全国碳市场启动后，中国石化旗下多家具有自备电厂的企业被纳入首批参与市场主体范围；当年，旗下15家企业自备电厂和21家企业全面完成全国和地方两个碳市场配额任务，碳交易总量970万t，成交额4.1亿元。公司充分发挥一体化优势，统筹控排企业碳配额盈缺情况，通过组建专职碳交易团队，充分发挥专业能力优势，科学地制订碳交易计划，开展碳交易集中管理，确保所属企业全部按期完成碳配额履约任务，为全国碳市场企业按期履约树立了典范。

2．中国石油参与国内碳市场的情况

近年来，中国石油加快推动碳排放管控体系建设，相继制定了《关于加强温室气体排放管控工作的指导意见》《温室气体排放统计考核管理办法》《碳交易管理办法》《温室气体自愿减排项目管理办法》等管理制度。全国碳市场启动以来，中国石油按照“依法履约、集中管理、效益优先、诚实守信”的原则，组织建立集团公司碳交易服务体系；在安全环保研究院设立“集团公司温室气体核查核算中心"，不断提升碳排放数据质量；制定详细完善的碳交易履约方案和"1+3"制度体系，打造国际国内一体化碳资产池；设立气候投资创新基金等绿色投融资实体，由专业碳交易业务团队负责全球参控股企业、国内8家自备电厂的碳交易履约活动，不断拓宽交易渠道。

2021年，中国石油调动旗下各履约企业积极参与碳交易，累计采购碳排放配额600万t，全面完成年度碳配额履约，成为获得"全国碳市场首日交易集团证书"的10家企业集团之一。碳市场促进企业减排和加快绿色低碳转型的作用初步显现。

（五）未来碳市场的发展对炼化企业的影响及应对策略

1. 对炼化企业的内部管理产生影响

一是完善企业碳排放数据核查与核算体系，建立健全碳足迹评估体系。

根据全国碳市场相关规定，控排企业每月需要上报温室气体排放量相关数据，每年要上报上一年度排放量数据并接受第三方核查，在核查后要向政府清缴和二氧化碳排放量数量相等的配额，这对企业碳排放数据管理的合规性提出了新的要求。通过碳盘查摸清家底是企业做好碳管理的基础。首先，盘查的数据是后续常规监测、核算和报告的基础，对历史年份的碳排放展开全面排查，收集厂区及设备的排放历史数据，能够了解自身数据基础，完善数据体系，防止不必要的数据缺失。其次，通过盘查能帮助企业梳理碳排放数据统计口径，以有效应对国家碳排放核查的要求。最后，企业通过对数据的分析识别出排放重点环节，才能有的放矢地提出改进意见，为制定碳管理战略、实施低碳改造项目、探索节能路径提供支持证据。因此，炼化企业有必要建立企业内部专业化的碳盘查队伍，统一企业内部的碳排放/碳足迹统计方法，建立企业碳排放数据管理平台，提升碳排放管理信息化水平；同时深入开展石化产品碳足迹研究，建立健全碳足迹评估体系，完善石化产品碳足迹数据库，强化产品全生命周期碳排放精细化管理。

二是完善企业碳资产专业管理制度体系。

碳市场的建立除推动企业减排外，政府分配至企业的碳配额作为企业的资产，也可以通过统筹相关资源、合理安排交易策略等专业化手段，为企业带来额外收益。对于炼化企业来说，应在完成碳市场履约的基础上，继续健全碳资产管理及碳交易制度体系，完善碳资产管理及交易信息平台，为企业碳资产管理和碳交易决策提供信息化支撑。具体来说，第一，要从集团层面重视碳资产管理，通过集约化方式管理统筹碳资产，通过资本运作方式储备碳资产资源；树立碳成本意识，将其纳入公司投资评价体系，保障可持续发展需要。第二，应探索多样化的碳资产管理手段，在配额制下，研究企业履约前对碳资产进行抵押融资、期货交易等运作，通过金融工具盘活减排项目获取碳资产，实现保值增值。第三，择机成立碳资产公司，最大限度发挥专业化优势，对碳资产进行主动管理，制定企业碳资产识别、确认和计量标准，规范碳资产核查，综合运用配额抵押、配额置换、金融衍生品市场交易等手段，争取碳资产效益最大化。第四，加快专业化人才队伍培养与引进，储备人才资源，探索开展碳资产融资和衍生品业务，建立面向市场、面向国际的专业化交易团队，持续提升炼化企业碳资产专业化管理水平。

三是开展固定资产投资项目碳评估，建立企业内部碳价体系。

固定资产投资项目特别是高耗能高碳排放项目是增加碳排放的重要源头。依据2021年《关于加强高耗能、高排放项目生态环境源头防控的指导意见（征求意见稿）》，对“两高”项目开展碳排放影响评价试点，并设置碳排放评价专章。国家通过固定资产投资项目碳排放评价，将碳排放影响纳入固定资产投资建设项目经济评价，从设计源头进行碳排放管控，进一步加强了固定资产投资项目碳排放管理。2021年7月27日，生态环境部发布《关于开展重点行业建设项目碳排放环境影响评价试点的通知》，宣布在河北、吉林、浙江、山东、广东、重庆、陕西等地开展重点行业建设项目碳排放环境影响评价试点，江苏省常州市、福建省福州市、海南省等多地也都率先尝试在部分重点项目、地区将碳排放管理纳入环评。中国石化、中国海油等炼化企业也发布了企业内部固定资产投资项目碳排放评价管理制度。对于参与碳市场的炼化企业来说，可以按照市场上年度碳配额均价，对项目碳效益进行预测，纳入项目总体经济性分析评价；但对于暂未纳入碳交易市场、年度排放达到10万t CO_2e及以上的固定资产投资项目，则应建立企业内部碳价机制，为项目碳经济评价提供参考。内部碳价机制可以在模型研究的基础上，参考碳市场价格，同时考虑到企业的低碳战略目标，确定一个时期的内部碳价，并进行动态调整。

2. 对炼化企业现有的生产经营产生影响

一是碳价成本的上升导致炼化企业生产成本上升，降低企业出口竞争力。

石油石化行业是国民经济的基础和支柱产业，也是我国实现减排降碳的重要工业部门。“双碳”目标下如何在产能及产量增长的同时，实现碳排放的有效控制，成为我国石油石化产业发展面临的重要挑战。在碳中和目标约束下，未来我国碳排放市场必将不断收紧配额免费供给量，降低总排放限值，为碳中和目标提供可量化的进程体现。在这一预期情形下，全国碳市场碳价上涨成为必然趋势。根据中国碳论坛发布的《2020年中国碳价调查》，预计全国碳市场平均碳价2021年为人民币49元/t，2025年上涨至71元/t，并在2035年末涨到93元/t。根据清华大学能源环境经济研究院团队的测算，“十三五”期间碳价为18元/t，“十四五”期间碳价为68元/t，“十五五”期间上升至104元/t，“十六五”期间上升至178元/t。目前，多数炼化企业碳排放配额存在缺口，需要额外购买才能完成年度履约。若“十四五”期间石化、化工行业均被纳入全国碳市场，无疑会大幅增加炼化企业的履约成本。同时，碳价上涨将带来企业生产成本的增加，进一步削弱企业出口竞争力，对炼化企业生产运营和全球贸易带来不利影响。

二是碳市场将加快炼化企业“减油增化”的产品结构调整。

在没有纳入碳市场体系之前，炼化企业不受约束无成本进行碳排放；启动碳交易之后，如果企业排放超过分配的碳排放配额，就需要付出相应的成本，从碳市场购买碳排放配额以完成履约要求，这会促进企业对其产品结构与生产经营进行重新评估，逐渐缩减高碳排放的产品与生产经营活动，相应扩大低碳产品和生产经营所占的比例，从而实现企业产品结构与生产经营的低碳转型。根据预测，我国的原油加工量将在2027年达到峰值以后快速降低，到2060年降幅可达66%。而乙烯、丙烯、PX和合成树脂的国内产量距离2040—2045年的峰值水平分别约有131%、67%、126%和92%的巨大增幅。此外，从产品全生命周期来看，成品油进入消费环节后，仍将产生大量碳排放，而化工产品可以较高比例地将碳进行固定，并不会释放到大气中，从而减少全生命周期的碳排放。因此炼化企业应加快产品结构调整步伐，促进“减油增化”和降本增效。

三是碳市场将加快企业技术进步和能效提升进程，促进行业优胜劣汰。

目前，我国碳市场对于免费配额的分配方式以行业基准线法和历史强度法为主。鉴于历史强度法会造成“鞭打快牛”的不公平现象，从全球碳市场经验看，行业基准线法是大势所趋。对于企业来说，如果单位产品碳排放量低于基准线，说明其生产效率较高，碳排放强度小，在同样生产规模下企业可以获得更多的碳排放配额盈余，并通过碳市场交易获取更多收益；反之，如果企业单位产品碳排放高于基准线，说明其碳排放强度大，同样生产规模下实际产生的碳排放量更多，碳排放配额“亏空”大，需要购买更多的碳排放配额用于履约，这使得那些单位产品能耗高、排放高的企业成本大大增加。因此，只有那些能效和排放领先的企业，才能在未来的市场竞争取得先机，有碳配额盈余的企业还能通过碳市场获取收益；而落后企业为了继续生存不得不采取各种优化提升措施使其单位产品碳排放低于排放基准线，包括技术改造、原料优化、产品升级、减排投入、低碳转型等，甚至关停退出，在这一过程中既促进了企业的技术进步和行业的优胜劣汰，同时还提高了整个行业的碳减排效率。

3. 对炼化企业未来投资决策产生影响

一是对传统化石能源领域的投资将受限。

石化和化工行业是支撑国民经济发展的基础性产业，也是二氧化碳排放量较大的行业之一。“双碳”目标下石油石化产业的产能扩张力度将受到能耗“双控”和碳排放约束的双重限制，因此炼化企业在进行化石能源领域的投资规划制定、产能布局等时都必须考虑到相应碳排放配额的匹配、碳减排技术的应用以及未来碳交易的成本。国务院发布的《2030年碳达峰行动方案》中已明确提出：严控新增炼油和传统煤化工生产能力，稳妥有序发展现代煤化工；要求“到2025年，国内原油一次加工能力控制在10亿t以内，主要产品产能利用率提升至80%以上”。在碳排放“双控”硬约束下石油石化行业内一些实力更强的领先企业将更有市场竞争优势，石化产业兼并重组整合趋势会加强。

随着气候变化投融资和ESG投资评价体系的发展，未来金融业对于传统化石能源行业的资金支持将进一步减少，企业在传统化石能源领域获得资金支持将更加困难。目前，世界银行、国际货币基金组织等国际金融机构正持续促进融资项目向低碳项目倾斜。未来炼化企业投资项目所需的多类融资将面临更大的绿色压力，尤其是油气类高碳项目的融资环境将趋紧，相关融资将面临更大的成本压力和流动性风险。

二是借助多种资本运作手段，在三新业务领域继续发力。

在“双碳”进程中，碳减排项目和低碳能源项目日益成为资本追逐的热点。在2030年实现碳达峰前，页岩气、煤层气、致密油气等非常规油气资源的规模化开发、炼化企业的转型升级、减油增化的产品结构调整、发展油气电氢一体化综合交通能源服务站等领域仍有投资发展空间。而发达国家已日渐形成了“提供资金和技术在成本较低的发展中国家开发风力发电、太阳能发电等减排项目，并用由此而产生的核证减排量抵扣承诺的温室气体排放量”的清洁发展模式。在此模式下，低碳能源项目的投资空间前景优越，正在吸引各类资本涌入，进一步推动整个行业加速发展。随着新能源、新材料、智能制造成为市场焦点，各细分领域进入产业化、规模化发展的“快车道”，投资机会涌现。炼化企业应着力增强绿色能源供给能力，把新能源业务摆在更加突出的位置，借助多种资本运营手段，积极发展以氢能供给、清洁供电、清洁供热、生物燃料供应、新能源业务与现有业务绿色融合发展、新能源业务与新科技新模式融合发展为构架的“四供两融”业务。充分发挥规模、产业和资金优势，在以氢能、绿电为代表的新能源领域、高附加值的新材料领域积极开展并购、股权投资等，推动集团战略规划的快速部署和实施；不断拓宽多种融资方式渠道，充分发挥集团股权和债权融资优势，为转型提供稳定的资金基础。

三是负碳业务重要性凸显，继续加大节能降碳相关的科技创新投入及技术改造投入。未来随着碳市场范围的扩大，石化、化工行业将有更多企业进入全国碳市场进行交易，控排企业将面临更加高昂的碳排放成本，因此必然要采取有效的碳减排措施，加大在碳减排方面的投入，尤其是在现有业务低碳化方面。从当前的技术路径看，实现业务低碳化主要需依靠CCUS等负碳技术，因此企业应进一步推动CCUS产业链建设，为碳达峰兜底保障。

为实现现有业务低碳化发展，可以发力的方向包括：一是加大绿色低碳技术的科技攻关投入。要加大科技研发投入，突破一批制约行业绿色发展的技术瓶颈，开展关键工艺关键技术的研发。如绿色制造、源头减排、末端治理、能源管理和梯级利用、低碳原料和清洁燃料替代、CCUS和二氧化碳资源化利用等。二是提高能源利用效率，深挖节能降耗减排潜力。以炼油综合能耗为例，目前，我国主营炼油厂炼油综合能耗60kgEO/t，与美国的先进炼油综合能耗低于40kgEO/t相比，节能降耗减排还有很大提升空间。因此要大力推广新工艺、新技术、新设备以及新材料等的应用，通过系统、工艺及设备节能提高能效。三是推广合同能源管理的应用。鼓励企业以能源管理合同的形式，与节能减排专业公司进行合作，由节能公司出资建设减排项目，最终的减排收益与能源公司进行分成，并在一定年限后回收项目的所有权。四是积极探索负碳技术转化模式。广泛运用多种资本运营手段，探索负碳技术的多种转化模式、商业模式，推动负碳技术的科技成果转化，加速培育各种业态的低碳业务等。

4. 积极谋划参与和利用碳市场

一是制定企业碳交易策略，提升碳交易管理能力。建议集团型企业结合自身碳资产情况，以“集中管理”为原则开展碳交易工作，统一编制碳交易计划，统一开发和管理CCER项目，统筹考虑各企业碳配额和CCER调度，集中开展集团公司碳交易工作。建议在集团内建立统一的碳交易平台和碳交易管理信息系统，统筹谋划集团内部企业的碳市场分析、碳配额管理、排放报告编制、碳交易运作等工作，加强对企业参与碳市场的指导与指引。严格落实碳排放权交易有关会计处理规定，加强对购入碳排放配额的资产管理，做好碳交易的财务风险管理工作。

二是未雨绸缪，为参与碳期货、碳远期等金融交易产品市场做准备。碳达峰碳中和背后，是海量规模的碳金融市场。为此应深耕碳金融衍生产品，探索炼化企业参与碳金融切入点。建议炼化企业统筹研究建立绿色投融资管理体系，研究运用绿色信贷、绿色债券以及碳排放权期货交易、碳远期、碳期权、碳租赁、碳资产证券化和碳基金等金融产品和衍生工具。在企业内部，可以研究尝试通过信托碳抵押、质押融资盘活减排企业多余的碳配额，利用已获得的碳配额获得更多的配套资金；充分发挥碳基金作用，投向节能减排项目；研究开发碳期货、碳保险，助力减排企业规避碳价格波动风险等。

三是主动参与国内碳市场建设。第一，加强政策研究，积极参与国家和地方开展的相关工作，协助有关部门进行标准、运行机制、财税优惠政策的制定。第二，以资本为先导加强合作，抓住国家筹建碳市场相关机构的契机，以金融资本方式，参与国家层面的碳基础设施建设。第三，寻求国际合作，积累先进经验，在碳金融领域获取先发优势，创新发展绿色金融事业。

四是积极融入国际碳交易市场。在国际碳交易市场日益发达、碳关税对企业产品的出口影响将加大的背景下，应在认识上与国际接轨，同时适当加快实践。有条件的企业应以海外碳资产为依托，根据海外项目所在国碳约束政策，将碳交易机制和碳排放约束因素的影响纳入集团海外投资战略规划，适时开发低碳减排项目，积极参与投资所在国碳市场交易，提升企业低碳发展竞争力。

参考文献

[1] 汪燮卿. 中国炼油技术[M]. 4版. 北京：中国石化出版社，2021.

[2] 中华人民共和国国家统计局. 2019中国统计年鉴[M]. 北京：中国统计出版社，2019.

[3] 中华人民共和国国家统计局能源司. 2018中国能源统计年鉴[M]. 北京：中国统计出版社，2018.

[4] 曹湘洪，袁晴棠，刘佩成，等. 落实新发展理念推进石化工业低碳化发展[J]. 当代石油石化，2019，27（8）：1–6，29.

[5] 张硕，乞孟迪，吕晓东，等. "碳中和"愿景下炼油化工行业发展趋势展望[J]. 油气与新能源，2021，33（2）：18–22.

[6] 费华伟，王婧，高振宇. 2022年中国炼油工业发展状况及近期展望[J]. 国际石油经济，2023，31（4）：53–58.

[7] 刘潇潇，丁宣升，王盼，等. "双碳"目标下关于我国能源行业发展的思考[J]. 当代石油石化，2022，30（3）：1–5.

[8] 郑宝山，王钰，伍桂松，等. "双碳"目标下石化化工行业高质量发展策略[J]. 化学工业，2022，40（1）：1–11.

[9] 刘初春，张芳华. 对中国进口原油资源选择的思考[J]. 国际石油经济，2020，28（12）：54–58.

[10] 袁晴棠. 在"双碳"目标大背景下加快我国石化工业转型升级[J]. 当代石油石化，2021，29（11）：1–7.

[11] 顾宗勤，苏建英. 氮肥、甲醇行业应勇于扛起碳减排的重任[J]. 化学工业，2021，39（4）：1–5.

[12] 黄海. "双碳"目标下石化行业关键低碳技术综合评估分析与减排贡献研究[J]. 当代石油石化，2022，30（2）：11–17.

[13] 孟昭东，王春黎，田静，等. 炼油化工节能技术现状及发展创新研究[J]. 中国石油和化工标准与质量，2020，40（20）：44–46.

[14] 国家发展改革委，工业和信息化部，生态环境部，国家能源局. 关于发布《高耗能行业重点领域节能降碳改造升级实施指南（2022年版）》的通知（发改产业〔2022〕200号）[EB/OL]. 2022–02–11. https：//www.ndrc.gov.cn/xwdt/tzgg/202202/t20220211_1315447_ext.html.

[15] 国家发展改革委，工业和信息化部，生态环境部，市场监管总局，国家能源局.《石化化工重点行业严格能效约束推动节能降碳行动方案（2021—2025年）》（发改产业

〔2021〕1464号)[EB/OL]. 2021-10-18. https://www.ndrc.gov.cn/xwdt/ztzl/ghnhyjnjdgzsj/zcwj/202201/t20220110_1311631_ext.html.

[16] 师彦俊. 基于CO分析控制的加热炉燃烧技术的应用[J]. 石油石化绿色低碳,2020,5(6): 28-31.

[17] 张晖. 烧焦罐再生强化技术及冷再生催化剂循环催化裂化技术的工业应用[J]. 石化技术与应用,2015,33(6): 513-516.

[18] 姚秀颖,卢春喜. 催化裂化再生催化剂取热技术研究进展[J]. 石油学报:石油加工,2018,34(2): 217-228.

[19] 陆浩. 我国乙烯工业及下游产业链发展现状与展望[J]. 当代石油石化,2022,30(4): 22-27.

[20] 闫鸿飞,孙世源,王龙延,等. 原油直接制化学品技术进展[J]. 现代化工,2022,42(6): 40-42,47.

[21] 崔景祥,李有纯. 直接电加热裂解炉介绍[J]. 辽宁化工,1978(5): 5-8.

[22] 陶氏化学公司推进乙烷脱氢和电裂解技术[J]. 石油炼制与化工,2021,52(10): 135.

[23] 肖君佳,陈育辉,邵杰峰. 裂解炉快速烧焦技术在茂名石化的工业应用[J]. 乙烯工业,2017,29(2): 2.

[24] 张东辉,沈圆辉,吴丽梅,等. 对二甲苯模拟移动床分离过程的模拟与优化[J]. 天津大学学报:自然科学与工程技术版,2016,49(3): 279-286.

[25] 李四海,柳丽萍,关键,等. 国外热电联产发展回顾与借鉴[J]. 中国特种设备安全,2011,27(7): 65-69.

[26] 李进. 合成气一步法制低碳烯烃技术进展及问题概述[J].化工技术与开发,2017,46(11): 36-38.

[27] 工业和信息化部.国家工业节能技术应用指南与案例(2021). 石化化工行业节能提效技术[EB/OL]. 2021-12-27. https://www.miit.gov.cn/jgsj/jns/xydt/art/2021/art_14a58d89077943e4974fc09418c131e4.html.

[28] 莫秋有. 固定床加氢反应器新型内构件优化及应用[J]. 石油化工设备,2022(55): 73-80.

[29] 张甫,任颖,杨明,等. 劣质重油加氢技术的工业应用及发展趋势[J]. 现代化工,2019,39: 15-20.

[30] 王利峰. 我国煤气化技术发展与展望[J]. 洁净煤技术,2022,28: 115-121.

[31] 杜学军. 裂解炉节能优化改造探讨[J]. 石油化工技术与经济,2022,38: 37-52.

[32] 何细藕,李昌力,周丛,等. 中国石化CBL气体裂解炉开发及工业应用[J]. 乙烯工业,2020,32: 5-9.

[33] 王伟国，高金龙. 炼化装置加热炉节能技术[J]. 设备产品，2014，12：33–34.
[34] 李岳良，陈佳文. 工艺加热炉技术现状与发展研究[J]. 中国工程咨询，2021，3：79–83.
[35] 马晨皓，曾爱武. 隔壁塔流程模拟及节能效益的研究[J]. 化学工程，2013，41：1–5.
[36] 王利文，陈保东，王利权，等. 夹点理论及其在换热网络中的应用[J]. 辽宁石油化工大学学报，2005（2）：54–58，62.
[37] 李会泉，李佐虎，姚平经. 低温蒸馏塔与冷冻系统的热泵流程集成[J]. 化工学报，2000（S1）：231–235.
[38] IEA.World Energy Outlook 2021[M/OL]. 2021. www.iea.org/weo.
[39] 清华大学气候变化与可持续发展研究院. 中国长期低碳发展战略与转型路径研究综合报告[J]. 中国人口资源与环境. 2020，30（11）：1–25.
[40] 住房和城乡建设部，国家质量监督检验检疫总局. 石油化工设计能耗计算标准（GB/T50441—2016）[S]. 北京：中国计划出版社，2016.
[41] 国家发展改革委. 中国石油化工企业温室气体排放核算方法与报告指南（试行）（发改办气候〔2014〕2920号）[EB/OL]. 2014–12–03. https：//www.ndrc.gov.cn/xxgk/zcfb/tz/201502/t20150209_963759.html.
[42] 侯家萍，等. 现代生物质能源技术体系及其产业化应用态势[J]. 现代化工，2022，42（5），7–13.
[43] 中国产业发展促进会生物质能产业分会. 3060零碳生物质能发展潜力蓝皮书[M/OL]. 2021. https：//mp.weixin.qq.com/s?src=11&timestamp=1740965106&ver=5845&signature=1tGPhLFADxkATekqcsWR2zABZ0t6ekrc8LMvlHzV6NgSbE4tbf1TEz5aXnl*dTYyQTczNz3wlW3X0PNdBTwjGHRT4Q*z1o9rZjNzxowtYhn2QZcmo7JcAVLHDDzEbp0o&new=1.
[44] 全球能源互联网发展合作组织. 中国碳中和之路[M]. 北京：中国电力出版社，2021.
[45] 曹湘洪.炼油行业碳达峰碳中和的技术路径[J]. 炼油技术与工程，2022，5（1）：1–10.
[46] 杨静. “双碳” 目标下林业碳汇的发展机遇及实施路径探讨[J]. 南方农业，2022，16（13）：201–204.
[47] 曹云梦，吴婧. “双碳” 目标下我国海洋碳汇交易的发展机制研究[J]. 中国环境管理，2022，14（4）：44–51.
[48] 蔡爱军. 打造江苏发展 “碳汇空间” [J]. 唯实，2022（7）：54–56.
[49] 许亚斌. 工业行业林业碳汇需求研究[D]. 杭州：浙江农林大学，2015.
[50] 赵媛. 中国海洋碳汇交易模式与发展机制研究[J]. 节能与环保，2023（8）：20–23.
[51] 王灿，张雅欣. 碳中和愿景的实现路径与政策体系[J]. 中国环境管理，2020，12（6）：58–64.

[52] 于天飞，夏恩龙. 基于碳中和愿景的绿地碳汇价值实现过程研究[J]. 自然保护地，2022，2（1）：74–81.

[53] 杨玉坡. 全球气候变化与森林碳汇作用[J]. 四川林业科技，2010，31（1）：14–17.

[54] 姜联合. 全球碳循环：从基本的科学问题到国家的绿色担当[J]. 科学，2021，73（1）：39–43，4.

[55] 刘伯恩，宋猛. 碳汇生态产品基本构架及其价值实现[J]. 中国国土资源经济，2022，4：4–11.

[56] UNEP，FAO，IOC/UNESCO. Blue Carbon：The Role of Healthy Oceans in Binding Carbon［EB/OL］. 2021–12–24. https：//www.grida.no/publications/145.

[57] 曹先磊，程宝栋. 中国林业碳汇核证减排量项目市场发展的现状、问题与建议[J]. 环境保护，2018，46（15）：27–34.

[58] 张泉，林进，折印楠，等. 我国二氧化碳地质封存潜在评价研究进展[J]. 中国石油和化工标准与质量，2022，42（11）：144–146.

[59] 陆诗建. 碳捕集、利用与封存技术[M]. 北京：中国石化出版社，2020.

[60] IEA. 全球能源部门2050净零排放路线图[M/OL]. 2020. www.iea.org.

[61] IEA.Energy Technology Perspectives 2020[M/OL].2020. www.iea.org.

[62] 生态环境部. 中国二氧化碳捕集利用与封存年度报告2023[M/OL]. 2023. https：//mp.weixin.qq.com/s?src=11&timestamp=1740967758&ver=5845&signature=6I03yQA7h0CJpxcarCz3n3yhb15n58z1qiLin0ub6TX87*uFo6sNfzthZQem3eaM*sMUltUhy2ugOgdk4EeeOYZBy2FnQpb0RKUObcTtfpzQAQFxPPC2eyPh*jKqudGq&new=1.

[63] Global CCS Institute. GLOBAL CCS INSTITUTE，GLOBAL STATUS OF CCS 2022[M/OL].2022–10–23. https：//www.doc88.com/p–91899485065119.html.

[64] 张贤. 我国碳捕集利用与封存技术发展研究[J]. 中国工程科学，2021，23（6）：70–80.

[65] 黄晶. 中国碳捕集利用与封存技术评估报告[M]. 北京：科学出版社，2021.

[66] 顾永正. 燃煤电厂二氧化碳捕集利用与封存技术及工程应用[J]. 洁净煤技术，2023，29（4）：98–108.

第五章

炼化产业碳达峰碳中和路线图

PART 5

炼化产业作为国民经济的支柱产业，主要为经济社会发展提供燃料动力能源、原材料和基础及高端化学品，产业链长、工艺流程复杂，能源消耗总量大、品种多，碳排放量较大。“双碳”目标下，炼化产业加快绿色低碳转型，尽早实现碳达峰碳中和，对于全国实现“双碳”目标具有重要意义。

第一节 炼化产业实现碳达峰碳中和的思路和目标

一、总体思路

以习近平新时代中国特色社会主义思想为指导，深入贯彻党中央关于碳达峰碳中和的决策部署，全面落实新发展理念，紧紧抓住“双循环”新发展格局机遇，坚持“优化升级、结构调整，绿色低碳、开放合作，创新驱动、智能提升”原则，优化调整结构，推动转型升级，坚持创新驱动，加快低碳发展，推进“两化”融合，统筹发展与减排、达峰与中和的关系，全力实现碳达峰碳中和目标。

保障国家能源安全，抑制能源不合理消费，提高能源利用效率，满足能源行业结构调整与总体减排要求，确保石油石化行业健康可持续发展。以净零排放为目标，有效推进化石能源洁净化、洁净能源规模化、生产过程低碳化。坚持以科技为核心的全面创新，大力推动节能降碳技术、绿色产品开发的创新和突破。充分利用财政、金融、税收等宏观调控措施，引导和支撑石油石化行业绿色低碳转型。

二、碳达峰目标

2020—2030年，力争碳排放提前达峰。通过采用先进工艺技术装备、提高能效、加大使用绿色低碳能源，实现从高碳排放模式向低碳排放模式转变，控制炼化产业碳排放增长和峰值，在2030年左右实现碳达峰，峰值约为6亿～6.5亿t，比当前水平约增20%。

三、碳中和目标

2030—2050年，加快碳排放下降速度。加大节能降碳技术应用，加快燃料结构和装置结构调整。不断降低绿氢绿电成本，加大绿氢和绿电裂解技术的应用。加大绿色化学品普及度，全行业二氧化碳排放量较峰值期下降50%。

2050—2060年，以率先实现全行业碳中和为主要目标。加大CO_2捕集、封存和综合利用，全面拓展绿氢与炼化业务耦合发展。通过发展新能源与节能提高能效耦合集成，利用CCUS和增加碳汇等技术手段，打造绿色低碳能源供应体系和先进的炼化工业体系，实现全产业链深度脱碳，推动炼化产业实现碳中和目标。2060年炼化产业碳排放约1.6亿t，较峰值下降约75%，通过CCUS实现碳中和。

四、工作原则

1. 先立后破、积极稳妥

立足我国资源能源禀赋的特点和炼化行业用能要求持续稳定、安全经济的特性，坚持先立后破，在新能源安全可靠替代的基础上，推进用能结构由化石能源逐步转向绿色低碳能源，积极稳妥推进碳达峰碳中和，统筹推动炼化行业实现绿色低碳高质量发展。

2. 结构优化、转型升级

以建设制造强国为目标，加强供给侧结构性改革，保持制造业合理比重，优化调整产业布局和结构，严控新增产能，加快节能降碳技术改造，加强绿色低碳产品供给，提升产业链、供应链韧性和安全水平，推动炼化产业转型升级，推进减污降碳协同增效，迈向新型工业化。

3. 科技引领、智能提升

坚持高水平科技自立自强，以国家重大战略需求和提高炼化产业核心竞争力为导向，发挥新型举国体制优势，集中优势科技力量，加快研发炼化行业降碳、零碳、负碳技术，着力解决“卡脖子”问题，加快5G智能工厂建设，发展新质生产力，以数字化智能化提升炼化行业绿色化水平。

4. 绿色低碳、净零排放

坚持绿水青山就是金山银山的理念，强化节能能效提升，加快构建炼化行业资源循环利用体系，打好蓝天、碧水、净土保卫战，建设一批绿色低碳示范产业链、企业，降低能源消费强度和碳排放强度，实施CCUS技术，推动炼化行业实现“净零”碳排放，实现人与自然和谐共生。

五、需把握的重大关系

1．把握好降碳与发展的关系

进入新发展阶段，我国仍处于工业和城镇化的中后期，经济社会发展对石化产品的需求仍将保持一定增长。因此，需要正确把握好降碳与发展的关系，既要优选对我国发展影响最小、国际比较优势影响最低、最可持续的低碳发展方向，又要从有限碳排放空间中为未来炼化高端产品发展预留部分容量，避免丧失发展机遇，同时又要通过碳达峰碳中和强力约束驱动生产方式、产业结构、能源供给、产品结构等变革，将“双碳”目标愿景贯穿炼化工业生产各方面和全过程，加快绿色低碳转型和高质量发展。

2．把握好碳达峰碳中和的节奏

实现碳达峰碳中和，不能脱离我国能源资源禀赋实际、超越经济发展阶段以及绿色低碳技术经济可行性，不能一蹴而就，而要循序渐进、先立后破、积极稳妥推进，把握好降碳节奏。要根据经济发展与能源技术发展情况，科学制定炼化行业“双碳”目标时间表，避免运动式“减碳”、搞“攀高峰”，对需求处于平台期、条件成熟的炼化产品如柴油、汽油生产达峰时间应该尽量提前，但要防止出现层层加码的现象。同时，也要避免高位碳达峰，更要避免将碳达峰变为“碳冲峰”，造成高碳排放“锁定”效应，给炼化行业未来实现碳中和目标造成阻碍。

3．把握好领域与产品间降碳路径的差异性

受碳排放基数、用能方式、技术路线、产品性质差异、市场需求等因素影响，炼化各产品间在碳达峰碳中和进程中存在很大差异。在碳达峰阶段，要积极推进减碳基础较好或产能过剩严重的产品如炼油等率先实现碳达峰，而对产品自给率不高或仍有较大发展潜力的产业如乙烯领域，要为其未来发展留有碳排放空间，可以后达峰。在碳中和阶段，能否大规模利用新能源和发展循环经济，成为炼化行业能否实现碳中和目标的关键。

4．把握好公平与效率的关系

目前，我国已开始由能耗“双控”向碳排放“双控”转变，并且将控制目标分解到各省区市，纳入各地经济社会发展综合评价体系。在碳达峰碳中和推进过程中，要把握好公平与效率的关系，采用市场手段与行政手段相结合的方式，既要考虑炼化行业不同领域间的差异性，推动不同领域结合发展趋势和技术水平，实现梯次达峰，避免简单地“一刀切”，又要对同一领域内的国有、民营、外资等企业一视同仁，在统一标准和尺度下开展降碳减排工作。

第二节 炼化产业碳达峰碳中和实施路径和支撑技术

一、情景设置

有关研究针对未来炼化产业的原油加工量、主要化工产品产量进行了预测，考虑了总需求量、对外依存度、产业政策趋势等因素后，给出了不同时间节点下的预测结果数据。

（一）石油需求及基础石化原料需求

1. 石油需求

2025年前后，石油需求达7.8亿t峰期。石油占一次能源比重稳定在20%左右，其中交通用油基本饱和，达3.5亿t，化工用油是主要增长领域，达2.3亿t。

2025—3030年为石油需求平台期。该时期是交通用油下降以及化工用油增速放缓双拐点期，石油需求维持在7.7亿～7.9亿t。

2030—2050年为石油需求快速下降期。交通用油下降至期末的1.4亿t，仅为期初的40%；化工用油经历由2.5亿t饱和到平台期再到下降过程，期末降至2亿t。

2050—2060年为碳中和时期。绿电、绿氢大规模替代全社会用化石能源，化工节油起关键作用。通过大幅提高塑料循环再生率至40%以上，以及推广CO_2制化工原料技术，减少化工用油至1.2亿t左右；公路交通用油几乎全部由电力和氢能替代，四成航空用油被替代，交通用油降至0.5亿t左右（基本是航煤）；农业、工业及建筑用油大规模被电力和生物柴油替代。我国石油需求分阶段展望参见图5–1。

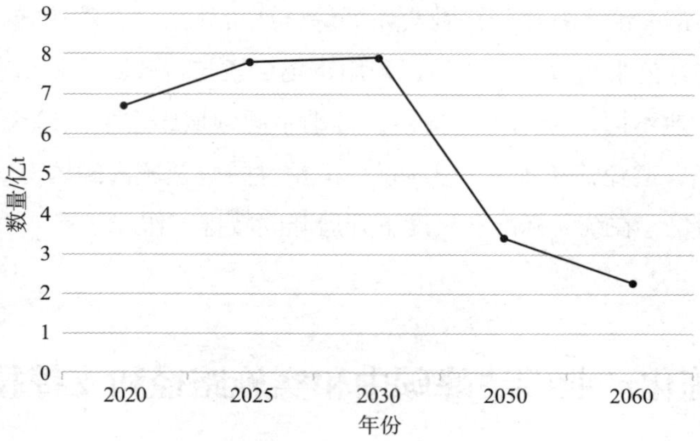

图 5-1　我国石油需求分阶段展望

2．基础石化原料需求

（1）乙烯

消费峰值出现在2040年前后。我国化工轻油中约3/4用于生产乙烯，乙烯是石化工业的基础原料，主要下游衍生物有聚乙烯、聚氯乙烯、环氧乙烷/乙二醇、二氯乙烷、苯乙烯等。目前，我国人均乙烯当量消费仅为31kg/人，相当于发达国家20世纪80年代的水平。考虑到中国产业结构，消费和人口结构，加之近年来，共享平台、跨境电商、快递、外卖等新业态新经济兴起，新消费领域不断涌现，中国乙烯当量消费需求仍有较大增长空间。判断塑料回收和生物可降解材料等一系列产业政策影响乙烯消费量的15%　~20%，预测2035—2040年，国内人均乙烯消费峰值将达65kg左右，总消费量9200万t，其中油基乙烯约6800万t。我国油基乙烯需求分阶段展望参见图5-2。

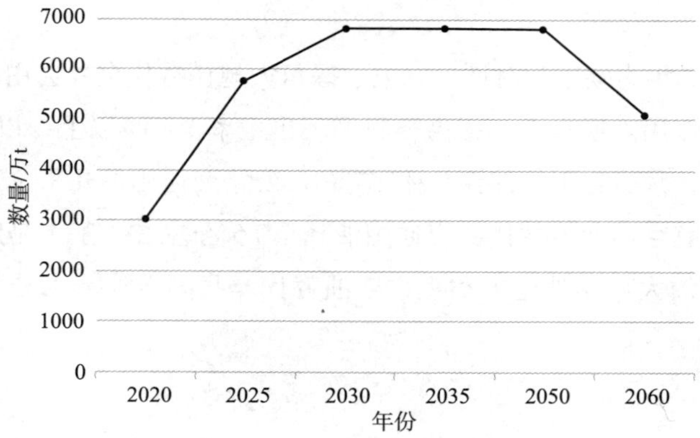

图 5-2　我国油基乙烯需求分阶段展望

（2）芳烃

消费峰值出现在2035年前后。我国化工轻油中约1/4用于生产芳烃，芳烃同样是石化工业的基础原料，主要用于生产聚酯涤纶。目前，全球纺织纤维消费量约1亿t，其中合成纤维占68%～70%，而涤纶占合成纤维消费量的80%左右，因此芳烃产业链与纺织服装行业紧密相关。中国是亚洲最大的纤维制品出口国之一，目前人均纤维消费量约32kg（折算芳烃消费量为20kg/人），为全球平均消费水平的2.3倍。未来，经济增长、人均收入的提升对本国居民的纺织品消费仍然有拉动力。尽管随着国内消费升级、人工成本增加以及环保限制，纺织业逐渐向东南亚国家转移，中国纤维净出口量逐渐减少，但在产业链的集合度、劳动工人熟练度、产品设计及创新力等软性实力方面，中国综合竞争实力较强，支持纺织业继续稳定发展。综合判断芳烃消费量在2035年前后达峰，人均消费量约30kg，折合当量消费4500万t左右。我国芳烃需求分阶段展望参见图5-3。

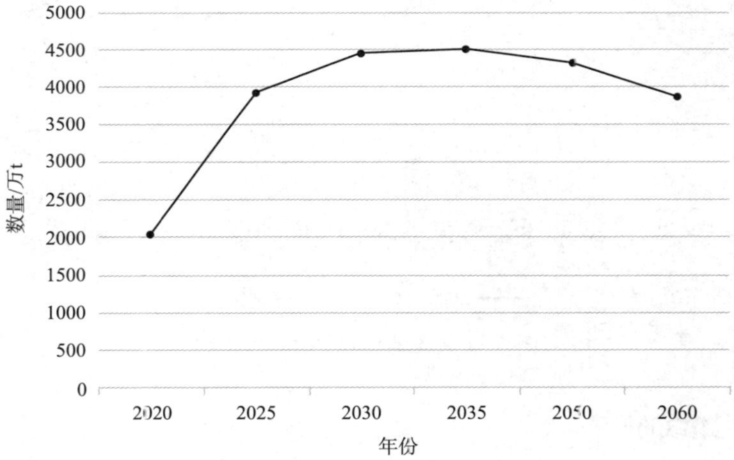

图5-3 我国芳烃需求分阶段展望

（二）基准情景及碳中和情景

在石油需求和基础石化原料需求展望基础上，针对未来产业的能源消费特征、主要原料特征和工艺路线等进行了分情景预设，提出了基准和碳中和两个发展情景。

1. 基准情景

炼化产业主要工艺路线不发生重大变化、能源消费结构在当前现状下基本保持稳定、氢气来源也不发生明显变化。

在基准情景下，我国炼化产业二氧化碳排放于2035年左右达到峰值，约为7.9亿t，比2021年水平高50%。

2．碳中和情景

炼化产业消耗的化石燃料将会逐步实现由大规模低碳电力替代，氢气将由当前的煤制氢为主逐步转变为绿氢为主，进行产能汰旧上新，生产工艺路线可能存在原油直接裂解比例逐步提升的变化等。

在碳中和情景下，我国炼化产业二氧化碳排放于2030年左右达到峰值，约为6.4亿t，比2021年水平高约22%。基准情景和碳中和情景对比参见图5-4。

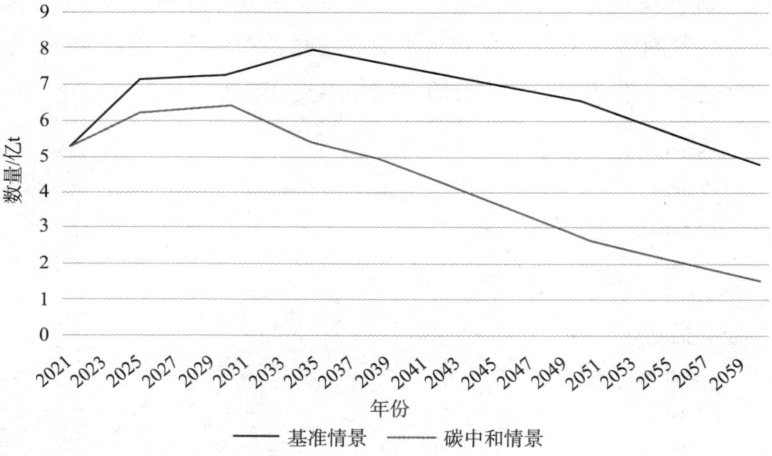

图 5-4　基准情景和碳中和情景对比

二、路线图

通过研判炼化产业未来规模和结构特征，分析各类减碳技术、措施的发展应用潜力及减排贡献，中国石化集团经济技术研究院有限公司提出了炼化产业实现碳达峰碳中和的四阶段发展目标及路线图。

（一）第一阶段（2021—2030年）

碳达峰阶段。该阶段成品油需求即将达峰，推进“油转化”和增加乙烯产能使炼化产业碳排放增加，碳达峰峰值升高。一是要控制新增炼油产能、原油加工量和成品油出口量，抑制能源消费总量和碳排放总量。二是要推进新旧产能置换，在布局低碳化新型炼化一体化装置的同时，淘汰落后产能。三是要统筹协调新建乙烯项目，确保有序发展。四是要加大节能改造力度，优化工艺流程，提升行业整体能效水平。五是要多措并举，提升电气化率，并探索实施绿氢炼化以及CCUS示范。通过这些措施，"双碳"情景下，预计炼化产业整体将于2030年左右实现碳达峰，峰值约6.4亿t。

推动炼油产业提前碳达峰。按照国家规划，2025年前我国炼油能力控制在10亿t/a以内，炼油产业提前实现碳达峰具有一定基础。采取加大落后产能淘汰力度、有效化解结构性过剩矛盾、科学规划新增炼油产能、持续挖掘节能潜力等措施，推动炼油产业在2027年实现碳达峰。

推动乙烯产业在2030年左右实现碳达峰。2022年我国乙烯当量自给率仅为66.7%，未来仍将建设一批乙烯装置，预计2030年乙烯当量自给率将提高至80%。采取乙烯原料结构优化调整、抑制炉管结焦、淘汰落后产能等措施，我国乙烯产业可在2030年左右实现碳达峰。

（二）第二阶段（2031—2035年）

稳健减碳阶段。该阶段成品油需求已达峰，推进"油转化"和新建乙烯项目新增碳排放与稳中有降的炼油产能共同作用，如不采取进一步减碳措施，碳排放将进入平台期。一是要深入挖掘工艺流程和生产装置节能降耗潜力，推进能源资源节约集约循环利用，进一步提升能效水平，贡献行业碳排放压减量约60%。二是要加快能源结构优化调整，推进炼化用能供给的可再生能源替代和终端消耗的电气化替代。三是要实现绿氢替代灰氢和CCUS商业应用，形成规模化应用能力。双碳情景下，预计2035年碳排放总量比2030年峰值有望下降约12%。

（三）第三阶段（2036—2050年）

深度减碳阶段。该阶段电动汽车和氢能源汽车快速发展，原油加工量逐步下降，石化产品产量经历由升到降的过程，采取措施推动碳排放量快速下降。一是要建立完善循环利用体系，各类节能降碳技术逐步成熟并实现规模化、多元化应用。二是要推进公用工程用能绿色化，依托储能和智能电网等技术，以稳定、可靠的可再生电力为炼化企业供电。三是炼化生产中需要高品位热而又难以电气化的设备，或用绿氢替代化石能源，或用化石能源与CCUS技术耦合，使绿氢替代灰氢比例提升至50%以上，CCUS规模逐步增加至7000万t以上，二者贡献行业碳排放压减量约35%。"双碳"情景下，预计2050年碳排放总量比2030年峰值水平有望下降约50%。

（四）第四阶段（2051—2060年）

碳中和阶段。该阶段原油加工量持续大幅下降，二氧化碳化学转化技术低成本应用，石化产品产量逐步下降，但仍有用于调峰的化石能源发电、提供稳定高品位热的化石能源燃烧以及催化烧焦等工艺过程产生的碳排放等需要消纳。一是要加速削减原料碳排放，绿氢替代灰氢比例达到80%。二是要发挥CCUS的关键作用，通过耦合CCUS技术或增加碳汇等途径，削减剩余的化石能源供热、供电碳排放和工艺碳排放，CCUS应用规模将大幅上升至1亿～1.8亿t。双碳情景下，预计2060年炼化产业将总体实现碳中和，开启“零碳排放”的绿色经济时代。我国炼化产业碳达峰碳中和路线图参见图5-5。

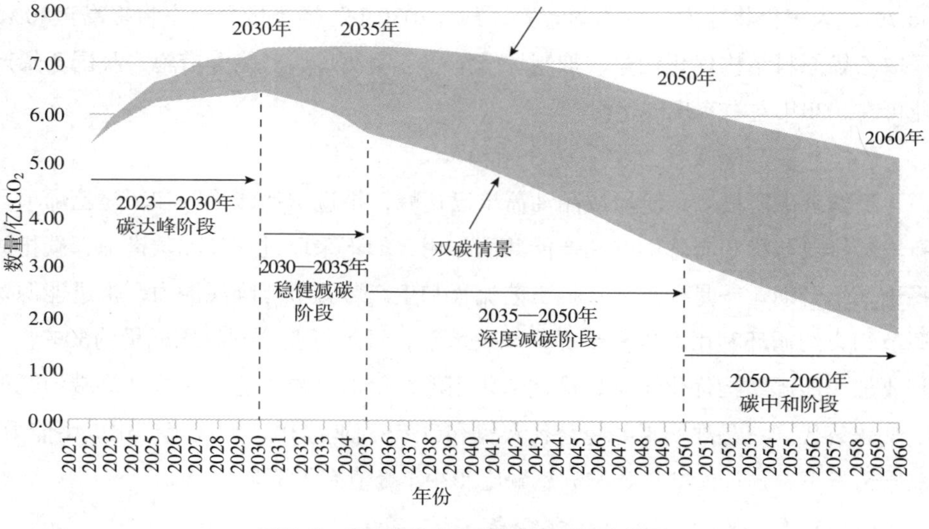

图 5-5　我国炼化产业碳达峰碳中和路线图

（资料来源：中国石化集团经济技术研究院有限公司）

三、实施路径和支撑技术

实现炼化产业碳达峰碳中和目标，需要上中下游全产业链协同发力，大力节能提高能效，调整能源结构，应用先进绿色工艺技术，采用低碳原料，加大废旧炼化产品回收利用，建成绿色高效的炼化产业。

（一）产业结构调整

1. 淘汰高耗能低效能落后产能

推进淘汰高能耗、高污染、低效益的老旧工艺和落后产能，持续降低石化产业能源消费强度。炼油行业合理控制原油加工规模，优化炼油工艺和调整产品结构，提高清洁低碳燃料供给能力。在国内成品油消费达峰后，匹配国内交通电气化进程，有序调整成品油供给规模，保障交通用能平稳转型。推进“油转化”，增产化工轻油等石化原料，有效保障国内乙烯和芳烃等石化产品生产。炼油企业以淘汰落后产能为抓手，在资源和技术等条件相对成熟及国家政策的支持下，改造落后装置转产液体生物燃料，如生物航煤、生物柴油等，提高低碳交通燃料的供给比例。

2. 使用低碳原料从源头减少碳排放

使用轻烃、生物质等低碳原料，显著降低石化装置过程碳排放。煤制烯烃吨产品碳排放约11t，是石脑油和轻烃路线的4～5倍。2021年我国轻烃制乙烯获得长足发展，从产能结构来看已经超过10%，从原料结构来看达到了近20%。预计2025年利用轻烃制乙烯可以减少碳排放约500万t。加大秸秆、微藻等生物质能源的利用，按照资源量测算，理想情况下可替代石油8000万t。

原料低碳化另一个途径是利用短流程技术减少中间过程能耗和碳排放。目前进展最快的是原油直接制烯烃技术。埃克森美孚公司于2014年在新加坡投产了全球首套100万t/a原油直接制烯烃装置。沙特阿美公司正在研发的TC2C技术计划2025年在沙特延布投产。从国内来看，由中国石化北京化工研究院研发的国产原油蒸汽裂解技术在中国石化天津石化公司首次实现工业化应用。由中石化石油化工科学研究院有限公司研发的原油催化裂解技术（CCTC）在中国石化扬子石化公司实现工业化应用，据报道，两种技术结合可以使化工产品收率提高至70%。

3. 加大产品循环利用，推进市场消费减碳

要从供给端和消费端共同发力，加快构建炼化产品循环利用体系。在供给端，要加大可回收炼化产品供应比例，以科学供应引导合理需求。在消费端，要加大政策引导和宣传教育，提升民众对可回收炼化产品的认可度、需求度。

4. 加大资源综合利用，推进产业末端减碳

一方面，要结合油气田等矿区资源，加快研究和推广CCS（碳捕集与封存）和EOR（提高石油采收率）技术，既提升油气开发利用水平，又实现减碳、降碳、固

碳。另一方面，要加大科技创新及工业应用，推进二氧化碳和绿氢制甲醇、烯烃、芳烃、油品，二氧化碳制甲酸，二氧化碳制可降解塑料等高价值化学品制备，以及攻关二氧化碳矿化利用技术和生物利用技术，从末端出口上解决二氧化碳排放问题。

5．支撑技术

产业结构调整部分支撑技术包括农林废弃物和厨余垃圾生产生物乙醇、生物航空煤油、生物柴油、生物燃气等生物基燃料和用作生物基聚合物单体的化学品与生物基材料技术；组成复杂的废塑料热解和催化裂解制油技术、聚酯等废弃物化学降解生产单体技术；组成单一的废弃热塑性合成材料如聚乙烯、聚丙烯、聚苯乙烯、聚酯等再利用技术等。产业结构调整部分支撑技术见表5-1。

表 5-1　产业结构调整部分支撑技术

技术大类	技术细类
农林生物质气化技术	固定床气化技术； 流化床气化技术； 合成气净化-厌氧发酵生产乙醇技术； 合成气生产各种高碳醇、高碳酸生产技术
农林生物质酶解利用技术	气爆与低成本酶解技术； 五碳及六碳糖同步高效发酵制乙醇技术； 木质素高效利用技术
生物基单体与材料技术	丁二酸、丁二醇、呋喃二甲酸等生产技术； 乙烯、丙烯、丁二烯、苯乙烯等生产技术； 基于生物基单体的合成材料技术； 高品质纤维素纤维生产技术
生物基燃料技术	乙醇高效生产生物航空煤油技术； 生物油脂、餐饮废油生产生物柴油技术； 厨余垃圾等高效生产生物燃气技术
组成复杂废塑料热解和催化裂解利用技术	废塑料制油技术； 油品加工技术
组成单一的废弃热塑性材料再利用技术	针对废弃材料性能的改性利用工艺技术
聚酯塑料回收技术	醇解（乙二醇降解、甲醇降解法）制单体技术； 水热裂解（微波辅助热聚、亚/超临界水解聚）技术； 聚酰胺解聚制单体技术

（二）节能降耗

1．加大能效提升，推进生产过程减碳

未来需要降低炼化产业的单位能耗水平和排放强度。一是要提高新增产能的能效标准，加快先进产能淘汰和置换落后产能的步伐，提升产业整体能效水平；二是要持续开展装置节能升级改造、流程优化、新节能技术的应用、热回收利用等，挖掘节能潜力；三是要加快研发和推广新型绿色高效炼化工艺技术，包括原油直接裂解制烯烃、电气化乙烯裂解炉、高效芳烃生产和分离工艺、炼油向化工转型相关技术等。通过全厂能源系统优化技术，充分利用低温余热资源，充分发挥热电联产，以及工艺和蒸汽动力系统之间热联合潜力。强化全厂能量回收技术应用，部署低品位热能的高效回收利用技术及通过全厂用能优化技术，选择最优设备及其相互的连结以构成合理的系统，满足工艺生产过程对各类形式能量的需求，使其设备投资和能源消耗等总费用目标最小。部署新型先进节能设备及相关技术，减少过程能耗。重点节能设备包括高效换热设备、新型反应器、新型过程装备与工艺设备，持续提升装置能效。重点技术包括单元过程强化技术、新型分离技术、超临界技术、基于微反应器的微化工技术、催化蒸馏、分壁式蒸馏，以及热整合蒸馏等反应工程和过程强化技术。

2．加大绿色低碳技术研发应用

加大绿色低碳生产工艺、技术和装备的研发、示范和推广力度，实现产品生产、流通、消费及处置过程全生命周期的绿色发展，进一步增强节能低碳产品的供给能力，减少产品全生命周期碳足迹。

大力发展低碳技术，推动开展碳捕集、封存与利用项目示范等CO_2综合利用技术。加快能效提高技术的应用，降低过程碳排放。通过采取建立和优化石化企业能量系统模型、加强系统内部联动和动态调整等措施，实现能量系统整体能耗降低。

加快石油石化产业数字化技术应用。大力推进石化智能工厂建设。推进工程设计数字化和供应链管理智能化；推进生产运行智能化，重点打造数字化生产环境、生产集成管控体系、全流程模拟和一体化优化体系、智能安全环保管理体系等。推进知识管理和经营决策智能化，加强企业数据仓库和知识库的建设。

推动设备电气化技术研发与改造。目前巴斯夫、陶氏等企业在研发电热蒸汽裂解炉技术，该技术旨在将通过化石燃料燃烧为裂解炉加热转变为通过绿电加热，此举将减少占炼油厂能耗1/3的加热炉环节90%的碳排放量，该技术一旦实现突破将为行业实现碳中和带来革命性飞跃。

加大生物可降解塑料、塑料回收利用等领域的投入。开发绿色、低消耗、可循环使用的石化产品。加快塑料回收和循环利用技术研发，提高塑料再生利用比例，为传统石化产品积极寻求“绿色标签”。

绿色低碳技术还包括开发汽车轻量化材料、绿色包装材料等，主要是通过材料的高性能化和功能化，减少高耗能产品消费，实现绿色替代。估算结果显示，汽车自重每减少10%，燃油消耗可降低6%～8%，减少CO_2排放约4.5%，目前高分子材料已在汽车的保险杠、油箱等多个部件替代了金属材料，微发泡的高分子内饰材料、替代金属的长玻纤增强高分子复合材料、更耐磨更轻的轮胎用胶种等将进一步实现汽车轻量化。

3. 支撑技术

节能降耗部分支撑技术包括炼化一体化新技术、短流程炼油与石化产品生产技术、适应市场需要的产品结构优化技术、工艺过程和系统优化节能技术、“过程强化”的灵活运用技术、实现炼油与化工低碳化的重大改进型及重大变革型的催化材料和催化剂，如高汽/电比燃气轮机技术，工业炉富氧燃烧、蓄热燃烧、催化燃烧技术，工业燃料电池热电联产技术等。节能降耗部分支撑技术见表5-2。

表 5-2 节能降耗部分支撑技术

技术大类	技术细类
组分炼油等炼化一体化新技术	蒸汽裂解与重油催化裂解集成技术； 全厂饱和轻烃综合回收技术； 柴油中芳烃分离技术； 石脑油正异构分离技术
短流程炼油与石化产品生产技术	原油直接脱硫技术； 氯丙烯氧化制环氧氯丙烷等技术； 多种化学品电化学反应制造技术； 合成气接力催化生产大宗化学品技术
适应市场需要的产品结构优化技术	RTC催化裂解技术； 轻烃转化与丙烷脱氢组合技术； 高端润滑油生产技术； 高端石油基碳材料生产技术
工艺过程和系统优化节能技术	低能耗低氢耗加氢技术； 催化裂化副产超高压蒸汽技术； 精馏系统节能和分壁塔技术； MVR等低温热综合利用技术
过程强化的灵活运用技术	微界面强化技术； 超重力技术； 催化精馏技术； 缠绕管式换热器技术； 膜反应器及膜分离技术

续表

技术大类	技术细类
催化新材料和新型催化剂技术	限域催化技术； 单原子催化技术； 纳米催化技术； 金属有机骨架催化材料相关技术； 新型催化裂化催化剂与工艺技术； 渣油加氢新型催化材料与工艺技术； 柴油加氢新型催化材料与工艺技术
燃气轮机与传统工业炉提效技术	高汽/电比燃气轮机技术； 大型分子筛制氧及富氧燃烧技术； 工业炉蓄热燃烧技术； 工业炉催化燃烧技术
工业燃料电池技术	熔融碳酸盐燃料电池MCFC技术； 固体氧化物燃料电池SOFC技术

（三）能源结构调整

1．大力调整用能结构，推进产业源头减碳

化石燃料燃烧和制氢是炼化产业最主要的碳排放来源，以低碳电力替代高碳电力和化石燃料，以绿氢替代灰氢，是源头减碳的重要手段。要统筹安全运行和经济可行，加大技术攻造力度，推进加热炉等装置用低碳电力替代，减少煤炭、燃料油、天然气等化石燃料使用，增加绿电绿热使用。同时，大力推进炼化产业用氢绿色化，替代化石能源制氢，减少碳排放，建设绿氢炼化产业。

优化产业用能结构，逐步缩减煤炭消费，稳妥推进行业“煤改气”“煤改电”“煤改氢”，减少工业用电中的煤电比重，控制化石能源消费量和碳排放量，降低碳排放强度。到2030年煤炭消费约占当前石油石化企业能源消费总量的1/3以下。深化煤炭清洁高效利用，在生产经营活动中更多使用低碳、零碳能源，提高工业用能的电气化水平，逐步使天然气和非化石能源作为企业能源消费增量的主体，将有效降低生产加工过程碳排放量。

拓展氢能等绿色低碳新业务，实现行业深度脱碳，推动用能低碳化。氢能领域是石化产业实现自身脱碳和跨行业协同减碳的重要抓手。煤炭等化石能源制氢是石化产业碳排放的主要来源之一，通过有效利用工业副产氢，以化石能源制氢加CCS脱碳制“蓝氢”，非化石能源发电制“绿氢”，逐步替代高碳排放“灰氢”或煤炭等作为燃料或原料，推动行业深度脱碳。石化企业还可结合当地资源条件和自身用电需求，积极发展自建风电、光伏发电等新能源业务，提高自发绿电比

例，降低用电环节的碳排放，还可支撑自身绿氢业务规模化发展。

2. 加快传统与新能源产业融合

加强炼油、销售业务与氢能产业链协同发展。立足重点城市有效需求，拓展内外部氢能应用高端市场，跟踪风电、核电等制氢前沿技术。在发达地区与合作伙伴和关键用户择优开拓储氢/运氢商业项目。依托油品销售网络，在重点地区做好加氢网络布局。根据在2020氢能产业发展创新峰会上发布的《中国氢能产业发展报告2020》，到2050年，预计氢能占终端能源消费比例达10%，氢燃料电池汽车保有量3000万辆，氢气需求量6000万t。

加强油气与新能源储能融合发展。新材料、新技术推动大规模储能技术发展及成本下降，为风光电储能和传统油气的多能互补、多网融合、协同发展提供了更多可能，可形成多元供应体系，保障我国能源供给安全、促进清洁低碳发展。中国石油在2018年就开展了光伏加油站的试点工作。除中国石油外，另外两大石油公司——中国石化和中国海油也早早进行了光伏业务布局。2017年，中国石化首个集中式光伏项目——新星公司陕西渭南白水20MW农光互补光伏发电项目正式并网发电，项目选取光伏发电+农业种植，技术上采取“分块发电、集中并网”模式，总装机容量20MW，每年可节约标煤约7700t、减排二氧化碳约2.4万t。中国石化也开展了光伏加油站的建设工作。2019年，中国石化广东佛山石油公司首次在小塘水上加油船试点安装光伏发电，发电量达44kW/d。随后，大良加油站继续引入光伏发电，每日发电量可达80kW·h。中国海油早在2009年就有意在天津投资50亿元建设20条动力电池生产线，打造全国最大的新能源产业基地；2012年初，中国海油集团投资3亿美元，建设150MW太阳能电池生产工厂和光伏电站，这是中国海油首次涉足光伏行业；2019年7月，中国海油宣布正式进军光伏业务，成立全资子公司中国海油融风能源有限公司，经营范围包括太阳能发电项目的开发等。

石化行业面向新能源行业用户，提供从基础材料、中间材料到终端消费品的全产业链解决方案。例如：为太阳能发展提供EVA等光伏组件材料；为风能发展提供碳纤维、环氧树脂等风机叶片材料，以及润滑油脂；为地热发展提供PERT、PEXa、PB、PPR等暖通管材；为氢能发展提供储氢瓶所需碳纤维、储氢有机液体和燃料电池催化剂；为电动汽车发展提供正极/负极电池材料、隔膜基础材料和电解液等所需材料。

3. 支撑技术

能源结构调整部分支撑技术包括绿氢制备技术、固体储氢技术、液体储氢技术、液氢技术、管道输氢技术、绿氢炼化技术、绿氢固碳生产负碳燃料和化工产品技术；小型核反应堆与炼化企业用能系统耦合技术及法规标准、电代燃料大型工业炉电气化技术、风光绿电与炼化企业耦合技术、多能耦合低碳能源系统智能调控技术等。能源结构调整部分支撑技术见表5–3。

表 5–3 能源结构调整部分支撑技术

技术大类	技术细类
绿氢制备技术	碱性电解槽技术； 质子交换膜电解槽（PEM）技术； 固体氧化物电解槽（SOEC）技术
固体储氢技术	金属合金储氢技术； 碳质材料储氢技术； 金属有机物骨架化合物储氢技术
液体储氢技术	甲醇等有机液体储氢技术； 液氨储氢技术； 配位氢化物储氢技术
液氢技术	简易林德法氢液化技术； 逆布雷顿法氢液化技术； 克劳德法氢液化技术
管道输氢技术	纯氢管道输送技术； 天然气管道掺氢输送技术
绿氢炼化技术	—
绿氢固碳技术	—
小型核反应堆与炼化企业用能系统耦合技术及法规标准	—
电代燃料大型工业炉电气化技术	—
风光绿电与炼化企业耦合技术	—
多能耦合低碳能源系统智能调控技术	基于工业物联网的能源系统智能感知技术； 关键装置的虚拟建模技术； 基于知识和数学模拟的能量优化技术

（四）碳捕集与回收利用

1. 加强碳捕集与二氧化碳利用

利用化学和生物固碳技术，深入挖掘行业碳减排潜力。推进二氧化碳制化学品或燃料等关键固碳技术的科技攻关，积极建设先导示范项目并加快工业化进程，推动规模化商业应用。行业企业还可配合其他CCUS、BECCS、植树造林等碳汇技术，帮助石化和其他行业实现深度脱碳，助力工业部门实现碳中和目标。

化学固碳方面，可利用化工装置，实现二氧化碳的化学利用，生产绿色化学品和低碳燃料。CO_2可用于生产液体燃料和化学品等多种利用路线，当前以CO_2加氢制甲醇路线最为成熟，目前国内已有2套千吨级工业示范装置，但是高昂的绿氢成本依然是主要限制因素。当前绿氢和CO_2合成甲醇成本在6000元/t左右，是煤制甲醇的3～4倍，若实现与煤制甲醇平价，则绿氢价格需降至5000元/t以下，或者碳汇价格提高至600元/t。《全球氢能观察2021》中提出，若引入碳排放成本，假设到2030年碳排放成本增至为50美元/t（CO_2当量），2040年150美元/t，2050年300美元/t，可将绿氢与灰氢实现同价的时间提前至2028年至2034年。按照以上假设，2030年CO_2加绿氢制甲醇成本降至约3200元/t，2040年成本降至1600元/t，考虑到未来煤制甲醇也要增加碳排放成本，则两种路线甲醇平价时间点或将处于2030—2040年。

生物固碳方面，利用炼油装置，先以二氧化碳实现微藻的工业化养殖，再用于合成低碳生物燃料。我国仅东南沿海和海南适合微藻饲养，平均每公顷产燃料4t，考虑可用面积，估计微藻可制燃料约1000万t/a。

2．植树造林实现林业碳汇

石化行业实施碳减排措施后，仍会有少量二氧化碳不能中和，可以采用林业碳汇等解决。相关资料表明，林木每生长1m^3蓄积量，可吸收约1.83t二氧化碳。林业碳汇是最简单、最直接的碳中和方案。我国石化行业需要认真梳理难以脱除的二氧化碳数量，做好顶层设计和摸底盘查，识别可重点开发的林业碳汇项目，植树造林，形成碳汇，最终实现二氧化碳净零排放。

3．支撑技术

碳捕集与回收利用部分支撑技术包括低能耗、低成本的二氧化碳捕集、封存技术，产品大宗化的二氧化碳加氢制甲醇、乙醇技术和二氧化碳制一氧化碳技术等。碳捕集与回收利用部分支撑技术见表5-4。

表 5-4 碳捕集与回收利用部分支撑技术

技术名称	技术细分
低成本二氧化碳捕集技术	新型或改性溶剂吸收捕集技术； 高效固体吸附捕集技术； 高效膜法捕集技术
二氧化碳驱油及封存技术	不同类型油气藏驱油技术； 封存的地质构造选择及封存配套技术
二氧化碳利用技术	低氧耗二氧化碳加氢生产甲醇技术； 二氧化碳低碳还原生产CO技术； 生物催化生产乙酸、乙醇技术； 工厂化藻类养殖技术； 二氧化碳矿化技术

（五）减碳贡献度预测

中国石化集团经济技术研究院有限公司碳达峰碳中和研究预测未来我国炼化行业可通过能源结构调整、能效提升、CCUS等降碳措施减少碳排放，各措施减碳贡献度如图5-6、图5-7所示。由图可见，在各种降碳措施中，2030年能效提升贡献度最大，其次为能源结构调整、CCUS；2060年能源发生结构调整的（包括能源结构调整和外购能源低碳化）贡献度最大，其次为能效提升和CCUS。

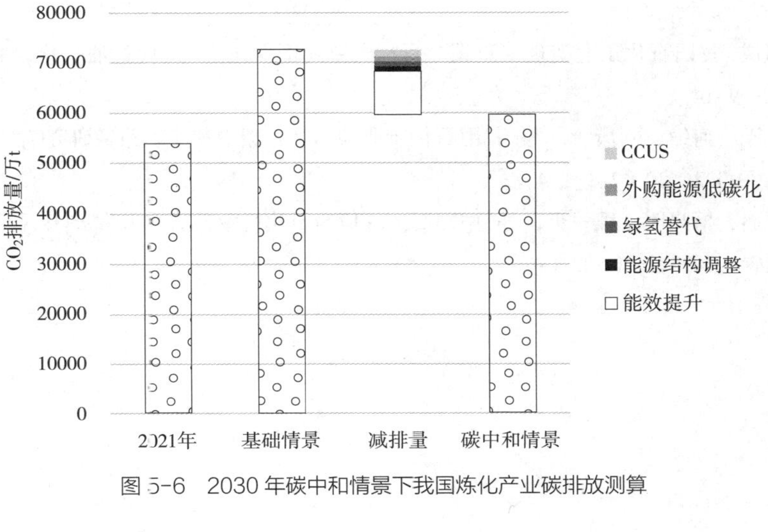

图 5-6 2030 年碳中和情景下我国炼化产业碳排放测算

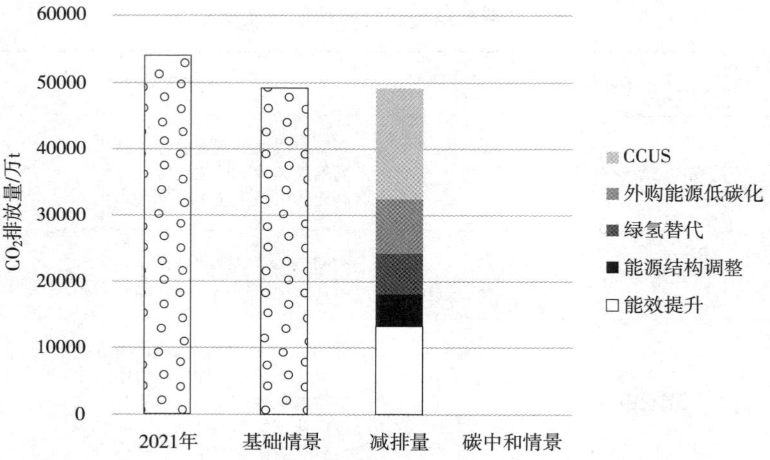

图 5-7　2060 年碳中和情景下我国炼化产业碳排放测算

参考文献

[1] 魏志强，曹建军，孙丽丽，等. 中国炼化产业实现碳达峰与碳中和路径及支撑技术[J]. 石油学报：石油加工，2024，40（1）：1–11.

[2] 戴宝华，赵祺. 我国石化产业碳中和路径展望[J]. 石油炼制与化工，2024，55（1）：62–67.

[3] 刘佩成. 我国石化工业实现“双碳”目标的路线图探讨[J]. 当代石油石化，2022，30（12）：9–14.

[4] 刘红光，何铮，刘潇潇，等. 我国石化产业碳达峰、碳中和实现路径研究[J]. 当代石油石化，2022，30（2）：1–4.

[5] 乞孟迪，柯晓明，程一步，等. 中国石油峰值与石化行业低碳转型发展[J]. 石油石化绿色低碳，2021，6（5）：1–6，43.

结束语

党的二十大报告指出，实现碳达峰碳中和是一场广泛而深刻的经济社会系统性变革。我国石化工业面临以化石能源为主、碳排放量基数大、碳达峰到碳中和缓冲时间短等诸多挑战，贯彻落实党的二十大精神，实现“双碳”目标任务艰巨，必须充分认识其复杂性、长期性和艰巨性，既不能贪功冒进、急于求成、搞运动式减碳，也不能踟蹰不前、错失良机、消极对待既定目标，而是应以目标为导向，按照碳达峰期、达峰平台期和下降期、全面碳中和期等不同阶段，坚持先立后破、循序渐进，积极稳妥、经济可行制定碳减排路线图。

碳达峰期主要采取科学合理调控炼化产能、加大节能降碳改造力度、逐步减少高碳能源使用、采用先进绿色工艺技术、加强废旧石化产品回收利用、提高能源利用效率等措施，降低能源消费强度和碳排放强度，推动石化工业尽早实现碳达峰、尽可能低峰值达峰。

达峰平台期和下降期要在碳达峰期采取措施的基础上，大力推进绿色低碳转型升级，推广电气化替代、成熟的零碳/负碳技术，推进多种新能源耦合、资源高效综合利用，推动石化工业快速降低碳排放，为实现碳中和奠定坚实基础。

全面碳中和期要通过全面推进绿氢炼化、推广应用CCUS/BECCS技术、植树造林实现林业碳汇等措施，进一步深度脱碳，确保最终全面实现净零碳排放，助力全国“双碳”目标实现。